JN416899

신재생과 IT기반의

유비쿼터스 에너지

남상엽 · 박래만 공저

도서출판 상 학 당

머리말

인간의 주변에서 에너지라고 하는 대상보다 더 흥미롭고 중요한 것은 없는 듯하다.

에너지란 일(작업)을 할 수 있는 힘을 뜻하는데, 그 어원은 그리스어인 '에르곤'에서 나왔는데 '에네르게이아'이며, '일을 하는 능력'이라고 정의된다. 사실 에너지가 일을 한 것은 인간의 일보다 훨씬 이전의 일로서, 지구나 태양계의 탄생 자체도 에너지에 의해서 이루어진 결과라고 할 수 있다. 불의 발견, 증기기관의 발명 등 에너지 이용은 인류문명을 빠른 시간 안에 비약적으로 발전시켰다. 18세기부터 19세기에 걸친 산업혁명을 '에너지 혁명'이라고 일컬으며 근대 과학기술의 눈부신 발전을 '에너지 기술의 발전'이라고 보면 거의 틀림이 없을 것이다.

인류의 꿈과 야심, 그리고 염원은 역사를 통하여 하나 둘씩 이루어졌는데, 그것은 모두가 반드시 에너지와 결부됨으로써 가능한 일이었다. 에너지는 빛, 동력, 연료로서 인간에게 많은 일을 해주었고 인류 문명의 발달을 뒷받침하였다. 오늘날 전자 · 정보화 사회의 시대가 활짝 개화되고 자동차, 에어컨, VTR, 인공위성 등이 작동되어 우리의 경제, 문화활동을 보다 더 편리하게 지탱해 주고 있는데, 이처럼 윤택한 생활과 눈부신 사회발전을 가능케 해준 원동력이 바로 에너지인 것이다. 이 사실은 과거와 현재에도 그러했듯이 미래에도 역시 그러할 것이다.

유비쿼터스 에너지(Uiquitous energy : U-energy)란 IT 분야에서 요구되는 새로운 형태의 에너지를 말한다. 현재 정보통신 연구분야에서 개발중인 내용들을 살펴보면 주로 유비쿼터스 사회에서 필요로 하는 서비스나 통신 네트워크들에 대한 것이다. 그러나 아직까지 유비쿼터스 사회에서 요구되는 에너지 공급형태에 대해서는 개념을 정의하거나 필요한 기술들에 대한 의견은 없었던 것 같다. 오늘날 유비쿼터스 에너지란 용어는 비단 물리학을 비롯한 자연과학 분야에서 뿐만 아니라 경제학을 포함한 인문 · 사회과학 영역에까지 광범하게 사용되어, 그 개념도 원래의 물리학의 범주를 넘어서 복합적인 의미를 가지게 되었다.

화석연료의 고갈이나 환경문제의 심각성 등과 같은 에너지 환경문제로 인하여 신재생 친환경 에너지가 급부상하고 있다. 이와 마찬가지로 유비쿼터스 사회의 도래와 같은 IT 환경의 변화는 새로운 IT 적응형 에너지인 이른바 유비쿼터스 에너지를 필요로 하게 되었다.

유비쿼터스 사회에서는 개인이 개인용 정보기기에 대한 의존성이 증가하기 때문에 이를 지원하는 유비쿼터스 에너지는 언제, 어디서나, 누구나 쉽게 전력을 공급받을 수 있는 형태가 되어야 한다는 특징을 지닌다. 이러한 요구를 만족시키기 위해서는 고밀도, 고효율이면서도 작고 휴대하기 편하며, 안전하고 친환경적인 전력원이어야만 한다. 또한, 전력전달에 있어서 편의성과 효용성을 높이기 위해서는 무선전송의 특성도 지녀야 한다.

유비쿼터스 에너지 분야에서 현재까지 활용되고 있는 IT기술로는 대표적으로 원격제어와 원격검침을 들 수 있다. 원격제어는 주로 산업용으로 사용되는 기술이며, 원격검침은 주로 가정용으로 활용되는 기술이다.

유비쿼터스 에너지 기술에서 에너지 생산기술은 기본적으로 무한정한 자원으로부터 전력을 생산할 수 있는 기술로서, 예를 들어 태양광 전지, 폐기물 에너지, 석탄이용 에너지, 풍력 에너지, 연료전지 에너지, 수소 에너지, 소수력 에너지, 해양 에너지, 지열 에너지 등 같은 것이다. 무한정한 태양 에너지로부터 무한정한 전력을 생산할 수 있는 기술을 의미한다.

그러나 태양 에너지 외에 주변에서 전력화할 수 있는 에너지는 많이 있다. 이것을 얼마나 효과적으로 전력화하느냐가 개발의 핵심이 될 것이다.

에너지 저장기술은 기존 기술의 고효율화와 초소형화에 초점을 맞추게 된다. 결국 전력을 얼마나 효과적으로 저장하느냐가 관건이 된다.

에너지 전송기술은 기존의 RF기술보다는 효율적이고 친환경적인 새로운 무선전력 전송기술의 개발이 요구된다.

유비쿼터스 에너지 기술은 다가오는 유비쿼터스 사회에서 구현될 모든 서비스에 관한 기술들을 완성한다는 의미에서 그 의의가 크다. 지금까지는 유비쿼터스 에너지 기술에 대한 관심이나 이해가 부족하지만 일본처럼 유비쿼터스 에너지 관련 연구가 진행될 것이다. 특히, IT 기반의 유비쿼터스 에너지 기술에 대한 연구개발이 조속히 추진될 것이다.

우선 가정이나 자동차 분야에 유비쿼터스 에너지 기술을 적용할 경우에 다음과 같은 응용사례들을 생각할 수 있다. 가정에서는 필요한 모든 전력을 자체 생산하게 된다. 실내 인테리어와 연계하여 색깔을 가진 베란다 창유리에 태양전지가 접목된 이른바 파워 창유리를 설치하여 낮에 실내 밝기를 조절할 수 있으면서 전력발전도 하게 된다. 유비쿼터스 에너지는 의료 서비스 분야에서 특히 유용한 기술이다. 유비쿼터스 센서 네트워크(USN)를 이용한 개인 의료 복지 향상에 대한 기술 개념도를 보여주고 있다.

유비쿼터스 에너지 기술이 아주 유용하게 사용될 수 있는 분야는 모바일 개인휴대기기 및 제품일체형 광고판 분야이다. 개인이 휴대하고 다니는 모든 IT 기기들이 독자적으로 배터리 같은 전원장치가 내장되어 있는 것이 아니라 한 곳에서 전원을 생산하고 이를 무선으로 휴대기기에 공급하는 시스템으로 되어 있다. 유비쿼터스 에너지 기술의 주요 응용분야 중에 하나는 로봇기술이다. 산업이 발전하고 인간의 복지에 대한 관심이 증가하면서 로봇에 대한 관심도 비례하여 증가하고 있다. 그 이유는 개인의 생명을 위협할 수 있는 작업환경이나 전투작전에 로봇에 대한 활용도가 높아지기 때문이다. 또한 의료용 로봇에 대한 필요성이 확산되어 가고 있다.

무한정의 에너지를 무상으로 공급하기 위해서는 매우 값싼 전력생산 장치가 필요하며, 또한 친환경적인 에너지원이 되어야만 한다. 언제, 어디서나 쉽게 공급하기 위해서는 무선전력 전송기술이 필수적이다. 무선전력 전송기술도 인체에 무해한 기술이어야만 하고 일반적으로 예상되는 전력전송에 있어서 막대한 손실을 막을 수 있는 기술이다. 아직까지 이러한 서비스를 제공하기 위해서는 많은 기술적 성장이 요구되지만 앞으로 다가올 유비쿼터스 사회에서는 구현될 수 있다.

그러므로 유비쿼터스 에너지 기술의 기반이 물리학, 화학 등 기초과학 분야에서 기계공학, 전자공학, 소재공학 등의 응용학문까지 범위가 다양한 복합기술이기 때문에 산학연 및 정부가 체계적이고 전략적으로 육성해나가야 하는 산업이라 할 수 있다. 이에 따라 우리나라 정부에서도 21세기 유망지식 기반산업의 하나로 에너지산업을 선정하여 이를 중점 육성하고 있는 실정이다.

이러한 유비쿼터스의 에너지 시대에 맞추어 실제 유비쿼터스 에너지와 관련한 신재생 에너지와 더불어 여러가지 특성을 고려한 많은 IT기반의 유비쿼터스 에너지 관련 기반지식을 습득하기 위하여《신재생과 IT기반의 유비쿼터스 에너지》를 발간하게 되었다.

이 교재는 유비쿼터스와 에너지의 융합과 관련한 입문자를 기준으로 작성하였으므로, 어느 정도 숙달된 사람들에 있어서는 너무 쉽게 보일 수도 있으나, 그런 만큼 IT 기반에서의 유비쿼터스 에너지를 바라보길 바란다.

유비쿼터스 에너지 산업의 차세대 엔진으로 성장할 수 있는 기초 유비쿼터스 에너지들의 제어이론과 신재생 에너지들의 동작원리 및 특성들을 공부함으로써 앞으로 좀 더 고차원적인 IT와 에너지의 융합에 대한 새로운 개념의 제품을 바라보는 안목을 넓히는 방향으로 공부하는 데 도움이 될 것이다.

단지 일반 에너지의 교재처럼 깊이 있는 내용보다는 쉽게 이해할 수 있도록 구성하였으므로 좀 더 깊이 있고 보다 전문적인 내용은 이 교재를 통하여 개념을 이해하고 추가적인 참고

서적을 통하여 학습하는 것이 효과적일 것이다.

이 교재는 컴퓨터, 전자, 제어, 통신, 에너지 분야의 관련 학생 및 초보개발자를 대상으로 한 기초 유비쿼터스 에너지에 대한 기본이론을 위한 교재로, 처음 유비쿼터스 에너지의 응용을 접하는 학생에게 쉽고 빠르게 접근할 수 있도록 초점을 맞추었으므로 기초 신재생 에너지의 작동원리에 대한 이해와 감각을 키우는 데 부족함이 없을 것이라 생각된다.

이 교재의 주요 구성은 다음과 같다.

이 교재는 크게 두 부분으로 구성하였다.

제 I 부는 유비쿼터스 에너지의 개요부분으로 제1장 유비쿼터스 에너지의 개요, 제2장 유비쿼터스 에너지의 요소기술, 제3장 IT를 접목한 유비쿼터스 에너지의 효율화, 제4장 유비쿼터스 에너지의 분류 및 이슈로 구성되었다.

제II 부는 유비쿼터스 에너지 생산기술 부분으로 제5장 유비쿼터스 태양열 에너지의 생산기술, 제6장 유비쿼터스 태양광 에너지의 생산기술, 제7장 유비쿼터스 바이오에너지의 생산기술, 제8장 유비쿼터스 폐기물 에너지의 생산기술, 제9장 유비쿼터스 석탄이용(석탄가스화 · 액화) 에너지의 생산기술, 제10장 유비쿼터스 풍력에너지의 생산기술, 제11장 유비쿼터스 연료전지 에너지의 생산기술, 제12장 유비쿼터스 소수력 에너지의 생산기술, 제13장 유비쿼터스 해양에너지의 생산기술, 제14장 유비쿼터스 지열에너지의 생산기술로 구성하였다.

끝으로 이 책을 집필하는 데 많은 도움을 주신 에너지관리공단 신재생에너지센터 관계자 여러분, 선문대 이상헌 교수님, 성한일렉트로닉스 T&M의 김경환 대표님, (주)삼천리 기술연구소의 윤영설 선임연구원, 전선우 연구원, 한국 U-City 협회의 정기욱 책임연구원, ETRI의 이영기 선임연구원, 이성규 연구원, 박강호 연구원, 강민구 연구원, 김종대 연구원, 성희경 연구원, 전용일 연구원, 이유경 연구원, (주)유오씨의 박승창 대표님, 한국에너지기술연구원의 조일식님 그리고 정보통신진흥원 관계자 여러분, 도서출판 상학당의 관계자 여러분과 남상석에게 감사의 마음을 전한다.

어떤 일이든 첫발을 내딛고 개척하는 것이 가장 힘든 일일 것이나 그 어려움을 극복하고 얻는 것이 무엇보다 값진 결실이 될 것이다. 아직은 열악하고 힘든 개발환경이지만 이 책이 보다 많은 유비쿼터스 에너지 관련 인력양성에 힘이 되어주길 바란다.

저 자 씀

차 례

제 I 부 유비쿼터스 에너지의 개요

제Ⅱ부 유비쿼터스 에너지 생산기술

제 Ⅰ 부
유비쿼터스 에너지의 개요

제 1 장

유비쿼터스 에너지의 개요

1.1 유비쿼터스 에너지란

1.2 유비쿼터스의 개념

1.3 유비쿼터스 에너지의 기술발전

1.4 유비쿼터스 에너지의 응용

1.1 유비쿼터스 에너지란

유비쿼터스 에너지(Uiquitous energy : U-energy)란 IT 분야에서 요구되는 새로운 형태의 에너지를 말한다. 현재 정보통신 연구 분야에서 개발 중인 내용들을 살펴보면 주로 유비쿼터스 사회에서 필요로 하는 서비스나 통신 네트워크들에 대한 것이다. 그러나 아직까지 유비쿼터스 사회에서 요구되는 에너지 공급형태에 대해서는 개념을 정의하거나 필요한 기술들에 대한 의견은 없었던 것 같다.

그림 1-1과 같이 화석연료의 고갈이나 환경문제의 심각성 등과 같은 에너지 환경문제로 인하여 신재생 친환경 에너지가 급부상하고 있다. 이와 마찬가지로 유비쿼터스 사회의 도래와 같은 IT 환경의 변화는 새로운 IT 적응형 에너지인 이른바 유비쿼터스 에너지를 필요로 하게 되었다.

유비쿼터스 사회에서는 개인이 개인용 정보기기에 대한 의존성이 증가하기 때문에 이를 지원하는 유비쿼터스 에너지는 언제, 어디서나, 누구나 쉽게 전력을 공급받을 수 있는 형태가 되어야 한다는 특징을 지닌다. 이러한 요구를 만족시키기 위해서는 고밀도, 고효율이면서도 작고 휴대하기 편하며, 안전하고 친환경적인 전력원이어야만 한다. 또한, 전력 전달에 있어서 편의성과 효용성을 높이기 위해서는 무선전송의 특성도 지녀야 한다.

우리나라는 1998년 6월 초고속인터넷 서비스를 개시한 이후, 최근에는 국가 전체 가구의 80%인 1,200만 가구에 서비스를 제공하게 되었으며, 이를 바탕으로

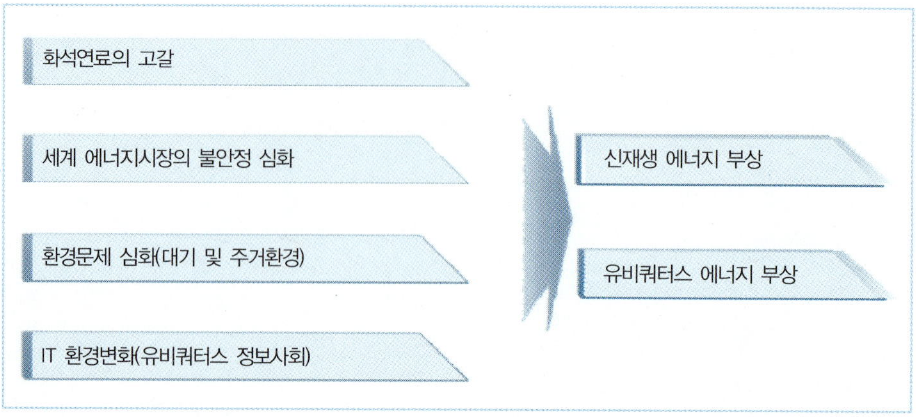

그림 1-1 유비쿼터스 에너지의 필요성

OECD가 발표한 초고속인터넷 보급률 부문에서 2001년부터 연속 1위에 올랐다. 또한 최근 세계경제포럼(WEF)에서 발표한 네트워크준비지수(NRI) 순위에서 전년보다 5계단 밀려난 19위를 했지만, 인터넷 활용 및 정보통신기술 확산 정도에서는 각각 1위와 3위를 차지해 우리나라의 기술수준이 우수함을 알 수 있다.

1990년대 후반부터 진행된 디지털 융합(digital convergence)은 가전, 방송, 통신, 컴퓨터 등과 관련된 기술이 융합하여 이루어진 융합기술로써, 그 기술범위가 확대되어 건설, 에너지 바이오 등 다양한 분야에서도 융합이 이루어지는 추세이다. 현재 개발 중인 융합기술의 대부분은 우리나라가 세계적으로 선도적인 위치에 있는 정보통신기술 및 인프라를 기반으로 하여 기술개발이 이루어지고 있으며, 특히 에너지 분야는 정보통신기술의 활용 영역이 매우 광범위하기 때문에 융합기술의 시장성과 활용도는 매우 높다.

유비쿼더스 에너지 분야에서 현재까지 활용되고 있는 IT기술로는 대표적으로 원격제어와 원격검침을 들 수 있다. 원격제어는 주로 산업용으로 사용되는 기술이며, 원격검침은 주로 가정용으로 활용되는 기술이다.

유비쿼터스 에너지 기술에서 에너지 생산기술은 기본적으로 무한정한 자원으로부터 전력을 생산할 수 있는 기술로서 예를 들어 태양광 전지, 폐기물 에너지, 석탄이용 에너지, 풍력에너지, 연료전지 에너지, 수소 에너지, 소수력 에너지, 해양에너지, 지열 에너지 등과 같은 것이다. 즉 무한정한 에너지로부터 무한정한 전력을 생산할 수 있는 기술을 의미한다.

이 외에 주변에서 전력화할 수 있는 에너지는 많이 있다. 이것을 얼마나 효과적으로 전력화하느냐가 개발의 핵심이 될 것이다.

에너지 저장기술은 기존 기술의 고효율화와 초소형화에 초점을 맞추게 된다. 결국 전력을 얼마나 효과적으로 저장하느냐가 관건이 된다.

에너지 전송기술은 기존의 RF기술보다는 효율적이고 친환경적인 새로운 무선전력전송기술의 개발이 요구된다.

유비쿼터스 에너지 기술은 다가오는 유비쿼터스 사회에서 구현될 모든 서비스에 관한 기술들을 완성한다는 의미에서 그 의의가 크다. 지금까지는 유비쿼터스 에너지 기술에 대한 관심이나 이해가 부족하지만 일본처럼 유비쿼터스 에너지 관련 연구가 진행될 것이다. 특히, IT 기반의 유비쿼터스 에너지 기술에 대한 연구개발이 조속히 추진될 것이다.

1.2 유비쿼터스의 개념

유비쿼터스라는 단어는 1988년 제록스사에 근무하던 마크 와이저(Mark Weiser)가 "유비쿼터스 컴퓨팅"이라는 개념으로 처음 제시하였다. 마크 와이저(Mark Weiser)의 약력을 보면, 1952년 7월 시카고에서 출생하였고, 21살에 회사를 설립하여 운영한 경험이 있다. 이후 미시간대학 컴퓨터와 통신과학(Computer and Communication Sciences) 분야에서 석사와 박사학위를 받았고, 36세가 되던 1987년에 제록스사에 연구원으로 참여하게 되었으며, 1988년에 유비쿼터스 개념을 제안하고 이후 여러 논문을 통하여 유비쿼터스 개념을 정립하였다.

그림 1-2 마크 와이저(Mark Weiser)

1.2.1 유비쿼터스의 기본구도

① 가능한 많은 물리공간의 구성요소들에 컴퓨터를 넣음으로써 모든 사물의 전자화 · 지능화가 필요하다.

② 언제, 어디서나, 무엇을 하든 네트워크에 접속, 연결될 수 있도록 유비쿼터스 개념과 정보기술 기반체계들을 정립하는 작업이 필수적이다. 여기서 중요한 것은 선도적인 정책과 기술개발, 상용화 실험, 국제표준화 등 제 3공간을 개척하는 노력에 적극 동참하는 자세이다.

③ 제 3공간의 애플리케이션 구도를 확립하는 작업이다. 국가, 경제사회, 개인과 같은 주체별은 물론, 정부, 산업, 금융 등 기능별로도 공간적 범주에 따라 제 3공간을 활용할 수 있는 구조가 된다.

1.2.2 유비쿼터스 사회

유비쿼터스화된 생활공간은 언제, 어디서든 네트워크로부터 자신이 필요로 하는 정보를 얻을 수 있는 환경으로 정의할 수 있다. 유비쿼터스 생활공간 속에서는 환경과 사물들의 상태변화에 대한 정보를 개개인의 욕구에 맞게 실시간으로 획득하고 환경과 사물 스스로 사람에게 필요한 정보를 고지하거나 상황에 적절한 조치를 취할 수 있다. 즉, 도로 · 다리 · 터널 · 빌딩 · 건물벽 · 천장 · 화분 · 냉장고 · 구두 · 시계 · 종이 · 물컵 · 책상 등 도시공간을 구성하는 수많은 환경과 대상물 속에 보이지 않는 컴퓨터를 심는 것이다. 또 모든 사물과 대상은 지능화되고 전자공간에 연결되어 서로 정보를 주고받는 유비쿼터스 공간(ubiquitous space)이 만들어진다.

그리고 언제, 어디서나 제한없는 접속(ubiquitous access)이 이뤄진다. 이와 같이 유비쿼터스 사회를 앞당기기 위해 통신업계에서 보여지는 움직임은 유선망과 융합된 무선서비스를 들 수 있다.

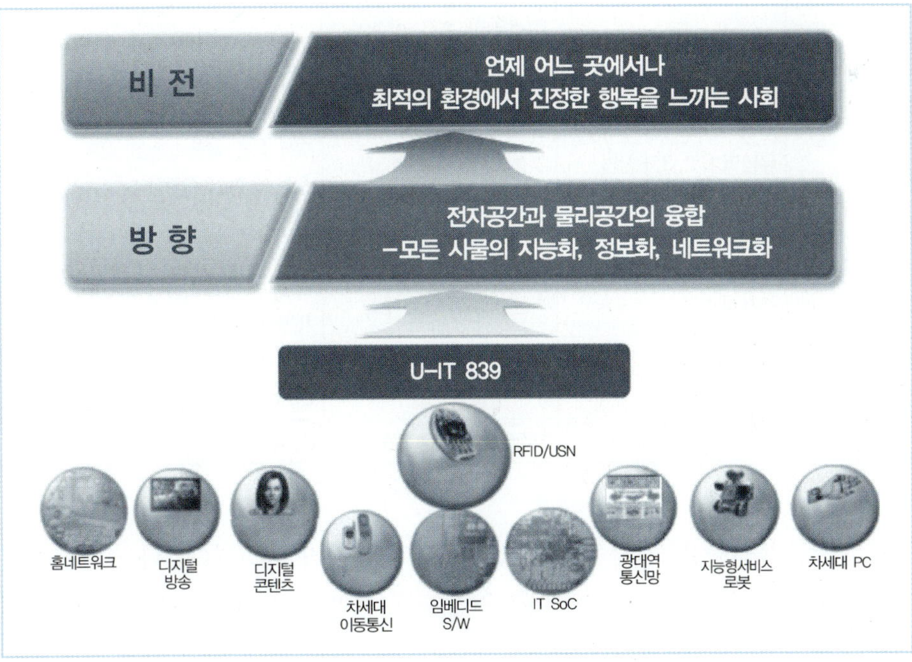

그림 1-3
유비쿼터스 사회

표 1-1
물리공간, 전자공간, 제3공간의 특성 비교

구 분	물리공간	전자공간	제 3공간
공간 원소	원자(ATOMS)	비트(bit)	원자(ATOMS) + 비트(bit)
공간 지각	만질 수 있음 (tangible)	만질 수 없는 공간 (intangible)	만지지 않아도 알 수 있는 공간
공간 형식	유클리드 공간, 실제적인 현실	논리적 공간, 컴퓨터상에서 가상적임(virtual)	지능적 공간, 지능적으로 증강된 현실 (intellectually augmented reality)
공간 구성	토지 + 사물	인터넷 + 웹	유비쿼터스 네트워크 + 지능화된 환경, 사물
공간 위상	주소/번지수	고정 IPv4	모바일 IPv6
가능 형성	공간에 사물이 심어짐 (things embedded in space)	컴퓨터에 가상사물이 심어짐(things embedded in computer)	컴퓨터가 사물에 심어짐 (computer embedded in things)
컴퓨터 활용	메인프레임(many person one computer)	PC(one person, one computer)	Ubiquitous-Pervasive-Disposable 컴퓨팅(one person, many computer)
공간 접속	only one access by oneself	some access/by agents	ubiquitous access/without oneself
기반 네트워크	도로망, 철도망	PC와 PC를 연결하는 인터넷	사물과 사물을 연결하는 인터넷
공간 개발 기술	토목, 건축	IT(컴퓨터+통신+방송) 융합	IT+BT+NT 융합
공간 경제 원리	규모와 집적 원리	네트워크 외부성 원리	공명성과 공진화 원리
산업 경제	유형의 1, 2, 3차 산업 (부동산, 제조, 서비스)	무형의 디지털 세계(ISP, 포털, 사이버 뱅킹 등)	모든 환경, 사물의 창조, 이동을 식별, 감식, 주척, 최적화하는 전 방위 공간 비즈니스, 산업
발전 과제	기간산업 육성과 지역 간 격차 해소	네트워크 기반과 이용자 확산, 디지털 격차 해소	모든 네트워크간 통합과 컴퓨터의 저가 격화, 전자, 물리공간 사이의 기능연계 재배치
발전 정책	국토 종합 개발 계획	cyber Korea, e-Korea	전자, 물리공간 통합 U-Korea 종합발전계획
추진 시기	1972년부터 현재까지	1999년부터 2002년까지	2003년 이후

표 1-1은 물리공간, 전자공간, 제3공간의 특성을 비교 설명하였다.

기존의 IT와 유비쿼터스 IT의 특징을 비교해 보면 표 1-2와 같이 정리할 수 있다.

표 1-2
유비쿼터스 IT 특성

구 분	정보화시대(기존 IT)	유비쿼터스 시대(U-IT)
처리대상	정보/지식	사물
목표	정보/지식의 유통 · 공유	기능 최적화
주요 분야	정보/지식관리	공간(환경/사물) 관리
핵심기술	인터넷 네트워크	센서, mobile
경제원리	네트워크/지식기반 경제	공간 시너지 경제
사용자	기존 사용자 중심	원격사용자 지향
정부제공 서비스	one-stop, seamless 서비스	보이지 않는 실시간 맞춤 서비스
기업 관련 활동	거래(지불) 정보화	생산, 유통, 재고관리 전분야 무인화
개인이 추구하는 서비스	표준화된 서비스	지능형 서비스

1.2.3 IPv6 보급 확산

차세대인터넷은 21세기 국가경쟁력을 좌우하는 핵심 인프라로서 인식되고 있으며 우리나라도 IT기반의 확대를 위하여 국가차원에서 전략적인 차세대인터넷 고도화를 추진할 필요성을 느끼고 광대역통합망(BcN)의 구축을 추진하고 있다.

우리나라는 인터넷 이용인구가 약 3,000만 명에 이르고 초고속인터넷 가입가구가 1,200만을 넘어서는 등 인터넷 이용이 보편화되고 서비스 고도화에 대한 수요가 급증하고 있으나, 인터넷의 급격한 확산과 BcN 구축과 맞물려 2006년경부터는 현 인터넷주소(IPv4)의 고갈이라는 새로운 문제가 예견된다.

이에 정부는 인터넷 주소의 부족문제를 근본적으로 해결하고 인터넷망의 고도화, 인터넷 산업의 육성 및 인터넷 이용환경의 개선을 도모하고자 IPv6 보급 · 확산을 촉진하고 있다.

IPv6의 주요 특징을 살펴보면, IPv6는 IETF가 '98년에 표준화한 128비트 주소의 차세대 인터넷 프로토콜로써 현재 사용하고 있는 IPv4의 주소길이(32비트)에서 4배가 확장되었다.

32비트 IPv4주소는 약 43억(232)개의 주소 생성이 가능하나 비효율적인 할당으로 현재 유효한 주소 개수는 5~6억 개에 불과하며 무선인터넷, 정보가전 등의 신규 IP주소 수요가 증가하면서 주소 부족문제가 대두되었다.

표 1-3
IPv4와 IPv6 비교

구 분	IPv4	IPv6
주소길이	32비트	128비트
주소개수	약 43억개	약 3.4×10^{38}개 (거의 무한대)
품질제어	품질 보장이 곤란 (QoS 일부지원)	등급별, 서비스별로 패킷을 구분할 수 있어 품질보장이 용이
보안기능	IPsec 프로토콜 별도설치	확장기능에서 기본으로 제공
자동네트워킹	곤란	있음(auto configuration 가능)
이동성지원	곤란(비효율적)	용이(효율적)

표 1-4
IPv6의 역할

구 분	IPv6의 역할
음성 · 데이터의 통합	VoIPv6를 활용한 유선전화 수준의 음성서비스 제공
유 · 무선 통합	모바일(mobile) IP기술을 적용하여 유 · 무선 통합 IP망 구성
통신 · 방송 융합	멀티캐스팅(multi-casting) 등을 활용하여 고품질의 주문형 양방향 인터넷방송 서비스 제공

표 1-5
IPv6의 특징

구 분	IPv6의 특징
새로운 기술 (new technology)	• 무한 주소공간(Indefinite addresses) • Built-in 보안(IP Security) 및 향상된 서비스품질(QoS) 제공 • 이동성(Mobile IP) 보장 및 자동네트워킹(autoconfiguration)
새로운 서비스 (new service)	• 쉽고 편리하고 안전한 서비스(easy and safe service) • 언제 어디서나 자유로운 통신서비스(remote mobile access) • 유 · 무선 통합형 멀티미디어 서비스(mulitimedia service)
새로운 비즈니스 (new business)	• 유 · 무선기반 다양한 멀티미디어 비즈니스(various multimedia business) • p2p, 분산형 게임, 자동차 응용, 공장자동화 응용 등에 다양하게 적용
새로운 시장 (new market)	• 고품질 콘텐츠 시장(new contents) • 홈네트워크 및 정보가전 활성화(new appliance) • 유 · 무선 통합형 post pc형 단말기 분야(new equipment)

그러나 128비트 IPv6주소는 약 3.4×10^{38}개의 주소를 생성할 수 있어 유비쿼터스 환경에서 필요한 충분한 주소자원을 제공할 수 있다.

IPv6가 가지고 있는 또 다른 주요한 특징은 기존 인터넷보다 보안성(security)이 뛰어나고, 이동성(mobility)을 지원하며 품질(QoS)에 대한 보증이 가능하다는 것이다.

IPv6의 보급 · 확산은 신기술을 지원하며, 새로운 서비스와 비즈니스 모델이 개발되고, 이를 활용한 새로운 시장을 창출되어 국민의 편익을 증진시킴에 따라 유비쿼터스 환경에서의 u-Life 형성에 기여할 것이다.

IPv6 보급 촉진을 통하여 차세대인터넷 산업과 서비스를 육성함으로써 인터넷 소비국에서 생산 강국으로 도약하는 것을 목표로 한다. 이를 위해

첫째, 특화된 분야를 선택하여 집중 개발함으로써 국내외 시장에서 경쟁력 있는 통신장비와 단말기를 개발하고,

둘째, BcN, 휴대인터넷, 디지털 가전 보급 등 유관사업과 연계를 추진하며

셋째, 정부, 공공기관 및 연구분야에 선도적으로 보급하여 초기시장을 조성,

넷째, 정부, 산업체, 연구계획 및 사용자와의 협력체계를 강화를 핵심 전략으로 세우고 있다.

IPv6 시대가 본격 도래하기에 앞서, IPv6 장비 구현을 위한 핵심기술을 확보하여 순수 국산장비로 IPv6 차세대인터넷 환경을 구축하고, 이를 바탕으로 해외시장에서의 경쟁력 확보해야 한다.

관련 핵심기술로는 민관 합동의 IPv4/IPv6 연동기술 및 IPv6 서비스 기술, IPv6 차세대 라우터 개발기술, BcN 고기능 IPv6 네트워킹 기술 등이 있다.

4) 유비쿼터스의 핵심기술

유비쿼터스의 핵심기술은 통합된 테크놀로지 환경에서 센서, 인식, 상황인지, 상호 연결, 반응 생성 등의 커뮤니케이션을 통한 디스플레이 기술에 초점이 맞춰져 있다. 그리고 응용기술 같은 경우는 첨단 공학적 에너지 기술 이외에도 인지과학이나 심리학과 같은 학문과의 결합이 요구된다.

유비쿼터스 컴퓨팅 또는 유비쿼터스 사회시스템을 구현하는데 필요한 기반기술 분야를 도출해 보면 다음과 같다. 우선 사물에 내재되어 있는 초소형 기기를 만들기 위한 기반기술로 디바이스 기술이 필요할 것이다. 다음으로 이런 컴퓨팅 기술들이 외부의 변화를 감지하여 정보를 얻기 위해서는 센싱기술이 필요하다. 이렇게 받은 데이터를 분석하고 판단하기 위해서는 실시간 운영체제(real time OS)와 같이 간단한 구조를 가지고 있는 작은 운영체제가 필요하다. 처리된 정보는 인터페이스 기술을 통해 사람에게 인간 친화적이고 지능화된 형태의 디스플레이를 통하

여 전달된다. 또한 받은 데이터를 컴퓨터 상호간에 교환하고 실시간으로 변하는 사물들의 위치 정보를 동적으로 연결하기 위해서 네트워크 기술이 필요하다. 이렇게 네트워크를 통하여 정보가 도처에 존재함으로써 기본적으로 보안에 대한 필요성이 커지게 되고, 보안의 취약성을 극복하기 위해서는 생체인식과 같은 인증 기술이 필요하게 된다.

아래에서 유비쿼터스 핵심기술의 종류를 표 1-6과 같다.

표 1-6
유비쿼터스 핵심기술

유비쿼터스 기반기술	세부 기술 내용
인터페이스 기술	차세대 디스플레이, 포스트 PC, 디지털 TV
네트워크 기술	IPv6, Ad-hoC, UWB, QoS, 그리드, 홈네트워킹, USN, 인터넷전화
실시간 OS 기술	임베디드 OS
센싱 기술	상황인식, RFID
디바이스 기술	IT SoC, MEMS, 차세대 전지, 지능형 서비스 로봇
보안기술	생체인식, DRM

유비쿼터스 사회를 구현하기 위한 기술분야로는 디바이스(device) 기술, 센싱(sensing) 기술, 실시간 OS(real time OS) 기술, 네트워크(network) 기술, 인터페이스(interface) 기술, 보안(security) 기술, 애플리케이션(application) 고도화 기술로 크게 7가지 기술분야로 나눌 수 있다.

- 디바이스(device) : 기술분야는 물리적 디바이스를 구성하는 기술분야로써 IT SoC, MEMS, 나노, 차세대 전지와 같은 기술요소가 필요하다.
- 센싱(sensing) : 기술분야는 외부의 변화를 감지하는 유비쿼터스 컴퓨팅의 입력장치에 해당하는 기술분야로써 RFID, 상황인식과 같은 기술요소가 필요하다.
- 실시간 OS(real time OS) : 기술분야는 센서를 통해 얻은 데이터를 분석하고 판단하는 기술분야로써 임베디드 소프트웨어와 같은 기술요소가 필요하다.
- 네트워크(network) : 기술은 사물간의 의사소통을 위한 기술분야로써 IPv6, Ad-hoc, Bluetooth, UWB, QoS, 그리드와 같은 기술요소가 필요하다.

- 인터페이스(interface) : 기술은 사용자에게 보여주기 위한 기술분야로써 차세대 디스플레이와 같은 기술요소가 필요하다.
- 보안(security) : 기술은 안전한 통신을 위한 기술분야로써 생체인식, DRM과 같은 기술요소가 필요하다.
- 애플리케이션(application) : 고도화 기술분야는 여러 기술요소들이 결합된 기술분야로서 차세대 PC, 휴대인터넷, 지능형 로봇, LBS, VoIP가 해당된다.

1.3 유비쿼터스 에너지의 기술발전

1) 에너지의 역사

인간의 주변에서 에너지라고 하는 대상보다 더 흥미롭고 중요한 것은 없는 듯하다.

에너지란 일(작업)을 할 수 있는 힘을 뜻하는데, 그 어원은 그리스어인 '에르곤'에서 나왔는데 '에네르게이아'이며, '일을 하는 능력'이라고 정의된다. 사실 에너지가 일을 한 것은 인간의 일보다 훨씬 이전의 일로서, 지구나 태양계의 탄생 자체도 에너지에 의해서 이루어진 결과라고 할 수 있다.

불의 발견, 증기기관의 발명 등 에너지 이용은 인류문명을 빠른 시간 안에 비약적으로 발전시켰다. 18세기부터 19세기에 걸친 산업혁명을 '에너지 혁명'이라고 일컬으며 근대과학기술의 눈부신 발전을 '유비쿼터스 에너지 기술의 발전'이라고 보면 거의 틀림없을 것이다.

인간은 태곳적부터 여러 가지 꿈을 꾸어 왔다. 새처럼 하늘을 날고 싶다든가, 먼 곳에 빨리 가고 싶다든가, 넓은 바다를 건너 새로운 육지로 가고 싶다든가, 달나라나 별나라를 구경하고 싶다든가, 더 소박하게는 어두운 밤에도 책을 읽고 싶다든가, 추운 겨울을 따뜻하게 지내고 싶다든가 하는 것들은 인류의 꿈이요, 야심이요, 염원이었다. 이러한 인류의 꿈과 야심, 그리고 염원은 역사를 통하여 하나 둘씩 이루어졌는데, 그것은 모두가 반드시 에너지와 결부됨으로써 가능한 일이었다.

유비쿼터스 에너지는 빛, 동력, 연료로서 인간에게 많은 일을 해 주었고 인류 문명의 발달을 뒷받침하였다. 오늘날 전자 · 정보화 사회의 시대가 활짝 개화되고 자동차, 에어컨, VTR, 인공위성 등이 작동되어 우리의 경제, 문화활동을 보다 더 편리하게 지탱해 주고 있는데, 이처럼 윤택한 생활과 눈부신 사회발전을 가능케 해 준 원동력이 바로 유비쿼터스 에너지인 것이다. 이 사실은 과거와 현재에도 그러했듯이 미래에도 역시 그러할 것이다.

2) 에너지의 물리적인 특성

에너지란 말이 물리학적 용어로서 그 개념이 명확하게 인식된 것은 그리 오래된 것이 아니며, 오늘날 우리가 열역학이라고 부르는 에너지에 관한 기본법칙도 19세기 후반에 와서야 확립되었다.

에너지에 대한 최초의 사고는 운동물체의 효과를 어떻게 나타내는가 하는 문제를 통하여 표출되었다. 즉, 질량 m, 속도 v의 물체가 있을 때 데카르트는 mv, 라이프니츠는 mv^2로 에너지를 표현해야 한다고 주장하였지만, 후에 달랑베르는 전자가 운동량이며 후자가 일에 해당한다고 밝혔다. 그리고 일을 나타내는 단위로 cgs(cm, gram, second) 단위인 에르그(erg : 질량 1g인 물체에 $1cm/s^2$ 가속도를 줄 수 있는 힘으로 1cm 움직였을 때 한 일의 양)가 채택되었고, 실용단위로 이것의 10^7배인 줄(joule)이 사용되게 되었다.

그 후 운동에너지로서 $1/2mv^2$, 위치에너지로서 mgh(g는 중력, h는 높이)가 정의되어, 공기마찰을 고려하지 않는 한 $1/2mv^2 + mgh$는 불변이고, 물체의 운동에너지와 위치에너지의 합은 불변이라고 하는 에너지역학 보존의 법칙이 확립되었다.

특히 란호드(1753~1814), 줄(1818~1889), 마이어(1814~1878), 헬름홀츠(1821~1894)를 거쳐, 열은 에너지형태에 불과하다는 것이 밝혀짐으로써 열역학 제1법칙(하나의 체계를 가진 에너지 총량 U는 그 체계의 외부와 에너지 교환이 없는 경우 일정하게 유지되지만, 외부와 교환이 있는 경우 그 증가량은 외부에서 들어온 열량 Q와 그 체계에 대하여 외부로부터 이루어진 역학적 일 W의 합과 같다)이 확립되었다.

그 후 음, 광, 전자기, 화학변화를 포함한 모든 체계에 '에너지보존의 법칙'이 확장되어 역학에너지, 전기에너지, 자기에너지, 열에너지, 화학에너지는 상호교환될 수 있음이 명백히 밝혀졌다.

20세기에 오기까지는 여러 과정에 걸친 에너지의 출입, 그 형태의 변화만으로 물질이 가지고 있는 전 에너지의 절대적인 가치는 문제가 되지 않았으나, 1905년에 이르러 아인슈타인(1879~1955)이 특수상대성이론을 제시하여, 속도가 v로 움직이고 있는 물체의 에너지는 $E=m_oc^2 / \sqrt{1-(V-C)2}$ 이라고 주장하였다. 여기서 c는 진공 중 광속도, m은 물체 정지시 질량을 나타낸다. v는 물체의 운동속도로 보통은 c에 비해 적으나 위 식을 전개하여, $2 = m_oc^2 + \frac{1}{2}m_ov^2 + \cdots\cdots$의 형태로 쓴다면, 제2항은 뉴턴역학에 있어서의 운동에너지이며, 제1항 m_oc^2는 물체가 정지시에 갖는 에너지로서 정지에너지라 불린다.

이는 단적으로 말해, 질량 1g의 물질이 완전히 에너지로 변화하면, c^2에르그(약 9×10^{20}에르그)의 에너지가 되고 역으로 나타내면 질량도 에너지형태에 불과하다는 것을 말한다. 이것은 원자핵반응 및 분열시의 에너지이동에 따른 질량의 증감, 광물질로의 전화 및 그 역현상에 의해 정량적으로 증명되었다.

에너지란 무엇인가를 물리학의 역사에 따라 간단히 설명했는데, 오늘날 유비쿼터스 에너지란 용어는 비단 물리학을 비롯한 자연과학 분야에서 뿐만 아니라 경제학을 포함한 인문 · 사회과학 영역에까지 광범하게 사용되어, 그 개념도 원래의 물리학의 범주를 넘어서 복합적인 의미를 가지게 되었다.

1.4 유비쿼터스 에너지의 응용

1.4.1 가정 및 자동차

우선 가정이나 자동차 분야에 유비쿼터스 에너지 기술을 적용할 경우에 다음과 같은 응용 사례들을 생각할 수 있다. 가정에서는 필요한 모든 전력을 자체 생산하게 된다. 실내 인테리어와 연계하여 색깔을 가진 베란다 창유리에 태양전지가 접목된 이른바 파워 창유리를 설치하여 낮에 실내 밝기를 조절할 수 있으면서 전력 발전도 하게 된다.

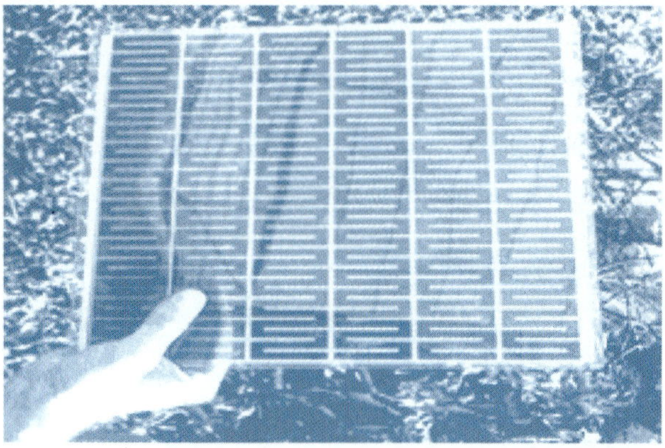

그림 1-4
파워 창유리로 사용 가능한 염료 태양전지

산업화가 점차 확대되어 개인의 복지가 향상되고 원격진료와 같은 의료서비스가 시작되면 주거지와 근무지가 멀리 떨어지게 된다. 그림 1-5와 같이 외딴 곳에 집을 마련하여 자연 속에서 휴식과 여가를 즐기는 가정들이 늘어날 것이다. 이런 경우에는 한전의 전력선을 개인 곳곳마다 설치하는 것은 비효율적이다. 따라서 독립된 발전이 필요하게 되고 태양전지 같은 대체 에너지가 주요 발전원이 될 것이다. 유기물 기반의 태양전지를 이용할 경우에 월 400kWh의 전력생산을 고려하면 약 200만 원대로 태양광 발전 시스템을 설치할 수 있게 된다.

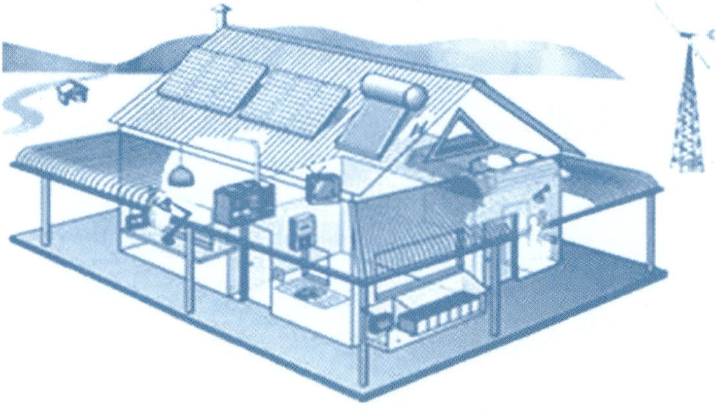

그림 1-5
외딴 곳에 독립 발전시설을 갖춘 주거용 주택

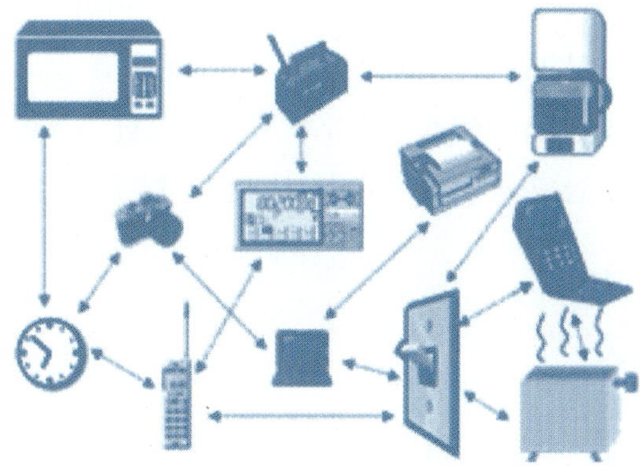

그림 1-6
유비쿼터스 무선전력전송을 이용한 가정용 전자기기의 사용 개념도

이렇게 그림 1-6처럼 개인 가정에서 독립적인 발전을 통하여 축적된 전력은 주택 내에서 무선에 의해 모든 가정용 전자기기들이 전력을 공급받게 된다. 유비쿼터스 전력전송의 장점은 전력선이 불필요하게 되어 이로 인한 화재 등을 막을 수 있고, 무의식중에 발생하는 누설 전력에 대한 에너지 낭비가 없다는 것이다. 무엇보다도 선을 없앰으로써 전자기기 사용에 대한 편리성을 증대시키게 된다.

자동차는 요즘 대체 에너지 및 전기를 이용한 동력발생을 위해 많은 연구가 이루어지는 분야이다. 유비쿼터스 에너지의 개념에 포함된 에너지 생산기술은 청정 자동차를 개발하는 데도 기여할 수 있다. 그림 1-7처럼 태양광 자동차, 연료전지 자동차 등과 같은 대체연료 측면에서만 본다면 자동차 분야의 유비쿼터스 에너지

그림 1-7
무선 전력 송수신이 가능한 태양광 자동차

는 기존의 연구주제와 크게 다르지 않다. 그러나 자동차의 편의사양과 안전성이 진화하면서 유비쿼터스기술이 접목되고 있다. 따라서 운행 중에 필요한 각종 정보들을 도로 중앙통제센터와 무선 송수신하게 되고 필요한 경우에는 개인의 휴대기기와도 유비쿼터스 무선 송수신이 이루어져야 한다. 이때 개인 휴대기기가 필요로 하는 전력 역시 자동차에서 무선으로 공급받을 수 있다.

1.4.2 의료 서비스

유비쿼터스 에너지는 의료 서비스 분야에서 특히 유용한 기술이다. 그림 1-8은 유비쿼터스 센서 네트워크(USN)를 이용한 개인 의료 복지 향상에 대한 기술 개념도를 보여주고 있다.

그림 1-8은 각종 바이오센서 및 환경 센서와 네트워크 기술을 이용하여 개인의 직접적인 건강관리와 간접적인 주변 환경 조성 등의 서비스를 수행하게 된다.

여기에서 보조기술로서 가장 핵심이 되는 것이 바로 전원에 관한 것이다. 즉, 모든 바이오센서나 환경 센서의 전원 및 네트워크 관리를 위한 전력, 개인 휴대용 센서 전원 등이 이에 해당한다.

유비쿼터스 에너지 기술은 이러한 문제에 대응하기 위해 제안된 기술로서 센서 내장형 전원장치 및 네트워크와 센서 간의 상호정보 교환시 전력의 송수신이 함께

그림 1-8
USN 기술을 이용한 의료 서비스 개념도

이루어지는 기술 등이 포함된다. 특히, 휴대용 센서의 전원은 배터리로 이용하기에는 위험요소가 너무 크다.

노약자 같은 분들은 배터리의 교체시기를 잘 알기가 어려우며 교체하는 일도 어려울 수 있다. 또한, 부재중에 배터리의 수명이 만료되어 센서가 작동하지 못하는 경우에 있어서 그림 1-8과 같은 서비스는 치명적인 손상을 입게 된다.

따라서 센서 내장형 자가발전식 전원장치나 내장형 유비쿼터스 전력 송수신 장치는 매우 중요한 요소기술이 된다. 아직까지 이에 대한 관심이 적지만 앞으로 많은 연구와 개발이 이루어져야 할 분야로 판단된다.

1.4.3 모바일 IT 기기

유비쿼터스 에너지 기술이 아주 유용하게 사용될 수 있는 분야는 모바일 개인 휴대기기 및 제품일체형 광고판 분야이다. 우선 개인 휴대기기에 대해서는 그림 1-9에 예시되어 있다.

그림 1-9를 살펴보면 개인이 휴대하고 다니는 모든 IT 기기들이 독자적으로 배터리 같은 전원장치가 내장되어 있는 것이 아니라 한 곳에서 전원을 생산하고 이를 무선으로 휴대기기에 공급하는 시스템으로 되어 있다. 이러한 전원장치는 소형이면서도 고효율의 전력생산이 가능해야 하고 또한 무선 전력송신 장치와 접목된

그림 1-9
개인 휴대기기용
무선 전원장치

형태이다. 이 경우에 각 IT 기기들은 무선 전력수신 장치만 내장되어 있으면 된다. 각각의 기기들이 가져야 하는 배터리 무게나 하나로 줄어들게 되어 휴대성이 더욱 용이하게 되고 기존의 배터리 문제에서 야기되던 전력소모에 대한 부담이나 환경 문제가 줄어들어 소형의 다기능 IT 기기 개발을 촉진하게 될 것이다.

그림 1-10은 제품과 일체형으로 된 광고판 및 제품의 유통을 관리하기 위한 RFID 칩, 제품의 상태를 파악하고 정보를 수집하고 위한 센서 등이 제품과 하나로 접목된 상품을 보여주고 있다. 이 경우에 있어서 각 장치들이 필요로 하는 전력을 생산하고 공급하는 전원장치 제품 일체형으로 제작되는 것이 보다 효과적일 것이며 유비쿼터스 에너지 기술은 이러한 부분에도 사용이 가능하다. 즉, 유기물로 제작된 광고판과 RFID 기술은 현재 연구되고 있으며 센서에 대한 개발도 융합기술로서 중요한 부분을 차지하고 있다.

그러나 각각의 장치들이 제품 일체형으로 응용될 경우에는 전원에 대한 문제가 심각해진다. 경제적인 측면이나 장치 운용의 효율성, 배터리가 제품포장제와 함께 버려질 때의 환경문제 등을 고려하면 단일화된 전원생산 장치와 공급 장치는 필수적인 요소이다. 이 경우에 있어 전원생산 장치는 고효율의 유기물 기반 태양전지 등을 사용할 수 있고 필요한 경우에는 유기물 기반의 무선 전력 송수신 장치를 사용할 수 있다. 유기물 기반의 소자는 기존의 제품과 일체형으로 만들기 쉽다는 장점이 있기 때문에 이용 가능성이 높다.

그림 1-10
제품 일체형 광고판과 RFID용 전원장치

1.4.4 로봇 분야

유비쿼터스 에너지 기술의 주요 응용 분야 중에 하나는 로봇기술이다. 산업이 발전하고 인간의 복지에 대한 관심이 증가하면서 로봇에 대한 관심도 비례하여 증가하고 있다. 그 이유는 개인의 생명을 위협할 수 있는 작업환경이나 전투작전에 로봇에 대한 활용도가 높아지기 때문이다. 또한 의료용 로봇에 대한 필요성이 확산되어 가고 있다. 의료용 로봇 중에는 생체 내에 들어가 검진 및 시술을 하는 초소형 나노로봇에 대한 연구가 전 세계적으로 진행되고 있는데 이러한 로봇분야에서도 전원에 대한 문제는 존재한다. 결국 얼마나 오랫동안 전원을 공급할 수 있느냐가 로봇의 작업시간을 의미하기 때문이다. 더욱이 로봇의 크기가 줄어들수록 전원장치에 대한 부피문제는 심각해진다. 이 경우에 있어서 무선 전원공급 장치가 해결책으로 제시할 수 있다. 외부에 전원장치가 있고 생체 내에서 동작하고 있는 로봇은 무선 전력 수신기만 내장하고 있으면 거의 무한정의 시간동안 작업을 할 수 있기 된다. 생체 로봇의 경우에는 자체 전력생산 장치를 유지할 수도 있다.

예를 들어 생체반응을 이용한 전력발생 장치를 이용하면 가능할 수 있다. 그러나 이 경우에는 전력생산량이 매우 작을 것으로 예상되어 나노로봇의 전력소모량 또한 매우 작아야만 한다.

그림 1-11
각종 군사용, 탐사용 로봇들과 의료용 나노로봇

그림 1-11의 맨 오른쪽 그림에서 보이는 적혈구 크기만 한 나노로봇을 제작할 경우에는 생체반응 전력생산 장치로도 충분히 필요한 전력을 공급할 수 있을 것으로 기대한다.

1.4.5 공공 분야

모바일기기들이 지금보다 더 개인 필수품이 되고 전력생산에 대한 정부의 부담이 줄어들 경우에는 그림 1-12와 같이 거리나 공공건물 내에서 무선으로 필요한 정보뿐만이 아니라 개인 휴대기기의 전원도 공급받을 수 있게 될 것이다. 정보서비스 부분은 현재에도 어느 정도 가능하리만큼 기술이 성숙되어 있지만 전력 부분은 매우 다른 실정이다.

그림 1-12와 같은 사회에서는 개인 주택이나 상업용 또는 공공건물 등에 설치된

그림 1-12
공공장소에서의 무료 무선 전력 송수신 서비스

독립된 전원설비로 인해 전력생산과 소비에 대한 부담이 지금보다 매우 완화될 것이고 각종 정보에 대한 매개체가 개인 모바일기기들을 통한 무선통신이 될 것이다. 이렇게 되면 전력공급이 사용료가 없는 공공 서비스로서 누구나, 언제, 어디서나 무한정 사용할 수 있는 자원이 된다. 유비쿼터스 에너지 기술은 이것을 실현할 수 있는 가장 중요한 기술이다. 무한정의 에너지를 무상으로 공급하기 위해서는 매우 값싼 전력생산 장치가 필요하며 또한, 친환경적인 에너지원이 되어야만 한다. 언제, 어디서나 쉽게 공급하기 위해서는 무선 전력전송 기술이 필수적이다. 무선 전력전송 기술도 인체에 무해한 기술이어야만 하고 일반적으로 예상되는 전력전송에 있어서 막대한 손실을 막을 수 있는 기술이다. 아직까지 이러한 서비스를 제공하기 위해서는 많은 기술적 성장이 요구되지만 앞으로 다가올 유비쿼터스 사회에서는 구현될 수 있다.

제2장
유비쿼터스 에너지의 요소 기술

2.1 유비쿼터스 에너지의 요소 기술

이번 절에서는 유비쿼터스 사회에서 실현될 서비스나 통신 네트워크의 전원공급 시스템과 이에 대한 요소 기술들을 살펴보기로 하겠다.

유비쿼터스 에너지의 특징이 될 수 있는 개인화(personality), 소형 휴대화(compact portability), 착용화(wearability)를 만족하기 위해 필요한 세부적인 요소 기술들을 살펴보면 크게 에너지 생산, 저장, 전송의 세 가지로 분류된다. 이 기술 분야에 해당하는 세부기술들은 그림 2-1에 예시되어 있다.

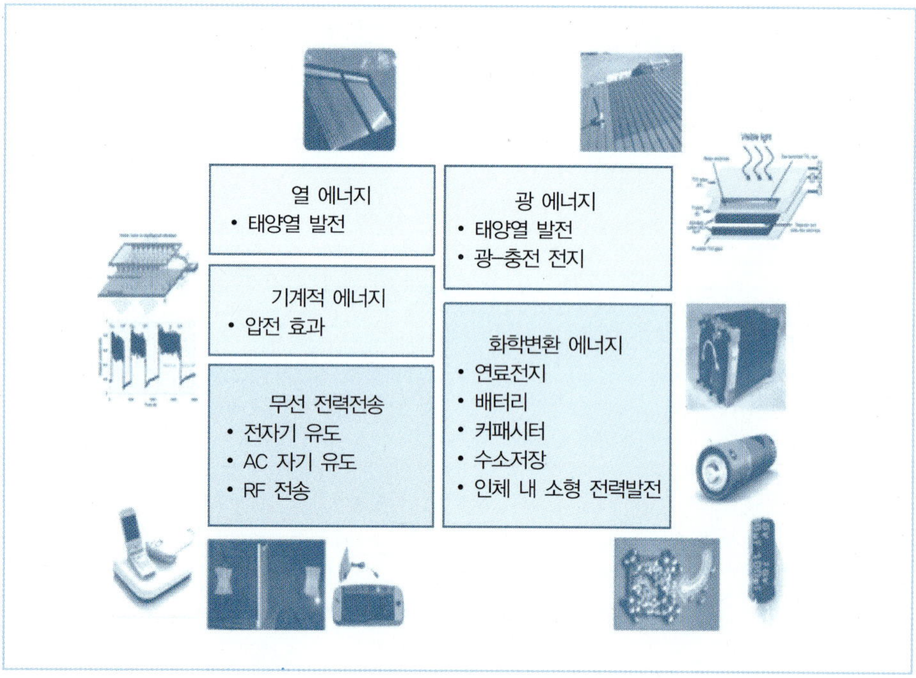

그림 2-1
유비쿼터스 에너지의 요소 기술의 예제

2.1.1 유비쿼터스 에너지 생산기술

유비쿼터스 에너지 생산기술로는 열에너지를 전기에너지로 빛에너지를 전기에너지로 기계적 에너지를 전기에너지로 바꾸는 기술과 화학변화를 전기에너지로 바꾸는 기술 등이 있다. 이에 대한 예제 기술로서 열에너지를 전기에너지로 바꾸는 기술로는 태양열 발전 및 인체의 열과 같은 미세한 열을 이용한 발전들이 이에 해당한다.

빛에너지를 전기에너지로 바꾸는 기술로는 태양광 발전이 대표적인 예이다. 기계적 에너지를 전기에너지로 바꾸는 기술로는 압전효과를 이용하여 외부에서의 압력변화를 전기로 바꾸는 기술 등이 이에 해당한다. 화학적 변환에 의한 발전기술로는 연료전지나 인체 내 대사작용을 이용하여 발전을 하는 기술 등이 있다.

2.1.2 유비쿼터스 에너지 저장기술

유비쿼터스 에너지 저장기술로는 고효율 소형 수소저장이나 고효율 커패시터, 대용량 소형 배터리 등이 있고, 광-충전 소자 및 압전-충전 소자 등은 에너지 생산기술과 에너지 저장기술을 접목한 융합 기술에 해당한다. 특히, 압전–충전 소자 등은 에너지 하베스트라는 이름으로 최근 많은 관심을 모으고 있다.

2.1.3 유비쿼터스 무선 전력전송 기술

유비쿼터스 무선 전력전송 기술은 이미 RF 전파를 이용하여 렉테나(rectenna : rectifier+antenna의 합성어) 등과 같은 기술로 상용화된 기술도 있지만 인체에 무해하며 전력을 효과적으로 전달하기 위한 새로운 기술들이 최근에 연구되고 있다.

유비쿼터스 에너지 기술의 관점에서 보면 무선 전력 전송의 유효거리는 대략 20m 이내라고 생각된다. 그 이유는 우선 집안에서의 무선 전송을 고려할 경우에 20m 정도가 실사용 거리로 예상되며, 공공의 장소 및 거리에서 무선으로 전력을 송수신하는 것 또한 20m 범위 정도면 효과적일 것이라 판단된다. 이보다 더 거리가 길어지게 되면 공공장소에서는 문제가 없지만 개인 가정집에서는 옆집이나 다른 사람이 개인 전력을 도용할 수 있는 요소가 발생하기 때문에 큰 유효거리는 전력의 무료화와 같은 새로운 사회제도가 뒷받침되어야 할 것으로 예상된다.

유비쿼터스 에너지 기술은 위의 세 가지 기술인 에너지 생산기술, 저장기술, 무선 전력전송 기술들이 잘 융합할 때 효과적이며 새로운 유비쿼터스 서비스를 뒷받침할 수 있다.

2.2 유비쿼터스 무선 에너지의 전력 요구

FTTH 등 광케이블의 등장에 이은 IEEE 802.11n은 기존 25Mbps인 무선랜 속도를 100Mbps로 지원하는 초고속 무선랜 규격이다. 전송속도가 약 150~300Mbps 가량이며, 거리도 최대 120m에 지원된다.

WiBro 등 다양한 무선 기술 표준안이 제안되는 반면에 무선 전력을 사용하는 기기는 매우 제한된다. 유비쿼터스 환경을 구현하기 위해서는 무선 표준플랫폼 등 기기의 전력 공급에 대한 문제가 해결되어야 한다.

차세대 서비스가 제공되는 공간에서 서비스를 공급받는 단말기는 충전 거치대에서 에너지를 보충받아야 하는 것이 현 기술의 시점이다.

가장 시급한 문제로는 노트북의 차세대 전지 개발보다는 무선 인터넷에 접속할 수 있는 호스트 포트에서 지원하는 무선 전력 공급이 필요한 것이다. 특히 유비쿼터스 센서 환경을 이루기 위해서는 무선 규격보다 더 중요한 것이 다양한 기기들의 전원 공급을 어떠한 방법으로 충족시켜야 하는지에 대한 대안이 필요하다.

무선 충전을 포함한 유비쿼터스 무선 에너지(Wireless Energy)의 연구개발 현황 및 상용화 동향은 다음과 같다.

2.2.1 유비쿼터스 무선 에너지의 인터페이스

유비쿼터스 에너지 무선(원격) 공급에 있어서 가장 큰 문제점은 사람과의 간섭이다. 저주파 자기장(magnetic fields)파를 30m 범위에서 사용하면, 인간에게 해를 미치지 않지만 인간의 신체는 전기장(electric fields)에 민감하게 반응한다.

휴대폰 기지국의 송신기(2GHz)로 전파를 송신한다면 자기장과 더불어 전기장파가 혼합 형태로 전달되기 때문에 인간의 신체/건강에 위험을 주게 된다.

자기장파가 생명체에 암을 유발한다는 가설이 있지만 실제로 생명체에 큰 영향을 주지 않는다는 주장을 MIT 물리학 Witricity 연구팀에서 제시하였다.

실용화에 있어서 현재 가장 현실적이고 실용적인 기술은 유비쿼터스 무선 충전 기술로 제안될 수 있다.

2.2.2 유비쿼터스 무선 충전 기술

국내에서 가장 빠른 움직임은 전자기 유도 방식으로 휴대폰 등 다양한 휴대 단말기의 배터리를 무선으로 충전하거나 에너지 공급과 관련해서 특허 출원 건이 증가하고 있다.

근본적인 원인은 생활의 편리성 및 전원 인터페이스의 단순화를 요구하는 소비자 때문이다.

무선 충전의 장점으로는 충전 접속 단자가 내장이 되기 때문에 방수의 기능을 높여줄 뿐만 아니라, 무선 충전의 표준안이 통과됨에 따라 별도의 케이블 없이 무선 충전을 지원하는 충전기에서 전원을 공급받을 수 있다.

국내에서는 LS 산전이 휴대전화, MP3 등 다양한 소형기기에 별도의 연결선 없이 충전할 수 있는 유비쿼터스 무선 충전 기술(wireless charger)을 개발하여 팜 패드(Palm Pad)에 세계 최초로 상용 제품에 적용하였다.

LS산전에서 활용한 무선 충전 기술의 구현 방법은 전자기 유도(electromagnetic induction) 방식이다.

유비쿼터스 무선 충전 기술의 대표적인 2방식은 전자기 유도 방식과 마이크로파 변환 무선 전력 전송으로 나누어진다.

그림 2-2
LS산전의 무접점 충전 기술

새로운 유비쿼터스 무선 충전 방식은 생활기기를 시작으로 차세대 기술에 적용될 것이다.

1) 전자기 유도 방식

전자기 유도 방식(electro-magnetic induction)은 가정의 변압기도 전자기 유도 현상을 이용한 기계에 사용된다. 즉 변압기 내부를 보면 철심의 양측에 각각 1차 코일과 2차 코일이 감겨 있으며, 1차 코일에 전기가 흐르면 자기장이 형성되어 2차 코일을 통과하므로 이 자기장의 변화에 따라 2차 코일에 전기가 흐른다. 이 전기의 전압은 두 코일의 감은 회수에 비례해서 높아지는데 2차 코일을 많이 감으면 감을수록 2차 코일의 전압이 높아진다.

실생활에서는 철도 차량의 앞부분에 장치해서 전자기 유도로 지상의 전선에 흐르는 신호를 차량에 중계하는 장치로서 자동 열차제어/자동 열차정지/차내 신호 등에 활용된다.

2) 마이크로파 변환 무선 전력 전송

마이크로파 변환 무선 전력 전송은 렉테나(rectenna)는 정류기(rectifier)와 안테나의 합성어로서 안테나와 정류기를 조합하여 마이크로파를 직접 직류전력으로 변화하는 소자를 뜻한다.

최근 각종 ID 식별인 RFID에는 비접촉형의 IC 카드에 사용되고 있다.

마이크로파·전파로 카드측에 공간을 통하여 전력을 송전하고, 렉테나로 수취하여 내부전원으로 이용하고 있다.

해외 선두주자 업체인 Splash power Ltd.는 영국에 본사를 두고 있으며, 일본, 한국에 지사를 두고 있는 우수한 무선전력기술회사이다.

스플래쉬 전원(splash power)에서는 생활 기기의 여러 규격의 충전기를 배제하며, 물리적인 전원 없이 기기에 무선으로 전원을 공급하며, 다 기기 무선 충전을 가능하게 한다.

이 무선 전원 공급 구성품은 무선충전기파(charging base)와 스플래쉬 전원(splash power) 지원 모바일기기가 필요하다. 즉 무선 전력 송신기(splash pad)를 통해 전력 수신기(splash module)에 전력을 공급한다. 본 모듈은 다양한 기기에 내장되거나, 외부단자로 부착되어 사용될 수 있다. LS 전선의 무접점 충전기가 이보다 상용화 측면에 있어서 효율/단가면에서 뛰어나다는 평도 있다.

그림 2-3
무선 전력 송신기

그림 2-4
무선 전력 수신기

2.3 유비쿼터스 에너지의 원격 기술

2.3.1 원격검침의 개요

원격검침(Automatic Meter Reading : AMR) 시스템은 유틸리티(가스, 전기, 열, 온수, 수도 등)를 공급하는 공급자가 수요자(고객)의 유틸리티 사용량을 원격에서 자동으로 검침하기 위해 설치된 시스템을 일컫는다. 이 방법은 기존의 방법인 인력에 의한 검침에 따른 검침 효율 및 정확성 등을 개선하기 위해 제안된 방법이며, 검침 이외의 다양한 분야로의 확대를 꾀하고 있다. 원격검침은 국내뿐만 아니라 해외에서도 유틸리티의 검침에 활용되고 있는 기술이며, 최근 기존 아날로그 기기의 디지털화, 검침을 가장한 강력범죄의 증가, 생활환경의 변화 등에 기인하여 보급이 점점 확대되고 있는 실정이다.

2.3.2 원격검침의 국내 현황

원격검침은 1980년대에 우리나라에 처음 도입되었으며, '한국특허정보원'에 등재된 특허 중에서 원격검침 관련 특허는 1989년에 대한전선에 의해 최초로 출원되었으며 같은 해에 총 5건의 원격검침 관련 특허가 출원되었다.

전력부문 원격검침의 경우 1997년 한전은 '전력선진화사업' 중 '원격검침시스템 시범사업'을 착수한 이래 100kW 이상 고압 수용가에 대해 원격검침 보급 사업을 수행하였다. 그 결과 2000년에 100kW 이상의 전력을 사용하는 전국 13만 고압 수용가 전체에 대해 무선 원격검침 시스템 설치를 완료하였으며, 현재는 저압 수용가에 대한 원격검침 시범사업을 진행 중에 있다.

가스부문 원격검침의 경우 2003년에 산자부 정책에 따라 전국 도시가스사가 원격검침 시범사업을 수행하였으며, 가정용 수용가에 대한 원격검침 보급 사업이 진행 중에 있다.

수도부문 원격검침의 경우 2004년 양산시에서 무선 PDA를 활용한 원격검침시스템 보급사업이 수행된 이후, 여러 지자체의 상수도사업소에서 원격검침 시범사업을 추진 중에 있다. 특히 최근에는 인력에 의한 무선 PDA를 활용한 원격검침이

아닌 자동원격 검침시스템의 보급이 주를 이루고 있다.

열부문 원격검침의 경우, 1987년 열공급을 시작한 이래 주로 대규모 주택단지에 열을 공급하고 있으며, 적용되는 검침값은 단지에 공급하는 메인 계량기의 검침값을 요금 계산에 활용하고 있으며, 메인 계량기에 대한 원격검침을 수행하고 있다.

표 2-1
원격검침 관련 연혁

구분	원격검침 수행 내용
1987년	• 원격검침 관련 특허 출원 - 대한전선 외 5건
1997년	• 한전, 고압 수용가 원격검침 시범사업
2001년	• 한전, 저압 수용가 원격검침 시범사업 - 제주지역 1,500세대
2003년	• 한전, 고압 수용가 원격검침시스템 설치 완료 - 13만 수용가, 무선 • 도시가스, 원격검침 시범사업
2004년	• 상수도, 원격검침 시범사업 - 양산시 10개소 • 한전, 고속 PLC 홈네트워크 시범사업 • 한전, AMR 첫 수출 - 태국지방전력청
2005년	• 한전, PLC 원격검침 시범사업 - 대구 및 대전 지역 1,500세대
2006년	• 주공, 신규 공동주택 원격검침시스템 의무화 • 도시가스, 원격검침 누적 보급 20만 세대
2007년	• 전력연구원, 전력량계 통신규격 국제공인시험기관 인증 • 한전, 근거리 무선검침(OMR) 시범사업 - 전남지역 1,100여 세대 • 통합원격검침 시범사업 - 서울 목동 100여 세대, 전기/가스/수도 • PLC 원격검침 시범사업 확대 - 대전 외 5,000세대 • 상수도 원격검침 보급사업 - 진해시 17,000여 세대

2.3.3 원격검침의 해외 현황

해외에서의 원격검침은 주로 전력분야에서 이루어졌다. 전력분야의 도전문제를 해결하기 위해 도입된 원격검침은 선불제, 직접부하제어 등에 활용되고 있으며, 전력선 통신(Power-Line Communication : PLC) 기술을 이용하는 시스템이 다수이다. 전력분야뿐만 아니라 가스 및 수도 등의 검침에도 활용하는 경우가 늘어나고 있으며, 가스 및 수도의 경우 무선기술을 활용한 OMR(Offsite Meter Reading)이 널리 이용되고 있다.

일본의 경우, 지진이 잦은 지리학적 상황으로 인해 가스계량기가 다른 나라와는 달리 지진 감지 및 자동가스차단 기능을 가진 다기능 가스계량기가 주로 보급되어 있으며, 이 계량기를 공중전화망에 연결하여 원격검침을 수행하는 원격검침시스템이 이용되고 있다.

2.3.4 원격검침기술 현황

유틸리티의 사용량 검침을 위한 원격검침에 활용되는 기술은 계량기에서 집중기까지 이루어지는 데이터 전송방법에 따라 크게 유선방식, 무선방식, 전력선 방식으로 구분할 수 있다.

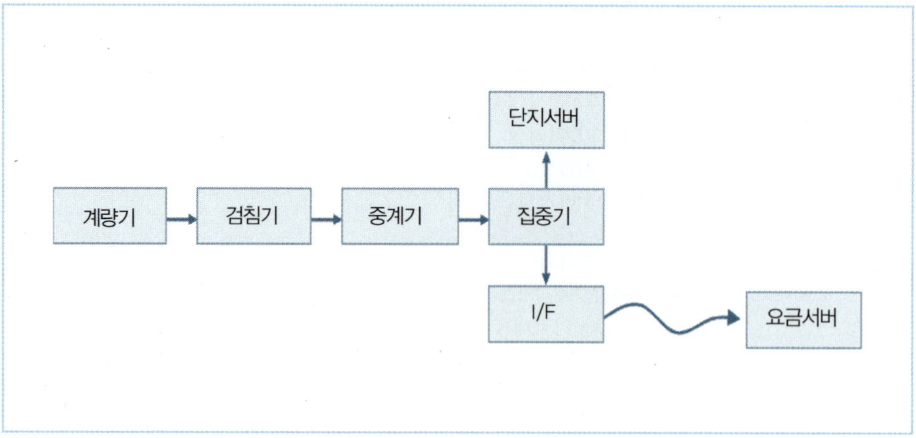

그림 2-5
원격검침시스템 구성도

1) 유선방식의 원격검침기술

우리나라의 주택구조는 다른 나라와 달리 공동주택이 많이 보급되어 있으며, 최근에 신축되는 주택은 70% 이상이 공동주택으로 이루어진다. 신규주택의 경우 주택을 건설하는 단계에 전기배선, 수도/가스 등 배관 등과 더불어 원격검침용 신호선을 설치하는 경우가 늘어나고 있는 추세이며, 이 신호선을 이용하여 검침 데이터를 원격지로 전송하는 방식을 유선방식 또는 전용선 방식 원격검침이다.

표 2-2
국내 원격검침 기술 현황

원격검침 기술	주요 내용	적용 분야
유선방식 (전용선방식)	• RS-485 • RS-232 • mm-bus	신규 공동주택 (전기/가스/열/수도)
무선방식	• 424MHz • 지그비(2.4GHz)	기존 공동주택 및 단독주택 (전기/가스/수도)
전력선 통신방식	표준 없음	기존 및 신규주택 (전기/가스)

유선방식 원격검침에서 주로 사용되는 통신표준은 RS-485 또는 RS-232이며, 이 중 RS-485가 주류를 이루고 있다. 유선방식 원격검침시스템을 공급하는 회사로는 LS산전, 피에스텍, 옴니시스템, 위지트 등이 있다. 특히 위지트는 계량기와 검침기 사 이의 데이터 전송을 위해 mm-bus라는 통신방식을 사용하고 있다. 검침기에서 집중기 사이의 원격검침은 4개 업체 모두 RS-485 방식을 이용하고 있다.

2) 무선방식의 원격검침기술

기존 주택은 신규 주택과는 달리 경제성, 미관 등 다양한 요인으로 인해 유선방식의 원격검침을 설치하기 어려운 경우가 많다. 이런 경우 무선방식 원격검침시스템은 매우 유용한 대안으로써 활용될 수 있으며, 실제로 국내에서 적용되는 원격검침시스템 중 기존 주택 및 단독주택에서는 대부분 무선원격검침을 이용하고 있는 실정이다.

무선방식 원격검침은 특정한 대역의 주파수를 이용하여 원격검침을 수행하는 기술로써, 현재 국내에서 원격검침에 활용되고 있는 주파수 대역은 특정 소출력 무선 대역 중 하나인 424MHz와 ISM(산업 · 과학 · 의학부문에서 사용되는 주파수) 대역인 2.4GHz이다. 이들 대역은 전파법에 따라 지정된 출력전력 이하에서는 누구나 자유롭게 사용할 수 있는 주파수 대역이다. 이와 더불어 전기, 가스 등 유틸리티의 검침을 위한 전용 주파수 대역이 전파법에 따로 규정되어 있긴 하나, 유지관리 비용적인 문제로 인해 실제적인 적용은 되고 있지 않은 것으로 파악되었다.

424MHz 대역은 특정한 용도가 지정되어 있지 않고, 통신표준도 제정되어 있지 않아 누구나 간편하게 원격검침시스템을 구현할 수 있는 장점이 있다. 2.4GHz 대역은 무선 LAN, 블루투스, 지그비 등 다양한 애플리케이션이 존재하고 있으며, 이 중에서 지그비가 원격검침용으로 활용되고 있다. 424MHz 대역용 원격검침시스템을 공급하는 업체로는 LS산전, 위지트, 카오스, 미텍 등이 있으며, 지그비 통신기술을 이용한 원격검침시스템을 공급하는 업체로는 누리텔레콤 등이 있다.

3) 전력선 통신방식의 원격검침기술

전력선 통신기술은 가정 내에서 필수적으로 설치되는 전력선을 이용하여 통신네트워크를 구성, 데이터를 송수신하는 기술이다. 이 기술은 수 kbps 수준의 저속 전력선 통신에서 시작하여 현재 수십 Mbps 이상의 속도를 가지는 고속 전력선 통신 기술이 개발된 상태이나, 잡음, 정확성 등 몇 가지 문제점으로 인해 확대 보급은 아직까지 이루어지지 않고 있다.

전력선 통신이 원격검침에 활용되는 곳은 주로 전력 부문이지만, 가스 부문에도 일부 적용되어 있는 상황이다. 이 기술을 이용한 원격검침시스템을 공급하는 업체로는 한전 KDN, 플래넷, 소디프 등이 있으며, 한전에서는 전력선과 무선기술을 복합시킨 원격검침시스템에 대한 시범사업을 진행하고 있다.

원격검침과 관련된 기술은 센싱 방식, 통신방식, 장치 등 다양한 구성을 가지고 있다. 이들 특허는 대부분 원격검침이라는 공통 개념 하에서 개별적으로 특화된 기술을 제시하고 있으며, 표 2-3은 원격검침의 주요 기술들이다.

표 2-3
원격검침의 주요 기술

구 분		내 용
검침방법	적산	- 리미터(Limiter) S/W - 홀 센서(Hall-sensor) - 포토 센서(Photo-sensor)
	직독	- 이미지 센싱(CCD, CMOS)
통신방법	검침기↔중계기	- 전용선(mm-bus, RS-485 등) - 전력선 - 무선(424MHz, 지그비(2.4GHz)) - 적외선(IrDA) - 무선인터넷
	중계기↔집중기	- 전용선(mm-bus, PS-485 등) - 전력선 - 무선(424MHz, 지그비(2.4GHz)
	집중기(관리소 PC)↔서버	- 인터넷 - CDMA - 전화선
기타	- 데이터 형식 - 통신 채널 형성 방법 - 기능(검침, 방범/방재, 도전감지, 누출/누전감지 등) - 저전력 방법 - 전력량계와 통신단자대 일체형	

2.3.5 원격기술검침의 활용

원격검침기술은 사용자 편의성 향상, 에너지 절약, 에너지 안전관리 등의 목적으로 전기, 가스, 수도 등 다양한 분야에 활용되고 있다. 또한 전용선 방식 통신기술과 같은 오래된 기술부터 지그비와 같은 최신 기술까지 다양한 IT 기술들이 원격검침시스템의 구현을 위해 적용되고 있다.

원격검침 관련 기술은 1990년 이전에 국내에 소개되어 20년 이상의 기간 동안 개발이 진행된 기술이지만, 주거문화의 변화 및 신기술의 출현으로 인해 아직까지 제대로 정착하지 못한 것이 현실이다. 또한 원격검침시스템을 구현하기 위한 다양한 기술들이 상호 경쟁적으로 개발되면서 시장에서의 혼란이 줄어들고 있지 않은 상황이다.

최근에 원격검침시스템의 보급이 확대되고 있긴 하지만, 주로 신규 공동주택에 대해 적용되고 있으며, 기존 공동주택 및 단독주택에 대해서는 경제성 결여로 인해 보급이 매우 제한적으로 이루어지고 있다. 유틸리티 공급사들도 각자의 이해관계에 따라 원격검침시스템 및 요금적용 방식을 각기 달리하고 있어서 시장의 혼란을 가중시키는 원인이 되고 있다.

다행스러운 것은 신규 주택에 대해 홈네트워크 시스템의 보급이 활성화되면서, 이 시스템과 원격검침시스템을 연계하여 보급이 이루어지고 있다는 것이다. 국민의 삶의 질 향상과 더불어 에너지 절약과 안전 강화라는 시대적 요구에 원격검침 기술의 표준화 내지는 규격화는 반드시 이루어져야 할 것이다. 표준화 작업이 정부를 포함하여 IT 기업 및 유틸리티 공급업자, 관계 기관들이 공동으로 참여하는 협업체계를 통해 이루어진다면, 유효한 결과를 도출하여 실제적인 활용이 가능해지고, 시장의 혼란을 줄일 수 있으며, 국가경쟁력 제고에도 큰 도움이 되리라 판단된다.

유비쿼터스 에너지 분야에서 적용되고 있는 IT 기술 중 원격검침과 관련된 기술은 생활 패턴의 변화, 에너지 절약 필요 등을 계기로 현재 보급이 확대되고 있는 실정이다. 2000년 이후에 1000여건 이상의 원격검침 관련 특허가 집중적으로 출원되었음을 확인하였고, 이를 통해 최근에 대두된 주요 이슈였음을 알 수 있었다.

원격검침 기술은 센싱방법, 검침 방식, 통신방식 등에 있어서 반도체, 유선통신, 무선통신, 적외선통신 등 다양한 IT 기술들이 활용되고 있고, 홈네트워크와의 연계를 통해 국민의 삶의 질 향상과 국가 경쟁력 제고에도 일조하고 있는 것으로 나타났다.

20년 이상 진행되어 온 원격검침 관련 기술개발은 다양한 기술의 적용을 가능하게 했지만, 표준화 등의 미비로 인해 관련 업계의 혼란이 가중되고 있는 실정이다. 이러한 문제를 해소하기 위해, 정부, IT 기업, 유틸리티 공급사들이 공동으로 참여하는 협업체계 구축이 절실한 시기임을 확인할 수 있었다.

2.4 유비쿼터스 에너지의 절감 기술

2.4.1 유비쿼터스 홈네트워크 기술 활용

미국 환경보호청(EPA)는 건물이 미국 전체 에너지의 70% 이상을 소모하고, 지구 온난화의 원인 물질인 이산화탄소도 전체 배출량의 38%를 내뿜는다고 밝혔다. 이 같은 수치는 차량이나 산업분야에서 배출되는 이산화탄소 양보다 많다.

상업적 건물에서 배출되는 이산화탄소는 2030년까지 매년 1.8%씩 증가할 것으로 예상되며, 특히 미국 내 신규 건물 수요는 2015년까지 대략 1,500만 개 정도 될 것으로 보여 영향은 더 클 것으로 보인다고 EPA는 보고하였다.

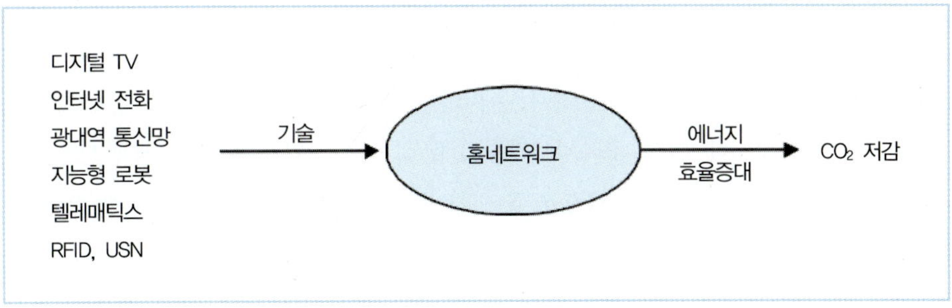

그림 2-6 에너지 절감 기술 및 CO_2 절감방안

미국 정부는 2002년 2월 14일 자국의 온실가스 배출을 억제하는 조치로 온실 가스 집약도(온실가스 배출/GDP)를 2002년 대비 2012년에는 18% 감축하는 방안을 발표한 바 있다. 미국은 종합된 고도의 기술(integrated high technology)을 개발하여 수요자에게 공급함으로써 온실가스 집약도를 낮춘다는 목표를 가지고 있다.

가정이나 공용단지, 도시가 하나의 네트워크로 연결되어 서비스를 제공하는 것으로서 모든 사물에 전자칩이 내재되어 있어 이들이 지능화됨과 동시에 서로 네트워크로 연결됨으로써, 언제 어디서나 모든 사람이 자유롭게 IT의 혜택을 누릴 수 있게 하다는 것으로 전송속도, 전송품질, 구현비용, 기술신뢰성, 건축 환경 등을 고려하여 유·무선 유비쿼터스 홈네트워크 기술로 주택내부의 서비스를 지원 주택과 결합한 IT 기술을 이용하여 에너지 사용을 절감하고 이를 통해 CO_2를 절감하는 방안이다.

2.4.2 지능형 도로교통시스템(ITS) 기술 활용

ITS(Intelligent Transport System)는 운전자가 스스로 소통이 원활한 도로를 선택하고 진입할 수 있도록 도로 소통에 관한 모든 정보를 차량에다 실시간으로 전달해주는 정보통신시스템을 기반으로 하고 있어 일명 도로교통 정보통신(transport telematics), 전자도로(electronic road)라고도 불린다.

ITS는 현재 일본, 유럽, 미국이 주도하고 있으며, 1995년부터 ITU가 그 표준화에 착수하기 시작한 미래 사회의 핵심기술이다. 기능적 측면에서 크게 두 가지의 편익을 제공할 것이다.

첫째는 도로망 전체의 효율을 극대화하고 최단시간으로 목적지까지 도착할 수 있는 경로안내 기능이며, 둘째는 차량 운전을 보다 손쉽고 안전하게 그리고 무인 운전과 제어가 가능하도록 해주는 지능서비스의 제공이다. 요컨대 운전자는 차에 타서 목적지 선택 버튼을 누르기만 하면 자동차가 알아서 목적지까지 매우 안전하고 편안하게 모셔다 주는 시대가 머지 않았다는 것이다.

지능형 자동차 개발은 사이버네틱스에 의한 자동제어 및 자동차간 통신기술의 결합이 주도할 것임에 반해, 최단 시간으로 목적지에 도달하는 경로안내 시스템은 생생한 도로소통 상황을 실시간으로 운전자에게 전달해 주는 정보통신 기술에 크게 의존한다. 따라서 교통시스템의 효율과 안전은 보다 양질의 정보교환으로 개선이 가능하며, 결국 ITS의 문제 해결은 지금의 정보통신기술을 어떻게 적용 발전시키는가에 달려 있다고 볼 수 있다.

궁극적으로 ITS에 의한 교통도로의 전자화는 도로망의 소통능력 향상이라는 본질적인 목적 외에 운행시간에 감소에 따른 에너지 절약과 배기가스 배출 감소 등 환경보호에도 일익을 담당할 첨단기술로서 주목되고 있는 것이다.

2.4.3 실시간 화상회의 기술 활용

통신수단은 시간과 거리라는 물리적 제약을 극복시켜 주는 정보전달 수단으로 시간과 비용의 절약이라는 면에서 교통대체의 효과를 가져 올 수 있다. 즉, 비용이 많이 드는 교통수단을 비용이 적게 드는 통신으로 대체함으로써 에너지 절약효과를 가져올 수 있는 것이다.

직접적인 대면적 접촉이 필요할 때 실시간 화상회의는 굉장히 유용하다. 이메

일, 전화, 메신저 등의 여러 가지 유형의 통신수단이 업무회의나 세미나, 서류전달의 기능을 대신하고, 직접적 대면적 접촉이 필요할 때 실시간 화상회의를 도입할 수 있기 때문이다.

통신수단의 도입이 업무활동을 위한 출장을 상당부분 통신수단으로 대체할 수 있고, 그 과정에서 발행하는 에너지 소비절약의 효과는 매우 크다고 할 수 있다.

2.4.4 LED 조명과 가시광 통신 활용

가시광 통신(Visible Light Communication : VLC)기술은 디지털 LED 조명 빛과 통신을 융합한 통신기술로서 통신여부를 눈으로 확인할 수 있고, 인체무해, 물리적 보안기능, 무선 주파수의 비허가권 사용, 초정밀 측위 등을 제공할 수 있다.

디지털 조명 빛 LED(Light Emitting Diode)는 기존 조명인 형광등과 백열등에 비해 환경파괴 문제해결, 긴수명, 90% 전기효율 향상 등으로 인하여 미국, 일본, 유럽 등에서는 LED 조명을 권장 또는 대체하는 법안을 마련하고 있다. 이러한 조명 인프라를 이용하여 통신환경을 조성한다면 경제적 이득효과는 물론 멀티미디어 통신서비스의 확대, 실생활 조명과 함께 하는 통신 세계가 열린다고 볼 수 있으며, 90%의 전지효율 향상과 긴 수명으로 에너지 저감효과가 크다고 할 수 있다.

2.4.5 발전 가능한 IT 기술의 활용

IT 기술의 발전으로 정보통신은 단순히 음성통신을 전달하는 선에 그치지 않고 고도 정보화를 통한 정보서비스를 제고, 산업의 정보화 혁명을 가속화하고 있다. 특히, 통신수단의 급속한 발전에 따라 일상생활에서 이들 통신기기를 사용한 정보교환으로 통행을 대체하는 것이 일반적인 현상이 되고 있다. 더욱이 교통량 증가로 통해 이동에 따르는 시간상의 소모와 신속한 의사결정을 필요로 하는 기업현실을 감안할 때 통신의 통행대체 및 각종 효율성 증가 효과는 기업에 있어서 굉장히 중요하다.

또한 환경보호 측면에서 글로벌 환경규제의 강화, 교토의정서 발효 등으로 기업의 환경보호 역할이 강조되고 있으며, 환경보호를 위한 상시 모니터링 및 내부 환경 경영 체제의 구축이 시급하다고 하겠다. 이러한 측면에서 IT 에너지 소비 절감 기술을 개선하는 것은 업계에 중요한 일 중에 하나일 것이다.

IT 기술을 근간으로 하는 유비쿼터스 에너지 이용 효율성의 증가, 그리고 유비쿼터스 에너지 절감 기술을 통한 환경오염방지에 대한 기술이 미국과 유럽 그리고 동북아에서도 다양하게 제시되고 있고, 향후 효과가 기대되고 있다.

이러한 기대가 현실화될 때 인간이 자연자원을 이용하는 전통적인 경제활동으로 인해 수반되는 오염물질의 발생이 최소한으로 억제되고 지속 가능한 발전이 가능한 사회를 이룩할 수 있을 것이다.

2.5 유비쿼터스 에너지의 수확 기술

유비쿼터스 모바일/그리드 컴퓨팅, 유비쿼터스 정보통신, 유비쿼터스 인터넷 포털, 유비쿼터스 방송, 광대역 통합망 BcN(Broadband complex Network)의 시대가 세계적으로 열리고 있다. 그 주요 도구로서 RFID, 센서 네트워크, 인터넷 주소 IPv6, 전자상거래시스템, DMB, WCDMA, ITS, Telematics, IPTV, I-Phone, Web 2.0, UCC, SOA, ERP, BPM, ITSM, SaaS, 네트워크 로봇, 윈도비스타, Nano Qplus, Flash 2.0, DRAM, CPU 같은 기존의 전자정보통신기술의 제품 외에도 BT, IT, ET, NT 융합기술 분야에서 DNA 칩, 먹는 내시경, SARS 진단용 LOC(Lab-On-a Chip), POC(Point-Of Care) 도구, UOC(Ubiquitous computing On Chip), Bio-NEMS(Nano MEMS), MEMS(Micro Electro Mechanical System) 센서 같은 각종 IT 융합제품들도 있다.

때로는 IPv6 기반에서 동작하는 이러한 부품들이나 제품들은 모두 안정되고 충분한 전류를 소비해야 하기 때문에 그 내부에 장착되는 전원공급 장치로서 그 동안 양질의 직류전기를 공급하는 건전지, 태양전지, 수은전지, 축전지, 연료전지, 충전지가 판매되고 있지만, 이러한 상품들은 한결같이 전지 고유의 전력량과 공급시간의 제한이 있다. 또한, 일반 건전지시장에서 소비자에게 가격의 부담이나 선택의 어려움을 주고 있기도 하다. 따라서 최근 국내외 최첨단 전지 기술을 연구개발하는 사람들은 무한정, 친환경, 무료, 무독성, 무제한과 같은 특성들을 갖는 전기에너지 공급제품과 수확 기술을 진화시키고 있다. 2008년에 캐나다의 사이먼

프레이저 대학 연구팀은 피츠버그 대학 및 미시간 대학과 공동으로 다리에 착용하고 보행하면 전기를 생산하는 기술을 개발하였다.

이러한 연구개발과 신기술의 추세를 감안할 때 다가오는 미래에는 컴퓨터와 로봇을 비롯한 모든 전기전자제품들의 저전력, 저발열, 저잡음, 저가격, 저손실, 무간섭의 설계가 기본이 될 것이다. 또한, 그러한 기기 자체가 적은 전력을 소모하도록 설계하고, 전지 자체는 전기 공급 시간을 무한정으로 확장함과 동시에 전류공급이 충분히 안정적인 새로운 고효율 전지기술의 트렌드가 주류를 이룰 것으로 보인다. 아마도 자연 생태계와 지구 자원에 존재하는 다양한 생물학, 화학, 물리학, 광물학, 에너지학의 원리를 응용하여 전혀 새로운 방식으로 전기에너지를 생산하거나 발전하는 무한 전지 및 전기에너지 수확 기술의 시장과 수요가 막대할 것으로 낙관한다.

2.5.1 유비쿼터스 에너지 수확 기술의 필요성

일반적으로 리튬 이온 전지에는 발화성이 강한 액체 산화제가 압축되어 있기 때문에 제조과정에서 질량 조절과 불순물 제거를 치밀하게 하지 않으면 폭발사고로 이어질 수 있다. 지난 휴대단말기의 전지 폭발 사고가 국내에서 발생한 이후, 사용자들이나 소비자들의 충전 사용이 가능한 2차 전지에 대하여 경계심이 사라지지 않고 있어서 휴대단말기의 다양한 배터리를 대체할 만한 유비쿼터스 에너지의 수확 기술들이 각광을 받고 있다.

이러한 휴대단말기나 노트북에서도 가급적 일반적인 1.5V 막대형 건전지나 공해를 야기하는 수은전지를 직접 채용하지 않고도 전지전자 회로를 작동할 수 있도록 다양한 신재생 전지들도 등장하고 있는데, 차세대 신재생 전지들이 필요한 대표적인 기기들로는 최근 기술발전의 속도가 빠르게 확산하고 있는 지능형 통합 휴대단말기, 유비쿼터스 센서 노드, 유비쿼터스 컴퓨팅 온 칩, 수동형/능동형 RFID 태그, 반능동형 라벨, 유비쿼터스 도어 패드, 생체 통신 노드, 디지털 액자, 그리고 무선 통신용 전자 액세서리들이 있다. 다음은 유비쿼터스 에너지 수확 기술의 필요성한 사례들이다.

1) 휴대단말기

미국에서 히트하였던 애플사의 I-Phone처럼 스마트폰(Smart-phone)은 차세대 정보가전의 하나로서 음성 및 데이터 통신이 모두 가능한 이동통신 단말기를 포함하며, 음성통신 외에 인터넷 접속 및 달력, 이름, 주소, 전화번호와 같은 개인 정보 및 데이터를 저장하는 기능을 가지고 있다. 이러한 스마트폰 시장에 있어서 주요 이동통신 단말기 기업 및 시장조사 업체들이 스마트폰 시장의 확대를 긍정적으로 전망하고 있는 가운데, 일본 NTT 도코모가 '동경국제정보통신박람회(CEATEC 2006)'에서 공개한 그림 2-7과 같은 '태양열 휴대폰'이 아직은 세계 시장에서 크게 확산되지 못하고 있다.

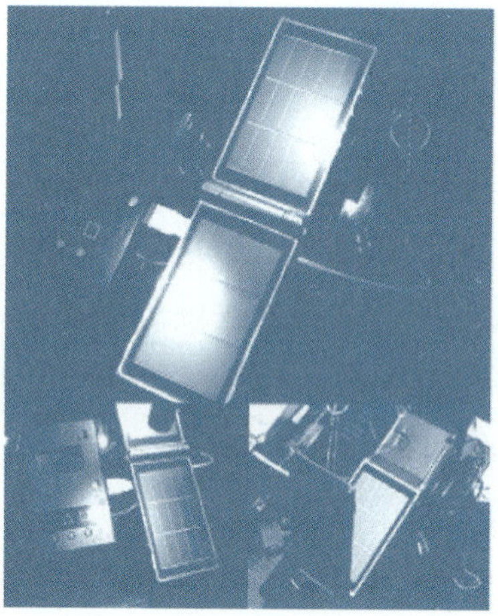

그림 2-7
일본 NTT 도코모의 태양열전지 휴대폰

태양열 휴대폰은 미쓰비시 전기의 휴대폰에 산요(SANYO)의 태양열 전지를 뒷면에 부착한 것으로서 태양열 전지 패널은 폴더처럼 접혀진 상태이고, 충전할 때마다 펼쳐서 사용하기 때문에 사용자에게 약간의 불편을 주고 있다. 또한, 집열판 때문에 휴대폰 뒷면은 기존의 규격보다 약 5mm 정도 두꺼워졌지만, 기존 제품에 비해 집열판 면적을 3배가량 늘리면서 전력 변환 효율을 2배로 늘렸다. NTT 도코모 개발자들은 태양전지를 약 30,000lx의 상태로 노출시켜 약 54mW의 출력을 내도록 설계하였다.

2) 유비쿼터스 센서 네트워크(USN)

RFID와 다중 센서들과 무선 통신용 안테나와 변복조기를 탑재한 지능형 센서 노드들은 옥내외, 야산, 해안, 섬, 군사지역, 지하철과 같은 그 어떤 공간에서든지 그 센서 노드들이 설치된 공간 속에서 발생하는 상황이나 상태의 변화들을 수시로 감지하여 정보로 변환한다.

그 다음, 정보를 네트워크 상위 계층에 있는 싱크 노드로 전달하고, 그 전달된 정보들을 수집한 싱크 노드는 그보다 상위의 인터넷 접속이 가능한 게이트 노드로 전달하는 구조하에서 상호 작용하는 통신망이 바로 유비쿼터스 센서 네트워크(Ubiquitous Sensor Network : USN)이다.

현재 다목적 센서들을 탑재하는 플랫폼의 종류에 따라 태그형, 동글형, SIM카드형, SMD형, 스틱형, 버튼형처럼 아주 다양한데, 대부분 무선 통신 모뎀은 WPAN 기술의 PHY/MAC를 채용하고 있다.

미래에는 WBAN 기술의 PHY/MAC이 채용될 것으로 보이는 가운데, 그러한 근거리 무선 개인영역 통신망 기술을 지칭하는 WPAN(Wireless Personal Area Network)은 지그비(ZigBee), 블루투스(bluetooth), 초광대역 무선통신(UWB), 무선 USB, 광메디아(optical media)와 같은 여러 센서 노드들 간의 연동, 센서 노드와 인터넷 게이트웨이 노드 간의 연동을 위한 요소기술을 모두 포함한다. 따라서 수십~수백 미터 떨어진 PC, 휴대폰, PDA, 가전과 같은 기기들도 무선으로 서로 연결하고, 전송속도나 범위에서는 요소 기술별로 차이를 보이지만, 유비쿼터스 공간에서는 유비쿼터스 도어패드와 스마트 가정용품에 내장된 센서 노드들이 이동통신용 펨토셀(femto cell)과 함께 USN을 구성하는 핵심 기초기반 기술로 인식되고 있다.

WPAN은 기존 무선랜(Wireless Local Area Network), 공중무선 LAN, 또는 WCDMA/CDMA 통신망과 연계되어 거대한 글로벌 유비쿼터스 네트워크를 구축한다. 현재의 지그비(ZigBee)는 지문, 음성, 생체인식과 같은 다른 IT 기술들을 접목하여 유/무선 홈네트워크, 공장자동화, 헬스케어 분야 등에서 수요를 창출하고 있다.

또한, 블루투스(bluetooth)는 휴대폰과 이어폰, MP3P, PDA, 노트북이나 PC와 무선 마우스 등을 중심으로 채택이 확산되는 추세이다.

초광대역 무선통신(UWB)도 역시 블루투스(Bluetooth), 무선 LAN에 비해 100~500배 정도 빠른 100~400Mbps급의 속도를 구현하는 기술로서 국내는 물론이고 미국, 일본, 유럽 지역 IT업체들이 UWB칩과 모듈의 시장에서 경쟁하고 있다.

이렇게 다양한 WPAN 송수신 센서 노드에서도 배터리 교환에 두 번 다시 사람의 손이 요구되지 않는 조건 하에서 장시간 배터리 채택이 활발하게 시도되고 있는데, 일본의 YRP 연구소가 2005년 12월에 발표한 그림 2-8의 다이스(Dice) 센서 노드는 315MHz RF 링크의 저전력 CSP(Chip Scaled Package) 15mm × 15mm의 다이스가 최대(Max.) 1,000개 다이스들의 충돌방지와 CR2302 동전형 배터리(coin battery)를 채용하였다. 그 배터리는 5분 인터벌에 2~3년의 수명, 극박막 2차전지의 수명 5.5개월, e-트론(TRON)으로써 약물창고의 감시 관리를 보장하는 센서 노드이다.

그림 2-8
일본 YRP 연구소의 다이스 센서 노드와 배터리

기타, 대부분의 센서 노드가 1.5V 건전지를 채용하고 있지만, 단일 방식의 무선 LAN 변복조기를 채용함으로써 지극히 필요한 전류만을 소모하는 초저전력 센서 노드들의 등장과 함께 조만간 열악한 설치 및 포설 구역에서도 시스템 유지보수반원의 추가적인 수고가 없이 자가 발전할 수 있는 태양전지, 지열전지, 풍력전지, 조력전지, 운동전지, 진동전지, 그리고 압전전지 등이 각광을 받을 전망이다.

3) MEMS 센서 칩

최근의 마이크로 머신 기술 중에서 NEMS와 Bio-MEMS 같이 반도체 칩 수준의 센 서 IT 융합 반도체들은 LOC, UOC과 같은 주류들을 형성하면서 최첨단 기기의 시장에 등장하고 있다. 원리적으로 MEMS는 마이크로 머신, 마이크로 메카트로닉스 같은 동의어로서 혼용되고 초소형 시스템이나 초소형 정밀 전자기계를 의미한다. 실제 MEMS 크기는 대부분 수 mm에서 수 nm에 이르고 각종 센서들, 뇌나 신경에 해당하는 논리회로, 팔과 다리에 대응하는 Micro Mechanism, 그것을 움직이게 하는 마이크로 액추에이터(actuator)를 집적한 시스템 온 칩(SOC : System On Chip)이다.

2006년 1월 7일, 국내 체성분 분석 전문업체인 바이오스페이스는 서경대학교와 공동으로 세계 최초로 4극 8점 터치(Touch)식 다주파수 체성분 분석칩을 개발하여 발표했는데, 그 당시까지 개발된 체성분 분석 칩은 4점 방식의 단주파수 방식으로서, 8점 터치(Touch)식을 SoC(System On Chip)화 한 것이 세계 최초의 제품이 되었다. 그림 2-9와 같은 다주파수 체성분 분석용 바이오칩은 생체전기저항분석법(BIA) 기술을 활용해서 인체의 팔, 다리, 몸통을 개별적으로 측정한 다음, 종합적으로 체성분을 분석한다.

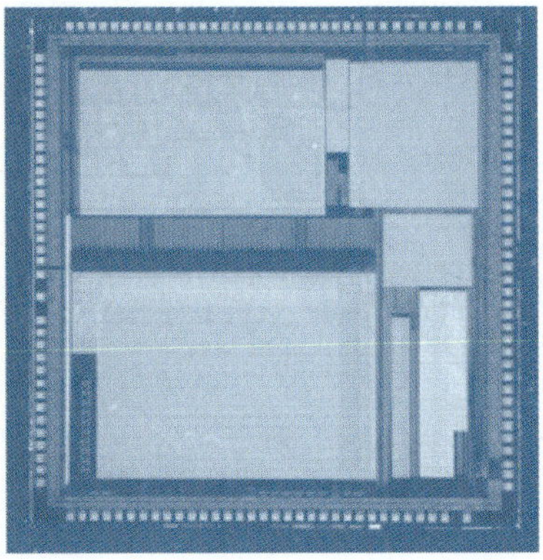

그림 2-9
바이오 스페이스가 개발한 8점 다주파수 체성분 분석 Bio-MEMS 칩

이 기술은 과거 하반신 또는 상반신만을 측정하던 기술과 차별화되고, 특히 5kHz 단주파수로 측정하던 기술과 달리 20kHz, 50kHz, 100kHz를 사용하여 측정함으로써 인체 내에 있는 수분의 양을 비롯한 다양한 체성분을 정확하게 분석하며, 칩 내부의 SoC 구성은 MCU, EEPROM, SRAM, 임피던스 측정 회로를 온칩(one-chip)화함으로써 저전력, 고정밀, 소형화를 실현하였다. 어떤 기업에서 이 칩을 사용하여 전문 의료용 제품 외에 가정 의료용 제품도 개발하면 10~20%의 원가 절감을 기대할 수 있고, 3조~10조 원의 규모가 예상되는 세계 체성분 분석기 시장에 대한 공략 능력과 가격 경쟁력도 확보할 수 있으며, 휴대폰이나 PDA와 같은 모바일기기에도 적용이 가능하다.

또한, 초고주파 대역에서도 소자 간의 간섭과 칩 패키징의 어려움을 해결할 수 있는 기술로 MEMS가 선호되고 있는 가운데, 각종 시스템의 초소형화 및 집적화, 저전력소비를 구현할 수 있는 MEMS의 사용 분야는 의약, 통신, 교통, 산업, 가전, 농업에 이르기까지 광범위하다. 현재 각종 NEMS/MEMS 센서 역시 의료 장비를 비롯하여 각종 기기, 자동차, 가전, 생산관리, 공정제어, 공조시스템 등에 사용되고 있고, 채널이나 노즐은 의료장비를 비롯하여 각종 기기, 가전. 항공, 업무용 시스템, 환경감시시스템 등에 채택되고 있으며, 배열된 거울과 액추에이터가 통신 분야에까지 채용되고 있다.

대부분 제품들은 이미 대규모 시장을 형성하고 있고 많은 새로운 제품이 부상하고 있어서 MEMS는 영향력이 큰 기술로 인지되고 있고, 기존 시장의 판도가 그에 따라 크게 변화할 뿐만 아니라 새로운 시장도 형성되고 있는데, 그러한 MEMS 기술들은 1990년대 후반부터 RF(Radio Frequency)회로 분야와 기술 융합되면서 RF-MEMS라는 용어도 탄생시켰고, 텔레매틱스 분야에서 GPS 신호미달 지역의 추측항법에도 사용되고 있으며, 카메라의 손떨림 보정 기능도 MEMS 제품이 수행하고 있다.

지금까지 MEMS는 자동차나 디스플레이 공정 등에 주로 사용되어 왔으나, 근래 들어 반도체 및 MEMS 패키지 기술이 발달하고 있고, 일상생활에서 쓰이는 통신 제품이 이전보다 다양화하고 복잡한 서비스를 지원하게 되면서 MEMS 수요가 더욱 늘어나고 있는 추세이며, 휴대폰이나 PC와 같은 일반 소비자용 제품에도 도입이 확산되고 있어서 본격적으로 개인용 휴대폰을 비롯한 대다수 지능형 정보통합단말기, 스마트 정보가전기기, 지능형 전자제품들에 채용되는 수정진동자(oscillator)도 MEMS제품이 대체할 것으로 보인다.

4) RFID 태그

RFID는 Radio Frequency IDentification의 약어로서 원리적으로 무선 전파를 이용하여 사용자의 불편이 없이 물체나 사람의 ID를 식별하는 시스템이다. 어떤 물체나 사람에게 태그를 부착하고 일정 거리 내에 설치된 리더기가 전파를 방사하면 그에 반응하는 태그가 ID를 실은 반송파를 반사하듯이 출력하고, 그때 출력한 반송파를 리더기가 읽고 해석한 다음, 그 후단의 정보통신망을 경유하여 어떤 특정 장소에 설치된 EPC(Electronic Product Code) 서버 또는 일반 응용 서버의 미들웨어와 소프트웨어는 사용자가 원하는 최종 물체나 사람의 ID 정보와 부가 정보를 즉석에서 그의 단말기로 제공한다.

현재, RFID 시스템에서 태그 안테나가 반응하는 주파수에는 국가마다 고유의 전파 대역이 배정되어 있고, 국내에서도 125/133kHz, 13.56MHz, 433.92MHz, 908.5~914MHz, 2,45GHz의 주파수를 배정하여 어떤 리더기가 읽은 물체의 ID를 물류유통의 국제 표준인 EPCglobal 미들웨어의 Savant, ONS(Object Naming Server), 그리고 PML(Product Markup Language)에 의하여 처리하고, 부가 정보를 ERP(Enterprise Resource Planning) 또는 SCM(Supply Chain Management)으로 전달하여 관계자들이 원하는 물체나 사람의 ID와 부가 정보를 식별하여 제공한다.

차세대 센서가 결합된 RFID 태그나 라벨을 물체나 사람에게 부착하고 리더기를 설치하여 물체의 유통이나 사용 및 관리 경로를 추적하는 경우에 사물과 관계된 주위 상황을 인지하고, 기존의 ID 정보처리 시스템과 실시간으로 관련 정보를 교환하여 처리할 수 있는 기술로 바코드(bar code)나 스마트 IC 카드에 비하여 RFID 시스템은 우수한 특성들을 가지고 있어서 다양한 분야에 적용들이 가능한데, 최근에는 900MHz 제품이 13.56MHz 제품과 혼용되거나 또는 2,4GMHz 제품과 혼용되기도 하면서 점차 생활 속으로 광범위하게 확산되고 있다.

따라서, 그림 2-10과 같이 RFID IC카드에 마이크로 전지가 채용되기도 하고, 더욱 더 미약한 전류만을 사용하는 RFID 칩과 같은 부품은 수신되는 수백 MHz~수 GHz 마이크로웨이브로부터 전류를 유도해서 수확하기도 한다. 이때, 음극과 양극 사이에 있는 리튬이온들이 전해질 속에서 충전과 방전을 거듭해서 전류를 공급하는데, 약 10um의 얇은 두께 내에서 상부 콜렉터, 음극, 전해질, 양극, 면 하부 콜렉터, 기판으로 층을 구성하여 고체 박막전지 모양으로 IC카드에 내장되기도 한다.

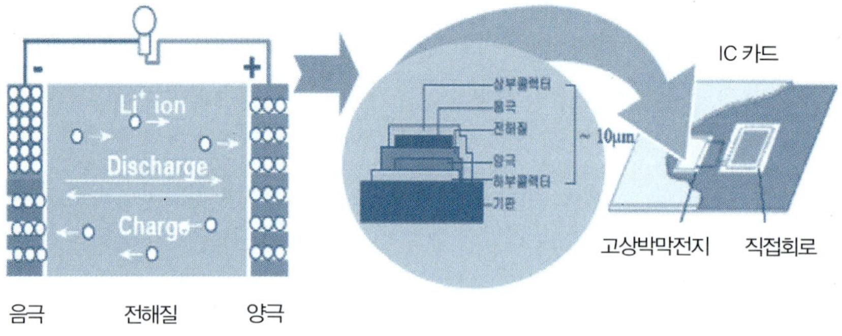

그림 2-10
마이크로 전지의 원리와 IC카드에 적용

이러한 마이크로 박막전지의 수요는 특히 카드, 라벨, 태그 형태의 시장에서 많을 것으로 보인다.

2.5.2 유비쿼터스 에너지 수확 기술의 개발 동향

1) 진동에너지 수확 기술

거대 용량의 전기를 발생시키기 위한 전통적인 수력발전, 화력발전, 풍력발전, 조력발전, 태양광/태양열발전 기술보다도 음파, 초음파, 또는 주위에서 쉽게 발생할 수 있는 소음, 떨림, 구부러짐, 수축, 신장과 같은 기계적인 변형들로부터 나오는 주변 에너지를 수확하여 전기에너지로 변환하고 충전하는 기술을 의미한다. 이러한 기술은 그림 2-11과 같은 단말기기들에 채용되어 그 기기가 설치되거나 놓이는 공간에서 주위의 기계적인 진동에너지로부터 자가발전하고, 자가발전한 전류를 충전/저장하며, NEMS/MEMS 기술을 적용한 전원공급용 소자로서 스스로 발전하여 반영구적인 무선 충전 특성을 갖는다.

에너지 수확(energy harvesters) 기술은 오랜 기간 동안 매우 적은 양의 에너지를 획득하기 때문에 USN의 경우에는 에너지가 다양한 센서에 부착된 데이터의 전송시스템에 의해 소비되고 하면서 빨리 소모되기도 하므로 보통 커패시터 형태의 에너지 저장 서브시스템(예 삼성전기가 세계 최초로 개발하여 판매중인 MLCC)을 갖추게 된다.

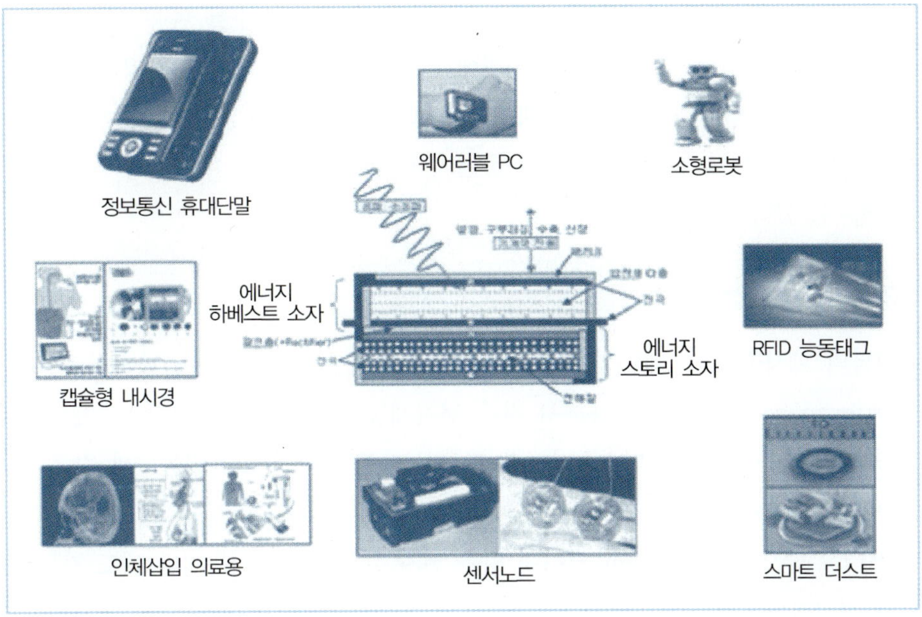

그림 2-11
마이크로 전지 형태의 진동에너지 수확 기술의 개념

항공기 건조, 개인용 헬스케어 모니터링 시스템, 경고 시스템 등의 다양한 애플리케이션 영역에서 에너지 회수(혹은 에너지 스캐빈징)는 수백억 달러로 성장할 가능성을 갖춘 초기 시장이다. 이제, 에너지 회수기술은 단일 기술은 아니지만 온도의 차이, 빛의 방사, 전자기장, 운동에너지 같은 사용된 에너지의 종류에 따라 구분되는 여러 가지 기술을 포괄하는 광범위한 접근법으로 전세계적으로 연구개발과 시장의 경쟁이 진행되고 있다.

2) 메탄올 연료를 이용한 연료전지 기술

현재 세계 2차 전지업계의 시장점유율은 일본의 산요가 30% 가량으로 1위를 차지하고 있고, 이어서 일본의 소니, 삼성 SDI, 마쓰시타, LG화학 등의 순서로 한국 기업과 일본 기업이 경쟁을 벌이고 있다. 이런 상황에서 삼성종합기술원은 최근 삼성 SDI와 공동으로 메탄올 연료로 모바일 제품의 배터리를 충전하는 휴대용 연료전지를 개발, 상용화를 위한 200회 연속충전 테스트에 성공하며 시스템 안정성을 확보하였다.

이번에 개발된 연료전지는 부피 150cc와 무게 180g으로서 세계 최소형이면서도 출력은 외국산의 두 배나 되기 때문에 상용화에 근접한 것으로 평가되고 있다. 연료전지는 알코올(메탄올)에 들어 있는 수소와 공기 중의 산소를 반응시켜 전기를 발생시키는 장치이다. 이 제품은 충전기에 메탄올 카트리지를 끼워 사용하기 때문에 외부 전원이 필요 없다. 편의점에서 2차 전지를 충전하지 않고 대신 이보다 저렴한 가격으로 카트리지를 구매해서 충전기에 장착하면 언제 어디서나 신속하게 충전할 수 있다.

3) 공명식 무선 충전 기술

미국의 매사추세츠공과대학(MIT)의 머린 솔자시크 부교수가 이끄는 연구팀은 '공명(resonance)' 현상을 활용해서 각종 전자제품을 무선으로 충전할 수 있는 무선 충전 기술을 개발하였다. 공명이란 진동하는 물건이 그 고유진동수와 같은 진동수를 가진 외부 힘을 주기적으로 받아 진폭이 뚜렷하게 증가하는 현상으로서 전기 플러그 등으로부터 3~5m 거리에 있는 전자기기는 그냥 켜두기만 해도 자동으로 충전시킬 수 있다.

4) 태양열을 이용한 충전 기술

노키아는 태양열을 이용한 새로운 휴대전화를 구상중이다. 최근 노키아는 연료전지가 실용적이지 못하다고 판단하고, 태양열을 이용한 대체에너지 개발에 나섰다. 태양의 이동과 위치 및 고도를 파악해 충전이 가능한 새로운 방식의 태양열 집적기를 개발 중이다.

5) 박막리튬 전지 기술

얇은 필름에 배터리 기능을 내장시킨 차세대 박막리튬전지(thin film battery)도 더 안전한 차세대 전지기술에 대한 소비자와 투자자들의 요구에 따라 관심을 받고 있다. 지난 1992년 미국에서 개발한 박막전지는 배터리의 구성요소인 양극, 전해질, 음극 등을 얇은 필름에 집적시킨 전지를 지칭한다. 그러나 박막전지는 단위 부피당 충전 능력이 리튬이온 배터리보다 떨어지고 제조원가는 3배나 높은 문제점 때문에 그동안 대량생산에 진입하지 못했다. 박막전지를 사용하면 팔찌, 액세서리 형태의 휴대 전화처럼 얇고 곡선 형태의 모바일기기를 쉽게 만들 수 있기 때문에 모바일기기의 디자인 혁명이 가능하다.

6) 태양전지 기술

최근 삼성과 LG 그룹도 태양광 에너지 사업을 미래 신수종 사업으로 육성하겠다는 비전을 제시하였다. 유리 기판에 비정질 실리콘을 얇게 증착시켜 제조하는 박막형 태양전지는 대부분 LCD 기술과 유사하지만 문제는 태양광을 전기로 변환해주는 효율이 결정질 실리콘 태양전지에 비해 크게 떨어진다. 현재 세계적으로 상용화된 박막형태 양전지의 광·전기 변환효율은 최대 7% 수준인데 반해 결정질 태양전지는 22% 수준이다.

광주과학기술원은 세계 최고 수준의 에너지 전환효율(6.5%)을 실현하면서도 제작공정을 단순화해 제작비를 크게 낮춘 유기물 플라스틱 태양전지를 개발하였다. 저명한 국제과학저널 '사이언스'에도 게재된 연구결과로서 휘어지는 플라스틱을 소재로 한 그 태양전지는 1와트(W)당 제작비가 0.1 달러로서, 기존 무기물 태양전지의 2.3 달러에 비해 20분의 1 수준에 불과하고, 화석연료(와트당 1달러)에 비해서도 경제성이 높다.

7) 제벡 효과(Seebeck Effect) 체열전지 기술

독일 정부는 에너지 회수의 중요성을 인식하고 6억 8,500만 달러 규모의 '자치적인 마이크로시스템 조사 지원 프로그램'에 이를 포함시켰는데, VDI/VDE Innovation + Technik GmbH사에서 이 연구는 진행 중이다. Fraunhofer IIS(Fraunhofer Institute for Integrated Circuits)는 온도차를 전기에너지로 전환하는 반도체 기반의 열전기 발전기를 제출하였다.

몸에 착용이 가능한 이 기기는 에너지원으로 체열을 사용한다. 이 제품의 한 가지 분명한 애플리케이션은 의학 모니터링으로서 이 기기는 한 쌍의 컨덕터에서 온도 차이를 전기에너지로 전환하는 제벡 효과(Seebeck effect)의 그림 2-12와 같은 개념을 이용하여 체열전지를 구현한다. 인체와 주변 환경과의 온도차를 활용하여 기기는 약 200mV를 발생시킨다. 이는 상당수 전자기기들을 동작시키기에는 너무 낮은 수준이다.

따라서, 이론적으로는 몇 개의 제벡 소자들을 직렬로 연결하는 것이 가능하지만 이 경우에는 쓰기가 너무 불편하다는 것이 문제점을 극복한 50[mV]에서도 동작을 하는 회로를 개발하였다.

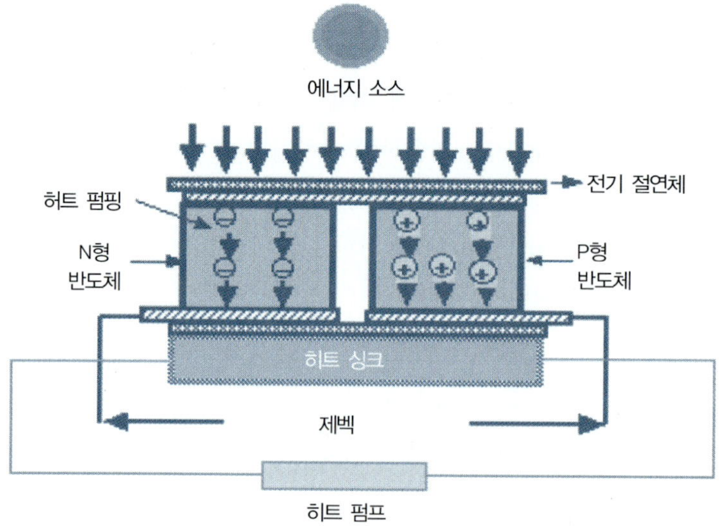

그림 2-12
제벡 효과
(Seebeck Effect)의
개념

약간의 온도 차이로도 전기에너지로의 전환이 가능하다. 전형적인 전류는 한 자리 수의 낮은 mA 범위이고, 설계는 스텝 업 DC/DC 컨버터와 연결되는 충전펌프(charge pump)를 사용하며, 그 에너지는 커패스터(capacitor)에 저장된다.

8) 피에조 효과(Piezoelectric Effect) 진동 전지 기술

IMEC의 네덜란드 자회사가 최근 발표한 또 다른 연구 프로젝트에서는 기계적 진동을 약 40W의 전기에너지로 전환하는 피에조 효과(Piezoelectric effect)가 사용되었다. 현재 피에조 소자용으로 선택된 물질은 지르콘산연(Lead Zirconate Titanate : PZT)으로서 양산시에 취급이 까다롭다. 향후 5년 내 이 문제를 해결하고, 피에조 에너지 회수기가 산업생산에 들어설 수 있기를 희망하고 있다. Perpetuum사는 이미 산업 생산에서 에너지 수확기를 사용하고 있다.

진동에서의 에너지를 코일-자석 시스템을 통해 적용할 수 있는 에너지로 바꾸는데 사용하고 있다. 이와 같은 시스템의 문제점은 공명효과에 취약해 전기를 발생시키기 위해 사용할 수 있는 진동의 대역폭이 제한된다. 관건은 훌륭한 대역폭을 달성하는 것인데, 전체 주파수 범위에서 포착할 수 있는 기기가 필요하고, Perpetuum사는 고대역폭 실현 방법에 대해서는 밝히지 않을 방침이다. Perpetuum 에너지 회수기의 주요 애플리케이션은 파워 센서 노드로 석유화학산업 기계류 등을 감시한다.

9) 무선 마이크로 발전기 기술

Perpetuum사는 '누드' 마이크로 발전기를 공급하고 있는데, 고객사들은 모니터링 회로 및 일반적으로 무선 동작하는 데이터 전송 시스템을 추가한다. Perpetuum사는 배터리 소모가 적은 무선 센서를 만들기 위해 TI사의 CC2420 싱글 칩 RF 트랜시버 및 MSP430 16비트 MCU를 포함하는 PMG17 전기 마이크로 발전기의 리퍼런스 디자인을 제작하였다.

EnOcean GmbH사는 무선으로 동력 스위치와 연결되는 동전형(electro-dynamic) 에너지 컨버터를 제공한다. 조명 스위치는 전력망과 연결될 와이어나 배터리 없이도 방안의 어느 곳에라도 위치할 수 있다. 버튼을 누르는데 필요한 에너지는 회로를 트리거하는 무선 트랜스미터가 조명을 켤 수 있도록 하는 전기에너지로 전환된다.

EnOcean사는 이미 수만 개의 제품을 판매하였다. EnOcean사는 무선 조명 스위치 이외에도 열과 태양 에너지 회수기를 생산한다. 출시된 이 업체의 열회수기는 기타 디자인들보다 훨씬 낮은 10mV의 입력 전압을 갖는다.

본 절에서는 유비쿼터스 에너지 수확 기술의 필요성, 기본 개념, 그리고 국내외 개발 동향을 고찰하였다. 유비쿼터스 공간을 여는 유비쿼터스 도어 패드를 비롯하여 그 공간의 내외에 존재하고 있거나 존재할 예정인 다양한 물체나 사람의 식별 정보(ID)를 채집하고, 그 정보의 사용자와 관계자의 요구 상황에 따라 다양한 콘텐츠를 실시간으로 제공해야 하는 융합/복합/결합/통합 형태의 유비쿼터스 정보통신방송 인터넷은 이제부터 실시간으로 조합되는 유비쿼터스 통신망을 다양하게 창조할 것으로 보인다.

국내에서도 433MHz 주파수가 분배되면서, 유비쿼터스 에너지 수확 기술의 킬러 애플리케이션으로 급부상한 자동차 타이어 압력 모니터링 시스템 TPMS(Tire Pressure Monitoring System)가 있다.

이러한 TPMS 용도로 사용되고 MEMS 센서는 몇 년 후에 판매의 상승세를 탈 것으로 예상되고, 그에 따라 점차 진동 에너지 회수기를 장착한 시스템들은 타이머 추적, 마모, 그리고 타이어 내부 공기압력에 대한 데이터를 얻기 위해 바퀴의 테두리 부분에서 타이어 안쪽으로 장착 위치가 바뀔 것 같다.

TPMS 시장의 경우, 자동차 타이어 속의 공간으로 사람이 절대 들어갈 수 없기 때문에 아주 작은 센서들을 투입해서 감시 측정하는 수요가 생성되어 있는 것처럼 조만간 인간의 감각기관이 감지할 수 없는 모든 종류의 공간들이 MEMS/NEMS 센서들의 수요처이자 센서용 전원의 발전소가 될 것이다. 또한, 전화를 발음으로 하면 할수록 발전과 충전이 되는 전지를 비롯하여 걸으면서 발전과 충전이 되는 전지, 흔들거나 춤을 추면서 발전과 충전이 되는 전지기술도 상용화될 것으로 보인다.

향후 전자기기들은 전원공급의 측면에서 저전력 소모 설계를 기본으로 하여 기기제한 성능의 측면에서 저소음, 저발열, 저잡음, 무간섭의 기술을 계속 채택하는 방향으로 진화할 것이기 때문에 미래의 유비쿼터스 공간마다 존재하는 중력, 전기, 자기, 주파수, 태양열, 태양광, 인공열, 인체열, 생체열, 인공광, 인체운동, 생화학효과, 전기효과, 낙뢰, 진동, 물체운동, 지진운동, 화산폭발, 풍력, 조력, 지열, 물 또는 공기처럼 지구자연과 우주환경이 주고 있는 무비용, 무유지보수, 무기한의 유비쿼터스 에너지원들이 개발될 것으로 전망된다.

2.6 유비쿼터스 무선 전력공급 기술

2.6.1 MIT 공대의 위트리시티(Witricity) 기술 개요

MIT 공대의 물리학과 마린 솔야직(Marin Soljacic) 교수는 휴대폰 전력 공급이 무선으로 지원 가능한 아이디어를 가지고 본 프로젝트를 시작하게 되었다. 이러한 아이디어 발상을 에너지를 송신하는 하는 새로운 물리학적 원칙을 개발하였다.

마린 솔야직 교수는 변압기 내에서 작동하는 근접 거리 유도 방식을 사용하여, 추후에는 장거리 에너지 전달도 가능한 기술표준/방법론을 제시하였다.

본 프로젝트는 MIT 물리학과, 전기공학과와 컴퓨터과학과가 동시에 연구 개발하였으며, 미국 국방연구소(군사 나노기술 연구기관), 국가 과학재단(national science foundation)과 자원부(Dept. of energy)에 의해 연구비가 지원되었다.

전자기파(magnetic fields)를 사용하여 특정 공간에 방사선으로 유출시켜 전력을 공급하는 것이 아닌 전력 송신기가 특정 위치에 있고, 그 주변에 같은 주파수

그림 2-13
MIT 공대 위트리시티(Witricity) 시범테스트 전구 전력 무선 송신

대역의 비방사선(non-radiative) 전기파를 송신하면 에너지를 지원받는 방식을 사용하였다.

이러한 방법론은 RFID(Radio Frequency IDentification)에서 사용되는 유사 방법이다. RFID는 리더에서 900MHz, 2.4GHz 대역 주파수를 보내어 특정 태그(안테나를 통해)의 정보를 가져오게 된다. 즉 안테나를 통해 전력이 공급되어 태그의 메모리 영역에 있는 정보를 수집하게 된다.

메모리 영역이 커질수록 능동 태그(Active Tag)를 사용하게 되는데, 이 때 별도 배터리가 따로 지원되어야 한다.

RFID 기반 애플리케이션들의 밀리와트 수준으로부터 이동단말기, 가전 및 통신 장치들의 영역으로 확장될 것이다. 즉 신호선이 없어지고 무선 데이터 송신 방식으로 발전함에 따라 전력선은 이제 무선화의 유일한 장애물이 되었다.

무선 전력 송수신에 있어서 이론적으로 무선 전력 전송이 가능하지만, 전자기가 공중에 방출되기 때문에 효율성이 크게 떨어지는 연구 결과가 있었다. 이 기술의 핵심은 전력을 특별 조정된 전자기파로 전환하는 것이다. 전력 충전을 공급하는 휴대용 단말기의 충전기와 전파 변화 기계가 동일 주파수로 진동(resonance)하면서 (동일 파장 범위에서)전기장/자기장을 형성시키는 공진(resonance)기법을 활용하여 에너지를 무선으로 전달하게 된다. 본 방법론을 송·수신기로 구성하여 구리 코일을 전원 수신 단말기와 전원 송신 단말기에 부착하여 무선 전원 환경을 구현할 수 있다. 단점으로는 송/수신기의 사이즈가 60m나 된다는 것과 에너지 전달 효율성이 40~45% 밖에 미치지 않는다는 부분을 고려하여 추후 연구가 필요하며, 상용화를 위해서는 소형화와 에너지 고효율화가 필요한 것으로 예견된다.

2.6.2 위트리시티(Witricity)의 실용화 계획

전기 콘센트에서 2m 정도 떨어진 간격에서 무선으로 60W 전구의 전원을 작동시키는 시범 테스트를 2007년 6월에 Science Express 저널에 게재하였다.

에너지 전달 효율을 전구의 밝기 대비로 측정하였으며, 40% 정도의 밝기를 보여줬다. 위트리시티(Witricity) 기술은 상용화시기를 3~5년 정도로 바라보고 있으며, 상용화를 위해 기업에 기술을 이전시키는 계획을 세우고 있다. 위트리시티가 대부분의 가전제품에 표준화된다면 배터리 없이도 위트리시티 핫스팟 존(Zone)에서 전원이 제공될 수 있을 것으로도 전망된다.

위트리시티는 2개의 공명기(resonator)를 통해 동일 주파수 대역에서 작동하므로, 위트리시티 제품군은 공명 수신 단자(Receptive Resonator)를 내장해야만 한다. 현재까지 본 장치를 기기 내에 포함할지, 아니며 부가 장치(Add-On 타입)로 활용할지에 대해서는 논의 중이다. 본 무선 전력 시스템은 유비쿼터스 기술을 기반으로 한 도시, U-City 가로등의 무선 전원 공급기기로 사용될 수 있으리라 예상된다. 또한 로봇의 무선 전원 공급 등 여러 분야에 활용될 수 있기 때문에 기대되는 기술이다.

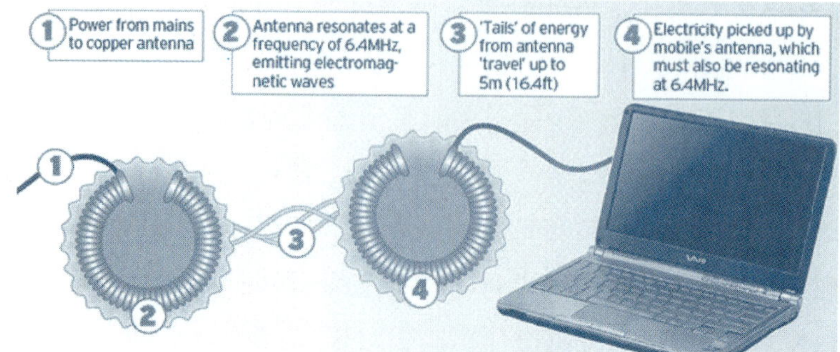

그림 2-14
무선전력 송수신 단계

- 에너지 전달 프로세스 : 그림 2-14의 ①처럼 구리 안테나로 전원이 공급되면서 그 이후에 ②처럼 6.4MHz 주파수 대역에서 안테나가 공명(resonate)하게 되면서 전자기파를 보낸다. ③처럼 에너지의 흐름이 안테나를 통해서 5m 정도 무선으로 전달된다. ④처럼 모바일 단말기에 부착되는 안테나로부터 해당 에너지(전기)가 수신될 때 안테나 역시 6.4MHz 주파수 대역에서 공명해야 한다.

2.6.3 무선 에너지의 원천 기술과 위트리시티 전원공급 방법론/활용도

무선 에너지의 발상은 전기 모터와 전력 변압기는 전기장 유도 방법을 사용하여 코일(모터 안의 두 개의 코일이 근접하게 작동하지만, 접촉하지 않는 원리)에서 에너지가 전달될 수 있다는 사실을 처음 발견한 후, 전기장 방사선이 라디오파로 존재하는 것을 알게 되었다. 그러나 빛을 사용할 수 있는 전력(태양열 에너지)으로 변환하는 것이 가장 힘든 절차 중 하나이다. 위트리시티 프로젝트에서는 특정 물체가 외부에서 고유 진동수와 같은 진동수를 받으면 진폭이 증가하는 방법론을 기반으로 새로운 무선 에너지 공급 송수신기를 개발하였다.

비방사성(non-radiative) 에너지 기반 자기장파 기술은 차세대 무선 전원 시스템의 표본이 될 수 있을 것이다. 본 기술은 소형 사이즈의 리시버에 따라 제한된 거리를 갖게 된다.

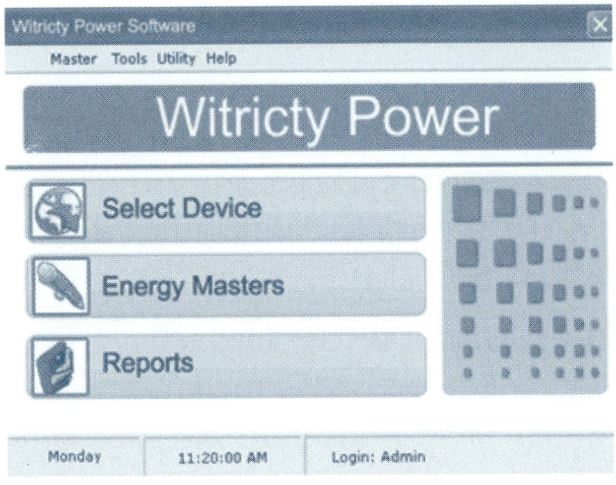

그림 2-15 위트리시티(Witricity) 전력 소프트웨어의 응용

추후 연구 방행으로는 노트북과 휴대폰이 전선을 사용하지 않고, 전원을 공급받는 무선 전원 송수신기 개발을 목표로 하며, 이 외에도 가정에서 사용하는 다양한 기기를 지원하고자 한다. 가장 근접한 예로는 로봇 청소기가 별도의 충전기 잭에 연결하지 않아도 자동으로 전원을 지원 받아 거실을 청소할 수도 있게 된다. 이는 최근 로봇 청소기 사용에 있어서 방을 두 군데 청소하고 나면 배터리가 방전되는 현상을 극복하기 위한 연구 방향이다. 본 기술의 장점으로는 독성 화학물질이 함유된 배터리를 다양한 기기에 사용하는 것보다 무선 전원 공급 플랫폼을 사용하여 친환경적인 기술을 지원할 수 있다는 것이다.

2.7 유비쿼터스 진동 기반 무선 센서 기술

클락슨(Clarkson) 대학교에서 개발한 무선 센서로서, 육교의 차량들이 지나갈 때마다 진동(vibration)에 의해 센서의 전력이 재충전되어 육교를 모니터링할 수 있게 한다. 무선 센서는 대부분 능동(active) 센서이기 때문에 전력을 많이 소비하며 각 단위별 육교에는 수많은 센서들이 부착되어 있기 때문에 배터리를 개별적으로 교환한다는 것은 큰 무리가 있다는 가정 하에 연구프로젝트를 진행하게 되었다. Edward S. Sazonov 교수와 Pragasen Pillay 교수가 개발한 기술로서 센서가 자체 공급을 받으면서 온도 등 트래픽 상황 그리고 육교의 상태를 측정할 수 있게 된다.

2.7.1 에너지 수확 기술(Energy Harvesting Technology)

전자기 변환기를 도로의 다리에 배치를 하고 난 후 다리가 흔들릴 때마다 고유 진동 주파수가 각 전자기에 전달된다. 즉, 자동차가 도로를 지나가거나, 1차선과 2차선의 차가 움직일 때마다 다리의 구조적인 진동은 전자기 변환기에 전달되어 에너지를 공급하게 된다. 저장된 에너지는 주위에 있는 무선 센서를 작동시키는데 활용이 되며, 특정 기능을 수행하기 위해서 마이크로 와트 단위의 에너지를 필요로 하기 때문에 전력이 충분히 공급된다.

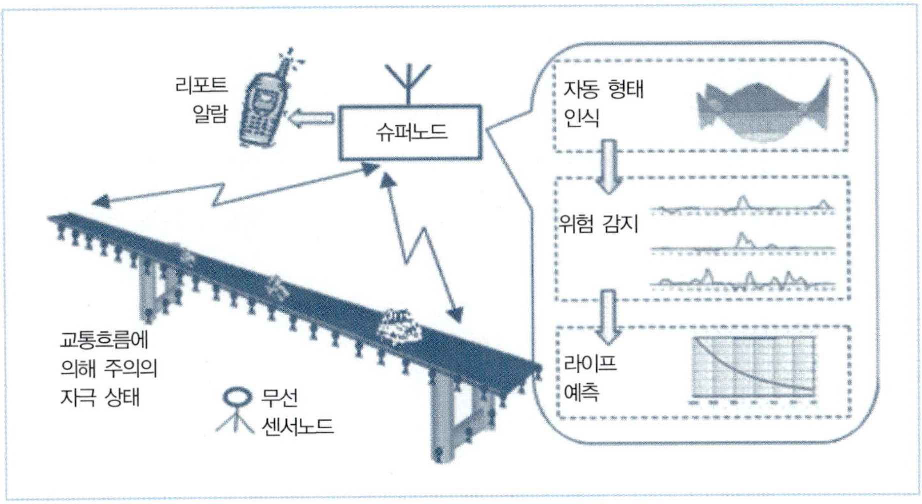

그림 2-16
에너지 자체 공급 자율 센서를 통한 육교 안전 현황 측정

본 연구의 의도는 2006년 미국의 연방 도로 행정국에 의하면 59만 6,842개의 다리 중 25.8%가 구조적인 결함 또는 노후화되었기 때문에, 안전을 위해 실시간으로 센서로 육교의 데이터를 측정하여 정보를 업데이트하기 위한 것이다.

2.8 유비쿼터스 환경 내에서의 무선 전력의 필요성

유비쿼터스 컴퓨팅 환경을 구현, 구체적으로는 센서 환경을 구현하여 최종 사용자(End User)에게 인터페이스적으로 가장 친근하고 편리한 서비스를 제공하기 위해서는 전력 또한 무선화하여 전선 없이도 유비쿼터스(공간의 제한 없이)하게 이동할 수 있어야 한다. 이의 가장 걸림돌이 되는 것은 전원 문제이다. UMPC 등 노트북보다 더 소형화된 마이크로 PC가 등장하면서 가장 문제가 되는 부분은 충분한 전력 공급 문제이다. 단말기가 소형화될수록 배터리 사이즈 역시 대폭 소형화되기 때문이다. 무엇보다도 휴대 단말기에서 무선 충전 인터페이스를 지원하면 이는 매우 편리한 기술로 작용할 것이다. 무선 전력 공급 기술은 휴대 단말기의 저전력 에너지 공급으로부터 시작하여 건축 공간에서 배선 등의 무선화를 가능하게 하여 건축 구조적으로도 확장성을 갖게 할 것으로 예견된다. U-City에서 또한 거리의 가로등(MIT의 위트리시티 사용), 클락손(Clarkson) 대학교의 자체 공급 진동 센서 등을 활용하여 도시 내의 안전 상황을 중앙관제센터와 연계하여 측정할 수 있을 것으로 예견된다. 유비쿼터스 컴퓨팅/네트워크 환경은 에너지의 무선화 또한 매우 중요한 요소로 고려하게 될 것이다. 차세대 에너지 개발과 에너지의 무선화 등 다방법론으로 기술을 병행해서 R&D 방법론을 개발해야 할 것이다.

제 3 장

IT를 접목한 유비쿼터스 에너지의 효율화

3.1 유비쿼터스 에너지 효율화의 개요

에너지에 IT를 접목시켜 유비쿼터스 에너지 효율화하는 것은 전 세계적인 움직임이다. 유럽에서는 5개국 7개 업체가 참여하는 BUSMOD(Business models for distributed power generation) 프로젝트와 3개국의 8개 업체가 참여하는 CRISP(CRitical Infrastructure for Sustainable Power) 프로젝트를 통해 분산 에너지 자원과 재생 가능한 에너지로 이루어지는 전력 네트워크를 효율적으로 관리하기 위해 IT 기반의 분산화 정보(Distributed intelligence)를 연구하고 있다. 최근에는 유럽의 7차 Framework Program에 IT를 통한 유비쿼터스 에너지 효율화를 포함하고 2007년부터 2013년까지 본격적인 지원에 나섰다.

미국 EPRI(전력중앙연구원)는 2001년 CEIDS(Consortium for Electric Infrastructure in a Digital Society)를 구성하고 전력과 IT의 결합의 일환으로 스마트 전력망인 'IntelliGrid' 개발 프로젝트를 진행하였다. 나아가 CEIDS 프로젝트와 연결해 IntelliGrid 구조를 확장시키고, 경쟁력 있는 에너지 거래방식을 실현시키기 위해 전력망과 IT망을 결합시킨 차세대 전력망 네트워크 구축을 시도하고 있다. 일본도 CRIEPI(전력중앙연구소)를 중심으로 신규 전력 네트워크 감시와 전체 네트워크 신뢰성을 평가하는 데 있어 IT를 적극 활용하고 있다.

우리나라에서는 기존 전력 기술에 IT 신기술을 융합해 전력 시스템을 고도화·지능화하고 통신과 결합한 부가 서비스를 창출하기 위한 전력 IT 사업이 2005년 이후 본격적으로 시작되었다. 이 중에서도 특히 유럽은 범유럽 연구개발 프로그램에 IT를 통한 유비쿼터스 에너지 효율화 과제를 포함시켰고, 유럽 정보화정책의 일환으로 추진하면서 그 연구의 범위 및 체계성에 있어 선진성을 보여주고 있다.

본 절에서는 유럽에서 진행되고 있는 IT를 통한 유비쿼터스 에너지 효율화 전략을 심층적으로 살펴보고, IT를 유비쿼터스 에너지 효율 부문에 어떻게 적용시켜 나아가야 하는지에 대하여 알아보고자 한다.

3.1.1 유비쿼터스 에너지 효율화에 힘이 되는 IT분야

IT는 에너지 효율 측면에서 이중성을 지니고 있다. 사회 모든 분야에 걸쳐 정보화 진행되면서 IT 기기 또한 빠르게 확산되고 있다. 이에 따라 IT가 차지하는 에너지 소비량이 지속적으로 높아질 수 있다. 하지만 IT를 활용해 IT 부문뿐 아니라 타 부문 전반에 걸쳐 에너지 효율의 혁신을 가져올 수 있다.

먼저 IT가 에너지 소비량에 미치는 영향에 대한 몇가지 연구들을 살펴보면 다음과 같다. 2001년 미국 에너지부(the US department of energy)의 조사에서는 사무기기와 통신기기가 미국 전력소비의 3% 정도를 차지하고, 전체 미국 에너지 소비에서는 1%를 차지하는 것으로 나왔다. 그리고 2010년까지 미국 전체 전력소비의 3.5% 가량을 차지할 것으로 예상하고 있다.

한편, 2003년 독일 프라운호퍼(Fraunhofer)의 조사에서는 IT가 차지하는 에너지 소비량이 2001년 38TWh(당시 독일 전체 전력량의 11%)를 차지하고 있었고, 2010년에는 56TWh까지 상승할 것으로 예상하였다. 미국과 독일의 연구 결과가 큰 차이를 보이는 주요 원인은 IT기기의 범위를 서로 다르게 잡았기 때문으로 보인다. 그리고 최근 조사에 속하는 가트너 연구결과에서는 IT 산업이 글로벌 CO_2배출량의 약 2%를 차지하는 것으로 나타났다. 이 수치는 항공 산업의 CO_2배출량과 비슷하다.

요컨대, IT 산업이 에너지 저소비 부문에 속하긴 하지만 IT 기기가 늘어나면서 IT의 에너지 소비량 또한 계속 늘어날 가능성이 높고, 이산화탄소 방출량도 항공 산업 부문과 비슷한 상황에 이르렀다. 이에 IT 기업들은 정보기기의 에너지 효율을 높이는 것이 곧 미래의 경쟁력을 높이는 것으로 인식하고, 에너지 효율화에 지속적인 투자를 하고 있다.

그러나 IT는 에너지 소비 증대 주체로서가 아니라 에너지 효율화 주체로서 IT 기기의 에너지 소비량을 축소시킬 수 있을 뿐 아니라 다른 영역과 활동의 에너지 비용까지 감소시킬 수 있다. 마이크로일렉트로닉스(Microelectronics)나 마이크로시스템(MEMS)과 같은 부품의 효율성을 높여 전력소모를 줄이거나, 센서를 활용해 대기전력을 줄일 수 있다. 또한 원격근무나 최적화된 물류화 등으로 이동비용 및 운송비용을 축소시킬 수 있다. 그리고 지능형 시스템으로 자동차와 건물의 에너지 효율을 극대화하고, 분산 에너지 생산을 촉진할 수 있다. 나아가 지능화되고 네트워크로 연결된 정보기기를 통해 에너지 사용 현황을 점검하고 그 관련 정보를 체계화하여 사용자들이 에너지를 보다 효율적으로 이용할 수 있도록 도와줄 수 있다.

IT가 에너지 효율화에 미치는 영향을 파악하기 위해 에너지 생산과 소비단계로 구분하여 생각해 볼 수 있다.

1) 에너지 탐사 및 생산단계

에너지 탐사 및 생산단계(upstream)에서 IT는 주로 보다 나은 의사결정을 할 수 있도록 도와주는 역할을 한다. 비즈니스 프로세스를 최적화하고 방대한 데이터를 관리함으로써 지속적으로 탐사와 생산의 비용 효율과 효과성을 높인다. 시뮬레이션, 시각화(visualization), 패턴인식(pattern recognition) 등을 통해 유전 모니터링 시스템을 고도화하고, 경제 모델링 기술과 결합함으로써 그 유용성이 확대될 수 있다.

2) 에너지 소비단계

에너지 소비단계(downstream)에서 IT는 검침이나 요금정산 시스템을 자동화하고, 사업자로 하여금 소비자에게 초점을 맞출 수 있도록 도와준다. 현재는 검침원이 직접 집마다 돌아다니면서 전력사용량을 점검하고 있다. 다만 부분적으로 원격검침시스템(AMRS)이 시범적으로 도입되어 각종 계량기의 사용량을 검침원이 직접 세대를 방문하지 않고, 관리사무소의 검침센터에서 자동으로 검침할 수 있다. 하지만 미래에는 그림 3-1과 같이 유·무선 네트워크 기술을 활용하여 실시간으로 에너지 사용 관련 정보를 공급자와 소비자가 원하는 방식에서 손쉽게 확인할 수 있다.

그림 3-1 에너지 검침 부문의 IT 확산

그리고 소비자들에게 스마트 검침(smart metering) 기기를 통해 그들이 사용하는 에너지 소비량을 인지시켰을 때 에너지 소비량의 감소를 기대할 수 있다. Oxera에 따르면 미국, 노르웨이, 핀란드에서 에너지 소비량 정보제공에 따른 에너지 소비절감 효과를 분석한 결과, 요금 청구서의 자세한 내역을 알려주거나 가정 내에서 쉽게 접할 수 있는 실시간 정보 디스플레이를 설치함으로써 에너지 소비를 5%에서 10% 가량 절감하는 효과가 나타났다. 그리고 에너지 소비기기 각각의 소비 현황을 알려줬을 경우에는 13%의 절감효과를 나타냈다.

IT는 이와 같이 유비쿼터스 에너지 효율화에 주요 역할을 담당하고 계속해서 에너지 부문과 밀접하게 연결 되어가고 있다. IT가 에너지 부문에 활용되는 초기 단계에서는 기본적인 에너지 정보처리와 공급자와 소비자간 의사소통 채널을 담당한다. 그러나 앞으로 IT가 에너지 부문에 깊숙이 파고들게 되면, 에너지 가치사슬 전 부문에 걸쳐 IT가 신경망 역할을 담당하게 될 것이다. 단순 검침, 요금정산, 계약 활동을 넘어 에너지의 온라인 거래, 에너지 네트워크 리스크 관리, 고객관계관리(CRM)를 통한 마케팅, 공급자와 소비자간 실시간 정보 유통 등에서 IT의 역할이 지속적으로 확대될 것이다.

3.1.2 IT를 통한 유비쿼터스 에너지 효율화 과제

유럽은 1980년대부터 미국과 일본에 대한 경쟁력 회복, 동서유럽의 경제 · 기술 격차 해소, 지구환경문제 해결 들 유럽이 당면하고 있는 문제를 근본적으로 해결하고 국제 경쟁력 확보에 필수적인 과학기술역량을 강화하고자 공동연구 개발 활동을 수행하여 왔다.

1) FP과제

이러한 유럽의 공동연구개발 활동은 FP(Framework Program)을 기본 골격으로 이루어지고 있다.

FP는 EU회원국 내 연구자원의 효율적 활용, 연구개발 투자확대, 산업경쟁력 강화 등을 목표로 1984년부터 시작되었다. 이 프로그램은 EU의 범 유럽 연구개발 프로그램으로써 산학협력 및 기술이전을 촉진하고 EU의 주요 연구지원 수단으로 활용되고 있다. 2006년까지 6차 프로그램을 추진하였으며, 2007년부터 7차 프로그램(FP7)을 시행하고 있다. FP7은 2013년까지 총 532억 유로(약 64조 원)가 투입될 예정이다.

FP7 '성장을 위한 지식사회 건설(Building and ERA of Knowledge for Growth)'을 위해 세부적으로 협동(Cooperation), 능력(Capacity), 아이디어(Idea), 인력(People)의 4대 목표를 설정하고 있다.

(1) 협동 프로그램

협동(Cooperation) 프로그램은 전체 예산의 65%를 차지함으로써 FP의 가장 큰 구성요소이자 핵심에 속한다. 협동 프로그램은 정보통신, 보건, 환경 · 에너지, 보안 및 우주 등의 핵심 연구 주제에 대해 유럽 국가 간 또는 유럽과 외부 국가 간 공동연구를 지원하고 있다.

(2) 아이디어 프로그램

아이디어(Idea) 프로그램은 유럽연구위원회(ERC)를 통해 과학기술 기초 연구를 지원하고 주로 경제와 사회전체의 복지 향상을 추구하고 있다.

(3) 인력 프로그램

인력(People) 프로그램은 연구원들의 전문경력 개발 및 훈련을 지원한다.

(4) 능력 프로그램

능력(Capacity) 프로그램은 연구 인프라 강화 및 신규 네트워크 지원, 지역 연구 클러스터 등을 지원한다.

2) FP7 과제와 IT 관련 사용

FP7에서 EU는 IT를 일자리 창출과 삶의 질 향상에 있어 핵심기술로 삼고 있다. IT는 경제 전반에 걸쳐 혁신, 창의성, 경쟁력을 높이고, 글로벌화에 대응할 수 있는 기반을 제공한다. 또한, 모든 과학 기술 영역에 첨단 지식을 전달하고, 공공부문의 효율성과 투명성을 증가시킴과 동시에 산업의 현대화를 촉진한다. 나아가 고령화, 에너지, 환경문제 등 우리가 직면한 사회문제를 해결할 실마리를 제공한다.

이러한 맥락에서 IT 관련 사업은 협동(Cooperation) 프로그램에서 가장 많은 예산 비중을 차지하고 있다. IT 관련 사업은 크게 IT 기술기반(IT technology pillars), 기술통합(integration of technologies), 응용(application research), 미래 신기술(a future and emerging technologies)의 4개 부문으로 구성되어 있다.

(1) IT 기술 기반 부문

IT 기술 기반 부문은 지속적 발전을 위한 인프라 구축에 역점을 두고 있다.

(2) IT 기술 통합 부문

IT 기술 통합 부문은 지능형 인프라를 통한 로봇 및 홈네트워크 기기 등의 편리한 활용을 목적으로 삼고 있다.

(3) IT 기술 응용 부문

응용 부문은 IT를 통해 에너지, 환경, 의료 등과 같은 사회 도전 과제를 해결하고, 컨텐츠 및 창의성 개발, 산업정보화, 사회신뢰성(보안) 향상에 초점을 맞추고 있다.

(4) 미래 신기술 부문

신기술 연구에서는 미래 컴퓨팅과 개인기기 및 서비스의 지능형 시스템에 비중을 두고 있다.

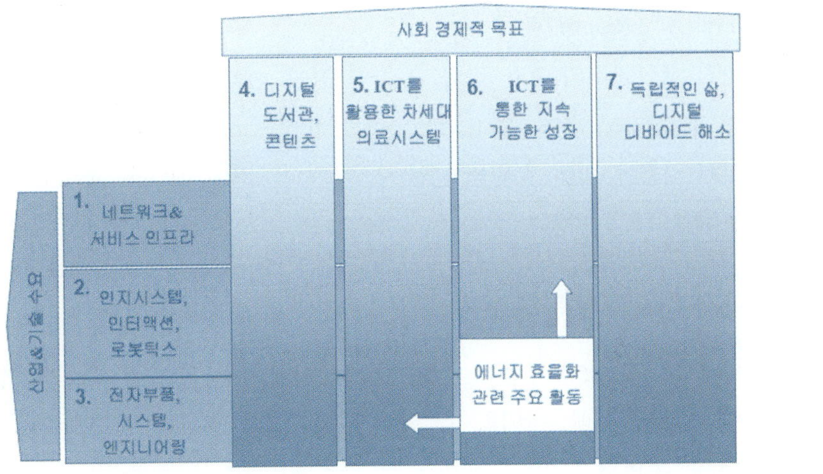

그림 3-2
IT 워크 프로그램
(work program)

유럽위원회는 이렇게 7년간에 걸쳐 진행되는 FP7하에서 IT 연구 효과를 보다 구체화시키고 강화하기 위해 그림 3-2와 같이 최근까지 집중할 총 7개의 핵심 연구기술개발 과제를 선정하였다. 이 과제들은 산업 및 기술과제 또는 사회 · 경제적 목표에 의해 도출되었다. 그리고 각 과제별로 5~10년 후 달성할 연구 결과와 경제, 사회에 미칠 파급효과 등을 구체화함으로써 투가 계획의 명확성을 강화하였다. 7개의 과제는 크게 산업 및 기술 수요 측면에서 파생된 과제와 사회 · 경제적 목표 차원에서 바라본 과제로 구분된다.

본 연구에서 심층적으로 살펴보고자 하는 IT를 통한 유럽의 에너지 효율화 전략은 FP7 협동(Cooperation) 프로그램에서의 IT 연구 분야에 깊게 연관되고, 다시 IT 응용연구(application research) 부문에 해당된다.

그리고 설정한 워크 프로그램 IT 7개 과제 중에서 그림 3-2와 같이 6번째 과제인 〈IT를 통한 지속 가능한 성장〉과 3번째 과제〈전자부품, 시스템, 엔지니어링〉에 긴밀히 연결되어 있다.

3.1.3 IT를 통한 유비쿼터스 에너지 효율화 연구

유럽에서 IT를 통한 유비쿼터스 에너지 효율화 연구의 주요 주제는 크게 세 부문으로 나누어져 논의되고 있다.

① 에너지 집약(energy-intensive) 상품, 건물, 서비스, 프로세스 등의 전체 라이프 사이클에 있어 에너지 소비체계를 설계하고 시뮬레이션하는 에너지 디자인(Energy Design) 부문

② 에너지 생산과정의 효율 강화, 지능형 검침, 에너지 망관리 등 에너지 생산/저장/유통(Energy Production, Conservation and Distribution : PCD) 부문

③ 에너지 사용에 있어 효율을 높일 수 있는 에너지 소비(energy consumption) 부문이다.

1) 에너지 디자인 부문의 연구

에너지 디자인(design) 부문의 주요 연구 테마로 에너지 환경 시뮬레이션, 에너지 소비 대상(제품, 건물, 서비스 등) 라이프 사이클의 최적화 모델링, 데이터 시각화 등이 집중 논의되고 있다.

시뮬레이션은 에너지 생산과 소비가 이루어지는 과정을 예측하고 평가할 수 있는 툴로 기능한다. 최근 소프트웨어 및 컴퓨팅 성능의 발달과 함께 건물이나 환경의 효율적인 에너지 순환 과정을 설계하는 데 있어 그 유용성이 높아지고 있다. 시뮬레이션과 관련하여 최근 미래 미디어로 각광받고 있는 버츄얼 리얼리티(virtual Reality) 기술과 증강현실(augmented Reality) 기술의 지원이 요구된다. 에너지를 소비하는 제품 및 건물의 라이프 사이클에서 에너지 효율성을 최대화하고 에너지 자원관리를 원활히 하기 위해 최적화(optimization) 모델링 기술도 주요 연구과제에 속한다. 데이터 시각화 역시 다차원적이고 실시간으로 진행되는 데이터 흐름을 알기 쉽게 보여줌으로써 에너지 디자인 과정을 효율적으로 있는 중요한 연구 주제이다. 특히, 전자게임 산업의 경험과 기술이 유용할 수 있음을 강조하고 있다.

그 외에도 제품, 건물, 기계와 같이 다양한 영역에서 에이전트 기반(agent-based) 방식과 자기조직화(self-organizing) 방식을 통해 에너지 소비를 최소화하는 생산 프로세스를 설계하며, 주변 환경 및 시스템의 에너지 효율 수준을 확인하고 향상시키기 위해 관련 데이터 수집 기술의 중요성을 강조하고 있다. 데이터 수집과 관련하여 전자계량기(e-metering) 기술을 개발하고, 센서 네트워크를 통한 데이터 획득 과정시 프라이버시 보호와 무결성 강화를 주요 연구과제로 삼고 있다.

에너지 디자인과 관련해 이러한 기술개발은 에너지 소비제품의 라이프사이클에 따라 에너지 시뮬레이션을 구할 수 있게 하고, 건물에 적용시킬 경우 날씨, 건물 내 거주자 수, 냉 · 난방에 따른 전력 수요 등 다양한 변수들을 고려하여 에너지 흐름을 예측할 수 있게 한다. 발전소 건설에 있어서도 전력 생산과 저장경로의 복잡한 시스템을 평가할 수 있는 시뮬레이션과 모델링 툴이 필요한데, 위에 주요 기술들을 응용할 수 있다.

2) 에너지의 생산, 보존, 유통 부문의 연구

에너지의 PCD(Production, Conservation, Distribution)는 에너지 공급과 소비를 연결해 주는 영역에 해당한다. 주요 연구 주제로는 에너지 생산과 관련하여 생산과정에서의 부하 최소화, 새로운 시스템 적용에 있어 시뮬레이션과 모델링 등이 주로 논의되고 있다. 에너지 보존에서는 분산 에너지 자원을 관리하고, 에너지 저장기술을 통해 에너지 피크에 대응할 수 있는 시스템 연구가 중심이다. 유통과 관련해서는 에너지 효율을 향상시키기 위해 네트워크가 자율적으로 상황에 적응해야 하고, 네트워크에 이상 현상이 발생하면 조기 경보 센서를 통해 이를 점검하고 향후 적절한 대응을 펼쳐야 함을 강조한다.

에너지 PCD에 있어 일반적인 다른 연구 주제로는 플러그 & 플레이 호환성을 쉽게 확인하는 방법과 툴, 오염확산 등의 위험상황을 쉽게 분석하게 하는 시각화 툴, 에너지 생산, 유통 과정에서 나오는 다양한 정보를 통합하는 기술, 분산되어 있는 발전기들이 제대로 작동할 수 있도록 돕는 통신 시스템, 에너지 통제 시스템 자체의 신뢰성과 안정성 향상 기술 등이 있다.

이러한 기술을 응용하여 에너지 공급과정 전반에 걸쳐 안전성을 강화하고 에너지 생산량을 보다 자세히 예측함으로써 에너지 수급을 일치시키는데 도움을 줄 수 있다. 나아가 에너지서비스기업의 비즈니스 모델 및 실제 최종 사용자를 위한 서비스를 진화시키고, 가격책정 방식과 손익분기점 계산에 있어 정확도를 높인다.

3) 유비쿼터스 에너지의 소비 부문 연구

에너지 소비(consumption) 차원에서 중요한 연구 주제는 센서를 통한 상황감지와 그 감지된 상황을 관리하고 통제하는 것이다. 상황을 보다 정확하게 해석하기 위해 여러 센서들로부터 얻은 정보를 융합하는 센서 데이터 융합 기술(sensor data fusion technology) 개발에 비중을 높이고, 센서에 상황인지(context awareness) 능력을 강화하여 에너지 시스템의 상황 적응력을 향상시켜 에너지 소비 절감을 이끌어 내고자 하고 있다. EU는 센서와 계량 기술이 에너지 모니터링과 서비스를 함에 있어 가장 기본적인 기술로 인식하고, 이 부문에 대한 연구개발을 한층 강화하고 있다.

그리고 집이나 건물의 에너지 소비를 관리하고 점검하는 툴을 개발하고, 통제 알고리즘(control algorithm) 기술력 향상에 집중하고 있다. 나아가 유저 인터페이스를 직관적으로 만들어 에너지 시스템 관리자가 에너지 관리를 보다 수월하게 하도록 하고 있다. 또 소비 차원에서도 공급과 마찬가지로 시뮬레이션과 최적화 기술을 중요시하고, 기기 및 시스템 간 호환성을 강조하고 있다. 동시에 자동화된 에너지 시스템 일부에 고장이 발생해도 그것을 자동적으로 보완 수정하여 시스템의 기능정지를 회피할 수 있는 고장 장애 보완 시스템(Fault-tolerant system)에 비중을 높게 두고 있다.

에너지 소비에 있어 응용 연구 주제로는 에너지 소비기기의 효율성 및 노화측정 기술, 최종 소비자의 에너지 관리, 디지털홈과 근무환경 등이 있다.

3.1.4 IT를 통한 유비쿼터스 에너지 효율화 전략

유럽의 IT를 통한 유비쿼터스 에너지 효율화 전략의 주요 시사점은 다음과 같다.

① 현재 IT를 통한 유비쿼터스 에너지 효율화 전략은 유럽의 정보화 전략과 그 맥락을 같이 하고 있고, FP7에서 구체화하고 있다. 최근 유럽의 정보화 전략은 IT 활용을 통해 정보화 혜택을 극대화하는 데 초점이 맞춰 있다. 그리고 사회경제 문제 중에서도 시급하게 해결해야 할 유비쿼터스 에너지 효율화에 IT를 적극 활용하고 있다는 것이다.

② 유비쿼터스 에너지 제품 및 건물 설계, 에너지 생산, 보존, 유통, 소비에 이르기까지 에너지 라이프 사이클 전체에 걸쳐 IT를 활용하는 연구를 진행하고 있고, 무선 광대역 및 지능형 기술로 대표되는 유비쿼터스 기술들을 에너지 부문에 구체적으로 활용하고 있다.

③ 유비쿼터스 에너지 부문에 IT가 확산되면서 발생하는 부작용 및 리스크를 최소화하는 전략을 함께 연구하고 있다.

1) IT 인프라 활용 효과 극대화를 위한 정보화 정책 집행

유럽의 IT 정책 중심이 90년대 중반에는 통신산업 자유화와 네트워크 인프라 구축에 있었고, 2000년대 초반에는 정보보안, 인재육성, 공공 및 사적 부문의 디지털화 촉진에 있었다면, 2000년 중반 이후에는 디지털 컨버전스 확산에 따라 시장 규제의 틀을 재정립하고 신기술 상용화를 촉진하며, IT가 줄 수 있는 혜택을 에너지, 의료, 교육 등 사회 전 분야 걸쳐 확산시키는 쪽으로 움직이고 있다. EU위원회는 1994년에 정보사회(information society)의 초기 개념을 제안하고 '정보사회로 가는 유럽의 길(Europe' way to the information society)' 계획을 추진하였다. 이 계획을 추진하는 과정에서 통신 산업의 자유화 속도를 높이고, 정보 인프라 구축에 주력하였다.

그러나 빠르게 진화하는 IT 발전 속도에 기존 정책 가이드라인을 수정할 필요가 있었으며, 이에 1999년 'e유럽-모두를 위한 정보 사회(eEurope-an information society for all)' 계획을 마련하고, 인터넷 사용의 비용과 보안문제 해결, 사회 전 분야의 디지털화 촉진, 신경제에서의 혁신기업가 정신과 문화 육성, 유능한 IT 인재양성 등을 추진하였다. 그리고 2005년 유비쿼터스 시대를 준비하기 위해 'i2010' 전략을 설정한 뒤 디지털 컨버전스를 촉진하기 위한 규제 혁신과 기술 혁신을 장려하였다. 동시에 IT를 적극 활용하여 사회 · 경제 문제를 해결하는 데에 정보화 전략의 초점을 맞추고 있다.

유럽뿐 아니라 미국, 일본 등 각국의 정보화 전략이 대부분 기존 인프라 구축에서 IT를 적극 활용하여 디지털 컨버전스의 효과를 극대화하고 각 사회가 안고 있는 문제를 해결하는 쪽으로 이동하고 있다. 이러한 추세에 맞춰 유럽은 현재 가장 시급하게 해결해야 할 문제 중의 하나인 에너지 문제에 IT를 적극 활용하고 있는 것이다. 이는 정보화 정책의 취지와 그 실행에 있어 일관성을 유지하고 IT의 미래 가치를 극대화하기 위한 전략이라고 할 수 있다. 이러한 일관성 있는 전략은 기업 및 투자자로 하여금 에너지 효율화를 위한 IT 투자에 미래 불확실성 비용을 축소시키고, 정책에 순응하도록 하는 동기를 부여한다.

2) 에너지와 차세대 IT 기술간 구체적 융 · 복합 방향 제시

유럽의 IT를 통한 에너지 효율화 전략은 IT를 어떻게 에너지 부문에서 활용해야 할지 보여주고 있다. 에너지 시스템의 기초 설계에서부터 에너지 생산, 보존, 유통, 소비에 걸쳐 IT 니즈와 응용 범위를 구체화시켜 나가고 있다. 동시에 미래 지향적으로 차세대 IT 기술을 적용하고, 기술 리더십을 키우려고 노력하고 있다. 유비쿼터스 시대의 핵심기술인 지능형 센서를 적극 활용하여 에너지 시스템의 유연한 상황 대처 능력을 높이고, 가상현실(virtual reality) 및 증강현실(augmented reality) 기술을 이용하여 기존에 확인할 수 없었던 에너지 시스템의 상세한 부분까지 관리 가능하도록 하고 있다.

그리고 에너지 효율화를 위한 IT 연구개발 전략은 에너지 라이프사이클에 맞춰 진행하면서, 각 기술이 제공하는 부가가치 및 시급성에 따라 우선순위를 달리하고 있다. 먼저 에너지 효율화를 위해 시급하게 연구되어야 할 IT로 시뮬레이션, 에너지 시스템 최적화 모델링, 데이터 시각화 기술, 상황인지 센서, 전자검침 및 e-모니터링 기술을 강조하고 있다. 그리고 이 기술들을 통해 기업 차원의 비즈니스 모델을 창출하고, 소비자의 에너지 관리를 더욱 용이하게 하는 응용 연구를 함께 병행하고 있다.

전 세계적으로 IT가 에너지 문제를 해결함에 있어 그 유용성이 인정되고 있으나, 구체적으로 어떤 분야에 어떻게 적용되어야 하는지에 대한 연구는 깊게 진행되고 있지 않다. 이러한 점을 고려할 때 유럽은 에너지와 IT의 융복합 연구에 있어 보다 체계적임을 알 수 있다.

3) 에너지 정보화 확산에 따른 리스크 대응

IT를 통한 유럽의 에너지 효율화 연구는 IT 활용에만 머물러 있는 것이 아니라 IT 활용 증대로 생기는 부작용을 최소화할 수 있는 방안까지 함께 다루고 있다. EU의 발전회사들을 대상으로 실시한 최근 설문에 따르면 IT 확산에 따른 전력망의 보호와 통제가 향후 사업 운영에 있어 가장 큰 문제점으로 지적되었다. 기존 통제시스템에 새로운 혁신적 통제 시스템을 어떤 식으로 조화롭게 구축할 것인가가 또 하나의 핵심 이슈로 부각되고 있다.

유럽은 IT로 발생하는 에너지 시스템의 안전 취약성을 최소화하기 위해 네트워크를 통해 획득한 정보의 무결성 강화를 주요 연구과제로 삼고 있고, 기기 및 시스템간 호환성을 강조하고 있다. 동시에, 자동화된 에너지 시스템 일부에 고장이 발생해도 자동 보완, 수정되어 운영되는 결점 수용 시스템과 다양한 정보를 통합하고 양질의 데이터를 생성하는 기술연구에 역점을 두고 있다.

3.2 IT 및 유비쿼터스 에너지 응용소재

일반 산업에서 모터는 전기에너지를 기계에너지로 바꾸어 기계의 동력을 제공하는데 사용되고 있다. 미국 에너지성(department of energy)에 따르면 미국 산업시설에서 전기에너지의 사용 70%를 모터가 담당하고 있고 총 전기에너지의 55%를 모터가 사용하고 있다고 한다. 중소형 모터가 산업설비의 동력으로서의 비중은 대단히 높다. 1,000kW 급의 대용량 모터는 총 전기에너지의 25%를 소모하고 있다. 선을 감아서 솔레노이드 형태로 제작되고 있으면 선박 추진 등의 큰 동력을 얻는데 활용되고 있다.

초전도 플라이휠 에너지 저장장치의 핵심은 초전도체 베어링이다. 그 중에서도 중량체를 떠받치면서 마찰을 최소화하는 벌크 초전도체의 개발이 절대적으로 필요하다. 기존의 자기베어링은 전자석을 이용한 타입으로 자서가동을 위한 전력소모 및 위치제어기술의 어려움으로 인해 경제성 없다. 성능 및 베어링의 단순화, 경제성 등을 고려할 시 초전도 베어링용 YBaCuO 벌크 초전도체의 개발이 필수적이다.

고온초전도체는 전체 혹은 일부 시스템을 운영할 경우 액체 헬륨 대신 액체질소를 냉매로 쓸 수 있기 때문에 저온초전도 시스템과 비교해 볼 때 열적 단열을 위한 비용의 감소뿐 아니라 전체적인 비용도 상당히 감소되는 것이다. 이러한 점 때문에 고온초전도체의 응용은 많은 분야에서 시도되고 있으며 그 중 가장 실용화에 근접되어 있는 것으로 초전도 벌크 분야가 주목을 받고 있다. 이는 초전도 상태에서 강한 날개 힘을 이용하여 자기 베어링의 동작으로 응용할 수 있기 때문이다. 따라서 고온초전도체를 플라이휠, 초전도 베어링 모터로 활용하는 시도는 초전도 산업화를 위해서도 대단히 중요한 의미를 갖는다.

극저온에서 동작하는 초전도 벌크 전동기를 구동하기 위해서는 속도 센서가 없이 속도를 제어하는 방식(sensorless control)이 사용되어야 하며 기존 동기형 릴럭턴스 전동기와 비교해서 효율을 높일 수 있고 출력밀도를 3배 이상 증가시킬 수 있다.

3.2.1 유비쿼터스 에너지 소재

초전도 베어링은 일반적으로 영구자석을 포함하는 회전자와 고온초전도 벌크로 구성된 고정자로 이루어진다. 회전자를 평행한 위치에 두고 고온초전도체를 냉각시킴으로써 회전자에서 발생한 자속이 고온초전도체 내부에 일부 고정되어, 회전자가 평형 위치에서 이동할 경우 발생하는 복원력으로 베어링으로서의 역할을 하게 된다.

고온초전도 벌크의 베어링 고정자로서의 성능은 자속을 내부로 포획시켜 사용하든 반자성에 의한 자속 배척을 이용하든 어느 경우에 대해서나 초전도체의 자기장 포획능력으로써 평가할 수 있다.

고온초전도 벌크의 최대 포획자장을 증가시키는 방법은 단결정을 대면적화하는 방법과 내부 미세구조 등을 인위적으로 조절하여 자속 고정력을 향상시키는 방법이 있다.

이 중 대면적화에 의한 효과는 외부에서 제공되는 자기장이 충분히 강할 경우 최대 포획자장이 단결정의 최소 반경에 비례하며, 이러한 경우 발생될 수 있는 자기력도 초전도체의 총 면적이 같을 때 단결정의 반경에 비례하게 되는 것으로 설명할 수 있다.

단 유의해야 할 점은 초전도체를 2차원적으로 볼 때 초전도체 내부 한 지점의 자속 포획량은 자기장에 수직 방향인 초전도체 외부의 비초전도 영역과의 거리에 따라 결정된다는 것이다. 또한 비초전도 영역이 초전도 영역의 내부에 존재할 경우에는 형상 기하적인(topological) 이유로 이를 내부의 자속밀도가 균일한 하나의 큰 자속 고정점으로 보아야 할 것이다. 최근 국내에서도 진행되고 있는 다중 종자에 의한 대면적 결정성장 연구도 위와 같은 특성을 잘 이용하여 좋은 결과가 나올 수 있을 것이라고 기대된다.

한편, 고온초전도체의 자속 고정력 향상에 의한 효과는 작은 반경의 단결정에서도 더 높은 포획자장을 얻을 수 있다는 것으로, 특히 베어링 회전자 자기장의 비대칭성과 회전자의 진동 등에 의해 발생하는 자기장 변화에 의한 초전도체 내부의 자속이동을 줄여 베어링의 특성을 더 좋게 할 수 있다는 점이다.

초전도체 내부의 자속이동은 초전도체 내에서 발생하는 비가역손실(hysteresis loss), 회전자의 평형위치이동(levitation drift) 등을 유발시킨다. 고온초전도체의 비가역 자화 특성에 의해 발생한 초전도 베어링의 혼돈적(chaotic) 동특성을 측정 분석하기도 하고 중량 456g의 시험용 회전체를 MPMG-YBCO 위에서 회전시켜 평형위치이동 측정을 한다. 이 실험의 결과를 참고하여 현실적인 플라이휠 베어링에 대해 유추하기에는 미흡한 점이 많으나, 최근에 제고되고 있는 고품질의 단결정들은 상당히 강한 자속 고정력을 가지고 있어 플라이휠 베어링에 적절하게 사용 가능하다.

고온초전도 베어링에서 회전자 영구자석으로는 주로 Nd-B-Fe 자석을 사용한다. 이 종류의 자석은 잔류자속밀도(Br)가 1.1~1.3T 정도이고, 보자력(Hc)은 상온에서 14kOe 정도이며 온도 변화에 따른 보자력의 변화도 커서 -40℃ 정도에서

24kOe에 달하게 된다. 그러나 이 자석으로 이루어진 일반적인 베어링 회전자에서 고정자 고온초전도체에 가하는 자기장은 자기저항(magnetic resistance)에 의한 감자 효과로 인해 수천 가우스 정도로 한정되게 된다. 이 정도의 자기장은 단결정 YBaCuO의 성능 한계에 못미치므로 고온초전도 베어링의 하중 지지력과 강성을 제한하는 큰 요인이 되고 있다.

따라서 영구자석의 자속 경로를 효율적으로 구성하여 초전도체에 가해지는 자기장을 강화하는 방안이 고안되었다. 이 방안들은 대체적으로 자석의 극배열을 조정하여 자기장과 고온초전도체와의 상호 작용을 극대화하는 방법과 자속 경로를 강자성체로 구성하여 자기저항을 줄이는 방법을 혼합한 것으로 적용 대상인 플라이휠 장치의 구성에 따라 다양함을 보인다. 초전도 플라이휠 에너지 저장장치의 핵심은 초전도체 베어링이다. 그 중에서도 중량체를 떠받치면서 마찰을 최소화하는 벌크 초전도체의 개발이 절대적으로 필요하다.

기존의 자기베어링은 전자석을 이용한 타입으로 자서가동을 위한 전력소모 및 위치제어 기술의 어려움으로 인해 경제성 없다. 성능 및 베어링의 단순화, 경제성 등을 고려할 시 초전도 베어링용 YBaCuO 벌크 초전도체의 개발이 필수적이다. 현재 세계적으로 초전도 플라이휠용 고온초전도체 제조기술은 일본, 미국, 유럽의 몇 나라가 보유하고 있으나 한국에서는 원자력연구소와 전력연구원이 벌크 초전도체 제도에 대한 세계적인 기술을 보유하고 있다. 국내 기술을 활용한 벌크체 제조와 독자적 초전도 베어링 기술을 활용하면 고효율 초전도 에너지 저장장치의 개발이 가능하다.

초전도 베어링의 핵심소재인 YBaCuO 초전도체는 주로 종자결정성장법으로 제조된다. 종자결정성장법으로 제조된 초전도체의 가격은 한 변이 3cm인 타일의 경우 100만~200만 원 정도로 판매되고 있다. 국내에도 지난 십 수 년간의 이 분야 연구에 대한 투자로 독자적인 초전도 벌크체를 제조할 수 있는 기술을 확보하고 있다.

고자력 부상력 초전도체 제조기술은 곧 바로 초전도 플라이휠 에너지 저장장치에 활용이 가능하다. 초전도 베어링에 사용되는 YBaCuO 초전도체의 특성은 어떠한 초전도체보다도 강력하다. 따라서 이 기술은 고자기부상뿐만 아니라 고전류 초전도체도 활용될 수 있으므로 다른 전력분야인 초전도 선재, 전류인입선 등의 연구 등에도 활기차게 진행할 수 있다.

국내 기술이 선진국과 비교해 떨어지지 않기 때문에 국산화 기술은 곧 세계화 기술이 된다. 플라이휠 에너지 저장장치가 산업적으로 활용될 수 있는 만큼의 경제적 부가가치도 100% 성취할 수 있다. 초전도 베어링용 초전도체는 고부가가치 재료이므로 부품소재의 국산화를 통해 국내 기술력 확보 및 산업에 기여도는 크다.

3.2.2 초전도 벌크 모터

일반 산업에서 모터는 전기에너지를 기계에너지로 바꾸어 기계의 동력을 제공하는데 사용되고 전기에너지를 기계에너지로 바꾸어 기계의 동력을 제공하는데 사용되고 있다. 미국 에너지성(department of energy)에 따르면 미국 산업시설에서 전기에너지의 사용 70%를 모터가 담당하고 있고 총 전기에너지의 55%를 모터가 사용하고 있다고 한다. 중소형 모터가 산업설비의 동력으로서의 비중은 대단히 높다.

1,000kW 급의 대용량모터는 총 전기에너지의 25%를 소모하고 있다. 초전도선을 감아서 솔레노이드 형태로 제작되고 있으며 선박 추진 등의 큰 동력을 얻는데 활용되고 있다.

산업용 초전도 모터의 실용화를 위해서는 초전도 기술, 냉동기술, 고진공기술, 전기기술 등의 첨단기술을 융합하여야 한다. 예를 들어, 발전소 가스터빈의 냉각수로 사용되는 해수 공급용 모터는 수천 H.P급의 펌프용 모터가 사용중이다.

초전도 벌크 모터는 일반 모터에 비해 토크(torque)가 2~4배 크고 단위 무게당 출력이 3배가 되므로 모터의 무게와 부피를 획기적으로 줄일 수 있다. 선박 추진용 초전도 모터연구는 초전도선을 이용하여 수만 kW급의 모터 개발을 연구 중이다.

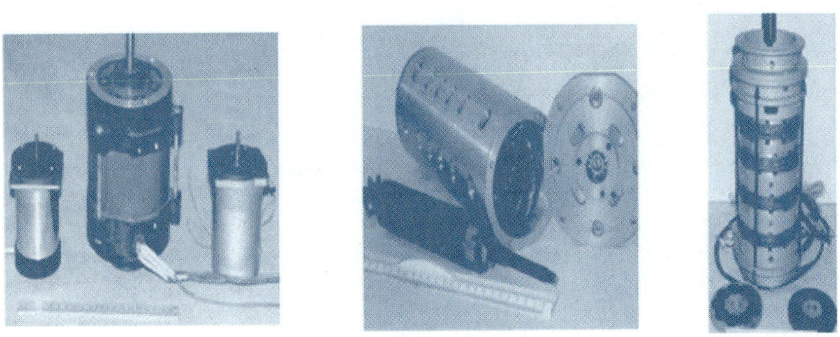

HTS 100W 형식, 100W 형식적 12W　　HTS 히스테리시스 모터 1kW(50Hz)　　HTS 히스테리시스 모터 1kW(50Hz)

그림 3-3
출력전력의 다른 레벨의 히스테리시드 HTS 모터의 종류

초전도선재 대신 벌크를 사용할 경우 형상 설계가 단순해져서 수십 kW~수백 kW급의 중, 소형 모터 개발에 적합하다. 벌크형 초전도 모터는 100kW급의 중형 모터에 적합하며 벌크를 이용한 모터를 제작하면 효율이 높고 냉각 등의 설계부분이 단순해지는 장점이 있다.

고온초전도 벌크 회전자용 전동기의 경우는 독일의 IPHT(Institute of Physics High Technology) Jena와 러시아의 MAI(Moscow State Aviation Institute)가 공동으로 YBCO형 벌크 히스테리시스 전동기와 자기저항 전동기를 개발하고 있다.

독일 Oswald 사에서는 현재 100kW급의 벌크형 모터를 개발 중이다. 일본 교토대학에서는 Bi-계 초전도체를 이용한 전동차를 개발 중이다.

현재까지 개발된 초전도 벌크를 이용하는 모터는 히스테리시스 모터(hysteresis motor), 자기저항 모터(reluctnace mortor)와 자기포획 비동기 모터(trapped magnetic field synchronous motor)의 세 가지가 있다.

히스테리시스 모터는 구조가 매우 간단하다. 낮은 회전 속도에서도 발생하는 토크가 안정적이고 부하가 걸렸을 때 초기작동이 용이하다.

그림 3-4는 구리선으로 감아서 만든 고정자(stator)와 초전도 벌크를 사용한 프로토타입 히스테리시스 모터의 사진이다. 실린더 형의 회전자를 고장자 내에 위치시키고 고정자의 자장이 초전도체에 전류를 유발하게 되면 그것이 회전자를 자화시킨다.

그림 3-4
히스테리시스 모터

고온초전도체는 그 자체가 히스터리시스 거동을 보이기 때문에 이런 형태의 모터에 유용하다. 특히 임계자장이 높은 초전도체의 경우 플럭스 피닝에 의해 자기 플럭스가 초전도 내에서 이동하지 못하므로 회전자는 자화(magnetization)가 되고 고정자의 자력은 조정 불가능하게 되어 결국 커다란 방향성 토크를 만들게 된다. 히스터리시스 모터의 컴퓨터 모델결과는 반복배열 회전자 설계가 추가적으로 효율을 향상시킬 수 있음을 제시해 준다. 예를 들어, 생산되는 파워를 적정화하려면 얇은 초전도 튜브가 필요하고 튜브를 길이 방향으로 여러 개를 배치하면 된다. 이런 설계는 요구되는 초전도체의 양을 대폭 줄일 수 있다. 여러 조각들을 일정형 사이에 끼워 맞추면 직경이 큰 회전자를 만들 수 있다. 모터에서 발생하는 토크는 회전자의 직경의 세제곱에 비례하므로, 무게가 가볍고 힘이 큰 모터를 쉽게 만들 수 있다.

자기저항 모터의 경우는 초전도체의 자력에 반발하는 반자장을 사용하여 모터를 구동시켜 주기 때문에 반발력이 우수한 초전도체를 사용한다. 반발력이 우수한 초전도체로는 단결정성장 공정으로 만들어지는 YBCO 초전도체가 좋다. 또한 회전자에 내에 초전도 블록을 어떤 형식으로 배열하느냐에 따라 자력 반발력이 달라지기 때문에 여러 형상 디자인에 대한 시뮬레이션과 경험적인 결과를 바탕으로 회전자를 설계하여야 한다. 효율이 좋은 초전도 벌크 모터의 개발은 회전자 설계에 달려 있다고 해도 과언이 아닐 것이다.

독일의 Oswald Elektromotoren, GmbH, Germany에서는 YBCO 블록을 회전자의 자기차폐블록으로 사용하여 20kW급 초전도 모터를 개발한 바 있고, 현재는 100kW급 모터를 개발 완료하였다. 전동기의 고정자와 회전자 모두에 자기력이 원천이 있다면 모터의 힘과 효율을 향상시킬 수 있다. 이것은 전자석이나 영구자석으로 회전자에 자력을 심어주면 가능하고 최적의 작동을 위해서는 회전자쪽의 자력을 최대화하여야 한다. 영구자석의 경우는 1.5 테스라가 최대 자력이지만 초전도의 경우는 이보다 큰 자력을 포획되기 때문에 회전자의 자력을 최대화할 수 있다.

자화된 초전도체를 사용하면 전기단자가 필요하지 않기 때문에 구조를 간단히 할 수 있는 추가적인 이점이 있다. 초전도체에 외부에서 자기장을 인가하면서 냉각을 시키면 초전도체에 많은 자력을 넣을 수 있다. 인가된 자력을 제거하면 초전도체에 여전히 전류가 흐르기 때문에 전에 존재했던 자력이 그대로 재생되는데 자력이 포획된 재료는 영구자석과 같다. 자력을 포획시키는 또 다른 방법은 초전도

상태에 있는 재료에 큰 자장을 펄스형태로 인가하는 방법이다. 펄스 자력이 통과하고 난 후에 자력은 초전도체에 포획된 채로 남아 있게 된다. 아직 실제로 구형되지는 않았지만 컴퓨터 모사에 따르면 초전도체에 아주 큰 자력을 집어넣어 자석으로 만든다면 전력밀도가 매우 큰 모터를 만들 수 있다고 한다. 실제로 시뮬레이션 결과 작은 회전자의 경우 자기저항 모터를 수정해서 초전도체를 자화시킨 결과 이론적으로 파워가 10배로 커졌고 이 모델을 실현할 수 있는 모터가 개발되고 있다.

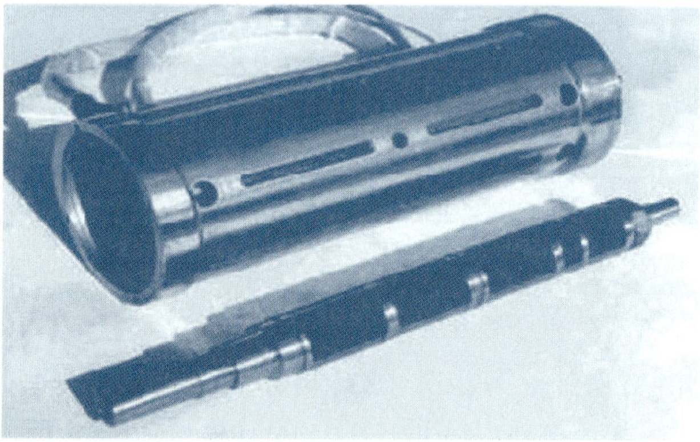

그림 3-5
자기저항 모터

그림 3-5는 자기저항 모터의 회전자와 고정자의 사진으로 초기 실험결과에 의하면 모터 효율이 50%의 상승하였다고 한다.

이제는 우리나라도 초전도 재료개발과 같은 일부 분야에서는 세계적인 수준이라 할 수 있고, 또 다른 중요산업 여러 분야도 세계와 경쟁을 하고 있다. 우리나라도 부품과 그것을 이용한 응용기기 산업에 대한 박차를 기하여야 할 때이다. 특히 초전도 산업과 같이 초기 연구에서부터 국가적인 차원에서 지원한 분야에서는 소재에 대한 연구가 지속적으로 이루어졌기 때문에 부품에 대한 국가 경쟁력도 어느 수준 이상이라 할 수 있다. 따라서 초전도 선재 개발에 대한 국가 정책적 투자로 인한 국가 경쟁력의 상승과 산업이 부가가치 향상을 기대할 수 있다.

초전도를 활용한 초전도 모터 기술은 재료공학, 기계공학, 전기공학 등의 다양한 학문들의 융합기술로 개발이 가능하다. 또 고부가가치, 친환경기술로 초전도 모터 개발에서 파생되는 재료설계 및 합성기술, 전자기 성질 평가기술, 전동기설계 및 제작 기술은 첨단기반 기술확보에 지대한 영향을 미칠 수 있는 국가적으로 보호하고 육성하여야 할 IT 첨단소재 산업으로 사려된다.

3.3 하이드로 중유의 열효율

3.3.1 하이드로 중유의 개요

물과 기름은 서로 섞이지 않기 때문에 어떤 예를 들 때 자주 사용되는 단어이다.

한편 중질유(특히 C중유, 타르, 오일 샌드 등)은 연소시 유황 산화물이나 질소 산화물, 일산화탄소 및 매연을 대량으로 배출하기 때문에 대기오염의 주범이라고 할 수 있다. 이것의 방지 기술로서 기름과 물을 혼합, 어멀전화하여 연소시키는 방법이 있다. 연소유의 완전연소는 열효율 향상, 연비 절감, 설비에 악영향을 끼치는 물질의 발생억제와 함께 유지 경비 절감을 동시에 실현한 것이 하이드로 중유이다.

물과 기름을 혼합하여 재분리하지 않는 에멀젼 연료를 만드는 것은 불가능하였으나, 하이드로 중유는 분리하지 않을 뿐만 아니라 연료의 열효율을 높여 확실한 연비절감과 NOx나 매연 등의 공해도 현저히 낮추는데 성공하였다. 고도의 유수 에멀전화 기술에 의해 혼합된 중유와 물은 일체 분리가 일어나는 일없이 높은 연소효과를 얻을 수 있어 연비 절감과 저공해를 이룰 수 있다.

하이드로 중유는 저장, 운반은 일반 연료와 마찬가지로 사용하면 된다.

중질유는 산업용 에너지로서 세계에서 대량으로 소비되고 있으나 가채(可採)한계가 있는 화석연료인 석유 가채년수(可採年数)는 향후 44년 정도이고, 최근 국제 유가의 급상승과 21세기를 전망하는 장기적 관점에서도 석유연료의 절감대책과 코스트의 절약은 기업에게는 가장 중요한 과제이다.

또한, 대기오염 방지법의 강화에 의한 엄격한 공해 규제치를 해결할 수 있는 대응책에 대해 언급하는 것은 석유연료를 사용하는 기업에 있어 항상 해결해야 할 과제이기 때문이다.

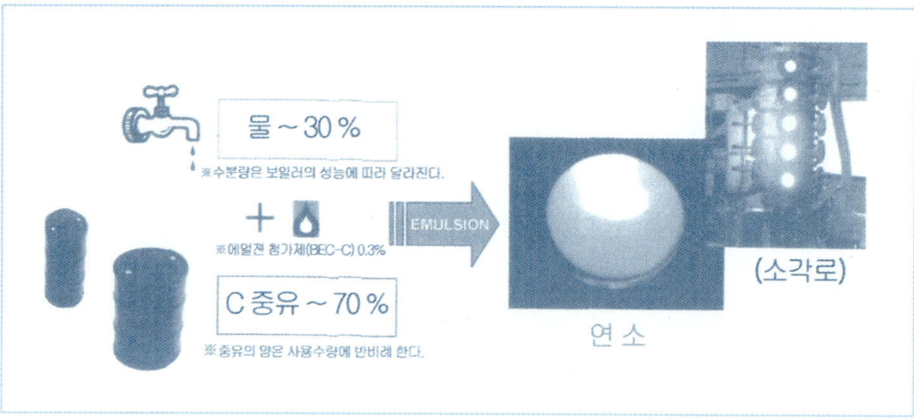

그림 3-6
하이드로 중유의 원리

재분리를 일으키지 않는 하이드로 중유는 균일한 분산에 안정화된 에멀전 상태로 연소시, 균일화된 화염의 고효율 연소를 하기 때문에 열효율이 높아 연료비의 절감효과가 클 뿐만 아니라 중유에 30%의 물(필요 열량에 따라 증감)을 혼합, 교반해서 만들어진 연료이기 때문에 일반 중유만을 사용하는 연소에서 발생되는 대량의 유독가스나 매연을 대폭 감소시키므로 현저한 공해방지의 효과도 얻을 수 있다.

3.3.2 에멀전 연료의 종류

에멀전 연료에는 다음과 같이 2 가지의 종류가 있다.

① 유중수적형(油中水適型, Water in Oil : W/O) : 연료의 오일 속에 미세한 물방울을 포함하고 있다. 이 같은 형태를 하이드로 중유라고 한다.
② 수중유적형(水中油適型, Oil in Water : O/W) : 물 속에 미세한 기름방울을 포함하고 있다.

3.3.3 하이드로 중유의 연소 원리

1) 물리적 작용

소각로에 분무된 하이드로 중유의 기름 속(油滴)에 포함되어 있는 물입자(약 25 μ)는 고온영역에서 급격히 가열되어 비점에 도달한 다음, 차례차례 미크로 폭발을 일으켜 주변의 유적으로 퍼져, 분산되면서 유분(油分)을 2차 미립화시키는데 이렇게 초미립화된 유분은 급속기화되며 공기와의 혼합을 촉진하여 고효율의 연소로 미연(未燃)탄소의 발생을 억제한다.

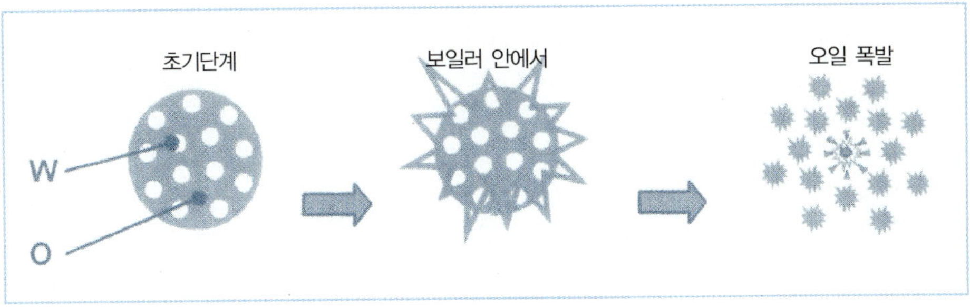

그림 3-7 하이드로 중유의 연소원리

참고 1) 물의 물리적 성질

① 물의 비점(액체에서 기체) = 100 ℃(대기압)

② 물의 체적〈물이 액체에서 기체(수증기)로 기화할 경우 원래의 체적의 약 1,700배가 된다. (물질의 변화는 없다.)〉

참고 2) 미크로 폭발현상

중유(비점 600℃)와 물(비점 100℃)의 커다란 온도 차이에 의해 고온의 소각로내에서 기름(油滴)속의 물입자가 먼저 기화하여 순간적으로 발생하는 커다란 체적의 변화가 미크로적 폭발 상태를 만드는 현상.

또한 과승공기가 적어 공열화(空燃化)의 공기비(空氣比) 저감(低減) 연소가 가능하여 에너지 절약의 효과가 크고 저(低)공기비 연소는 NOx의 생성을 억제한다. 더욱이 하이드로 중유는 균일한 분산에 안정화된 에멀젼 상태가 되므로 물이 연료 중에 균일하게 분산되어 미크로 폭발에 의한 유분의 기화가 빨라 화염이 균일하고 일부 고온영역(heat spot)이 적어 효율적 연소를 할 수 있기 때문에 매연의 발생도 격감하게 된다.

한편 일반 연료를 연소하는 경우에는 오일의 종류나 버너에 따라 다르나, 소각로 안에 분무되는 기름[油滴]은 대략 30 ~130μ정도의 입자이며, 기름방울은 가열되어 표면부터 기화되어 연소가 일어나는데 중질유연료의 경우 분무된 기름방울의 입자는 오히려 커짐과 동시에 오일방울을 가열해도 기화속도도 늦어 불연소된 카본으로 남아 재와 함께 매연이 된다.

2) 과학적 작용

미크로 폭발은 에멀전 연료의 연소에 있어 중요한 반응이며, 미크로 폭발에 의한 초미립자화 된 유분(油分)이 고온영역에서 급속한 기화반응에 의해 공기와 혼합, 착화(着火)를 촉진시켜 연소하게 된다.

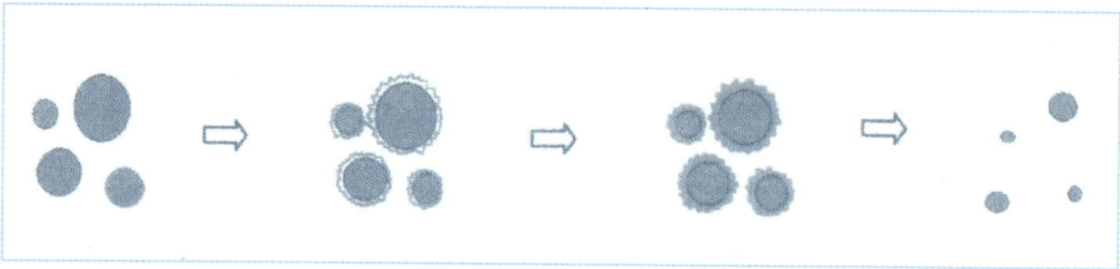

그림 3-8
하이드로 중유의 미크로 폭발

참고 질적인 면에 있어 안정성이 없는(유수(油水)분리되는 에멀전 연료)연료는 미크로 폭발현상도 불안정하며, NOx 저감에는 조금 효과가 있을지는 모르겠으나, 연소가 나빠 연료절감에 바람직하지 못하다고 할 수 있다.

3.3.4 하이드로 중유 연소에 의한 연료절약

1) 공기비 저감연소에 의한 발열손실의 감소

에멀전 연료는 공기비를 저감해서 연소가 가능하기 때문에 저감된 분만큼의 발열손실이 감소하여 연료가 절약된다.

2) 연소체류 시간이 길어 열효율의 상승

에멀전 연료의 연소공기 저감효과에 의한 연소공기가 적어 연소열의 소각로내의 체류시간이 길어져 높은 열효율에 의해 연료가 절약된다.

3) 전열면(伝熱面)의 오염을 청정화(清浄化)하여 열효율의 향상

고효율의 연소로 불연소물 카본의 생성이 적어 소각로 내측면의 부착물(카본등)이 감소되며 보일러의 경우에는 전열(伝熱)효과가 향상되기 때문에 연료가 절약된다.

4) 불연소 연료의 감소로 발열효과의 향상

고효율의 연소로 연료중의 불연소분이 감소되는데 결과적으로 고효율의 연료사용이 연료를 절약하게 된다.

참고 일반적으로 고점도의 중질유를 버너에 분무 연소시킬 경우 사용하는 연료의 성상과 연소기기의 성능에 따라 달라지는데 연료자체가 가지고 있는 발열량을 100% 활용하지 못하며, 불연소 부분이 발열량의 손실로 연결된다.

3.3.5 하이드로 중유의 공해방지 효과

1) 매연의 감소

하이드로 중유의 기름성분은 연소시, 초미립화되어 유분(油分)의 급속기화에 의한 공기와의 혼합비가 증대되어 완전연소를 하게 되므로 불연소물 카본이 대폭 감소하여 매연발생 역시 감소하게 된다.

2) 질소산화물(NOx)의 감소

하이드로 중유는 기름[油滴]에 균일하게 분산되어 있는 물입자의 미크로 폭발에 의해 유분이 초미립화되어 오일성분의 기화를 가속하여 연소속도가 빨라지기 때문에 국부 고온부(局部 高溫部)가 적다.

참고 공기비는 소각로내의 연소에 필요한 산소와 연료의 혼합비를 나타내며, 공기 중의 산소는 약 21%, 나머지의 79%의 대부분은 질소로 공기비를 낮춘다는 것은 소각로내의 공급되는 공기 중 질소를 저감시키는 것. 질소의 유입저감은 NOx의 발생을 억제하는 것으로 직결된다.

(1) 연소의 NOx의 저감효과

NOx 생성의 요인으로서 소각로내의 국부(局部) 고온영역이 커지는 경우에는 연소의 지연(연소불량)이 된다. 연소의 지연을 개선하기 위해서는 공기비를 많게 하는 것이다.

공기비를 높이면 질소성분이 많이 유입되기 때문에 NOx도 많이 발생하게 된다.

국부고온부가 적다는 것은 유분의 기화속도가 빠르기 때문이며 기화속도가 빠르다는 것은 공기(산소)와의 혼합이 촉진되어 연소가 빨라졌기 때문이다.

기화된 유분과 공기의 혼합이 빨라지면 많은 공기량이 필요 없어지기 때문에 저공기화(低空氣比) 연소가 가능해져 질소분의 유입도 저감되기 때문에 NOx의 저감이 된다.

하이드로 중유 연소 시에는 국부(局部) 고온영역이 적어지므로 Thermal NOx의 발생량이 감소하게 된다.

연소의 NOx가 연소에 의한 배출량의 주원인이다.

(2) 연료의 NOx의 저감효과

연료의 NOx[1]는 연료 속에 포함되어 있는 질소성분이 연소에 의해 산화되어 NOx로서 배출된다. 연료 속의 질소분 NOx로의 전화율(轉化率)은 25~50% 정도이지만, 연소가스 속에 포함되어 있는 연료의 NOx 총배출량으로부터 보면 미량이다. 이에 비해 연료성분 속의 질소분이 산화해서 발생하는 NOx를 연료의 NOx라고 한다. 연소온도가 높고 연소영역에서 산소농도가 높을수록 더욱이 고온영역에서의 연소가스의 체류시간이 길면 길수록 그 생성량이 많아진다. 공장 보일러, 자동차엔진의 연소로 발생하며 주요한 대기 오염원이 되고 있다.

(3) 탄소(C)중유에 대한 효과

탄소(C)중유처럼 고점도의 연료에서는 분무입자의 직경이 거칠게 커지기 때문에 저(低)산소(O_2)연소를 하게 되면 불연소물질의 발생률이 높아져 보일러의 카본트러블 및 강하연막(降下煤塵) 발생 등의 사용상 문제가 많다. 그렇지만 하이드로 중유의 연소에서는 미크로 폭발에 의한 2차 미립화로 분무입자가 초미립화되어 산소(O_2)와 유분이 빠르게 기화되고 혼합속도가 빠른 연소가 가능하게 되므로 저공기량으로도 질소성분 NOx으로의 전화율(轉化率)을 낮춰 발생량을 저감시킨다.

3.3.6 에멀젼 연료의 보일러에 대한 영향

일반 중질유(C중유)만 연소시킬 때의 보일러에 대한 영향은 연료속의 가연성물

---

1) 연소과정에서 발생하는 질소산화물(NOx) 중 연소공기 속에 포함되어 있는 질소(N_2)와 산소(O_2)가 고온상태에서 반응하여 NO가 되는 것으로 생성되는 NOx를 연료의 NOx 라고 한다.

질이 연소불량으로 불연물화(不燃物化)되어 보일러 측면이나 연도(煙道)에 부착되며 이것이 마치 접착제 역할을 하여, 고온 및 저온의 부식성분 등이 부착되는데 반해 하이드로 중유는 고효율의 연소를 하기 때문에 C중유 등의 중질유를 사용해도 운전중 불연소 카본에 의한 고온부식이나 정지중 저온부식의 원인이 되는 불연소 카본에 흡착되는 유황이나 산화바나듐 등의 부착이 감소되므로 보일러 부식에 대해 영향이 적다.

이러한 좋은 예로서 증기분무 버너에서 연료의 분무를 위해 연료대비 20~100%의 증기를 사용하는데, 이는 에멀젼 연료에서 사용하는 수분의 2~10배에 해당하며 유수(油水)에멀젼 연료의 수분량이 부식문제를 일으킨다는 주장은 타당성이 없다.

3.3.7 에멀젼 연료의 연소에서 중요한 특성

1) 미크로 폭발

분무기에서 분무되는 에멀젼 연료는 기름[油滴] 속에 포함되어 있는 물입자가 가열되며, 기름과 물의 비점 차이로 물은 고온영역에서 급격히 비점에 도달하여 연속적으로 미크로 폭발을 일으켜 유분을 재미립화하게 되며 이렇게 초미립화(1~3μ)된 기름은 기화를 가속화하여 공기와의 혼합속도를 현저하게 촉진해서 빠르게 연소시킨다.

2) 공기비 저감연소

에멀젼 연료의 연소에서 가장 중요한 것은 공기비를 조절해서 적정한 산소(O_2)에 의한 연소를 실행하는 것이다. 적절한 공기비의 저감연소는 연료절약의 최대 포인트이며, 또한 NOx의 발생을 억제하는 효과도 크다. 더욱이 저산소(O_2)연소로 공기비를 0.1 저하시키면 효율은 1% 가깝게 향상된다고 한다.

하이드로 중유는 석유연료를 절약하고 대기오염 방지가 목적이다.

하이드로 중유의 우수한 특성은 균일하게 분산, 안정화된 에멀젼 연료의 제조를 가능케 하였으며, 또한 연소면에서 특수한 물질적 작용 및 화학적 작용에 의한 고효율의 연소로 열효율이 높으며, 유해한 가스나 연막(연막의 발생량을 규제치보다 감소시키는 등의 우수한 특징을 가지고 있어 연료절약과 공해방지의 목적에 부합된다고 할 수 있다.

현재까지 일본국내에서 생산되는 에멀젼 연료의 거의 모두는 제조와 동시에 연소시켜 버리는 것들로, 시간이 경과하게 되면 물과 기름의 원래 상태로 돌아가는 유수분리(油水分離)가 일어나게 된다. 그러므로 연료의 질이 안정화되어 저장보존하며 사용할 수 있는 에멀젼 연료를 제조하기 위한 첨가제는 없었다.

재분리가 일어나지 않는 탁월한 에멀젼 연료를 만들기 위해서는 무엇보다도 연료의 질이 안정화되는 탁월한 첨가제를 사용하는 것이 제일 중요한 것인데, 하이드로 중유의 첨가제(BEC-C)는 이러한 조건을 충분히 충족시킨 제품이다.

3.3.8 에멀젼 연료에 대한 시장성

한국에서는 1980년대부터 에멀젼 연료에 대한 연구 및 개발이 활발하게 되었으며 당시 획기적인 연료절약 및 오염물질을 줄이는 방안으로 각광을 받았다. 그러나 사용을 거듭하는 동안 여러 가지 문제점들이 발견되었고, 그로 인해 현재 한국시장에서는 그다지 좋은 인식을 가지고 있지 않다.

문제점으로는 중유와 물을 섞을 때 첨가하는 첨가제의 안정성에 있었다.

첨가제의 안정성이 확보되지 않아 외부의 환경에 따라 유수(油水) 분리가 일어나 보관 및 이동에 어려움이 있었으며, 유수분리로 보일러속에서 수분이 보일러와 연도(燃道)에 부식 및 그을음 등의 나쁜 영향을 미쳤다.

중유에 물은 섞는 근본적 이유는 물(100℃)과 기름(700℃)의 비등점 차이를 이용하여 기름입자의 초미립자하기 위한 미크로 폭발에 있다.

그렇게 하기 위해서는 물입자가 기름입자안에서 안정성과 함께 균등하게 분포시키는 것이 무엇보다도 중요하며, 또한 이 기술의 핵심이라고 할 수 있다.

한국은 물론 일본에서도 이렇게 개발된 에멀젼 연료 중에서 완벽하게 안정성을 확보한 제품은 현재까지 없다고 해도 과언이 아니다.

최근 일본이 개발한 제품인 "하이드로 중유"는 2007년 6월 UN의 IPCC에서 이산화탄소 배출감소에 대한 인증(AM 0054)을 받은 세계적인 제품이며, 일본에서도 유일하게 유효기간 등이 없는 "완성제품 필증"을 받은 제품이다.

3.4 IT와 에너지 정책 동향

우리나라 에너지 소비는 60년대 이후 지속적으로 높아져 실질 경제성장률을 상회해 왔으며, 수년 동안 교우가 행진이 이어지는 등 에너지 절감 및 재생 에너지 개발을 위한 관심이 증대되고 있다.

또한 이러한 에너지 절감 및 재생 에너지 개발에 있어 IT의 활용이 부각되는 등 IT와의 융합을 통한 에너지 수요 관리와 미래에너지 개발이 주요 핵심 과제로 떠오르고 있다.

이러한 에너지 효율화 및 대체에너지 개발에 대한 관심은 세계적인 추세로 세계 각국은 이미 국가차원에서의 고유가 대책 및 에너지원 다양화 정책을 수립하고 있으며, 환경친화형, 저전력 제품이 주역으로 등장하는 가운데 세계 IT 시장에서는 에너지 설비 분야에 IT를 접목한 에너지 절감 솔루션 시장이 새롭게 떠오르고 있다. 우리나라도 최근정부에서 신재생 에너지산업의 육성의지를 밝힌데 있어, 정부의 전력 IT 사업 추진대책 발표 등 에너지와 IT 산업에 대한 관심이 증대되고 있는 상황이다. 이에 따라 국내외 에너지와 IT 관련 정책 동향을 살펴보고 이에 따른 시사점을 도출하였다.

3.4.1 해외 동향

1) 기업 동향

개인용 컴퓨터에서부터 기업용 서버, 스토리지 등에 이르기까지, 대부분의 IT 인프라들은 대규모의 전력을 필요로 하는 등 IT 기기가 늘어나면서 IT의 에너지 소비량 또한 계속 늘어나고 있다. 또한 제품의 품질 및 성능 경쟁에서 에너지 효율이 차세대 경쟁력의 핵심 요소로 부각됨에 따라, 많은 IT 선도기업들이 이를 해결하고자 에너지 효율을 높이기 위한 다양한 연구와 노력을 기울이고 있다.

특히 기업들은 IT 인프라의 집적체인 데이터센터와 IT 제품의 에너지 효율화에 많은 비용과 시간을 투자하고 있다. 이런 추세를 반영하듯 HP, 인텔, 구글, IBM, 델, 마이크로소프트와 같은 컴퓨팅 업체들은 그후 보존 컴퓨팅 모임(the climate savers computing computing initiative)을 출범시키고 컴퓨터의 전력 효율을 높이기 위해 나섰으며 HP, AMD, 선마이크로시스템스, IBM 등은 컴퓨터 전력소모를 줄이기 위한 '그린 그리드(green grid)'를 추진 중에 있다. '그린 그리드'는 컴퓨터 성능 향상에 따라 계속 높아지는 에너지 사용량과 발열문제를 해결하기 위한 목적으로 시작된 공동 연구 프로젝트로, 데이터센터 운용, 구축, 설계와 관련한 최선의 방법론을 제안함으로써 IT 관련 시설의 에너지 소비 절감방안을 모색하고 있다.

IBM은 친환경, 저전력 컴퓨팅 환경을 위한 글로벌 비전 '빅그린 프로젝트'를 선언하고 IDC의 에너지 효율을 높일 수 있는 솔루션 개발에 연간 10억 달러를 투입할 예정이다. 이 프로젝트는 850명 이상의 에너지 효율 전문 인력으로 진행되며, 미국 내의 에너지 구성에 기초하여 평균 25,000 평방피트 데이터센터당 42%의 에너지 절약을 가져올 수 있을 것으로 기대하고 있다.

HP는 2010년까지 전세계 HP 제품의 에너지 사용량을 20%까지 감축하기로 하고 최근 '다이내믹 스마트 쿨링'이라는 신기술을 개발하였으며, 최근에는 제품의 에너지 절감뿐아니라 대체에너지에도 투자계획을 밝히며, 80기가와트 규모의 풍력에너지 개발 프로젝트에 무제한 투자할 것이라고 발표하였다. 또한 이러한 풍력에너지 개발 프로젝트를 위해 선파우워(SunPower)사와 15년간의 운영, 보수간 계약을 체결하고 미국의 제조공장에 1 메가와트급의 태양광 전기생산 시스템을 설치하고, 이산화탄소 배출량을 감소시킬 계획이라고 밝혔다.

2) 해외 주요국 동향

미국, 유럽, 일본 등 해외 주요 국가는 향후 고유가가 지속된다는 판단하에 대체연료개발 가속화와 에너지 절약의무 강화 등 다양한 대책을 내놓고 있다.

(1) 미 국

미국의 에너지 정책은 석유소비 억제를 위한 에너지원 다변화 모색 등의 측면에서 이루어지고 있다. 2006년 1월 부시대통령은 기술혁신을 통한 석유소비 억제와 재생에너지 이용 확대를 담은 '첨단 에너지 이니셔티브(AEI)' 발표하였으며, '첨단 에너지 이니셔티브'를 통해 2025년까지 중동 원유 수입량의 75%에 해당하는 원유 소비를 줄이겠다는 목표를 제시하였다.

또한, 석유소비 억제 정책과 더불어 전력과 IT를 결합한 차세대 전력망 네트워크 구축도 추진하고 있는데, 미국 EPRI(전력중앙연구원)는 2001년 CEIDS

(Consortium for Electric Infrastructure in a Digital Society)를 구성하고 전력과 IT의 결합의 일환으로 스마트 전력망인 'IntelliGrid' 개발 프로젝트를 진행하고 있다. 나아가 CEIDS 프로젝트와 연결해 IntelliGrid Architecture를 확장시키고 경쟁력 있는 에너지 거래방식을 실현시키기 위해 전력망과 IT망을 결합시킨 차세대 전력망 네트워크 구축도 시도하고 있다.

(2) 일 본

일본 경제산업성을 2030년까지 자국이 소비하는 원유의 5분의 1을 바이오 연료나 GTL(Gas-to-Liquid) 연료로 대체해 석유 의존도를 40% 이하로 낮추고, 지금보다 에너지 효율을 30% 개선하겠다는 '신국가 에너지 전략을 발표하였다. 이를 위해 가전 및 자동차 등의 에너지 효율 및 연비기준을 강화하였다. 특히 에너지 고효율 제품, 기술, 프로세스를 전략 상품으로 육성하여 '에너지 효율'이라는 자원을 수출함으로써 국가 경쟁력을 강화하고 지구의 환경 및 에너지 문제에도 대응하겠다고 밝혔다.

이와 더불어 일본 경제 산업성은 지구온난화 등 환경문제 해결에 IT 역할의 중요성을 인식하고 제1외 'IT 이니셔티브 회의'를 개최하였다. 회의에서는 'IT 분야의 에너지절약,' 'IT를 활용한 에너지 절약' 추진을 위한 조직설립을 논의하였으며, '그린 IT 추진협의회' 설립을 표명하였다.

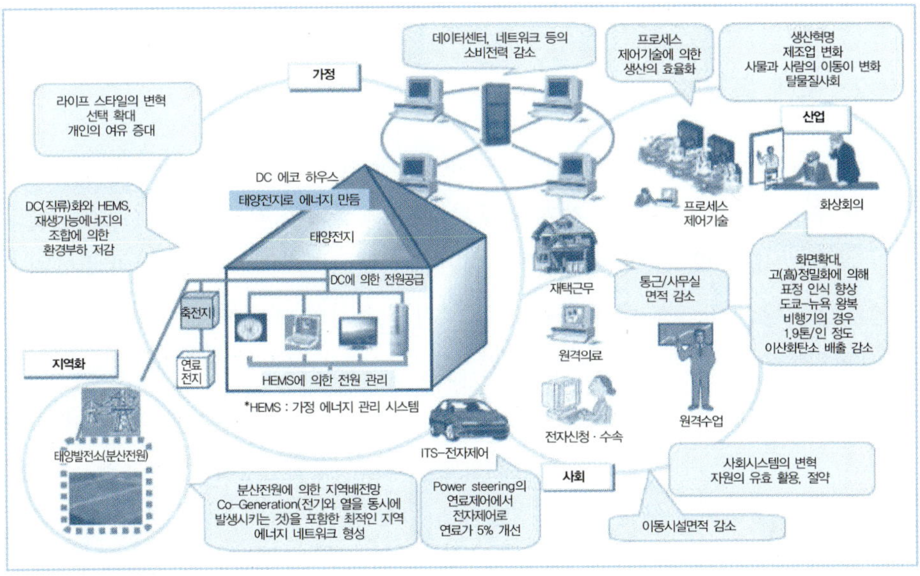

그림 3-9
일본 그린 IT 이니셔티브

이러한 그린 IT 이니셔티브를 통해 일본을 중장기적 관점에서 혁신적인 IT 기술을 개발하는 '그린 IT 프로젝트' 및 '그린 IT를 테마로 한 국제 심포지엄 개최'를 검토할 계획이다.

(3) 유 럽

유럽(EU)은 오는 2020년까지 기존 연료의 10%를 바이오연료로 대체한다는 계획을 세우고 있으며, 2020년까지 신재생 에너지로 전력 생산의 20%를 의무적으로 충당하기로 하는 등 'Triple Twenty'를 선언하였다.

또한, 유럽 5개국의 7개 업체가 참여하는 BUSMOD(BUSiness MODels for distributed power generation) 프로젝트와 3개국의 8개 업체가 참여하는 CRISP (CRitical Infrastructure for Sustainable Power) 프로젝트를 통해 전력 네트워크를 효율적으로 관리하기 위해 IT 기반의 분산화 정보(Distributed Intelligence)를 연구해 왔으며, 최근에는 유럽의 7차 Framework Program에 IT를 통한 에너지 효율화 과제를 포함하고 2007년부터 2013년까지 본격적인 지원에 나서고 있다.

이와 더불어 에너지 절약의무 강화의 일환으로 환경보호와 에너지 절약을 위한 실천지침과 IT 프로젝트를 통해 대응할 예정이며, 유럽의 모든 공공부문 조달제품에 Energy Star 로고를 취득한 브랜드로 구매를 의무화하여 향후 3년에 걸쳐 EU내에서 30TWH(Terawatthours, 헝가리 연간전기 소요량)의 전기절약을 달성을 목표로 하고 있다.

3.4.2 국내 동향

우리나라는 산업용 에너지 수요가 높아 1인당 에너지 사용량이 이미 선진국과 비슷한 수준에 도달하였으며, 세계 인구가 25위에 불과한 우리나라에서 쓰는 에너지가 세계 10위에 달하는 등 에너지 문제가 심각한 상황이다. 따라서, 미래 에너지 발굴과 동시에 IT의 효과적 활용을 통한 국가적 차원의 에너지 대비전략이 시급하다.IT를 통한 에너지 효율화는 전력, 가스, 난방, 대체에너지 개발 등 다양한 분야에서 이루어질 수 있는데 우리나라는 주로 전력과 IT 분야를 중점으로 정책이 수립되고 있다. 기존 전력 기술에 IT 기술을 융합해 전력시스템을 고도화, 지능화하고 통신과 결합한 부가서비스를 창출하기 위한 우리나라의 전력 IT 사업은 2005

년 이후 본격적으로 진행되었다. 이러한 전력 IT 사업은 산자부를 주관으로 진행되고 있으며, 2006년에는 '전력 IT 추진 종합대책'을 마련하고 5년간 약 5,000억원을 투입해 핵심 기술개발과제를 추진하겠다고 밝혔다.

이러한 '전력 IT 추진 종합대책'의 기본 방향과 과제는 다음과 같다.

① 전력기기의 자동화, 디지털화, 네트워크화를 통한 효율성과 안전성의 향상
② 전력선을 통한 통신기술과 관련서비스 산업의 발전으로 유비쿼터스 시대의 저렴한 통신망 서비스의 공급
③ 전력시장에서의 실시간 전력거래 구현을 위한 기기와 서비스의 제공

또한, 2006년에는 우리나라 에너지 정책의 근간이 될 에너지 기본법이 시행되고 '국가에너지위원회'가 출범하였으며 2030년까지 국내 에너지 소비량의 35%를 자주 개발로 충당하고 신재생 에너지 보급률을 9% 수준으로 확대하는 한편, 석유의존도를 35%까지 축소시키기로 하는 '에너지비전 2030'을 제시하였다.

우리나라 IT 산업은 고속 성장을 거듭하여 세계 최고의 IT 인프라를 갖춘 디지털 강국으로 부상하였다. 하지만 미래 국가 경쟁력의 핵심이 될 것으로 예상되는 에너지 효율화 및 대체 에너지 개발 등에는 선진국 대비 국가적 관심과 정책이 부족한 실정이다.

에너지와 IT 융합 분야는 기술적, 제도적 불확실성이 존재하여 기업의 개별적 추진보다는 정부의 강력한 지도력이 필요한 상황이다.

따라서, 이제는 우리나라가 강점을 가진 IT를 에너지 분야에 잘 활용해서 미래 에너지 발굴과 동시에 환경을 보호할 수 있는 차별화된 국가적 차원의 IT를 활용한 에너지 대비전략 및 에너지와 IT를 하나로 모을 수 있는 정책 마련과 적극적인 투자를 서둘러야 할 것이다.

제4장

유비쿼터스 에너지의 분류 및 이슈

4.1 유비쿼터스 에너지 분류
4.2 유비쿼터스 에너지의 변천
4.3 유비쿼터스 대체에너지
4.4 유비쿼터스 에너지 관련 주요 이슈

4.1 유비쿼터스 에너지 분류

유비쿼터스 에너지의 형태는 그 관점에 따라 여러 가지로 달리 분류할 수 있다. 먼저 에너지를 그 본질에 따라 분류하면 외부에너지, 내부에너지, 열에너지, 기계적 에너지, 화학에너지, 핵에너지 등으로 나눠진다. 이들 에너지는 각기 특성을 지니고 있을 뿐만 아니라 서로 변환(變換 : conversion)되면서 우리의 실생활에 필요한 열과 전기적 · 기계적 에너지를 공급한다.

4.1.1 외부에너지

외부(外部 : external)에너지란 물체의 운동 및 위치와 관계되는 에너지로 운동(運動 : kinetic)에너지와 위치(potential) 에너지로 구성되어 있다. 어떤 속도로 운동하고 있는 물체는 다른 물체에 힘을 미쳐서 일을 할 수 있는 운동에너지($E = 1/2\ mv^2$: m 질량, v 속도)를 가진다.

또 높은 곳에 있는 물체는 그 높이에 상응하는 위치에너지($E=mgh$: m 질량, g 중력의 가속도, h 높이)를 가지고 있고, 이 물체가 지상으로 낙하하는 경우 높이가 점점 줄어들면서 위치에너지는 감소하는 반면 물체의 낙하속도는 가속되어 운동에너지가 증가한다. 지상에서 발사된 인공위성이 일정한 고도의 궤도로 진입하는 과정은 운동에너지가 위치에너지로 바뀌는 예이다.

4.1.2 내부에너지

내부(內部 : Internal)에너지란 물체 및 어떤 계(系 : System)를 구성하는 분자들의 에너지를 말한다. 밀폐된 용기(계)내에 들어 있는 공기에 대하여 외부에서 열을 가하면, 공기분자들의 운동에너지를 증가시켜 결국 계의 온도가 상승한다. 이 경우 가해진 열에너지는 계내 공기의 내부에너지로 변환되면서 온도를 상승시키는 결과를 나타낸다.

또 온수로 난방을 하는 경우를 생각해 보면 온수의 내부에너지는 열에너지로 변형되어 물에서 방안의 공기로 이동되고, 전달된 열은 공기의 내부에너지를 증가시키는데 쓰여 결국 실내 온도가 상승하는 것이다.

4.1.3 열에너지

열(熱 : heat) 또는 열에너지는 온도차이가 있는 두 물체 사이에서 이동되는 에너지로, 더 뜨거운 물체에서 더 찬 물체로 전달되는 때에만 존재한다. 기체나 수증기의 팽창특성을 이용하면 열을 기계적 에너지로 변환시킬 수 있다. 가스터빈이나 증기터빈은 열에너지를 더 유익한 기계적 에너지로 변환시키는 장치이다.

4.1.4 기계적 에너지

기계적 에너지는 기체의 압축–팽창에 의한 일과 축(軸)의 회전에 의한 일로 구분된다. 전자의 예는 자동차 피스톤의 왕복운동에서, 또 후자의 예는 증기터빈의 축회전에서 찾아볼 수 있다. 열기관은 열에너지를 기계적 에너지로 변환시키는 장치로 자동차, 증기기관, 가스터빈 및 증기터빈은 모두 열기관이다.

4.1.5 화학에너지

화학에너지란 화학종(化學種)을 구성하고 있는 분자 내 원자간의 결합에너지 및 위치에너지를 말한다. 석탄, 석유, 천연가스 등을 비롯한 각종 물질은 그 분자를 구성하는 원자의 종류와 결합구조에 따라서 각기 다른 화학에너지를 가지고 있다. 화학에너지는 연소(燃燒) 또는 다른 화학반응을 통하여 에너지 수준이 높은 화학종에서 낮은 화학종으로 변화하면서 그 차이에 해당하는 에너지를 열에너지의 형태로 방출한다. 자동차, 항공기, 로켓 등은 연료의 화학에너지를 열에너지를 거쳐 우리 생활에 유익한 기계적 에너지로 변환시키는 장치들이다.

4.1.6. 핵에너지

핵(核 : nuclear)에너지는 원자의 핵을 구성하는 양자(陽子), 중성자(中性子) 등 입자간 결합력의 형태로 저장되어 있고, 이는 핵분열 또는 핵융합 과정을 통하여 열에너지의 형태로 변환된다. 무겁고 불안정한 하나의 원자핵이 중성자에 의하여 두 개의 비슷한 원자핵으로 쪼개지면서 수반되는 질량결손(缺損)에 해당하는 막대한 열에너지($E = mc^2$: m질량결손, c 빛의 속도)를 방출하는 것을 핵분열(核分裂 : nuclear fission)이라 한다.

반면에 핵융합(융합 : fusion)은 두 개의 가벼운 원자핵이 융합하여 더 무거운 하나의 원자핵으로 변하는 것으로, 이 과정에서 역시 질량결손이 생기면서 막대한 열에너지가 방출된다.

4.1.7 기타 에너지

이밖에도 압축된 스프링에 내재된 탄성(彈性)에너지, 태양광선 등이 갖고 있는 방사(放射)에너지, 전압차이에 의한 전기(電氣)에너지 등이 있다.

다음에 에너지를 그 자원(資源 : Resource)면에서 분류하면 고체(주로 석탄), 액체(주로 석유), 기체(주로 천연가스)연료와 수력(水力), 핵, 전기, 태양, 생물(生物 : biomass), 풍력(風力), 해양(海洋), 지열(地熱)에너지 등으로 나누어진다.

특히 고대생물의 지구 화학적 변화로 생성된 석탄, 원유, 천연가스 등은 통틀어 화석연료(化石燃料 ; Fossil fuel)라 한다. 화석연료나 핵연료처럼 한번 사용하면 없어지고 마는 고갈성 에너지와 달리 수력, 태양, 생물, 풍력, 해양, 지열에너지처럼 사용해도 자연적으로 재생되는 것을 재생(再生 : Renewable)에너지라 한다.

또한 에너지를 그 자원으로부터 최종소비까지의 흐름이란 면에서 분류하면 1차, 2차 및 최종에너지 등으로 나누어진다.

1차(primary)에너지는 어떤 변환도 하지 않은 에너지로서, 직접 에너지로 쓸 수 있는 것은 그 자체, 일정한 생산과정을 거쳐야 에너지로 사용할 수 있는 것은 그 과정이 완료된 산출물을 뜻하고, 여기에는 화석연료 즉 석탄, 원유, 천연가스(LNG 포함)와 수력, 핵, 태양, 생물, 풍력, 해양, 지열에너지 등이 포함된다.

2차(secondary)에너지는 1차 에너지의 변환으로 생산되는 에너지(전력과 각종 석유제품 등)를 말하고, 최종(最終: Final)에너지는 유용한 에너지(열, 빛, 동력 등)로 사용할 수 있게끔 소비자에게 공급되는 에너지이다.

4.2 유비쿼터스 에너지의 변천

원시시대에 살았던 사람들은 사냥으로 잡은 동물을 요리하고, 추울 때 따뜻하게 하며, 또 어두운 밤을 밝히고, 야생동물로부터 자신들을 보호하기 위하여 불을 이용하기 시작하였다. 그 후 농경과 목축이 생활화되면서 자기자신의 힘 이외에도 소나 말과 같은 가축의 힘, 물이나 바람 등 자연의 힘을 이용한 자연에너지를 이용하게 되었다.

18세기에 이르러 석탄이 이용되면서 증기기관이 발명되고 산업혁명기를 맞이함으로써 인류는 에너지의 혜택과 기계문명의 찬란한 빛을 받게 되었다. 석탄에너지에 이어 석유와 천연가스 등의 이용으로 공업과 교통수단을 발전시켜 나갔다. 과학기술의 진보는 전기의 이용범위를 넓혀나갔고, 마침내 원자력의 이용을 가능케 하였다.

그리하여 오늘날 우리의 사회는 문명의 발달과 함께 더욱 풍요롭게 되었으며, 앞으로도 평화스럽고 안정적인 사회를 유지, 발전시키기 위해서 에너지의 역할이 더욱 커지게 되었다.

우리나라에 전기가 들어온 것은 불과 100년 전의 일이지만 근대화작업이 촉진되면서 전기의 이용은 급격히 증가하여 이제는 전기 없이는 생활을 꾸려갈 수 없을 정도로 우리생활과 밀접해졌다.

1961년 우리나라의 연간 전력소비량은 11억kWh였으나, 1980년에는 327억kWh로 늘어났으며, 10년 뒤인 1991년에는 다시 1,044kWh로 증가하였다. 1991년의 우리나라 전력소비량을 용도별로 1980년과 비교해 보면 주택용 소비전력은 총 소비량의 6.8%이던 것이 1991년에는 18.7%로 증가했으며, 공공서비스 전력도 5.7%에서 18.9%로 증가한 반면 생산부분의 소비전력은 87.5%에서 62.4%로 크게 떨어지고 있어 우리의 주거생활과 공공서비스분야의 전력소비가 상대적으로 증가추세에 있음을 알 수 있다.

한편, 이것은 비생산적인 소비분야에서 전력소비가 늘고 있음을 말해주는 것으로 국민의 각성이 요망된다고 하겠다. 전기는 편리하고 깨끗한 에너지인 동시에 고가의 에너지이다. 우리는 이 귀중한 에너지를 아껴 쓰고 효율적으로 이용하도록 노력해야 할 것이다.

그런데, 1953년 12월 8일 미국의 아이젠하워 대통령이 UN총회에서 원자력의 평화적인 이용을 제창한 이래 선진국에서는 원자력을 평화적으로 이용하기 위한 연구개발에 힘씀으로써 인류의 번영과 발전에 크게 이바지해 왔다. 현재 세계 각국에서 추진하고 있는 원자력의 평화적 이용에는 열에너지의 이용과 방사선 및 방사성동위원소의 이용 등 크게 두 가지로 나눌 수 있다.

열에너지의 이용에는 원자로에서 발생하는 열을 이용하여 전기를 생산하는 원자력발전을 비롯하여 원자로의 열을 동력으로 생산하는 원자력선과 열을 직접 이용하는 원자력제철, 지역난방, 해수의 담수화 등 여러 가지가 있다.

방사선 및 방사성동위원소의 이용에는 원자로가 개발되어 인공의 방사성물질이 대량으로 값싸게 생산되고 또 강력한 방사선을 발생시키는 입자가속기의 연구가 진보됨에 따라서 방사선 및 방사성동위원소의 이용이 늘고 있다. 그 이용분야로는 질병의 진단과 치료, 농작물의 품종개량, 멸균소독, 식품보존, 공업제품의 비파괴검사 등 의학, 농업 및 공업의 각 분야에서 폭 넓게 활용되고 있다.

이와 같은 원자력에너지의 이용이 폭 넓게 발전되고 있으나 역시 핵폐기물 처리문제와 안전문제 등이 고려의 대상이 되고 있다. 물론 이 문제들은 많이 개선되어 큰 문제없이 원자력을 이용할 수 있게 되어 있지만, 더해가는 청정에너지의 요구와 함께 크게 연구의 대상이 되고 있다.

앞으로 유비쿼터스 에너지의 변천 추세에는 신·재생에너지쪽이 될 것이다. 언급한 바와 같이 원자력에너지는 역시 폐기물과 안전성문제를 고려해야 하고 화석에너지는 고갈에 이르고 있으며 환경과의 도전도 무시할 수 없다. 특히 우리나라와 같이 90%이상을 수입에 의존하고 있는 처지라면 대체에너지를 개발하여 이용해야 할 것이다. 이와 동시에 화석에너지의 효율 높은 이용기술도 개발하여 궁극적으로 환경을 오염시키지 않고, 또한 안전한 유비쿼터스 에너지를 추구해야 할 것이다.

4.3 유비쿼터스 대체에너지

4.3.1 유비쿼터스 대체에너지의 국내 · 외 기술개발 비교

표 4-1 유비쿼터스 대체에너지의 국내 · 외 기술별 비교

기술별	국 내	국 외
태양열	• 저온용 주택용 태양열 온수기 상용화(에기연) • 중온용 집열장치 개발 중(에기연) • 발전용 기반기술 연구 중	• 저온용 저가 고효율 집열기 상용화 보급 중(일본 : 약 500만기 보급) • 중온용 집열장치 상용화 단계 • 발전, 우주용 실용화 단계
태양광	• 변환효율 15% 단결정 Si태양전지 개발(실트론, 에기연) • 주변장치 국산화(LG산전, 세방전지)	• 변환효율 18% 단결정 Si태양전지 상용화(미국, 일본, 유럽 등). • 다결정, 비정질 태양전지 상용화(미국)
바이오	• 연료용 알코올 생산기술(알코올조합, 삼성 Eng) • 메탄가스 전환기술개발(현대 Eng, 대우, 동아건설) • 미래 바이오에너지 기술 기초연구	• 전분질계 연료용 알코올 상용화(미국, 브라질) • 메탄발효 기술상용화(EU국가, 일본, 미국) • 바이오디젤 상용화(EU국가) • 바이오수소 응용연구(일본)
풍력	• 750kW급 풍력발전시스템 개발 중(한국화이바, 효성, 전기연)	• MW급 대형시스템 상용화 보급(미국, 독일, 네델란드, 덴마크 등)
소수력	• 저낙차용 수차개발(에기연)	• 미국 : 3,420MW, 일본 538MW, • 중국 : 13,250MW 가동 중
연료전지	• 인산형 : 50kW시스템 개발(에기연, LG정유) • 용융탄산염형 : 100kW급 시스템 개발 중(한전, 삼성중공업, KIST)	• 인산형 : 미국 200kW 상용화 • 용융탄산염형 : 미국, 일본 100kW급 개발 완료 및 시스템 운전시험 중
석탄 가스화	• 벤치급(3톤/일) 석탄가스화 장치개발 및 운전(고등기술원, 대우, 한전) • 탈황, 탈질기술개발 중	• 미국 : 160kW급 실증연구 • 네덜란드 : 250MW 실증운전 중 • 일본 : 250MW 개발 중
해양	• 파력발전 개발연구(기계연) • 가로림만 조력발전 타당성 조사(한전)	• 파력 : 일본, 영국, 덴마크 개발 및 가동 중 • 조력 : 캐나다, 프랑스, 중국 가동 중
폐기물	• 대형 도시쓰레기 소각장 건설 운용 • 산업폐기물 소각장치 상용화(고려소각로) • 폐플라스틱 열분해 상업화 공정시험중(LG화학) • 폐타이어 오일화(에기연) • 도시폐기물 고형연료화 장치개발(기계연, 고려자동차)	• 일본 : 수십기의 상용 유동층 소각로 기술상용화 • 일본, 독일 : 폐타이어, 폐플라스틱 처리 기술상용화 • 미국, 일본, 독일 : 고형연료화 기술개발 상용화
지열	• 마산, 창원, 제주도 지열조사(자원연)	• 지역난방 및 열수이용 실용화(미국, 일본, 프랑스, 뉴질랜드)
수소	• 기초연구단계(대학, 연구소, 흥창)	• 우주개발, 군사용 등 특수목적 개발 상용화

4.3.2 유비쿼터스 대체에너지원별 기술개발 내용

표 4-2 유비쿼터스 대체에너지원별 기술개발 내용

원 별	생산에너지유형	이용분야	사업내용
태양열	열(온수, 증기) 전기	• 건물 및 산업용 에너지	• 주택, 건물의 냉 · 난방 이용 기술개발
태양광	전력	• 특수용 및 낙도 · 오지의 전력공급	• 경제성 있는 발전 기술개발
바이오	가스연료(메탄) 액화연료(알코올) 고체연료(대체탄)	• 산업용(주정, 축산, 폐기물 등) • 수송용(에탄올 등) • 난방, 취사용	• 각종 바이오메스(생물자원)를 에너지화하는 기술개발
폐기물	열(온수, 증기) 가스연료(메탄) 고체(RDF 등)	• 주택, 상업용, 산업용 및 발전 에너지	• 폐기물을 에너지화하는 기술개발
석탄액화, 가스화	석탄액화 · 가스	• 산업용 및 발전 에너지	• 석탄을 환경오염이 적은 연료로 전환하여 이용하는 기술개발
소수력	전력	• 전력공급	• 계곡, 댐 등의 낙차를 이용 발전하는 기술개발
풍력	전력	• 전력공급	• 바람의 힘을 이용하는 발전 기술개발
수소에너지	가스연료(수소)	• 자동차연료, 발전 등	• 수소의 생산 및 이용 기술개발
연료전지	전력+열	• 전력공급	• 수소와 산소를 이용한 고효율 신발전기술개발
해양에너지	전력	• 전력공급	• 조력, 파력 및 해수온도차를 이용한 발전 기술개발
지열	열(온수, 증기)	• 주택, 산업용 열공급 및 발전	• 지하의 열을 이용 지역난방이나 발전하는 기술개발

4.4 유비쿼터스 에너지 관련 주요 이슈

4.4.1 높은 해외 에너지 의존도와 국제유가 고공행진

우리나라는 부존자원이 빈약하여 대부분의 에너지(약 97%)를 수입에 의존하고 있다. 석유의 경우 전량을 해외로부터의 수입에 의존하고 있지만, 전체 에너지원에서 차지하는 비중은 약 47%로 석유 의존도가 심각한 상황이다. 이를 타개하기 위해 천연가스 등 다른 원료의 소비 확대를 추진하고 있으나, 아직까지는 미진한 상황이다.

2000년 이후 20달러대를 유지하던 국제유가는 미국의 이라크 침공 이후 급격하게 상승하여 2008년 100달러를 넘어 150달러에 육박하는 수준에 이르렀다. 에너지원의 대부분을 수입에 의존하는 우리나라로써는 에너지 소비효율 개선과 더불어 효율적인 관리를 통해 고유가 시대에 능동적으로 대처할 필요가 있다.

4.4.2 낮은 에너지 소비 효율

에너지 소비 효율을 평가하는 지표로써 주로 에너지원 단위라는 개념을 사용한다. 이는 단위 부가가치를 생산하기 위해 소비되는 에너지량으로써 주로 [TOE/1000USD]를 사용한다. 우리나라의 에너지원단위는 0.348(2004년 기준)로써 OECD평균인 0.199보다 높으며, 경제국인 일본의 0.108보다 3배 이상 높은 상황이다. 낮은 에너지 소비 효율을 개선하기 위한 정책이 지경부를 중심으로 하여 다양하게 추진되고 있으며, 에너지 다소비 업체의 공정 개선, 고효율 기기 사용, 모니터링 등 에너지 소비절감 및 효율화를 위한 기술개발도 이루어지고 있다.

4.4.3 기후변화의 현상

1) 기후의 변화

세계 각지에서 기후변화 현상들이 일어나고 있다. 20세기에 지구의 평균기온은 0.6℃ 승했는데도, 1998년 인도폭염으로 2,300명이, 2003년 유럽폭염으로 15,000명이 사망했고, 극지방의 얼음두께가 최근 수십 년 동안 40% 정도 얇아지고 있다.

봄과 여름에 북반구의 빙산이 1950년 이래로 약 10~15% 감소하였다. 그리고 지난 100년 동안 지구 해수면의 높이가 10~25cm 상승하여 투발루, 키리바시 공화국의 일부 도서, 몰디브, 파푸아뉴기니 등 남태평양 섬나라가 물에 잠기고 있다. 특히 투발루란 섬나라는 해수면 상승으로 전 국토가 바다에 잠길 위험에 처해 뉴질랜드로 이주하고 있다. 폭염과 폭풍 등의 기상이변 및 사막화가 급속히 진행되고 있다.

(1) 우리나라의 기후변화

최근 100년 동안 평균기온 상승폭이 1.5℃로 전 세계 평균기온 상승폭보다 높다. 1990년대의 겨울은 1920년대에 비해 약 30일 정도 짧아진 반면, 여름과 봄은 20일정도 길어져 개나리, 벚꽃 등 봄꽃의 개화시기가 빨라졌다. 제주도 고산의 이산화탄소(CO_2) 농도가 1991년 357.8ppm에서 2000년 373.6ppm으로 증가했다.

표 4-3
기후변화의 특징

기후변화의 의해 생기는 특징
• 여름 전염병 봄철 발생률 증가 • 겨울 짧아지고 여름 길어짐 • 왜가리, 백로 여름철새 텃새화 • 봄꽃 개화시기 빨라짐

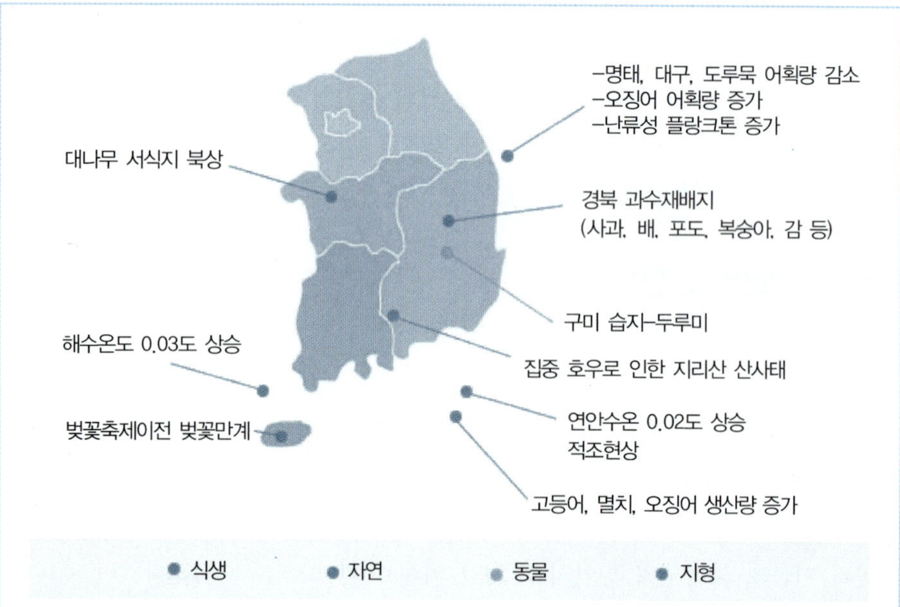

그림 4-1
각 지역의 특색

(2) 기후변화와 자연환경과의 관계

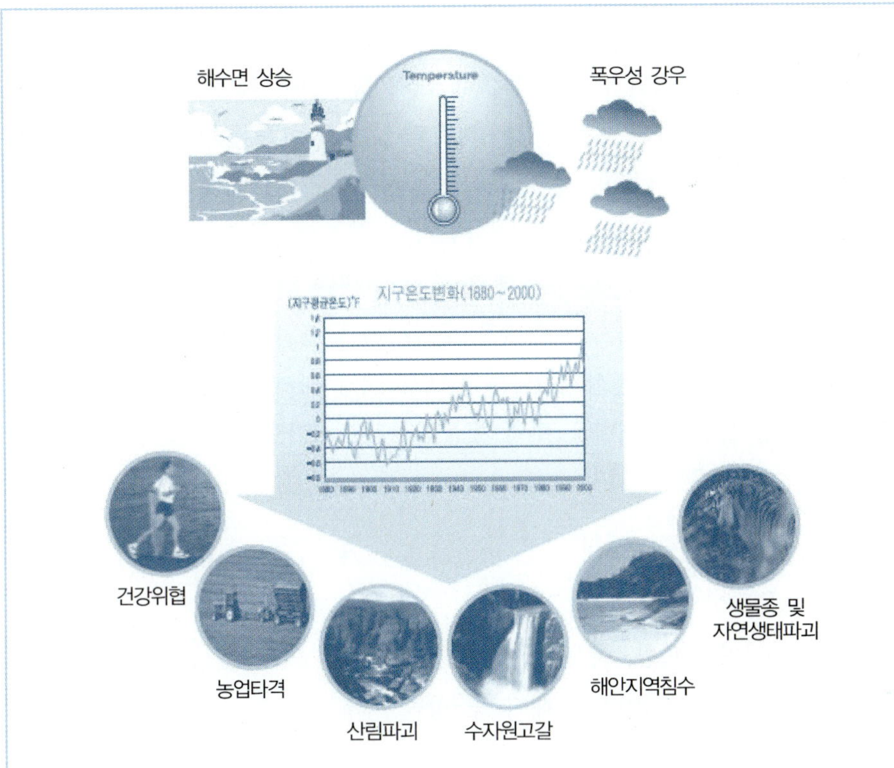

그림 4-2
기후변화와
자연환경과의 관계

지난 100년간 지구의 평균기온은 점점 증가하는 추세를 보이면서 지구온난화 현상이 나타나고 있다. 이것은 이산화탄소와 같은 온실가스의 증가로 대기의 온도가 상승하는 온실효과에 의한 것으로 이러한 기후변화는 기상이변, 해수면 상승 등을 초래하여 해안지역의 침수와 산림분포지역의 북상으로 인한 생태계 및 산림의 혼란, 전염병 이동의 증가로 인간 건강의 위협, 기후대의 변화로 식량생산 감소와 어류의 이동경로 변화로 농·수산업의 타격이 예상된다.

(3) 기후변화를 일으키는 요인

① 자연적 요인

- 내적 요인 : 대기가 다른 기후시스템과의 상호작용으로 기후시스템에서 서로 상호작용 하는 요소들은 대기, 해양, 바다 얼음, 육지, 이들의 특징

(식생, 반사도, 생물체와 생태계), 눈덮은 정도, 육지 얼음, 물 수지 등이 있다.

- 외적 요인 : 화산 분화에 의한 성층권의 에어로졸 증가, 태양과 지구의 천문학적 상대위치 관계 등으로 대기 상층에서 태양복사와 지구복사를 합한 순복사량의 섭동은 기후시스템에 큰 영향을 준다. 화산폭발 때 분출되는 화산재나 미세먼지 등이 오랫동안 대기 중에 떠 있으면 태양복사를 차단하게 되어 기온이 낮아진다.

  에어로졸(aerosols)이란 대기 중의 미세한 입자들로서 자연계에서 뿐만이 아니라, 산불이나 농작물 소각시에 발생하는 이산화황에 의해서도 생성된다. 이는 온실가스와는 반대로 태양광을 차단하고 산란시켜 대기를 냉각시키는 역할을 하며 빗물의 핵이 되기도 한다.

② 인위적 요인

- 강화된 온실효과 : 대기 중 그린하우스 가스(greenhouse gas)의 농도가 산업화 이후 현저하게 증가
  - 화석연료(석탄, 석유, 가스 등의 에너지원)의 사용
  - 연소 및 삼림연소로 대기 중 방출
  - 질소비료사용, 폐기물 소각
  - 냉매, 세척제 및 스프레이 사용
  - CO_2 : +30%, CH4 : +100%, N_2O : 15%
  - 많은 그린하우스 가스(greenhouse gas)들은 장기간 대기 중에 남아 있다.
- 에어로졸의 효과 : 인간의 활동으로 인한 산업화가 대기 중 에어로졸의 양을 변화
  - 인간의 활동에 의해 만들어진 에어로졸은 며칠 동안만 대기 중에 남아 있기 때문에 산업지역과 같은 발원지역 부근에 집중되는 경향
  - 에어로졸에 의한 복사강제력은 매우 강한 지역적 유형
  - 온실기체의 증가에 따른 지구 온난화에 짧은 기간 동안만 영향
- 토지 피복의 변화
  - 과잉 토지 이용이나 장작과 숲채취 등에 의해 토지 이용도가 변화
  - 도시화, 산업화로 인한 고층 건축물의 등장

- 삼림파괴 : 도로의 건설, 벌목, 농업의 확장, 땔감으로의 삼림 사용 등이 삼림파괴의 주된 원인
  - 삼림은 종의 서식과 생물 다양성의 보존은 물론, 기후와 물의 순화, 영양분의 순환에 의해서 인류 생명유지 시스템의 일부로서 역할
  - 도로의 건설, 벌목과 농업의 확장은 삼림파괴의 주요 원인
  - 대규모의 산림제거는 물순환에 심각한 영향을 미침 : 연속적으로 강수량에 영향을 미쳐서 산림의 성장이나 농업에 부정적인 영향
  - 대규모의 산림제거는 불이나 분해에 의해서 대기 중으로 이산화탄소를 배출 : 온실효과에 영향을 미쳐 지구 온난화를 더욱 강화

2) 지구온난화

우리가 지구환경 속에서 쾌적하게 살아갈 수 있는 이유는 대기 중 이산화탄소 등의 온실가스가 온실의 유리처럼 작용하여 지구표면의 온도를 일정하게 유지하기 때문이다. 지구가 평균기온 15℃를 유지할 수 있는 것도 대기 중에 존재하는 일정량의 온실가스에 의한 것으로, 이러한 온실효과가 없다면 지구의 평균기온은 −18℃까지 내려가 대부분의 생명체는 살 수 없게 된다. 그런데 지난 100년 동안 이러한 온실효과를 일으키는 물질들의 대기 중 농도가 증가하여 인류는 기후변화라는 전 세계적인 문제에 직면하게 되었다.

즉 삼림벌채 등에 의하여 자연의 자정능력이 약화되고, 산업발전에 따른 화석연료의 사용량 증가로 인하여 인위적으로 발생하는 이산화탄소의 양이 증가됨에 따라 두터운 온실이 형성되어 온실효과가 커졌다. 이로 인하여 지구의 평균기온이 올라가는 지구온난화 현상이 나타나고 있는 것이다.

(1) 지구온난화의 요인과 영향

지구온난화의 약 60%는 이산화탄소에 의한 것이며 이는 주로 화석연료의 사용에 따른 것이다. 산림을 파괴할 때 나무에 저장되어 있다가 대기 중으로 배출되는 이산화탄소의 양도 많다. 대기 중의 이산화탄소 농도는 산업혁명 이전의 280ppm에서 2000년에 368ppm으로 31%가 증가된 상태이고, 향후 2100년까지 평균 기온은 1.4~5.8℃, 해수면은 9~88cm가 올라갈 것으로 예측하고 있다. 이러한 기온상승 속도는 과거에 지구가 변해온 과정과 비교해 볼 때 과거의 기후변화보다 무려

100배나 빠른 속도이다. 이로 인하여 극지방과 고산지대의 빙하와 적설지대가 감소하고, 결빙기간 및 겨울철이 짧아졌다. 대신에 식물의 생육기간은 늘어났고 집중호우와 같은 극한 기상현상이 자주 발생하였다. 우리나라도 1912년 이래로 지구온난화와 도시화 효과로 평균기온이 1.5℃가 상승하였다. 특히 여름철보다는 겨울철의 최저 기온이 크게 상승하였고 강수의 횟수보다는 집중호우 발생의 증가로 강수량이 증가하였다.

이러한 지구온난화는 인간의 건강, 산림과 해양생태계, 자연재해, 수자원, 농업 등 모든 분야에 영향을 미치며, 최근의 빈번한 이상기후와 자연재해도 이러한 징후로 여겨지고 있다.

(2) 업살라 빙하지대의 변화

국제환경단체인 그린피스는 1928년 얼음으로 뒤덮였던 아르헨티나 파타고니아의 업살라 빙하지대가 76년 뒤인 2004년 호수로 변했다고 밝혔다.

그림 4-3
업살라 빙하지대
(변화 전)

그림 4-4
업살라 빙하지대
(변화 후)

3) 온실효과

(1) 온실효과(GreenHouse)란

온실가스는 태양으로부터 지구에 들어오는 단파장의 태양 복사에너지는 통과시키는 반면 지구로부터 방출되는 장파장의 복사에너지는 흡수함으로써 지표면을 보온하는 역할을 하며, 지구의 평균 기온이 현재와 같이 15℃를 유지할 수 있도록 한다.

달의 표면이 태양이 비추는 쪽은 100℃가 넘고, 반대쪽은 영하 200℃가 되는 이유는 대기가 없어 온실효과 현상이 나타나지 않기 때문이다.

(2) 온실효과 메커니즘

태양에서 지구로 오는 빛에너지 중에서 약 34%는 구름이나 먼지 등에 의해 반사되고, 지표면에 약 44% 정도만 도달한다. 지구는 태양으로부터 받은 이 에너지를 파장이 긴 적외선으로 방출하는데 이산화탄소 등의 온실가스가 적외선 파장의 일부를 흡수한다.

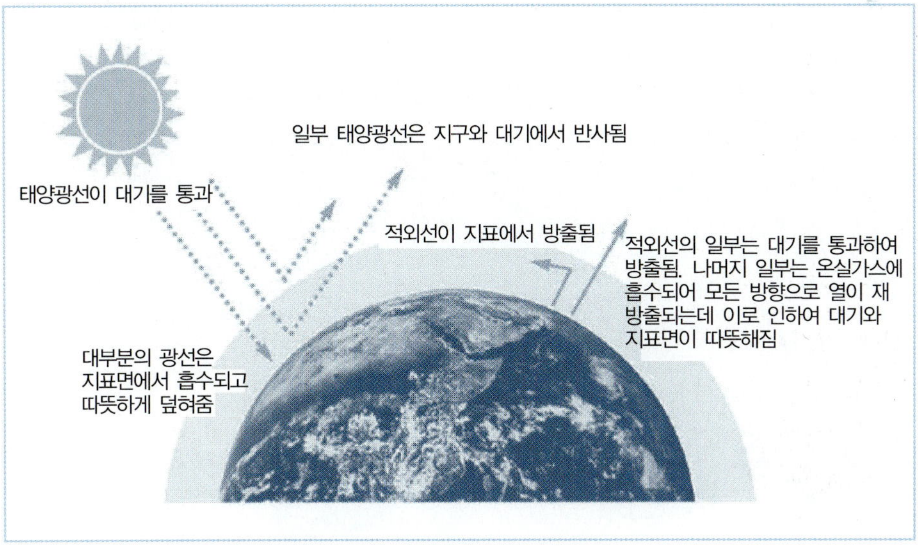

그림 4-5
온실효과

4) 온실가스

(1) 온실가스(GreenHouse Gas)란

대기를 구성하는 여러 가지 기체들 가운데 온실효과를 일으키는 기체를 '온실가스'라 하며, 온실가스로는 이산화탄소(CO_2), 메탄(CH_4), 아산화질소(N_2O), 프레온(CFCs, 수소불화탄소 HFCs, 과불화탄소 PFCs, 육불화유황 SF6), 오존(O_3) 등이 있다.

이 중 제3차 당사국총회에서는 이산화탄소(CO_2), 메탄(CH_4), 아산화질소(N_2O), 수소불화탄소(HFCs), 과불화탄소(PFCs), 육불화유황(SF6)을 6대 온실가스로 지정하였다. 이들 온실가스들이 지구온난화에 기여하는 정도는 IPCC가 제시한 지구온난화지수(Global Warming Protential : GWP)를 통해 알 수 있으며, 이산화탄소를 1로 보았을 때 메탄은 21, 아산화질소 310, 프레온가스 1,300~23,900이다.

(2) 6대 온실가스

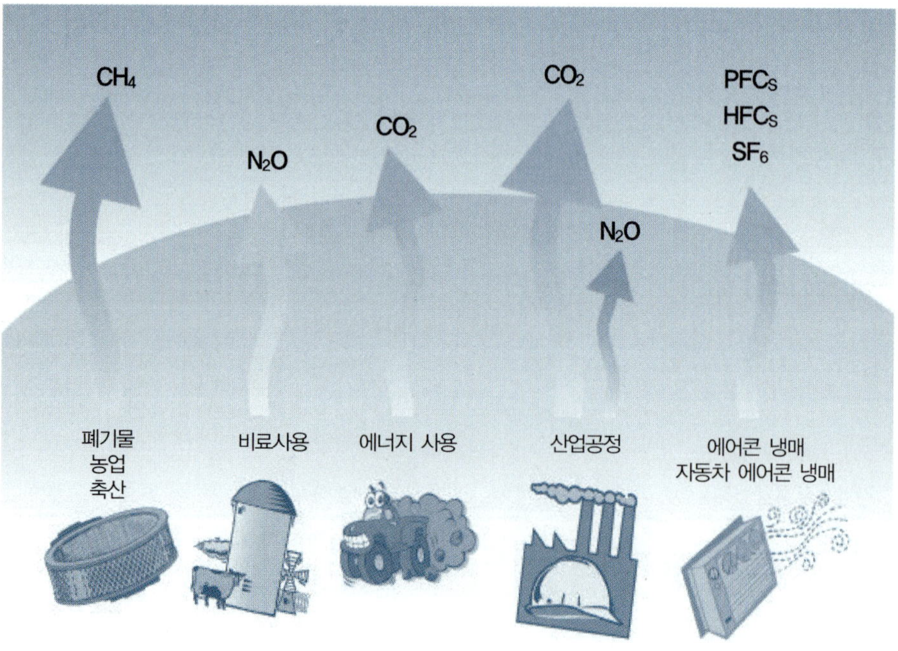

그림 4-6
6대 온실가스

① 이산화탄소(CO_2)

지구온난화 지수는 낮지만 규제 가능한 가스(controllable gas)로서 전체 온실가스 배출량 중 약 80% 이상을 차지하고 있기 때문에 6대 온실가스 중 가장 중요한 온실가스로 분류되고 있다. 우리가 숨을 내쉴 때마다 나오는 이산화탄소는 나무와 석유, 석탄과 같은 화석연료가 탈 때 탄소가 공기 중의 산소와 결합하여 생긴다.

자연계에서 이산화탄소는 식물이 광합성작용을 할 때 사용되고, 바다에 흡수되고 남은 양은 대기 중에 계속 쌓이게 된다. 산업혁명 이후 지난 100여 년 동안 화석연료 사용이 급속히 증가하였다.

② 메탄(CH_4)

천연가스(LNG)의 주성분이며, 음식물 쓰레기가 부패할 때와 소나 닭과 같은 가축의 배설물에서도 발생한다. 메탄의 발생량은 이산화탄소에 비해서 아주 작은 양이지만 메탄 1분자가 일으키는 온실효과는 이산화탄소의 약 20배 이상으로 지구 전체 온실효과의 15~20% 이상 차지한다.

③ 아산화질소(N_2O)

주로 석탄을 채광할 때 그리고 연료가 고온으로 타면서 발생하고, 대기 중에서 온실효과를 일으키는 작용을 한다고 밝혀졌다.

④ 수소불화탄소(HFCs)

불연성 무독성 가스로 취급이 용이하며, 화학적으로 안정하여 냉장고 및 에어컨의 냉매로 사용된다.

⑤ 과불화탄소(PFCs)

탄소와 불소의 화합물로 전자제품, 도금산업 등에서 세정용으로 사용되며, 우리나라의 경우 전량 반도체 제조공정(플라즈마 에칭 및 챔버 크리닝(chamber cleaning)에 사용되고 있다.

⑥ 육불화황(SF6)

전기제품이나 변압기 등의 절연체로 사용되는 곳에 있다.

2002년도 우리나라 온실가스 배출 통계를 보면 에너지 연소로 발생하는 온실가스가 국내 온실가스 배출량의 83.4%를 차지하고 산업공정에서 10.9%, 나머지는 농업 및 축산(2.9%), 폐기물(2.8%)에서 발생하고 있다.

다시 말해 온실가스는 대부분 에너지 이용의 결과로 발생되므로 기후변화는 에너지문제와 직결되어 있다.

(3) 온실가스의 종류

표 4-4 온실가스의 종류

	CO_2	CH_4	N_2O	HFCs, PFCs, SF_6
배출원	에너지사용/산업공정	폐기물/농업/축산	산업공정/비료사용	냉매/세척용
지구온난화지수 (CO_2=1)	1	21	310	1,300~23,900
온난화 기여도(%)	55	15	6	24
국내총배출량(%)	88.6	4.8	2.8	3.8

5) 기후변화예측

급격한 산업화로 인한 이산화탄소 발생량 증가는 지구온난화 현상을 가중시키고, 이로 인한 기후변화는 해수면의 상승과 국지성 폭우 및 폭설 등의 기상이변을 가져오며, 육상 및 해양 생태계의 변화 및 인류 건강에 직·간접적인 영향을 끼칠 것으로 전망된다.

IPCC보고서에 의하면 다가올 미래에는 온난화율이 더욱 가속화되어 인류사회에 심각한 영향을 줄 것으로 예상된다. 온실가스의 인위적 배출에 대한 규제 및 감축 정책이 시행되지 않을 경우, 2100년에는 지구평균 온도가 1990년 대비 1.4~5.8℃ 상승될 것으로 예상된다.

UNEP(United Nations Environment Program)는 해수면의 높이가 50cm 높아질 경우 마셜군도 내 환초의 약 80%가 없어지고, 방글라데시의 17.5%, 우루과이의 0.05%가 침수된다고 밝혔다. 해수면이 1m 상승하면 방글라데시 같은 저지대 지역은 지도상에서 사라지고 세계 경작지의 1/3 이상이 피해를 입게 될 것이라고 경고하였다.

우리나라의 경우 연평균 기온이 4℃ 상승하면 제주도 서귀포는 대만과 비슷한 기온분포를 보여 열대작물도 재배가 가능하나 기후변화는 농업생태계에 매우 복잡한 변화를 가져오기 때문에 부정적 영향이 더 클 것으로 예상된다.

(1) 생태계

산림분포지역이 광범위하게 소멸되고, 산림의 평형이 깨어짐

전반적으로 식생대가 중위도 기준 북극쪽으로 55~100km 북상 예상

우리나라의 경우, 현재의 온대성 식생 외에 아열대성 식생이 증가하는 등 생태계의 혼란

(2) 수자원

CO_2 농도가 2배 증가시 2050년까지 산악지역 빙하의 25% 이상 감소 예상

물공급 부족국가인 우리나라의 경우 물부족에 따른 수질악화 예상

(3) 식 량

전세계적으로 기후대가 변하여 식량변화가 일어남

어류의 이동경로 변화, 해양 생태계 변화, 산소량 감소, 물고기의 질병 증가로 인한 수산업 타격

우리나라의 경우 온난화로 인해 다모작 농사가 가능해지지만 병충해가 늘어나게 되어 토양이나 수질오염이 심각

(4) 해안계

2100년 세계의 해수면은 최대 88cm 상승

우리나라의 경우 경사가 완만한 서해안과 남해안에서는 침수의 우려가 있음

(5) 인간의 건강

더위로 인한 스트레스와 질병이 2배 정도 증가

전염성 질병체의 분포변화로 전염병 이동의 증가

말라리아와 같은 열대성 질병이 고위도로 확산되어 우리나라의 경우 열대성 질병 발생이 예상됨

(6) 국제연합환경계획(United Nations Environment Program : UNEP)

환경 분야의 국제협력 촉진을 위해 UN 산하에 설치된 환경 관련 종합 조정기관이며 1972년에 설립되었으며, 지구환경상태 점검 및 연례보고서 작성 등의 활동 한국은 1972년에 가입했으며, 본부는 케냐 나이로비에 있다.

6) 기후변화협약

기후변화협약은 지구온난화에 대한 과학적 자료가 증가하여 범지구 차원의 노력이 필요하다는 인식이 확산되었고, 이에 UN 주관으로 1992년 브라질 리우데자네이루에서 열린 환경회의에서 "기후변화에 관한 UN협약(UNFCCC)"이 채택되어 1994년 3월에 발효되었다.

우리나라는 1993년 12월에 47번째로 가입하였고, 2004년 2월 현재 188개국이 가입하였다. 이 협약에서는 차별화된 공동부담 원칙에 따라 가입 당사국을 부속서 국가와 비부속서 국가로 구분하여 각기 다른 의무를 부담하기로 결정하였다.

(1) 기후변화에 관한 UN협약

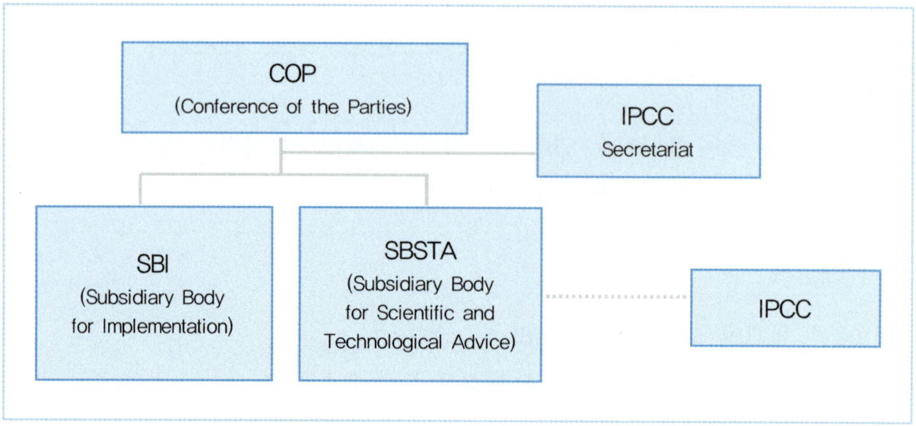

그림 4-7 기후변화에 관한 UN협약 구조도

기후변화협약은 인류의 활동에 의해 발생되는 위험하고 인위적인 영향이 기후시스템에 미치지 않도록 대기 중 온실가스의 농도를 안정화시키는 것을 궁극적인 목적으로 한다.

기후변화의 예측·방지를 위한 예방적 조치의 시행, 모든 국가의 지속가능한 성장의 보장 등을 기본원칙(제3조)으로 한다. 선진국은 과거로부터 발전을 이루어오면서 대기 중으로 온실가스를 배출한 역사적 책임이 있으므로 선도적 역할을 수행하도록 하고, 개발도상국에는 현재의 개발 상황에 대한 특수 사정을 배려하되 공동의 차별화된 책임과 능력에 입각한 의무를 부담(제4조)한다.

(2) 기후변화협약의 주요내용

표 4-5 기후변화협약의 주요내용

전문		내 용
목적(2조)		지구온난화를 방지할 수 있는 수준으로 온실가스의 농도 안정화
원칙(3조)		형평성 : 공동의 차별화된 책임, 국가별 특수사정 고려
		효율성 : 예방의 원칙, 정책 및 조치, 대상온실가스의 포괄성, 공동이행 경제발전 : 지속 가능한 개발의 촉진, 개방적 국제경제체제 촉진
의무사항	공통의무사항	온실가스 배출통계 작성발표 및 조치의 이행(4조1항), 연구 및 체계적 관측(5조), 교육훈련 및 공공인식(6조), 정보교환 특정의무사항
	특정의무사항	배출원 흡수원에 관한 특정의무사항 : 1990년 수준으로 온실가스 배출 안정화에 노력(4조2항)
		재정지원 및 기술이전에 관한 특정공약(4조3항~5항)
기구 및 제도	기구	개도국의 특수상황 고려(4조8항~10항) 당사국총회(7조)/사무국(8조)/과학기술자문 부속기구(9조)/ 이행자문기구(10조)/재정기구(11조)
	제도	서약 및 검토(pledge and review) 제도(12조) : 국가보고서 제출 및 당사국 총회 검토 이행과 관련된 의문점 해소를 위한 다자간 협의과정(13조)/분쟁조정제도(14조)

(3) 국가별 대응방안

온실가스가 대부분 에너지 사용의 결과로 발생하므로 에너지 사용량을 줄이기 위한 에너지 절약 및 이용효율 향상이야말로 기후변화를 완화시킬 수 있는 기본적인 방안이라 할 수 있다. 이에 대부분의 선진국들도 기후변화 방지를 위하여 에너지 절약사업과 효율향상 위주로 정책의 틀을 짜고 있으며, 신재생에너지(풍력, 태양에너지 등) 등 저탄소연료 사용 확대 등에도 관심을 갖고 적극적으로 추진하고 있다.

① EU

EU는 공동대응을 원칙으로 유럽의회 차원에서 공동정책을 구상하고 있다. 기후변화문제를 1980년대부터 '주요지구 환경문제'로 분류하여 유럽이 주도권을 행사해야 한다는 입장이다.

선진국은 5.2%의 온실가스 삭감을 결정하였지만, 대기 중 온실가스를 안정화시키기 위해서는 50~70% 수준의 삭감이 필요함을 주장하였다. '유럽의 에너지 2020'정책을 수립하여 6% 이산화탄소 감축계획을 수립하고 있다. 유럽의 자동차제조자협회(ACEA)는 2008년까지 신규 자동차 이산화탄소 배출량을 1990년 대비 25% 감축(140g/km)하고 2012년까지 신규 자동차 이산화탄소 배출량을 120g/km 이하로 줄이기로 합의하였다.

② 프랑스

총리실 산하 "온실가스 대응 범정부 위원회"를 설치하여 2000년 1월에 "기후변화 대응 국가프로그램"을 발표하였다. 또한 제조업체들이 새로운 시장 환경에 적응하도록 유도하기 위해 탄소세를 도입하였는데 최대 탄소세액을 500프랑(US$ 76)/TC로 결정하였다.

③ 영 국

2000년 3월 기후변화 프로그램(UK climate change program)을 발표하여 2010년까지 CO_2 배출 20% 감축을 목표로 하고 있다. 이를 위해 청정자동차 개발에 820만 달러를 투자하였다.

④ 일 본

내각에 '지구온난화 대책 추진본부'를 설립하고 1998년에는 지구온난화방지대책법을 제정하였다. 일본의 감축 목표는 2008~2012년에 1990년 대비 6%로 청정 연료 및 신·재생에너지 사용량을 증가시키고 원자력 발전소를 추가 건설함으로써 이산화탄소 배출 안정화를 추진하고 있다.

표 4-6
온실효과 배출감축 · 흡수량 목표

구 분		목 표	
		2010년도 배출량	1990년도비
온실가스	에너지부문	1,056	+0.6%
	비에너지부문	70	▲0.3%
	메탄	20	▲0.4%
	아산화질소	34	▲0.5%
	HFC PFC SF6	51	+0.1%
삼림흡수원		▲48	▲3.9%
교토메커니즘		▲20	▲1.6%
합계		1,163	▲6.0%

⑤ 독 일

기후변화관련 정책은 1990년 6월 연방정부에 의해 설립된 범정부 CO_2감축 실무반(CO_2 Reduction Inter-ministerial Working Group : IWG)주관으로 마련되었다. 에너지부문은 전력소비감소, 석탄소비감소, 신재생에너지 이용촉진방안과 천연가스 시장의 활성화를 통해 온실가스 감축을 추진하고 있다.

⑥ 미 국

기후변화에 대한 과학적 불확실성, 개도국 불참 및 자국 경제에 미치는 파급영향을 이유로 교토의정서 비준 거부(2001.3)하였다. 그러나 별도기준(온실가스 집약도방식)에 의한 18% 감축계획을 2003년 3월 발표하고 에너지부, 환경청 등 관련부처 중심으로 지속적인 경제성장을 보장하며, 기후변화에 대응할 수 있는 대책 추진 중이다.

⑦ 호 주

교토의정서 비준거부, 개도국들의 감축의무 참여, 국가 경제고려 등 미국에 동조했다.

⑧ 한 국

온실가스 감축의무 부담이 없는 상황에서 범국가적 추진체계를 구축하고 제1,2,3차 종합대책을 수립, 분야별 실천계획을 추진 중이다.

표 4-7 한국의 종합대책 내용

구 분	내 용
제1차 종합대책 (99-01년)	부문별 감축사업, 온실가스 감축기반 구축사업, 기술개발 사업 등 36개 과제
제2차 종합대책 (02-04년)	협상역량 강화, 교토메카니즘 대응기반 구축사업, 대국민 홍보사업 등 84개 과제
제3차 종합대책 (05-07년)	협상이행기반구축, 부문별 온실가스 감축사업, 기후변화 대응기반 구축사업 등 90개 과제

4.4.4 기후변화협약과 온실가스 감축의무

1992년 브라질 리우에서 열린 유엔환경개발회의에서 채택된 기후변화협약은 여러 번의 회의를 거쳐, 1997년 일본 교토에서 열린 제3차 당사국 총회에서 선진국의 온실가스 배출 감축 의무를 규정한 '교토의정서'가 채택되었다. 우리나라는 제1차 공약기간(2008~2012)에는 의무부담이 주어지지 않았지만, 제2차 공약기간인 2013년 이후에는 의무부담이 주어질 것이 확실시 되고 있다. 우리나라의 산업구조를 기준으로 판단하면, 의무부담에 의한 경제적인 영향은 지대할 것으로 판단된다.

기후변화를 일으키는 대부분의 온실가스가 화석연료에서 유발되는 상황에서 온실가스 배출 감축 의무부담에 능동적으로 대처하는 방법은 에너지 절약 및 에너지 사용의 효율성을 높이는 방법뿐이다. 이를 위해서는 정부의 정책뿐만 아니라, 산업계를 비롯하여 온 국민이 적극적으로 참여가 필수적이며, 국내 에너지 수요 중 가정용이 약 21%를 차지하고 있으므로 에너지 절약의 한 방법으로써 원격검침 기술이 매우 효율적으로 사용될 수 있을 것이다.

제 Ⅱ 부
유비쿼터스 에너지 생산기술

제5장

유비쿼터스 태양열 에너지의 생산기술

5.1 태양열 에너지의 개요

5.1.1 태양열 에너지의 정의

태양열 에너지는 태양으로부터 오는 복사에너지를 흡수하여 열에너지로 변화시켜 바로 이용하거나 저장하며 필요할 때 생산하는 방법과 복사광선을 고밀도로 집광해서 열발전장치를 통해 전기를 생산하는 방법이다. 대부분의 경우가 태양에너지를 열에너지로 변환해서 사용하고 있다.

그림 5-1
태양도시
(태양열, 태양광)

지표면에 도달하는 태양 에너지는 지구에서 사용되는 에너지의 만 배에 해당되며, $1m^2$의 면적이 받는 평균적인 일사량은 연간 1,700kWh에 달한다. 유럽에서의 평균 일사량은 $1,000kWh/m^2$이고, 중동에서의 평균 일사량은 약 $1800kWh/m^2$정도이다.

태양광을 전기에너지로 변환시키는 소자인 PV소자는 '광'을 의미하는 'photo'와 전기를 의미하는 'voltaic'의 합성어인 "Photovoltaic"의 줄인 말로, 우리는 일반적으로 "태양전지"라고 말한다. 이는 태양 에너지를 열에너지로 변환시키는 집열(solar thermal)과 동작 원리와 응용 분야가 다르다.

5.1.2 태양열의 원리

태양 에너지는 지표면에 도달되는 저밀도 에너지(최대 1100W/m^2 이하)로 주간에만 존재하며 시간에 따라 변화가 크다. 지표면에 도달하는 태양복사 에너지는 그림 5-2와 같은 파장대별 분포를 가지며 우리가 사용하는 열에너지로 이용하는 파장대는 가시광선대이다.

태양으로부터 지표면에 도달되는 복사광선은 직달일사와 산란일사로 구분된다.

- 직달일사 : 태양으로부터 구름이나 먼지 등에 산란되지 않고 지표면에 직접 도달되는 복사광선으로 임의의 면에 도달되는 이들 광선의 입사각도는 동일하다.
- 산란일사 : 태양으로부터 지구로 오는 도중에 구름이나 먼지 등에 산란되어 지표면에 도달되는 복사광선으로 임의의 면에 도달되는 이들 광선의 입사각도는 산란 정도에 따라 제각각 다르다.

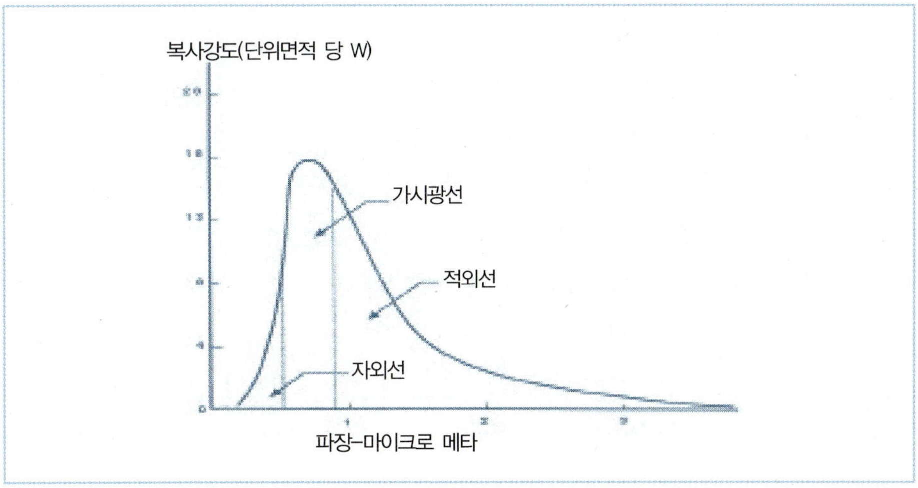

그림 5-2 일사광선의 파장 분포

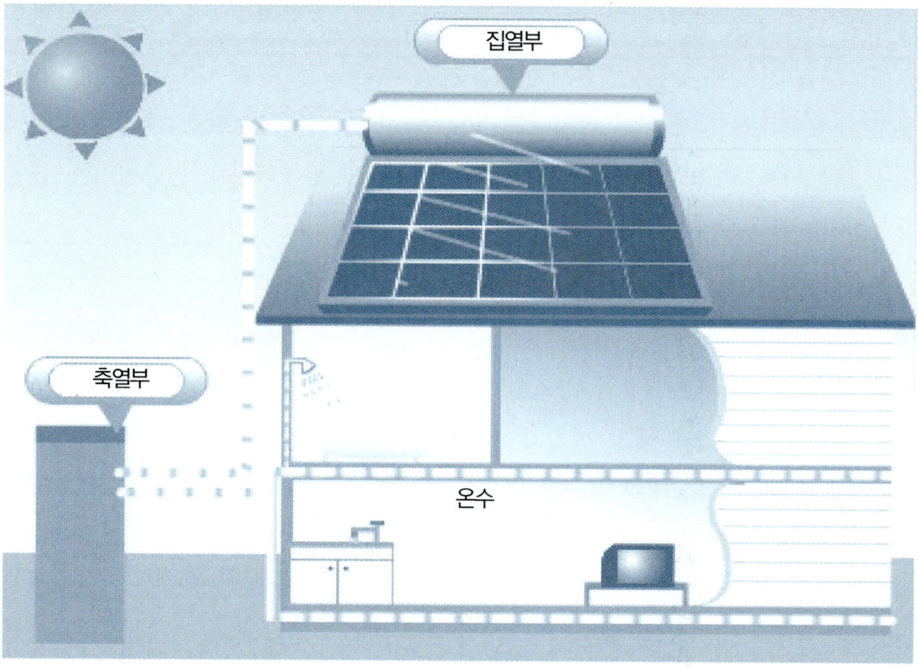

그림 5-3
태양열 시스템

5.1.3 태양열의 특징

현실적으로 태양에너지가 에너지원의 다양화에 기여하고 화석연료의 유한성(2000년 초기에 고갈예상)에 대처할 수 있는 가장 확실한 대체에너지라는 장점과 함께 양적인 측면에서도 무한하다고 할 수 있다.

자연 에너지의 원천으로 태양과 지구와는 대략 1억5천만km의 거리를 유지하고 있는 거대한 빛에너지 덩어리로서 크기는 지름이 약 1백 40만 km로 지구의 110배나 되고, 질량은 지구의 약 33만 배이다. 그러나 태양은 지구와 같은 고체가 아닌 거대한 기체의 합성체으로 되어 있고 끊임없이 기체들의 폭발이 이루어져 거대한 에너지를 방출한다. 이러한 태양의 무게는 4분의 3정도가 수소로 구성되어 있으며, 그밖에 헬륨과 극히 적은 양의 나트륨, 마그네슘, 철 등이 기체 상태로 존재하며 끊임없이 기체들이 생성된다.

'헬륨'이라는 말은 라틴어로 '태양'을 뜻하며 태양을 오랫동안 관측해온 천문과학자들이 분석한 결과 태양에 많이 존재한다고 하여 헬륨으로 이름을 붙이게 된 것이다. 태양표면의 온도는 섭씨 6천도 정도이며 중심부의 온도는 섭씨 1천5백만도나 된다. 이러한 거대한 태양에너지는 우리 인간뿐만 아니라 지구상의 모든 동식물들의 건강한 생명을 유지시켜주는 현재와 미래의 무한 에너지이다.

표 5-1 태양에너지의 장단점

장 점	단 점
• 무공해, 무제한 청정에너지원 • 기존의 화석에너지에 비해 지역적 편중이 적음 • 다양한 적용 및 이용성 • 저가의 유지보수비	• 밀도가 낮고, 간헐적임 • 유가의 변동에 따른 영향이 큼 • 초기 설치비용이 많음 • 봄, 여름은 일사량 조건이 좋으나 겨울철에는 조건이 불리함

① 태양에너지는 무한에너지이다.

태양에너지는 석탄, 석유, 우라늄 등과 같은 화석에너지와는 달리 계속 사용하여도 고갈되지 않는 무한에너지이다.

② 태양에너지는 깨끗하다.

태양에너지는 무공해 에너지로 지구의 환경과 인간에게 매우 이로운 에너지이다. 또한 독성의 사고 위험도 없고 폐기물도 남기지 않는 청정에너지이다.

③ 태양에너지는 어디서나 이용할 수 있다.

태양에너지는 화석에너지와는 달리 지구 어디에서도 이용이 가능하다. 그러나 몇 가지 불리한 점이 있다.

첫째, 에너지 밀도가 낮다. 즉, 태양에너지는 지구 전체에 얇게 퍼져 도달하기 때문에 한 장소의 에너지양은 매우 작다. 우리는 이것을 효율적으로 이용하기 위하여 태양에너지를 집중할 수 있는 장치들이 필요하다.

둘째, 태양에너지는 지속적이지 않다. 날씨의 영향 때문에 지속적인 에너지를 생산할 수 없으므로 이를 저장할 수 있는 장치들의 개발이 필요하다.

5.1.4 태양열 에너지과 태양광 에너지의 비교

표 5-2는 태양열 에너지와 태양광 에너지별의 생산에너지의 유형, 이용분야, 사업내용을 구분하여 정리하였다.

표 5-2 에너지원별 기술개발 내용

원 별	생산에너지유형	이용분야	사업내용
태양열	열(온수, 증기) 전기	건물 및 산업용 에너지	주택, 건물의 냉 · 난방 이용기술개발
태양광	전력	특수용 및 낙도 · 오지의 전력공급	경제성 있는 발전 기술개발

표 5-3은 태양열 에너지와 태양광 에너지원별 국내 · 외 기술개발을 비교하였다.

표 5-3 기술별 국내 · 외 기술개발 비교

기술별	국 내	국 외
태양열	• 저온용 주택용 태양열온수기 상용화 • 중온용 집열장치 개발 • 발전용 기반기술 연구	• 저온용 저가 고효율 집열기 상용화 보급 중(일본 : 약 500만기 보급) • 중온용 집열장치 상용화 단계 • 발전, 우주용 실용화 단계
태양광	• 변환효율 15% 단결정 Si태양전지 개발 • 주변장치 국산화(LG산전, 세방전지)	• 변환효율 18% 단결정 Si태양전지 상용화(미국, 일본, 유럽 등) • 다결정, 비정질 태양전지 상용화(미국)

5.1.5 태양열의 자원량

태양에너지는 무한한 양을 지니고 있다. 지구가 태양으로부터 받은 에너지는 태양이 존재하는 한 유지된다.

지구의 대기권에서 반사되는 에너지량은 2.4 × 1015kcal/분 내지 1.7 × 1014kW 규모로 이중 약 35%는 대기권에서 반사되고 18%는 대기권에서 흡수하여 바람을 일으키며 47% 정도가 지구에 도달한다. 일년 동안 지구에서 받는 태양에너지량은 연간 세계에너지 소비량의 약 20,000배에 달한다. 지구가 태양으로부터 1~2주 동안 받는 에너지가 지구상에 매장된 전체 화석연료량에 상당한다. 최근 5년 동안 수평면 전일사량의 분석결과를 그림 5-4에 나타냈다.

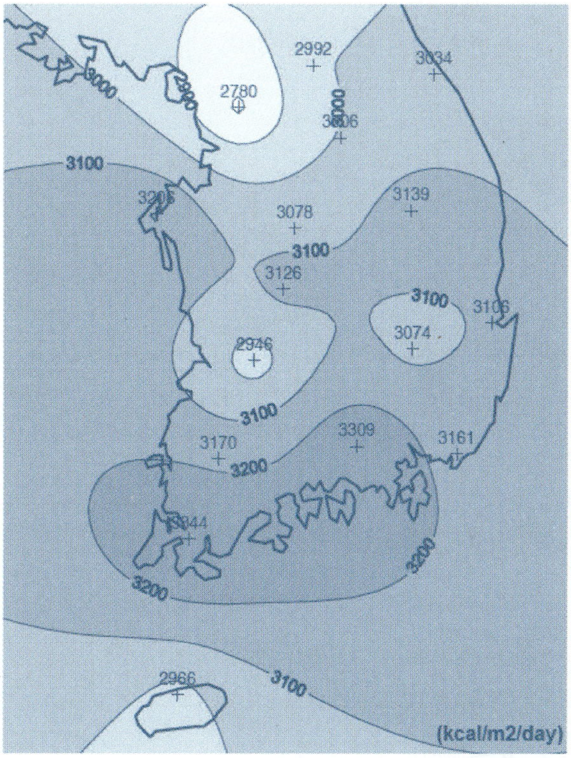

그림 5-4
전국 연평균 1일 수평면 일사량 분포

5.2 태양열 시스템 구성

5.2.1 태양열 시스템의 구성

태양열 시스템의 구성은 태양으로부터 에너지를 모아서 열로 변환하는 집열부, 모아진 열을 저장했다가 필요시 사용하기 위한 축열부, 축열부에 저장된 태양열이나 직접 온수, 냉난방, 발전 등을 위해 효과적으로 공급하는 이용부와 태양열을 효과적으로 집열, 축열, 공급하기 위한 제어장치로 구성된다.

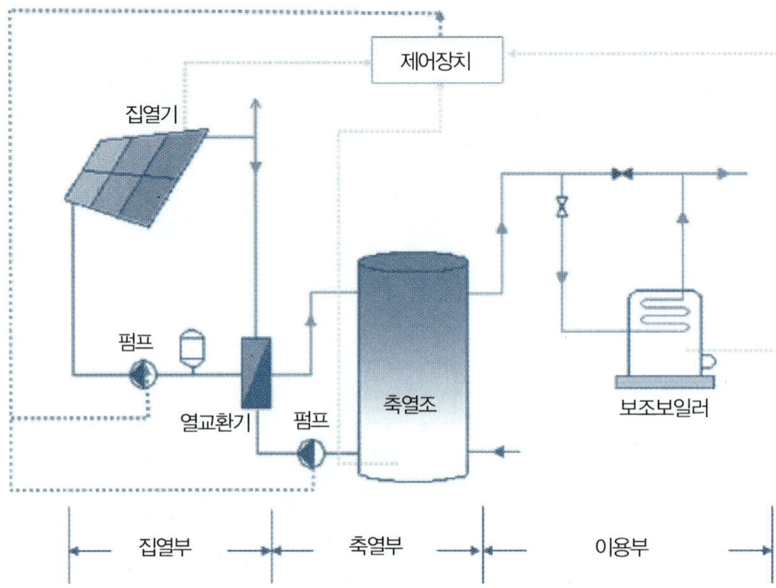

그림 5-5
태양열 시스템 구성

태양열 시스템의 구성요소는 그림 5-6처럼 태양열 축열기술, 태양열 집열기술, 태양열 이용기술로 구분된다.

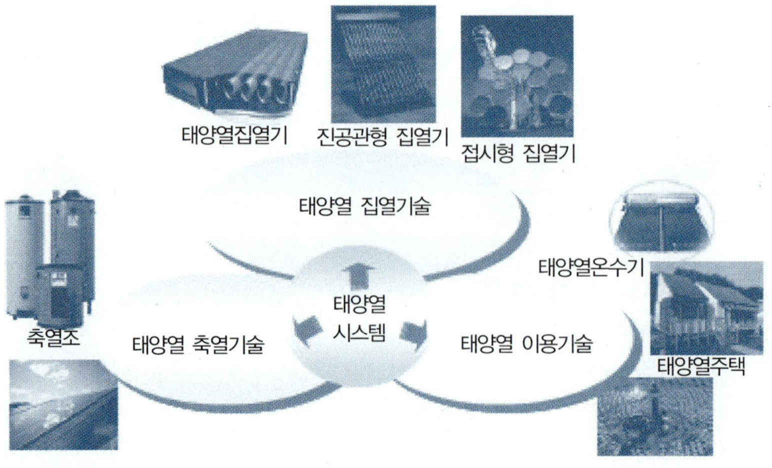

그림 5-6
태양열 시스템
구성 요소

태양열 시스템은 다른 신·재생에너지 설비에 비해 설치가 간단하고 저가에 공급되어 현재 큰 보급률을 나타내고 있는데 그 중에서 가정용 온수 및 난방을 위한 시스템의 보급률이 압도적인 비율을 차지하고 있다.

현재 태양열을 이용한 냉·난방시스템 및 산업용을 위한 기술개발 투자가 활발히 진행중이며, 실질적인 성과를 얻고 있다.

(1) 태양열 집열판

태양으로부터 오는 에너지를 모아서 열로 변환하는 장치로 가장 중요한 부분이다. 가장 간단한 형태는 빛을 잘 흡수하는 검은색 관 속으로 물을 흐르게 하는 평판 집열관으로 이것은 빛을 투과하는 투명한 외부층(유리나 플라스틱)이 빛을 흡수하는 검은색의 내부구성물을 둘러싼 형태로 이루어져 온실효과를 일으킨다. 빛이 집열판 속으로 들어오면 이것은 검은색의 내부에 부딪쳐 적외선으로 바뀌는데 적외선은 투명층을 통과하지 못하므로 내부는 점점 더 뜨거워진다. 이렇게 뜨거워진 내부에는 열을 흡수하였다가 전달하는 매체가 흐르는데 이 뜨거워진 매체는 물과 열교환하여 난방용 또는 온수용 물을 생산한다. 태양광선을 열로 변환시켜 전열매체에 전달하는 장치로, 집열기는 초음파 용접방식(ultra-sonic welding)으로 제조되어 효율이 높고, 반영구적으로 사용이 가능하다.

① 평판형 집열기

평판형 집열시는 집열면이 평면을 이루면서 태양에너지 흡수면적이 태양에너지의 입사면적과 동일한 집열시라 정의하며 태양열 난방 및 급탕 시스템 등 저온 이용분야에 사용되는 기본적인 태양열기기이다.

집열시로 입사된 태양에너지는 흑색으로 도장된 집열판에 열에너지로 대부분 흡수되며 흡수된 열에너지는 순환되는 열전달 매체에 전달되고 일부는 주위로 손실된다.

열전달 집열매체에 옮겨진 열에너지는 가용 집열량으로 저장되거나 열부하에 직접 공급된다. 평판형 집열기는 집열 매체의 취득 온도를 외기 온도 100도 이하의 범위로 보며 이 집열시의 장점은 전일사량, 즉 직달 및 분산일사 성분 모두를 이용할 수 있다는 점과 태양광을 추적하지 않아도 된다는 점이다.

평판형 집열시의 필수적인 구성품은 투명덮개(transparent cover), 흡열판

(absorber plate) 집열 매체 도관(riser), 단열재(thermal insulation) 및 집열기 외장박스(housing)로 이루어진다.

평판형 집열기는 유효 집열면적 2.63m^{2}이며, 스파튜링 선택흡수막도금 처리가 되어 있다. 주요부분 이동 및 알루미늄 재질로 되어 있어 부식 우려가 없고 반영구적으로 사용 가능하다. 설치각도는 30°~45°를 유지하며 설치방향은 정남향을 원칙으로 한다(변위 : 남동 20°~남서 30°). 집열기가 지면에 설치될 때 지면으로부터 최소 150mm 이상에서 설치된다.

(2) 축열조

축열조는 열교환되어 이용처에 활용될 매체(난방용 온수 등)를 저장하는 장치이다. 이 장치는 열교환기로부터 가열된 온수를 보온, 저장하고 압력형 용기이며, 재질은 스테인레스(STS304)를 사용한다. 용량은 집열면적을 기준으로 1m^{2}당 40~100 *l* 로 하고, 축열조의 보온은 열손실률이 26.22kcal/m^2 · hr 이하가 되도록 한다.

(3) 열교환기

집열판으로부터 열을 흡수한 고온의 전열매체와 축열조의 냉수 간에 열을 교환하기 위한 것으로, 다수의 전열판 사이에 전열매체와 물이 서로 반대방향으로 유동하면서 열교환을 하는 장치이다. 이 장치는 효율이 높고, 축열조와 분리되어 보수가 용이한 판형 열교환기를 사용하며, 재질은 스테인레스를 사용한다. 열교환기 설치시 성능확인을 위해 인입 및 인출측에 각각 4개의 온도계를 설치하여 장비수리가 가능하도록 공간을 확보한다.

(4) 차온조절기

집열계통의 최고온부(집열기 출구측)와 최저온부(탱크하부)의 온도차를 감지하여 적정 온도차(6~8℃)가 되면 순환펌프를 작동시킨다. 온도차가 4℃ 이하면 순환펌프를 정지시키는 역할을 자동으로 한다. 온도차를 셋팅할 수 있도록 자동 및 수동조작이 가능하며, 최고온부와 최저온부 및 탱크 상 · 하부온도가 디지털로 표시된다.

(5) 평창탱크

전열매체의 온도증가에 따른 체적팽창량을 수용하여 배관계통에 걸릴 수 있는 과압을 해소하여 주기 위한 것으로 전열매체 순환펌프의 흡입측에 설치한다. 밀폐식 팽창탱크를 사용하여 용적은 시스템 전열매체 용량의 약 10%에 해당한다. 열매체를 사용하는 태양열 온수 · 난방 시스템에서는 집열부에 집열된 열을 축열탱크에 옮기기 위해 반드시 열교환기를 거쳐야 되고, 이 과정에서 공기분리기와 시스템의 안전을 위해 팽창탱크가 필요하다. 이러한 복잡한 과정 중 팽창탱크, 공기분리기를 열교환기에 내장시키고, 펌프를 이용하여 열매체관과 축열기능의 축열관을 서로 count flow시킴으로써 열교환 효율을 향상시킨다.

(6) 제어장치

태양열 제어장치는 태양열을 이용하는 축열식 난방시스템의 자동제어장치로서 집열기와 온수기 사이의 차온 제어기능, 온수기와 난방시스템의 난방제어기능, 온수기의 물이 축열되었을 시 보일러의 차단기능 등을 가지고 있어 각종 난방시스템에 적용될 경우 에너지의 효율을 극대화시킬 수 있다.

제어장치는 태양열 시스템을 효율적이고 안전하게 운전 및 보호되도록 하는 것으로 태양열 시스템에서 매우 중요한 역할을 수행한다.

태양열 시스템의 제어방법에는 단순히 집열 및 축열 펌프의 ON-OFF를 제어하는 차온제어방법과 태양열 시스템을 순환하는 열매체의 유량까지도 제어하는 비례제어 방법이 있고 집열기 및 집열 배관의 동파방지를 위한 제어기능도 있고 태양열 시스템의 집열되는 양에 비해 부하가 적거나 할 경우 집열 및 축열온도가 지나치게 높아지는 경우에 집열기 및 축열조 시스템 보호를 위한 과열방지 제어이고 차온제어방법은 열매체 펌프가 작동될 경우에는 항상 동일한 유량이 순환된다. 즉 집열기 상단부의 열매체 온도와 축열조 하단부의 온도차를 이용하여 제어하는 방법으로 이 온도차가 11도 이상이면 펌프가 작동되기 시작하고 이 온도차가 3~5도 이하 되면 펌프가 중단된다.

비례제어방법은 펌프가 ON된 상태에서는 적정하게 유량이 제어된다. 즉 차온제어 장치에 의해 펌프의 ON/OFF가 제어되며 일단 펌프가 ON된 이후에는 적정한 유량이 흐를 수 있도록 펌프의 회전수가 제어된다. 따라서 펌프에는 회전수가 제어될 수 있도록 인버터가 부착되어야 하므로 이에 따른 비용이 추가로 더 든다. 그러나 유량제어를 적정하게 해주기 때문에 펌프에 들어가는 전기량이 적어지므로 시스템 운전비가 크게 절감된다.

(7) 4-센서 조절기

차온조절용 2-센서는 물론, 난방제어용 2-센서를 장착하여 태양열 집열펌프의 작동과 동시에 난방 또는 기존 열원(또는 보조열원)의 제어까지 이 컨트롤러로 작동 가능하다. 각부(집열기, 축열조하부, 축열조상부, 난방환수)의 온도가 디지털로 표시되어 운전상태를 확인하는데 용이하고, 차온작동 및 보조열원의 제어온도를 사용자가 손쉽게 셋팅할 수 있어 매우 편리하다. 수동, 자동 작동이 가능하므로 시운전시 작업이 용이하고, 태양열 시스템, 주열원과 보조열원의 혼합급탕/난방시스템 등 다양한 용도에 적용가능하다.

5.2.2 태양열 시스템의 종류

태양열 에너지는 집열온도에 따라서 저온분야와 중고온분야로 분류하여 저온분야는 주로 건물의 냉난방 및 급탕과 대규모 온수급탕 시설이 포함되고 중고온분야는 산업공정열 및 열발전과 기타 특수분야에 이용된다.

표 5-4 태양열 이용기술의 분류

구 분	자연형	설비형		
		저온형	중온용	고온용
활용온도	60℃ 이하	100℃이하	300℃ 이하	300℃ 이상
집열부	자연형 시스템 공기식 집열기	평판형 집열기	PTC(parabolic trough solar collector)형 집열기 CPC(compound parabolic collector)형 집열기, 진공관형 집열기	Dish형 집열기 Power Tower, 태양로
축열부	공기,Tromb Wall (자갈, 현열)	저온축열 (현열, 잠열)	중온축열 (잠열, 화학)	고온축열 (화학)
이용분야	건물공간난방	냉난방・급탕, 농수산(건조, 난방)	건물 및 농수산분야 냉・난방, 담수화, 산업공정열, 열발전	산업공정열, 열발전, 우주용, 광촉매폐수처리 광화학, 신물질제조

태양열 시스템은 영구동장치 유무에 따라서 자연형(passive)시스템과 설비형(active)시스템으로 구분한다. 일반적으로 자연형은 온실, Tromb Wall(축열벽체)과 같이 남측의 창문이나 벽면 등 주로 건물 구조물을 활용하여 태양열을 이용하는 장치이고 설비형 시스템(저온용, 중 · 고온용)은 집열기를 별도로 설치해서 구동장치(펌프 등)를 활용해서 태양열을 집열하는 일반적인 태양열 시스템이다.

태양열 시스템의 구성요소간의 열전달 방법이 모두 기계적 강제순환방식에 의할 때 이것을 설비형(active)시스템이라고 하며, 자연순환방식에 의할 때 이를 자연형(passive)시스템이라고 분류한다. 또는 주로 자연순환방식에 의한 것이나 약간의 기계적인 순환방식이 병용되는 방식은 혼합형(hybrid) 시스템이라고 한다.

기계적 강제순환방식이라 함은 펌프나 송풍기 등과 같이 별도의 에너지를 소모하는 기계를 사용하는 열의 전달방식을 뜻하며 자연순환방식은 외부로부터의 에너지 공급없이 열의 전달이 전도, 대류 또는 복사와 같은 자연적인 열전달에 의해서만 수행되는 방식을 의미한다.

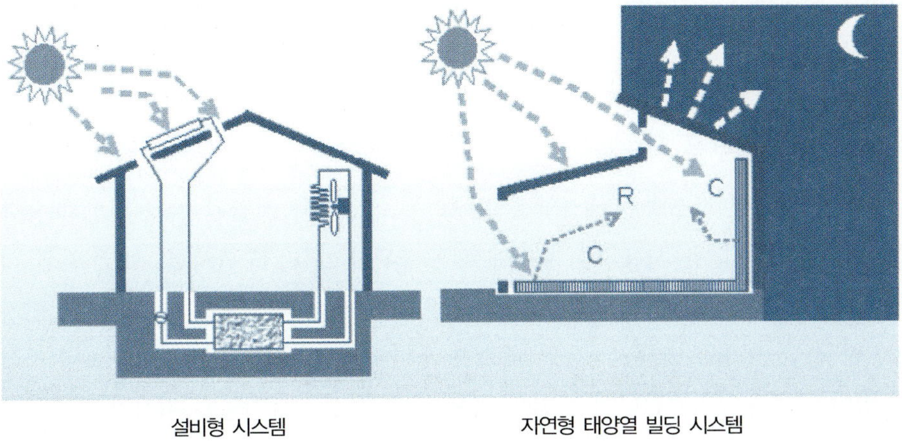

그림 5-7 자연형 및 설비형 태양열 시스템의 차이

1) 자연형 태양열 시스템

자연형 태양열 시스템은 각 구성부(집열부, 축열부, 이용부)간의 에너지 전달방법이 자연순환, 즉 전도, 대류, 복사 등의 현상에 의한 것으로 특별한 기계장치 없이 태양에너지를 자연적인 방법으로 집열, 저장하여 이용할 수 있도록 한 것이다.

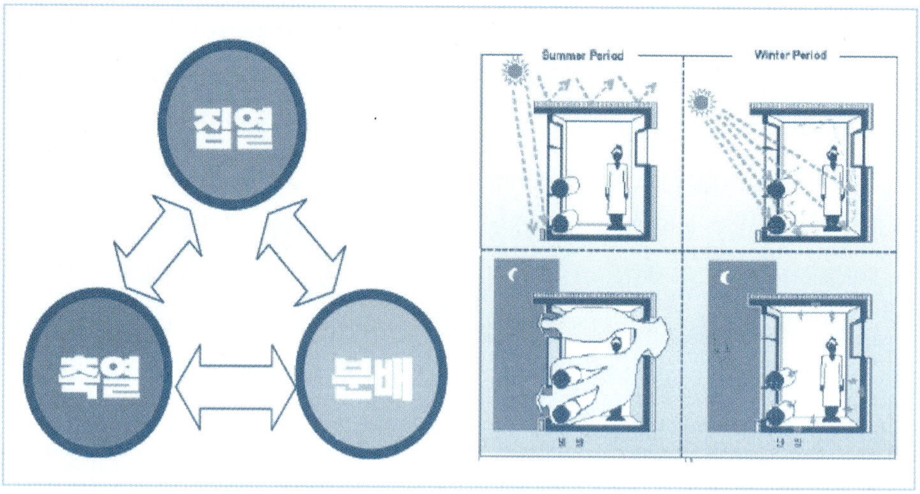

그림 5-8
자연형 태양열 시스템의 구성 및 작동원리

자연형 태양열 시스템은 주로 난방을 위해 사용되지만 여름철에 과열을 방지하고 냉방효과를 도모할 수 있는 방법이 강구되어야 한다. 자연냉방 방식에는 자연통풍, 구조체에 의한 냉각효과, 주·야간의 개구부 개폐, 냉각공기의 유입, 실내공기의 야간 냉각, 지중 냉각효과, 증발효과, 그리고 건습제 등의 이용과 같은 방식들이 있다.

2) 설비형 태양열 시스템

설비형 태양열 시스템은 태양열을 흡수하는 집열부와 집열된 열을 저장하는 축열부 및 축열된 열을 사용하는 이용부로 구성된다. 기타 순환시설, 보조 열원 및 제어장치가 추가 설치된다. 태양열을 이용하려면 우선 태양열을 모으는 집열기가 있어야 하고 그 모은 열을 사용할 곳으로 운반하는 전열 매체를 포함한 순환시설이 있어야 한다. 또 흐린날이나 밤에 사용할 수 있도록 태양열을 저장하는 축열조가 있어야 한다. 이와같이 설비형 태양열 시스템은 집열기가 필수적이며 집열기 효율에 따라 시스템 효율에 큰 영향을 미치므로 집열기 선택이 중요한 요소이다.

5.3 태양열 에너지의 기술분류 및 범위

5.3.1 태양열 에너지의 기술분류

태양열 분야를 기술개발 및 산업화 기준으로 저온 태양열과 중고온 태양열 기술로 크게 나누어 분류한다. 저온 태양열 기술은 건물 및 산업태양열 기술로서 기존에 개발된 기술을 바탕으로 성능향상 및 신공정 개발과 함께 복합화를 위한 기술로 분류되어 있다.

표 5-5 저온 태양열 기술의 분류

<table>
<tr><th>대분류</th><th>중분류</th><th>소분류</th><th>세분류</th></tr>
<tr><td rowspan="26">저온 태양열 기술 (건물 및 산업태양열 기술)</td><td rowspan="8">저가 고효율 첨단 집열기 기술</td><td rowspan="3">신소재 적용 집열기 자동화 기술</td><td>집열기 신생산 공정기술</td></tr>
<tr><td>신소재 적용 집열 기술</td></tr>
<tr><td>선택 흡수막 코팅 자동화 기술</td></tr>
<tr><td rowspan="3">복합이용 집열기 기술</td><td>광복합 PVT 집열 기술</td></tr>
<tr><td>CPVT(Concentrated PhotoVoltaic-Thermal) 기술</td></tr>
<tr><td>건물 일체형 신집열 기술</td></tr>
<tr><td rowspan="2">성능평가 및 인증평가 기술</td><td>연간 성능평가 기술</td></tr>
<tr><td>규격 표준화 및 국제화</td></tr>
<tr><td rowspan="4">고효율 축열 기술</td><td rowspan="2">현열 축열 기술</td><td>고효율 축열조 일체형 시스템 기술</td></tr>
<tr><td>고효율 수축열 시스템 기술</td></tr>
<tr><td rowspan="2">잠열 축열 기술</td><td>PCM 잠열 축열 기술</td></tr>
<tr><td>고효율 MPCM 기술</td></tr>
<tr><td rowspan="14">대규모 복합화 및 산업이용 기술</td><td rowspan="2">태양열 구동 고효율 냉방 기술</td><td>태양열 구동 고효율 흡수식 냉방 기술</td></tr>
<tr><td>태양열 구동 고효율 흡착식 냉방 기술</td></tr>
<tr><td rowspan="2">건물 적용 태양열 복합기술</td><td>가정용 Combi-Plus 시스템 기술</td></tr>
<tr><td>최적 ZESH 적용 기술</td></tr>
<tr><td rowspan="2">태양열 이용 집단에너지 기술</td><td>태양열 이용 집단에너지 공급 기술</td></tr>
<tr><td>태양열 지역에너지 복합시스템 설계 기술 및 실증</td></tr>
<tr><td rowspan="4">산업이용 기술</td><td>산업 공정열 생산기술</td></tr>
<tr><td>해수담수화 기술</td></tr>
<tr><td>태양열 냉동 기술</td></tr>
<tr><td>태양열 수처리 기술</td></tr>
<tr><td rowspan="3">시스템 신뢰성 향상 기술</td><td>Smart 제어 및 모니터링 기술</td></tr>
<tr><td>태양열 이용 시스템 성능 평가 및 인증 평가 기술</td></tr>
<tr><td>태양열 이용 시스템 표준화 및 국제화</td></tr>
<tr><td rowspan="3">태양에너지 자원측정 및 분석 기술</td><td>일사량 측정/교정, 네트워킹, 모니터링 기술</td></tr>
<tr><td>일사량 성분 분석과 자료 표준화 기술</td></tr>
<tr><td>일사량 예측, 분석 및 평가 기술</td></tr>
</table>

이와 더불어 기존 산업공정에서 사용되는 화석연료의 사용을 태양열로 대체하기 위한 산업이용 기술개발에 초점을 맞추었다.

중고온 태양열 분야는 태양열 발전과 태양연료 생산기술을 포함하고 있으며 현재 일부기술이 상용화에 진입한 단계로서 세계적으로 연구개발의 초기단계인 요소 기술개발과 이를 이용한 일부 대규모 상용화를 목표로 기술을 분류하였다.

표 5-6 중고온 태양열 기술의 분류

대분류	중분류	소분류	세분류
중고온 태양열기술 (태양열 발전기술, 태양연료 생산기술)	중대규모 발전기술	Novel 흥수기 기술	파열증기 이용 흡수기 기술
			Volumetric Air 흡수기 기술
			Molten Salt 흡수기 기술
			초임계유체 이용 흡수기 기술
		고온 축열 기술	고온 고체 축열 기술
			고온 상변화 축열 기술
			화학반응 이용 축열 기술
		중대규모, 고 집열기술	PTC 집열기술
			Tower 용 집열기술
			Fresnel 집열기술
		복합발전기술	화석연료 복합발전기술
			재생에너지 복합발전기술
		발전시스템 최적화 기술	시스템 설계 및 평가 기술
			시스템 운전, 제어 및 모니터링 기술
	소규모 분산형 발전기술	차세대 소규모 집열기술	Dish 집열기술
			소형 파워 집열기술
		소규모 태양열발전 기술	고효율 스터링 엔진 기술
			CPV 발전기술
	화석/바이오 에너지 태양열 전환기술	메탄수소 생산기술	메탄 리포밍 수소 생산기술
			메탄 직접 분해 기술
		석탄 가스화 기술	고효율 태양열 반응기 설계 기술
			태양열 석탄 가스화 시스템 기술
		바이오매스 가스화 기술	고효율 태양열 반응기 설계 기술
			태양열 바이오매스 가스화 시스템 기술
		다단계 열화학반응 수소 생산기술	태양열 IS 사이클 수소 생산기술
			하이브리드 열화학 수소 생산기술
	태양열 수소생산 기술	금속화물 이용 수소 생산기술	반응기 설계 기술
			금속산화물 회수 기술
			금속 산화물 내구성 향상 기술
		직접 물분해 기술	고온, 고압 반응기 설계 기술
			분리 저장 기술
		초고온태양로 기술	초고온 집광 기술
			초고온 제로 기술

5.3.2 태양에너지의 기술범위

태양열 분야를 기술의 정의별 분류한다. 즉 태양열 분야 핵심기술을 집열기, 축열, 제어/설계, 활용 분야/시스템의 4개 분야로 나누고 각 핵심기술에 해당하는 기술내용을 표 5-7처럼 분류하였다.

표 5-7 태양열 분야의 핵심기술의 분류

분야	핵심기술	기술내용	
태양열	집열기	평판형	평판형 집열기(Glazed 및 Unglazed 타입)
		진공관형	단일진공관, 이중진공관
		집광형	CPC, PTC, dish, power, tower, solar furnace(태양로)
		구성요소	반사체, 투과체, 흡수체, 단열재, 히트파이크, 흡수막 코팅, 선택흡수막 코팅, heliostat
		건물일체형	지붕일체형, 벽면일체형, 창일체형
	축열(조)	축열물질	현열, 잠열, 화학 축열 물질
		축열조 설계	현열, 잠열 및 Incapsulation, 화학 축열조 구조 설계
		축열조 재질	변열, 잠열 화학 축열조 재질
	제어, 설계	태양추적	장치 및 방법, 센서 및 방법, 추적프로그램 호함
		제어	유량, 온도 제어 및 센서, 시스템 자동운전
		안전	안전, 동결방지
		기타	설계, 검증, 모니터링 기타
	활용분야, 시스템	급탕	온수기, 수영장
		냉난방	주택, 건물, 온실, 건조, 지역 냉난방 및 재료
		자연형 건물	passive 난방, 자연냉방
		발전	태양열 발전시스템 (PTC, dish, power tower), 복합발전
		화학	태양연료(수소생산), 화학반응, 화학공정 등
		기타	산업공정열, 우주용, 농수산, 군용, 해수담수화, 태양열 조리기, 태양열냉동, 태양수처리, 에너지캐빈 등

5.4 태양열 에너지의 기술개발 현황

5.4.1 태양열 에너지의 해외 현황

선진국에서는 국가별 특성에 맞는 태양열 이용기술을 중점 개발하여 보급하고 있으며(미국 : 태양열발전, 일본 · 호주 : 온수기, 유럽 : 대규모 집단난방 및 급탕 시스템 등), 저온 태양열 시스템 보급 활성화를 위한 인증시험 및 평가, 신뢰성 향상 등에 지속적인 연구를 추진하고 있다.

미국은 DOE를 중심으로 건물용의 태양열 빌딩기술(solar building technology)와 태양열 발전의 태양열 에너지 시스템(solar thermal energy system)으로 구분하여 추진하고 있고, '70년대에 저온 분야(집열기, 온수기, 자연형 시스템)를 주로 개발하였으나 '80년대 이후에는 자연형 건물과 중고온 분야에 연구개발 투자하고 있으며, 태양열 발전 및 산업이용 기술의 상업화(365MW)하고 있다.

일본은 태양열 온수기의 경우 업체 중심으로 개발 및 상용화하고 있으며, 약 40개 업체가 연간 10만대 규모를 생산하여 보급 및 수출(약 500만기 보급)을 하고 있다. New Sunshine 계획은 자연채광 및 제어와 대규모 태양열 냉난방, 온수급탕 시스템의 산업이용 개발에 주력하고 있다.

유럽은 개발과 보급의 핵심은 태양열 난방 및 온수기, 대규모 태양열 시스템, 자연형 태양열 건물 등이고, 수출을 목적으로 한 태양열 발전 등에 개발 추진 중이다. 태양열 건물이용 Program은 EU의 JOULE(설비형, 자연형 시스템), THERMIE(대형 건물, 집단주택의 냉난방)가 있다. 프랑스(Jordano), 영국(Thermomax), 독일(Daimler-BenzAerospace) 등에서 진공관형 집열기가 상업화되고 있다.

호주는 태양열 온수기를 연 10만대 이상 생산하여 유럽 등에 수출하고 있다.

5.4.2 태양열 에너지의 국내 현황

1) 사업비지원 현황

'88년부터 2005년까지 70과제에 23,474백만 원을 투자하였으며 그 중 17,573백만 원을 정부에서 지원하고 있다.

2) 기술개발 현황

'70년대 초부터 대학과 연구소를 중심으로 연구를 시작하여 '88년부터 대체에너지개발 촉진법에 따라 정부차원에서 기술을 개발하였다. 기술개발 동향은 보급 확대를 위한 태양열 온수기 등 저온활용 요소기술에 대한 효율 및 신뢰성 향상과 태양열 이용 기술의 확보를 위해 중고온 등 시스템 개발에 중점을 두고 추진 중이다.

(1) 태양열 집열기 및 온수·급탕 기술

보급 단계로 가정용 온수기(약 18.8만대) 및 골프장, 양어장 등의 급탕시설에 보급 중이다.

① 평판형 집열기는 상용화되었으나 진공관형 집열기는 실용화 연구 중이다.
② 자연순환식 온수기는 상용화되었으며, 강제순환식 온수기는 패키지(package)화 기술개발이 필요하다.

(2) 저온 활용 분야

골프장, 양어장, 온실 등 한정된 분야에 보급되고 있으나 품질향상을 위한 생산, 평가, 대규모 시스템 설계기술의 확보가 필요하다.

(3) 중고온 활용 분야

대부분이 개발단계로 진공관형, Dish형, PTC형 집열시스템과 잠열 및 화학축열 시스템이 개발 중에 있다.

에기연에서 Dish형 태양열 발전시스템 실용화 과제 수행 중(2003~)이다.

진공관형 집열기는 산업 공정열에 시범적으로 적용하여 사용 중(OB맥주 광주공장 85℃ 공정열)이다.

(4) 냉·난방 분야

한국에너지 기술연구원에서 태양열을 이용한 흡수식 냉방시스템 실증연구 수행 중(2004.8~)이다.

대규모 태양열 지역 냉난방 및 급탕시스템 개발을 위한 연구 진행 중(2004.8~)이다.

국내 보급되고 있는 일부 태양열 온수기 및 태양열 온수급탕 시스템의 경우 업체의 영세성으로 제품품질 미흡, 설계기술 부족 등 신뢰성 저하와 기존 심야기기 등 경쟁제품에 비해 고가(유통마진 과다), 편리성 문제로 제품의 보급률이 감소추세이다.

5.4.3 태양열 에너지의 향후 기술개발 추진 방향

① 보급되고 있는 태양열 온수기 제품의 품질 향상을 위한 신뢰성 및 효율성 향상 기술개발을 기업체 자체적으로 추진

② 중대형 태양열 온수급탕 시스템의 최적화

③ 건물 태양열 복합이용 기술 및 중 · 고온 분야(산업용 태양열 시스템, 태양열 발전시스템)개발은 정부주도로 지속적으로 추진

④ 대규모 지역 냉난방 분야에 대한 태양열 시스템 적용방안에 대한 연구의 지속적 추진

표 5-8 태양열 분야 기술개발 기본계획

제 1, 2단계(~'96까지)	제 3단계('97~2001)	제 4단계(2002~2006)
• 핵심요소 기술 - 저온 집열기 제작 기술 - 축열 설계 기술 • 태양열 이용 기술 - 온수급탕용 시스템 개발 - 채광 냉난방 기술기반 확보 • 태양열 산업이용 기반 기술	• 건물 태양열 복합이용 기술 - 요소기술 실용화(채광, 냉난방 기술 등) - 건물 최적설계기술개발 • 산업용 태양열 시스템 개발 - 고온, 고효율(50%이상) 집열기 개발 및 성능 표준화 - 축열 기술 실용화 - 태양열 발전 기반기술개발 - 산업용 대규모 태양열 시스템 개발	• 건물 태양열 복합이용기술 - 요소 및 시스템 상용화 - 건물 통합제어 기술개발 • 산업용 태양열 시스템 개발 - 대규모 산업용 및 광복합 시스템 상용화 - 태양열 발전시스템 실용화(15kW급)

국내 태양열 에너지의 강점, 약점, 기회, 위협으로 나누어서 분석하였다.

강 점	약 점
• 국내에서 다양하게 태양열 이용 시스템에 대한 연구가 진행되었으며 진행 중이다. • 태양열 기초 기술 및 이용 시스템에 대한 체계적인 연구체계가 완성되어간다. • 신재생에너지원 중에서 태양열 시스템이 가장 기술적 · 경제성 측면에서 가장 효과적이다.	• 중소규모의 기업들로 업계가 이루어져 있어 다양성과 체계적인 기술적 접근이 어렵다. • 중온용 태양열 기술의 개발을 위한 시장의 부족으로 기술 발 한계 직면한다. • 태양열 발전을 포함한 신기술 적용 및 실증을 위한 장이 부족하다.
기 회	**위 협**
• 신재생 에너지원 중에서 전기와 열을 동시에 생산 가능성을 가진 유일한 시스템이다. • 태양열 시스템의 다양한 분야에 응용하기 위한 새로운시스템이 개발되어 있고 개발 노력중이다. • 전기생산에 집중된 신재생에너지에 대한 관심이 열적인 부분에도 확대되고 있다.	• 저가 중국산 집열기 등의 국내 시장 잠식으로 인한 시장 불안정 요인존재 • 시장의 불안정을 정책적으로 제한할 규제가 현실적으로 없다. • 태양열 선진국의 기술 및 보급 성공사례에 대한 명확한 학습대책과 시장 확대를 위한 기술적, 정책적 방안 도출 부재

5.5 태양열 에너지의 상용화

5.5.1 집열 및 온수 · 급탕기술 상용화(저온용)

보급 단계로 가정용 온수기(약 18.8만대) 및 골프장, 양어장 등의 급탕시설에 보급중이다.

저온이용 집열기(온수기) 관련으로 기초연구와 기반 연구가 수행되어 상용화에 연계됨. 그러나 축열이나 냉난방은 설계기술 확보 후 시스템개발, 실증연구가 관련기업의 참여가 저조해 체계적으로 진행되지 못하고 있다.

5.5.2 산업용 태양열 시스템 분야(중고온용)

기술 분야가 다양하고 국내기반 기술이 취약하나 진공관형, Dish형 태양열 집열 시스템과 사계절 이용 가능한 시스템 개발시 산업용으로서 실용화에 유리하다.

그동안 요소기술을 중점적으로 추진했으며, 이용보급 확대를 위해 시스템통합기술과 제조기술 확보 등 중장기적인 기술개발 투자가 필요하다.

5.6 태양열 에너지의 요소기술

5.6.1 건물 태양열 복합이용 필요 요소기술

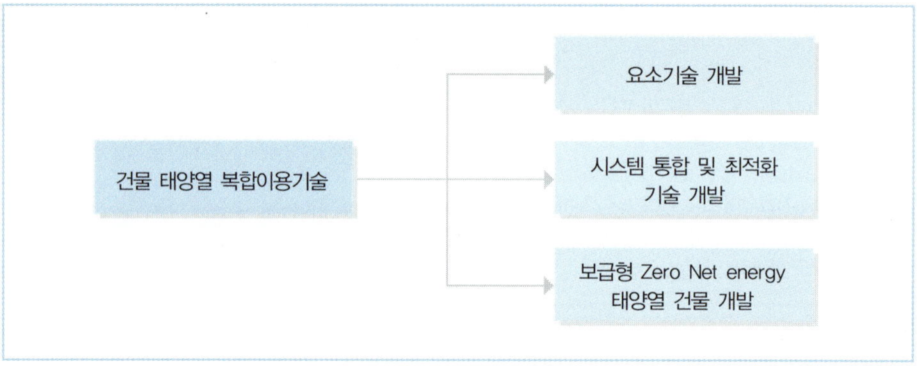

그림 5-9 건물 태양열 복합이용 기술

1) 요소기술개발

① 고효율 집열기 개발 및 저가화 기술
② 축열조의 소형화와 신뢰성 향상 기술
③ 저온 태양열 시스템의 활용 분야 확산

2) 시스템 통합 및 최적화 기술개발

① 적용대상별 시스템 최적화 기술 : 주거단지 및 연립주택 등 대규모 단지에 태양열 시스템의 효과적인 적용을 위한 시스템 최적화
② 기존 시스템과의 연계 기술 : 기존 에너지 시스템과의 효율적인 연계기법 및 제어
③ 태양열 냉·난방시스템 최적설계
④ 집열 및 축열 성능향상 기술
⑤ 통합제어기술
⑥ 성능평가 및 진단기술

3) 보급형 Zero Net Energy 태양열 건물 개발

① 건물 용도별 ZNE SB 최적 설계 통합 평가기술
② 건물 용도별 보급 사례 모델 조사 및 개발기술
③ 핵심 연계 통합 제어 모니터링 기술

5.6.2 산업용 태양열 시스템 개발 필요 요소기술

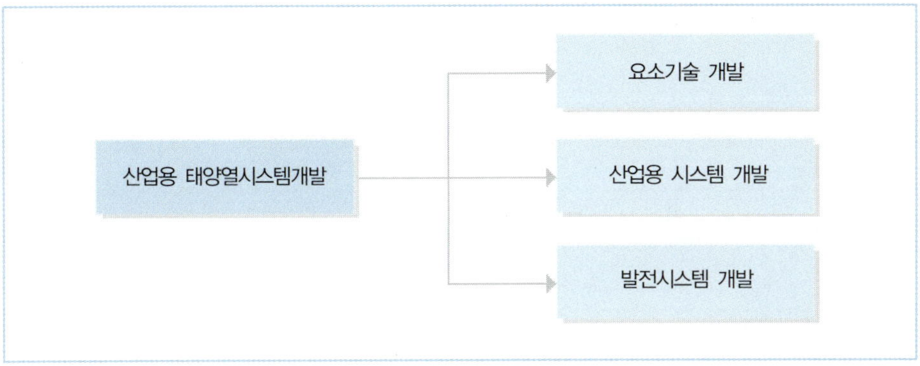

그림 5-10 산업용 태양열 시스템 개발

1) 요소기술개발

① 진공관형 집열기의 제조 기술개발
② 집중기(concentrator) 설계 및 제작 기술개발
③ 고효율 수신기(receiver) 설계 및 제작 기술개발
④ 태양추적시스템 소프트웨어(software)와 하드웨어(hardware)의 개발
⑤ 고반사율 반사체 제조, 코팅방법 개발
⑥ 중온 잠열축열재 및 축열조 개발
⑦ 화학축열재 및 반응기 개발

2) 산업용 시스템 개발

① 공정별 산업용 태양열 시스템 최적설계
② 태양열 담수화 시스템 설계 및 제조기술
③ 태양광 및 태양열 복합화 기술
④ 산업용 태양열 시스템 통합제어기술 및 운전기술

3) 발전시스템 개발

① 태양열발전 동력엔진관련 기술개발

② 에너지 저장 기술개발

③ 분배형 태양열 발전시스템 실용화

④ 효율적 운전을 위한 전력계통선과의 연계 기술개발

⑤ 복합시스템화 기술개발

⑥ 운전기술 확보

제6 장

유비쿼터스 태양광 에너지의 생산기술

6.1 태양광 에너지의 개요

태양광 발전은 태양광을 직접 전기에너지로 변환시키는 기술이다. 즉, 햇빛을 받으면 광전효과에 의해 전기를 발생하는 태양전지를 이용한 발전방식이다. 태양광 발전시스템은 태양전지(solar cell)로 구성된 모듈(module)과 축전지 및 전력변환장치로 구성된다.

태양광에너지는 태양광발전 시스템을 이용하여 빛에너지를 모아 전기로 바꾸는 것이다. 이 태양광발전 시스템은 몸에 나쁜 공해를 만들지 않고, 연료도 필요 없으며 소리도 나지 않아 조용하다. 또한 쉽게 설치할 수 있으며 오랫동안 사용할 수 있다.

태양광 시스템의 특징으로는

- 연료를 사용하지 않는다.
- 기계적인 동작 부분이 없어 마모되는 부분이 없다.
- 시스템 유지 관리가 쉽다.
- 태양광을 받은 면적에 규모의 확장성이 뛰어나다.
- 소음, 공해 유발이 없다.

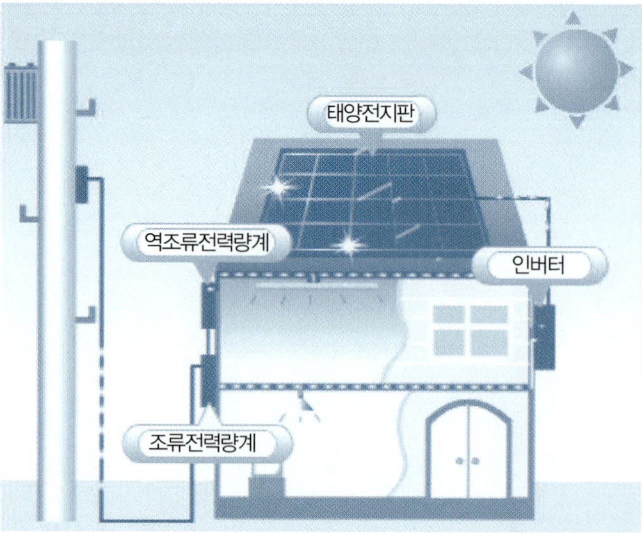

그림 6-1 태양광 시스템의 구성도

6.2 태양광 에너지의 특징 및 구성

6.2.1 태양광 에너지의 특징

장 점	단 점
• 에너지원이 청정 · 무제한 • 필요한 장소에서 필요량 발전가능 • 유지보수가 용이, 무인화 가능 • 긴 수명(20년 이상)	• 전력생산량이 지역별 일사량에 의존 • 에너지밀도가 낮아 큰 설치면적 필요 • 설치장소가 한정적, 시스템 비용이 고가 • 초기투자비와 발전단가 높음

표 6-1
태양광 에너지의 장 · 단점

태양광 발전시설 중에서 현재 전 세계적으로 가장 흔한 형태는 주택 지붕에 평평한 태양전지 모듈이 올려진 것이다. 그러나 태양전지는 지붕에 올려질 수만 있는 것이 아니다. 기와 형태로 된 태양전지나 유리 대신 창에 끼울 수 있는 것도 개발되어 있다. 이런 것들을 사용하면 기와 대신에 태양전지를 깔면 되고, 유리창에는 유리대신 태양전지 유리를 끼워 넣으면 된다. 벽을 치장할 수 있는 소재로 개발된 태양전지 모듈도 나와 있다.

태양광 발전기를 이용해서 전기를 생산하는 것은 화석연료로 발전하는 것에 비해서 여러 가지 유리한 점이 있다. 가동 중에 소음이나 배기가스가 발생하지 않기 때문에 환경친화적이고, 한 번 설치하면 관리를 할 필요가 거의 없다. 또한 발전기를 폐기해도 나오는 것은 주로 유리와 규소이기 때문에, 이것을 처리하는 데 아무런 문제가 없다. 규소를 녹여서 재활용하는 것도 얼마든지 가능하다. 규소는 지각에 산소 다음으로 많이 존재하는 원소이기 때문에, 태양전지를 아무리 많이 만들어낸다 해도 자원이 모자라는 일이 생기지 않는다.

석탄을 가지고 전기를 1Kwh시 생산하면 이산화탄소가 약 1Kg 방출되고, 이산화황은 0.7g 정도 방출된다. 그러나 태양전지로 전기를 얻는 경우에는 1Kwh시의 태양전기를 생산하는 데 이산화탄소는 230g, 이산화황은 0.2g 정도가 나온다. 여기서 이산화탄소나 이산화황은 태양전지에서 전기를 만들 때 방출되는 것은 아니다. 규소 태양전지 제품을 만들 때 거기에 상당한 양의 에너지가 들어가는데, 이러한 에너지를 얻기 위해서는 화석연료를 사용해야 하기 때문에 이산화탄소와 이산화황이 방출되는 것이다. 몽골의 경우에서 볼 수 있듯이 독립형 태양광 발전기는 전선망에 연결되기 어려운 외딴 지역에 대단히 유용하다. 이런 곳에 전선을 깔려면 비용이 많이 들고 게다가 자연환경까지도 파괴해야만 하는데, 태양광 발전기는 환경파괴도 일으키지 않고 값싸게 전기를 이용할 수 있는 길을 열어주는 것이다.

일반적으로 태양광 발전으로 전기를 생산하는 것은 화력발전의 경우보다 비용이 더 많이 든다. 그렇지만 외딴 지역에 화력발전소에서 만든 전기를 보내려면 따로 전선을 설치해야 하기 때문에, 이런 곳은 전체적으로 태양광 발전을 하는 것이 더 유리하다. 새로 전선을 깔아야만 불이 들어오는 가로등도 작은 태양광 발전기에 연결하면 손쉽게 설치할 수 있을 것이다.

6.2.2 태양광의 시스템 구성도

태양광 발전 시스템에는 독립형 시스템(stand alone system)과 계통연계 시스템(grid-connected system)이 있다. 태양광 발전기로 만든 전기는 생산된 그 자리에서 직접 쓸 수도 있고, 전선망을 통해 전기회사로 보낼 수도 있다. 생산된 전기를 그 장소에서 직접 쓸 수 있도록 설비한 장치는 독립형 태양광 발전기라 하고, 전선망과 연결된 설비는 전선망 연결형 태양광 발전기라고 한다.

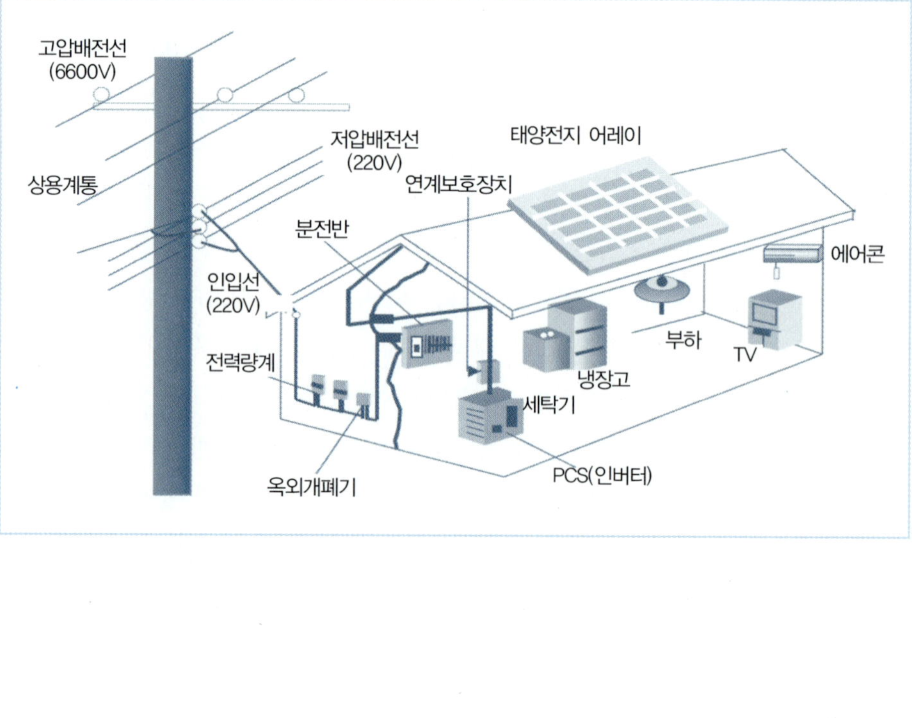

그림 6-2 태양광발전 시스템 구성도

기존의 전력선(grid)과 연결된 계통 연계형(grid connected system)으로, 주요 부품으로는

- 태양광 어레이(array)
- 계통 연계형 인버터
- 전력적산계로 구성된다.

6.3 태양광 발전 시스템의 분류

6.3.1 독립형 태양광 발전기 시스템

독립형 시스템은 외딴 섬과 같이 전기가 들어오지 않는 지역에서 태양광 발전으로만 전기를 공급하는 시스템이다.

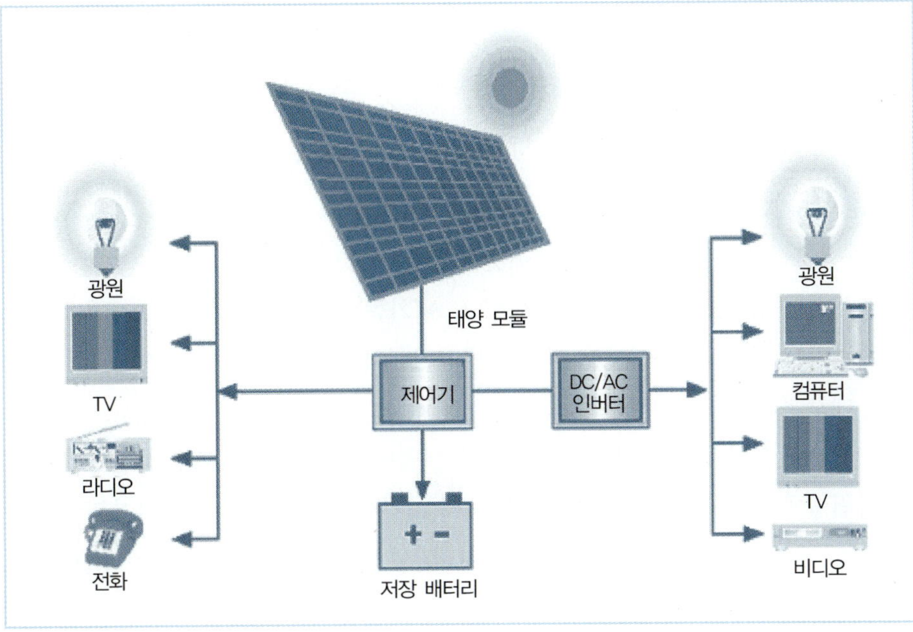

그림 6-3
독립형 시스템
(Stand Alone System)

독립형 시스템은 전기를 발전하는 태양광 모듈, 심야나 악천후에도 전기를 쓰기 위해서는 발전된 전기를 저장해 둘 축전지(battery), 그리고 발전된 직류를 우리가 사용하는 교류로 변화해주는 인버터(inverter)로 구성되어 있다.

독립형 발전기는 자가발전 장치와 같은 것인데, 이것은 전기를 생산하는 태양전지 모듈, 전기를 저장하는 축전지, 그리고 변환기 등으로 구성된다. 태양광 발전기에서 생산되는 전기는 직류이고, 전압이 12V나 24V 밖에 안되기 때문에 220V의 교류 전기를 쓰도록 제작된 가전제품에는 맞지 않는데, 변환기는 이러한 전기를 220V 교류 전기로 바꾸어주는 장치이다. 물론 전등과 가전제품이 모두 직류 전기용이면 변환기를 설치할 필요는 없다.

몽골 등지에서는 용량이 50W 정도 되는 작은 독립형 태양광 발전기가 널리 사용되는데, 하루에 햇빛이 다섯시간만 비치면 이것으로도 에너지 절약 전등 세 개를 켜고 라디오를 들을 수 있다. 햇빛이 더 비쳐서 전기가 더 많이 나오는 날이면 텔레비전도 몇 시간 볼 수 있고 컴퓨터도 쓸 수 있다. 낮에 다섯시간 해가 비칠 경우 발전기에서 얻을 수 있는 전기는 하루에 250W시에 달한다. 10W짜리 에너지 절약형 전등 세 개를 다섯시간 쓰면 150W시가 들어가는데, 나머지 100 W시로는 5W짜리 라디오를 스무시간 들을 수 있다. 라디오 대신에 소비전력이 25W 되는 작은 텔레비전을 보면 네시간은 충분히 볼 수 있다.

6.3.2 전선망에 연결된 태양광 발전기

전선망 연결형 태양광 발전기는 생산된 전기를 전선망을 통해서 전력회사로 보낼 수 있게 되어 있다.

전선망을 통해서 전력회사로 넘어간 태양전기에 대해서 전력회사는 대가를 지불해야 하는데, 이를 위해서는 전선망으로 나가는 태양전기의 양이 얼마인가를 재는 계량기가 필요하다. 전선망 연결형 발전기에서는 전기가 모두 전선망으로 들어가기 때문에, 전기를 저장하는 축전지가 필요 없다. 태양광 발전기에서 만들어진 직류 전기를 교류로 바꾸어주는 변환기만 설치하면 된다. 그러므로 전선망 연결형은 독립형에 비해서 설치비용이 적게 든다. 1년에 약 3000kWh의 전기를 생산할 수 있는 태양광 발전기의 용량은 2kW인데, 설치하는 데 드는 비용은 2000만 원 가량 된다.

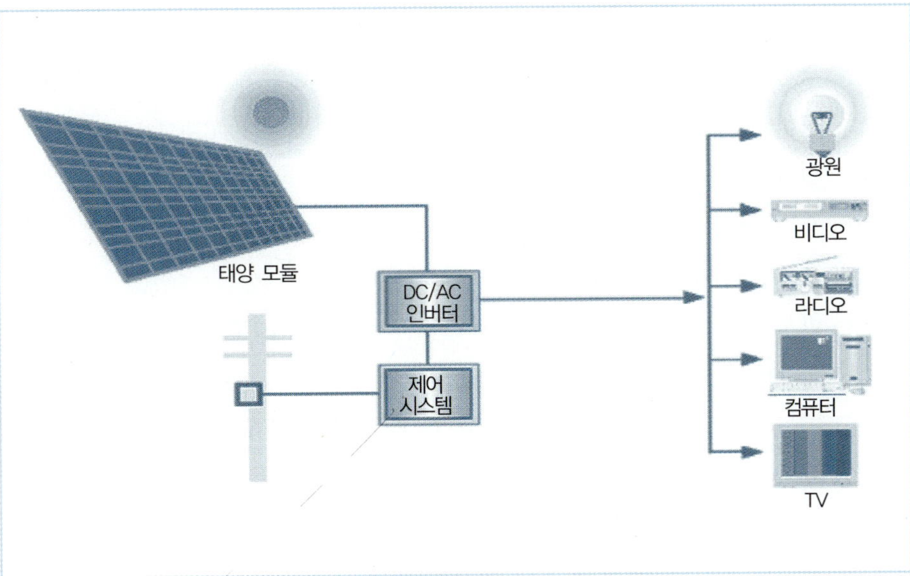

그림 6-4
계통연계 시스템
(Grid-Connected System)

유리 지붕 위에 유리 대신 설치된 태양광 발전기. 검은 사각형이 태양전지판인데 여기서 생산된 전기는 곧바로 전선으로 공급된다.

6.4 태양전지의 특성 및 원리

6.4.1 태양전지의 개요

태양에너지를 전기에너지로 변환할 목적으로 제작된 광전지로서 금속과 반도체의 접촉면 또는 반도체의 PN접합에 빛을 조사(照射)하면 광전효과에 의해 광기전력이 일어나는 것을 이용한 것이다. 금속과 반도체의 접촉을 이용한 것으로는 셀렌광전지, 아황산구리 광전지가 있고, 반도체 PN접합을 사용한 것으로는 태양전지(太陽電池 : solar cell, solar battery)로 이용되고 있는 실리콘 광전지가 있다.

- 광전지(光電池 : photocell) : 광전지는 빛에너지를 전기에너지로 변환하

는 장치

- 광전효과(光電效果 : photoelectric effect) : 일반적으로 물질이 빛을 흡수하여 자유로이 움직일 수 있는 전자, 즉 광전자(光電子)를 방출하는 현상
- 광기전력(光起電力: photoelectromotive force) : 반도체에 빛을 조사했을 때 발생하는 전압
- 반도체(半導體 : semiconductor) : 전기전도(電氣傳導 : electric conduction)가 전자(電子 : electron)와 정공(正孔 : hole)에 의해 이루어지는 물질로서 그의 전기저항률 즉 비저항(比抵抗 : resistivity)이 도체와 절연체 비저항값의 중간값을 취하는 것으로 반도체의 재료로서는 실리콘, 갈륨비소, 황화카드뮴이 또는 이것들을 복합한 것이 있으나 보통 실리콘이 많이 사용된다.

6.4.2 태양전지의 역사

- 1839년 E.Becquerel(프랑스)이 최초로 광전효과(Photovoltaic effect)를 발견하였다.
- 1870년대 H. Hertz의 Se의 광전효과 연구 이후 효율 1~2%의 Se cell이 개발되어 사진기의 노출계에 사용하였다.
- 1940년대~1950년대초 초고순도 단결정 실리콘을 제조할 수 있는 Czochralski process가 개발되었다.
- 1954년 Bell Lab.에서 효율 4%의 실리콘 태양전지를 개발하였다.
- 1958년 미국의 Vanguard 위성에 최초로 태양전지를 탑재한 이후 모든 위성에 태양전지를 사용하였다.
- 1970년대 오일 쇼크(Oil shock) 이후 태양전지의 연구개발 및 상업화에 수십억 달러가 투자되면서 태양전지의 상업화가 급진전하였다.
- 현재 태양전지효율 7~17%, 수명 20년 이상, 모듈가격 $6/W 내외, 발전단가 $0.25~0.5/kWh이다.

6.4.3 태양전지의 분류

- 태양전지 : 재료에 따라 결정질 실리콘, 비정질 실리콘, 화합물 반도체 등으로 분류
- 시스템 이용 : 독립형, 계통연계형, 복합발전형

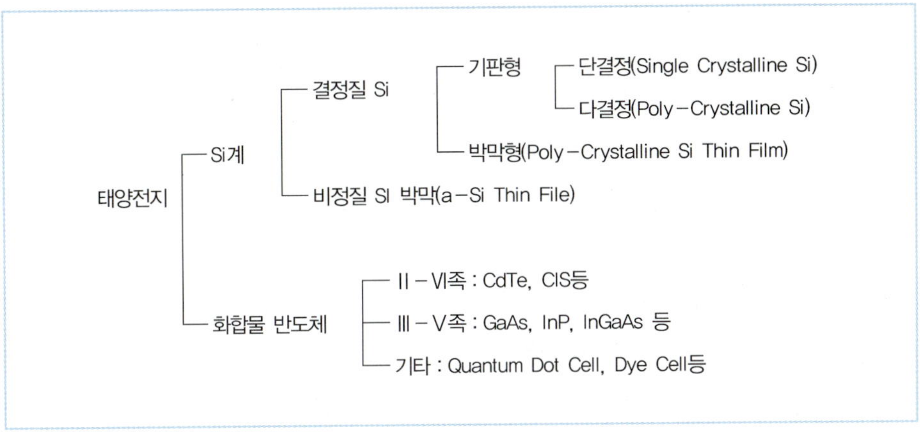

그림 6-5
태양광 발전 기술의 분류

규소 태양전지는 어떤 형태의 규소를 가지고 만들었느냐에 따라 단결정(monocrystalline) 전지, 다결정(polycrystalline) 전지, 비결정질(amorphous) 전지의 세 종류로 나눌 수 있다. 이들 태양전지를 만드는 데 사용되는 규소는 순도가 거의 100%에 가까운 것으로 규사(SiO_2)를 규소로 환원한 후 여러 차례 정제해서 얻는다. 이들 중에서 값이 가장 비싼 것은 제조과정이 가장 복잡하고, 따라서 에너지가 가장 많이 투입되는 단결정 태양전지이고, 값이 가장 싼 것은 비결정질 전지(amorphous cell)이다.

단결정 전지는 값은 비싸지만 오랫동안 안정적으로 전기에너지를 만들어내고 빛을 전기로 바꾸는 (변환)효율이 가장 높다는 장점을 가지고 있다. 단결정 전지의 효율은 이론적으로는 30%에 달하고 실험실에서 만들어진 것은 24%의 효율을 보인다. 대량생산을 통해서 생산된 것은 16~18%의 효율을 나타낸다. 반면에 비결정질 전지는 값은 싸지만 효율이 낮고(5~10%) 시간이 지나면 안정성이 떨어진다는 흠이 있다.

비결정질 태양전지가 결정질에 비해 단점만 있는 것은 아니다. 장점도 여럿 가

지고 있다. 결정질 태양전지는 대부분 단단한 형태로만 가공할 수 있고 두께를 0.2mm 이하로 줄이기가 어렵다. 원료가 많이 들고 유연하게 적용하기 어려운 것이다. 반면에 비결정질 전지는 박막 기술을 이용해서 얇고 유연한 판의 형태로 만들 수 있기 때문에, 단단한 형태는 물론이고 휘거나 접어서 쓰는 용도로도 이용할 수 있다.

또한 단결정이나 다결정 전지는 여름에 온도가 올라가면 효율이 떨어지지만 비결정질 전지는 온도가 올라갈수록 효율이 높아지기 때문에 더운 여름이 긴 지역에서 사용하기에 유리하다. 다만 효율이 낮기 때문에 같은 양의 전기를 만들기 위해서는 단결정 전지보다 더 많은 면적에 설치해야 한다. 비결정질 전지는 현재 효율이 10%에 달하는 것이 개발되어 있지만 아직도 시장점유율은 낮다. 다결정 전지는 효율이 대략 14% 정도밖에 안되지만, 가격이 단결정보다 싸다는 이점이 있기 때문에 태양광 발전시설에 널리 이용된다.

아직 시장에서는 아주 소량밖에 판매되지 않지만 규소가 아닌 다른 물질을 이용한 태양전지들도 여러 종류가 개발되어 있다. 이러한 것들로는 주기율표에서 제3족의 갈륨과 제5족의 비소를 섞어서 만든 갈륨-비소(Ga-As) 태양전지, 카드뮴－텔루륨(Cd-Te) 태양전지, 구리-인듐-셀레늄(Cu-I-Se, CIS) 태양전지 등을 들 수 있는데, 어떤 것은 실험실 내에서이긴 하지만 효율이 상당히 높은 것도 있다. 그밖에 유기화합물 중에서 색소를 지닌 화합물을 이용한 태양전지도 연구 중이다. 색소화합물은 생산단가가 규소 결정에 비해서 매우 낮기 때문에, 유기화합물 태양전지가 실용화되면 태양전지의 가격이 크게 떨어질 것이고 이와 더불어 태양전기의 발전단가도 크게 낮아질 것이다. 지금까지 개발된 색소화합물 전지의 최대 효율은 10%에 달한다.

실리콘 기판을 이용하는 결정질 태양전지는 생산의 93.5%를 차지하고 그 외 값싼 기판을 사용하는 박막 태양전지로 구분할 수 있다. 결정질 실리콘 태양전지는 실험실 효율 24.7%을 달성했고, 실리콘을 이용한 소자의 개발과 더불어 가장 많이 연구되었다.

유리, stainless steel 및 폴리머에 광흡수도가 높은 물질을 수 mm 증착하여 제작되는 박막 태양전지는 저가 생산이 가능하다. 그러나 가격 이점은 낮은 변환 효율과 짧은 모듈 수명으로 상쇄된다. 박막 태양전지의 재료는 비정질 실리콘, CIS (Copper Indium Selenide)와 Ga이 첨가된 CIGS, cadmium telluride (CdTe)와 비정질과 미세결정 실리콘의 적층형(a-Si/m-Si tandem)이 있다.

집광형(concentrator) 태양전지는 광학 렌즈를 이용하여 빛을 집광하여 작은 면적의 태양전지를 이용하는 장점이 있으나, 구름이 많은 지역에서는 산란되는 빛의 이용이 어렵고 태양의 위치 추적이 추가적으로 필요하다. EPIA에서는 2010년 시장점유율이 12~20% 정도를 차지할 것으로 예상한다. 이는 2005년 100MWp 생산규모에서 2010년 약 1000MW로의 생산량 증가를 의미한다. Wp는 peak watt의 약자로 표준 상태에 측정한 기준 출력(1000W/m^2, AM1.5G spectrum, 25oC)을 의미한다.

6.4.4 태양전지의 발전 원리

1) PN접합에 의한 발전의 원리

태양전지는 실리콘으로 대표되는 반도체이며 반도체 기술의 발달과 반도체 특성에 의해 자연스럽게 개발되었다. 태양전지는 전기적 성질이 다른 N(Negative)형의 반도체와 P(Positive)형의 반도체를 접합시킨 구조를 하고 있으며 2개의 반도체 경계부분을 PN접합(PN-junction)이라 한다.

이러한 태양전지에 태양빛이 닿으면 태양빛은 태양전지 속으로 흡수되며, 흡수된 태양빛이 가지고 있는 에너지에 의해 반도체내에서 정공(正孔 : hole)(+)과 전자(電子 :electron)(-)의 전기를 갖는 입자(정공과 전자)가 발생하여 각각 자유롭게 태양전지 속을 움직이게 되지만, 전자(−)는 N형 반도체쪽으로, 정공(+)는 P형 반도체쪽으로 모이게 되어 전위가 발생하게 되며 이 때문에 앞면과 뒷면에 붙여 만든 전극에 전구나 모터와 같은 부하를 연결하게 되면 전류가 흐르게 되는데 이것이 태양전지의 PN접합에 의한 태양광발전의 원리이다.

2) PN접합에 의한 태양광 발전의 원리

① 대표적인 결정질 실리콘 태양전지는 실리콘에 보론(boron : 붕소)을 첨가한 P형 실리콘 반도체를 기본으로 하여 그 표면에 인(phosphorous)을 확산시켜 N형 실리콘 반도체층을 형성함으로써 만들어진다. 이 PN접합에 의해 전계(電界)가 발생한다.

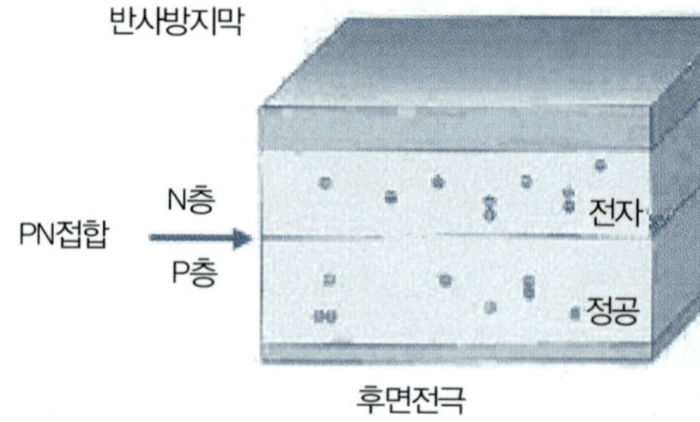

그림 6-6
PN접합에 의해 전계 발생

② 이 태양전지에 빛이 입사되면 반도체내의 전자(−)와 정공(+)이 여기되어 반도체 내부를 자유로이 이동하는 상태가 된다.

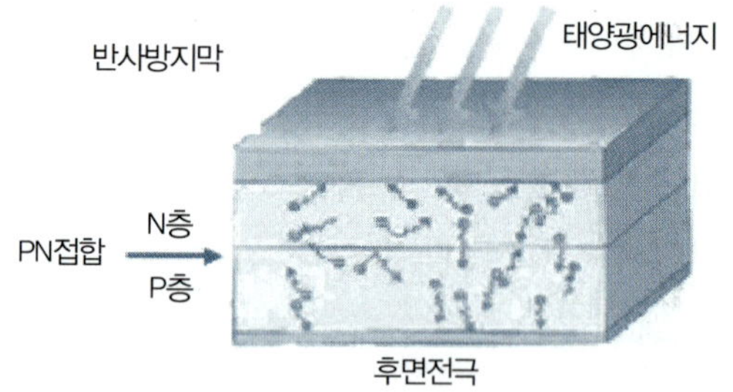

그림 6-7
전자와 정공의 자유이동

③ 자유로이 이동하다가 PN접합에 의해 생긴 전계에 들어오게 되면 전자(-)는 N형 반도체에, 정공(+)은 P형 반도체에 이르게 된다. P형 반도체와 N형 반도체 표면에 전극을 형성하여 전자를 외부 회로로 흐르게 하면 전류가 발생된다.

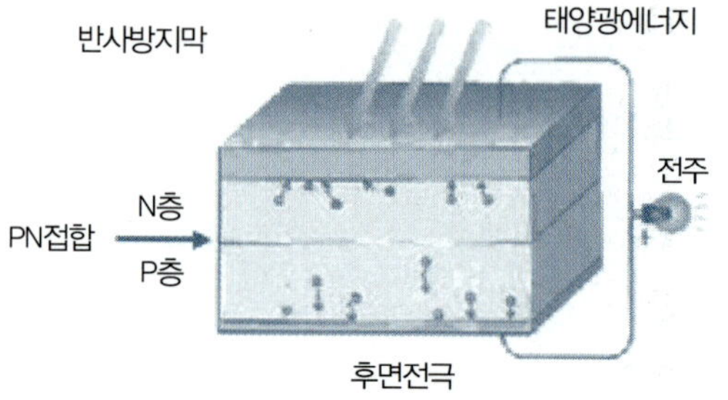

그림 6-8
전류 발생

6.4.5 다결정 실리콘 태양전지 제조과정

① 원재료인 다결정 실리콘(poly-crystalline silicon)

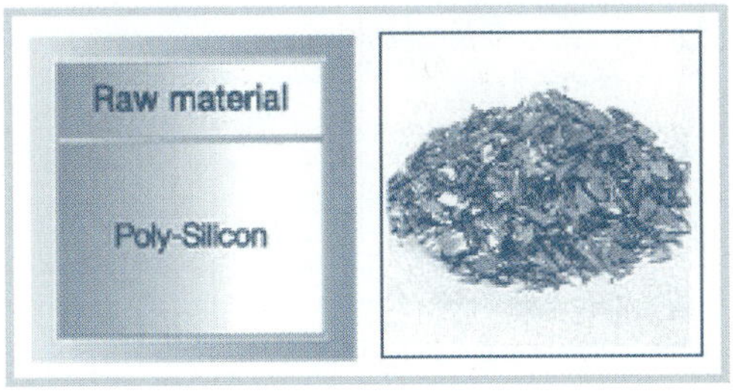

그림 6-9
다결정 실리콘
(poly-crystalline silicon)

② 다결정 실리콘을 주조하여 잉곳(Ingot) 제조한다.

그림 6-10
잉곳(ingot)

③ 잉곳을 얇게 절단한다.

그림 6-11
잉곳(ingot)의 절단

④ 다결정 실리콘 웨이퍼(wafer)를 완성한다.

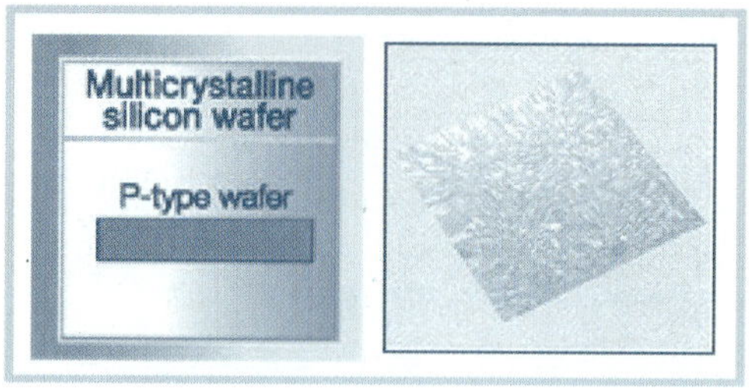

그림 6-12
다결정 실리콘 웨이퍼

⑤ 에칭하여 표면 처리한다.

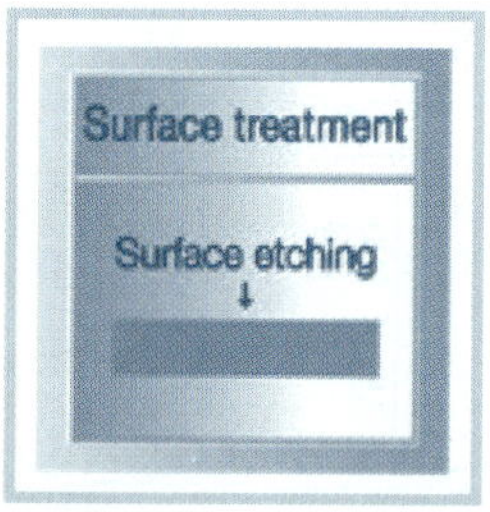

그림 6-13
표면의 에칭처리

⑥ PN 접합을 형성한다.

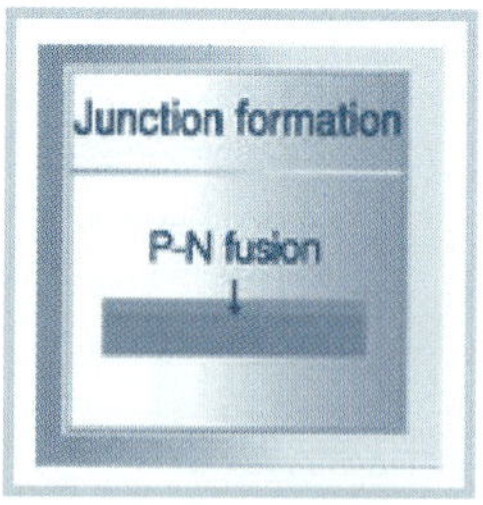

그림 6-14
PN 접합

⑦ 후면 접합을 형성한다.

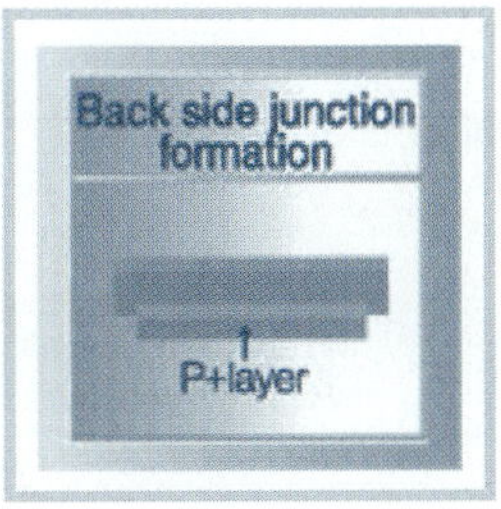

그림 6-15
PN 후면 접합

⑧ 반사방지막을 코팅한다.

그림 6-16
반사방지막 코팅

⑨ 전극을 형성한다.

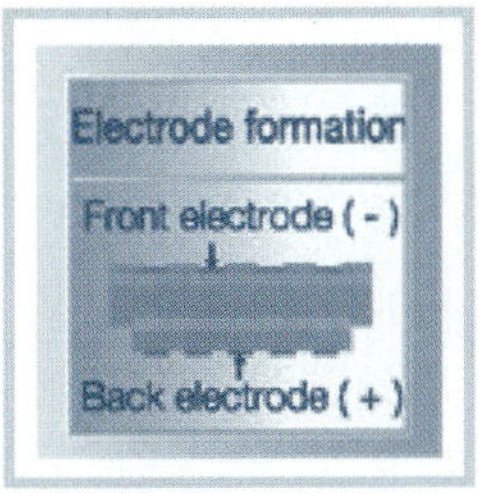

그림 6-17
전극 형성

⑩ 전극 열처리 후 태양전지를 완성한다.

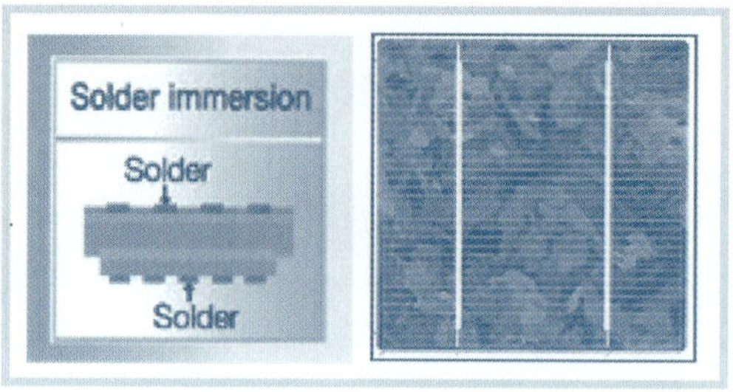

그림 6-18
태양전지

6.4.6 태양전지 및 반도체 핵심 원료

1) 폴리실리콘

동양제철화학은 2006년 국내 최초로 반도체 웨이퍼 및 태양전지의 핵심소재인 솔라셀(solar cell)을 만드는 데 필수 원료로 사용되는 폴리실리콘(poly crystalline silicon) 사업에 대한 투자를 하였다.

고유가시대를 맞아 기존 에너지 자원의 가격상승 및 환경문제의 대두로 대체에너지에 대한 수요가 증가함에 따라 관련 산업이 급격하게 성장하고 있는 가운데, 태양광 산업은 대체에너지 중에서 가장 급격히 성장하는 산업으로서 동양제철화학은 폴리실리콘 사업을 차세대 성장사업으로 집중 투자 및 육성하기로 했다.

2) 국내최초 폴리실리콘 사업

폴리실리콘은 현재 미국 헴록(Hemlock), 독일 바커(Wacker), 일본 도쿠야마(Tokuyama) 등 소수업체에서 생산의 대부분을 차지하여 세계시장을 좌우하고 있는 첨단 기술 산업이며, 국내 수요업체들은 전량 수입에 의존하고 있는 실정이다.

따라서 동양제철화학은 국내 최초로 폴리실리콘 사업에 진출함으로써 국내 태양광 산업의 발전에 기여할 수 있게 되었다.

3) 고수익/고성장 사업

폴리실리콘은 고수익성 · 고성장성 사업으로, 2006년 4월 개최된 Solar Silicon Conference에서 발표한 자료에 따르면 2005년 기준 전세계 폴리실리콘 시장규모는 40,000톤인데 반해 현 생산능력은 32,000톤으로 8,000톤이 공급부족인 상태이다.

또한 태양전지의 급격한 성장으로 인해 폴리실리콘 시장은 연평균 15% 성장이 예상되어 2010년에는 80,000톤에 이를 것으로 전망됨에 따라 폴리실리콘 업체의 신 · 증설에도 불구하고 현재의 극심한 공급부족 상태가 지속될 것으로 전망된다.

동양제철화학은 금번에 신규 진출한 폴리실리콘 사업과 반도체 및 LCD연관 산업의 집중 · 육성을 통해 미래 성장 동력을 확보하게 됨에 따라 비약적으로 발전할 수 있는 토대를 마련하게 되었다.

동양제철화학은 2007년 7월 10일 미국의 태양전지 생산업체인 썬파워(SunPower)사와 폴리실리콘(Poly Crystal Silicon) 장기공급계약을 체결했다고 밝혔다. 썬파워사는 태양전지의 핵심소재인 솔라셀을 만드는 데 필수원료로 사용되는 폴리실리콘을 안정적으로 공급받을 수 있게 될 전망이다.

썬파워사는 "태양광 산업의 성장은 핵심원료인 실리콘의 공급가능성에 따라 제한받고 있는 실정이라며 화학 산업에서 축적된 경험과 기술을 가진 동양제철화학이 폴리실리콘 사업에 진출하게 되면서 다량의 폴리실리콘을 안정적으로 공급받을 수 있게 되어 향후 태양광 산업이 더욱 발전해 나갈 것으로 예상된다.

썬파워사는 미국 실리콘 밸리에 위치한 세계적인 실리콘 제조사로서 상업적 이용이 가능한 고효율의 실리콘 솔라셀과 솔라패널(solar panel)을 생산하고 있다. 썬파워사의 솔라셀과 솔라패널은 전통적 방식의 태양광 테크놀로지보다 단위면적당 최고 50%까지 더 많은 전력을 생산하고 있다.

6.5 태양광 모듈의 종류 및 제조

6.5.1 태양광 모듈의 개요

햇빛을 전기로 직접 바꾸려면 태양전지를 이용하면 된다. 태양전지는 규소 같은 반도체로 만드는데, 반도체는 특이한 성질을 가지고 있다. 이것은 구리 같이 전기가 잘 통하는 도체와 달리 보통 때는 전기가 통하지 않는다. 그런데 온도가 올라가거나 에너지가 가해지면 도체는 저항이 높아져서 전기가 잘 흐르지 않지만, 반도체는 도체와 정반대로 전기가 잘 통하게 된다. 태양전지는 반도체의 이러한 성질을 이용한 것이다.

태양전지에 햇빛이 비치면 그 속의 전자가 움직이고 이것이 도선을 따라 흘러가는데, 이러한 전자의 흐름에 의해서 전기가 만들어진다. 태양전지는 반도체로 많이 사용되는 얇은 규소판으로 만든다. 이 규소판은 햇빛에 포함된 에너지의 15% 가량을 전기로 바꿀 수 있다. 태양전지판 한 개에서 생기는 전압은 0.6V에 달하고, 발전 용량은 1.5W 정도된다.

태양전지판 한 개에서 얻을 수 있는 전기의 양은 대단히 적고, 전압도 낮다. 이것으로는 꼬마전구 한 개를 겨우 밝힐 수 있다. 그러므로 좀 더 많은 전기를 얻기 위해서는 태양전지판을 여러 개 연결해야 하는데, 이렇게 여러 개의 태양전지를 연결한 것을 태양전지 모듈이라고 한다.

태양전지 모듈은 보통 12V 정도의 전압이 얻어질 수 있도록 태양전지를 연결한 것이다. 태양전지를 연결해서 모듈을 만들면 태양전지 하나하나의 성능이 조금씩 떨어지기 때문에, 이러한 모듈을 서로 연결해서 $1m^2$ 크기로 만들면 발전용량이 100W 정도되는 태양광 발전기가 얻어진다. 태양전지판은 물이나 공기에 닿으면 부식하기 때문에, 모듈로 제작할 때는 위, 아래, 그리고 옆을 세심하게 싸주어야 한다. 일반적으로 모듈의 윗면은 햇빛이 잘 통과할 수 있게 유리로 덮고 아래 면은 특수 플라스틱으로 싸준다. 태양광 모듈은 큰 전력 요구를 수용할 수 있도록 디자인 되었다.

태양광 모듈은 태양전지를 직·병렬로 연결하고, 유리 기판을 통한 외부 환경 변화로부터 태양전지를 보호한다. 많은 태양광 모듈 생산자들은 모듈의 수명을 보증하는 방법으로, 20~25년 사용 후의 출력을 기준 출력의 80%로 보증한다.

태양광 모듈은 20여년의 수명을 가지는 다양한 크기의 단결정/다결정 실리콘 태양전지(mono-crystalline/poly-crystalline silicon solar cell)로 제작되어 내구성이 매우 우수하다. 또한 각각의 태양전지는 태양광 모듈을 최적화할 수 있도록 제작되었다.

그림 6-19
태양광 모듈

유리는 충격에 강하고 빛 투과성이 우수한 특수 제작된 저철분 강화유리(low iron tempered glass)를 사용하였으며, EVA 필름(ethylene vinyl acetate film)은 투명한 절연체로서 태양전지를 보호한다.

태양광 모듈의 프레임은 부식방지를 위해서 애노다이징(anodizing) 처리되어 내구성이 강하며 매우 견고하다.

또한 부분적인 그림자로 인한 출력손실을 방지하기 위해 바이패스 다이오드(bypass diode)를 부착하였으며, 직병렬 구성이 간편하고 방수성이 우수한 정션박스(junction box)를 설치한다.

6.5.2 BIPV형 태양광 모듈

BIPV(Building Integrated Photovoltaic)는 Glass-to-Glass 타입의 태양광모듈로서, 모듈의 양면에 유리가 배치되어 발전과 동시에 빛을 투과시킬 수 있다.

이러한 타입의 태양광 모듈은 태양광에너지로 전기를 생산하여 소비자에게 공급하는 것 외에, 태양광 모듈을 건축물 외장재로 사용하여 건설비용을 줄이고 아름다운 미관으로 건물의 가치를 높이는 디자인 요소로도 쓰인다.

심포니 에너지는 국내 최대 크기 및 최대 규모로 Glass-to-Glass 타입의 태양광 모듈을 생산할 수 있는 설비를 갖추고 있다. 더불어, 심포니에너지의 태양광 모듈은 엄격한 테스트를 거친 후 출하되므로 우수한 품질을 보증한다.

그림 6-20
BIPV태양광 모듈

6.5.3 태양광 모듈의 제조과정

1) 셀 테스터(Cell Tester)

다양한 전기적 성질을 갖는 셀을 테스트 후 구별하여 비슷한 전기적 성질을 갖는 셀끼리 분류한다.

그림 6-21
셀 테스터(Cell Tester)

2) 태버 및 스트링거(Tabber & Stringer)

태양전지를 직렬로 연결하기 위해 전면과 후면에 엇갈리도록 도체 리본을 연결한다.

그림 6-22
태버 및 스트링거
(Tabber &Stringer)

3) 레이업(Lay-Up)

스트링거에서 제작된 일렬의 태양전지를 다시 가로방향으로 배열하여 원하는 모양을 만든 후, 저철분 강화유리, EVA, 백시트 등을 적층한다.

그림 6-23
레이업(Lay-Up)

4) 라미네이터(Laminator)

적층된 태양광 모듈 자재들을 고온에서 진공 압착하여, 태양광 모듈이 충격에 견디고 방수성을 갖도록 한다.

그림 6-24
라미네이터(Laminator)

5) 모듈 테스터(Module Tester)

완성된 태양광 모듈이 정상적으로 작동하는지 테스트한다.

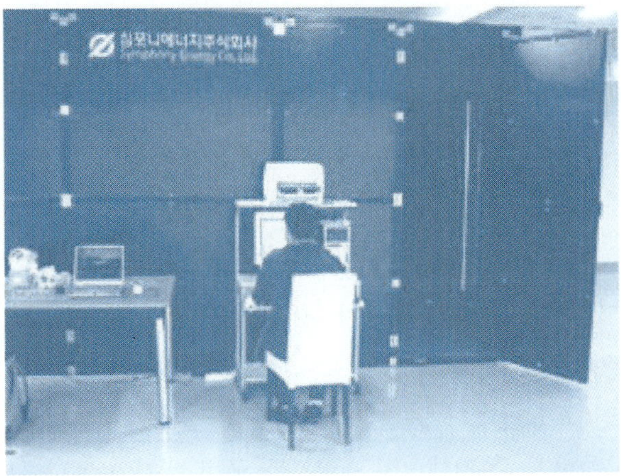

그림 6-25
모듈 테스터
(Module Tester)

KPE는 국내최초로 태양전지 양산화에 성공, 국내 신재생에너지 분야 수출의 물꼬를 텄다. 효율 15~16%에 달하는 결정질 실리콘 태양전지를 생산, 80% 이상을 일본, 유럽에 수출해왔다.

2006년에 연간 생산용량 30MWp(1000만장)규모로 생산량 기준 세계 선두권에 속하게 됐으며, 최첨단 자동화공정으로 이뤄진 제2공장을 준공해 저가의 고효율 태양전지 제품 양산을 가능케 했다.

뿐만 아니라 KPE는 올해 태양전지 생산능력을 100MWp 이상으로 증설해 세계 시장점유율 3% 이상을 목표로 하고 있다. 이를 위해 총 1000억 원을 투자할 예정이다.

이를 통해 신재생에너지는 차세대 주요 수출산업 품목 반열에 오를 수 있게 될 것이다.

세계 태양광 시장은 2000년 이후 연평균 30% 이상 증가하고 있다. 시장규모의 확대로 업체마다 증설계획을 발표하고 있는 가운데 지속적으로 30% 이상씩 성장할 것으로 전망된다.

시장에 새롭게 진입하는 업체는 기존 기업과의 인수합병이나 생산단가를 낮추기 위한 생산시설 확대를 경쟁적으로 추진해 대형화하는 추세다. 여전히 미국, 일본, 유럽이 시장의 88%를 주도하며 세계시장을 주도하고 있다. 이 중 총 생산량의 약 90%는 단결정과 다결정 실리콘 태양전지이며 다결정 점유율이 크게 증가하고 있다. 하지만 국내의 경우 상용화된 단결정 실리콘 태양전지의 광전변환효율은

15%, 다결정 실리콘 태양전지는 14% 수준으로 아직까지는 이론적인 효율에 비해 낮은 수준이다.

국내 태양광발전 기술수준은 선진국 대비 80% 수준으로 평가받고 있지만, 태양전지 기술이 반도체, LCD 등 우리나라가 기술력을 보유하고 있는 분야와 공정이 유사하기 때문에 발전가능성도 높게 점쳐지고 있다.

태양광 산업 분야는 지속적인 연구개발로 태양전지 효율 향상, 발전단가 하락에 의한 경제성 확보, BIPV 시스템 보급이 늘어남에 따라 차세대 박막 태양전지의 실용화 등이 진행되고 있다. 경제성이 확보될 경우 엄청난 성장이 기대된다.

국내 태양광 산업이 급속하게 발전하면서 신규업체의 시장진입이 늘어나고 있다. 현대중공업, LS산전, 웅진에너지, 효성 등 국내 대기업과 다수의 중소기업체가 시장진입을 선언하면서 국내시장에 진출하고 있어 경쟁이 심화될 전망이다.

독일의 IBC솔라, 썬텍크닉스, 미국의 파워라이트 등 세계적인 태양광발전 설비업체도 새로운 시장으로 한국을 주목하고 있다.

6.6 실리콘 잉곳의 개요 및 공정

6.6.1 실리콘 잉곳의 개요

실리콘 잉곳(ingot)은 석영광석에서 출발하여 고순도 정제과정을 거친 실리콘을 원료로 하여 자동화 제어를 통하여 균일한 특성을 갖는 잉곳을 생산하는 고품질의 소재 제조기술을 기반으로 생산한다. 특히 제조공정의 주요기술뿐만 아니라 제조장비에 관하여도 자체 설계 및 제조 기술을 바탕으로 재현성, 반복성을 확보하여 품질, 가격의 경쟁력 있는 제품을 공급한다.

주요 보유기술 중에는 '핫존의 설계 및 운용기술'을 확보하고, 대량 양산 체제에 적합한 '시스템 제어기술'을 통하여 제품의 특성 균일도를 향상시킨다.

또한 장비 기술로서 기존 장비에 비해 Grower의 외벽 온도 분포의 안정도를 유지할 수 있는 설계를 통하여 생산 수율과 품질을 향상하였다.

6.6.2 잉곳의 제조공정

제조 공정기술로서는 고객 요구에 적확한 제품 공급을 위해 잉곳 제조시 레시피 조정, 특성 항목의 관리를 통하여 생산로트별, 장비별 분포관리를 실현하여 제품의 재현성을 보장한다.

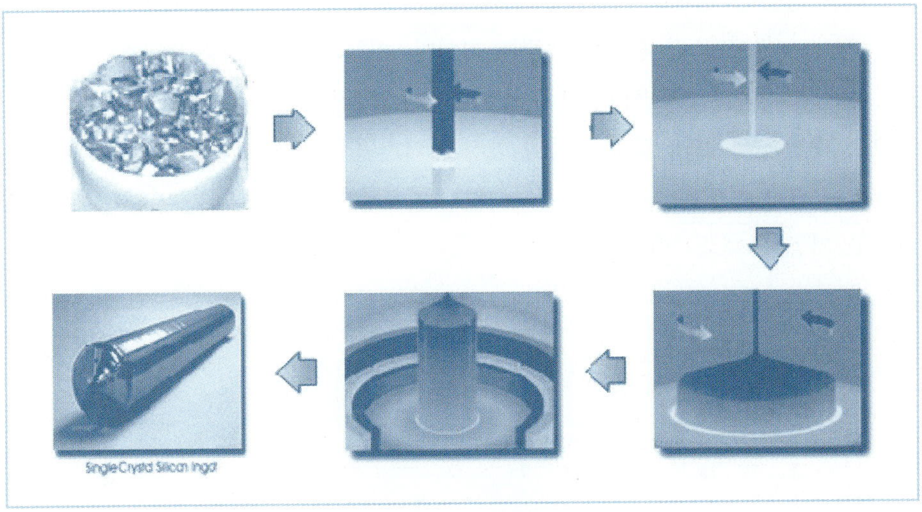

그림 6-26 잉곳(ingot)의 제조공정

미국의 선파워와 웅진코웨이가 합작으로 잉곳을 생산하는 합작회사를 설립하였다. 웨이퍼 및 잉곳관련 회사는 웅진에너지, 퓨처비전, LG실트론, 스마트에이스, 렉서 등이다.

2000년대에 접어들면서 신재생 에너지의 중요성이 재인식되고 기술개발과 함께 이용보급 정책 또한 강화되었다. 2011년까지 국내 총 에너지량의 5%를 신재생에너지로 공급하겠다는 전국가적 목표 아래, 국가 또한 신재생에너지 개발/보급 및 산업화를 전문적으로 지원할 계획이다.

최근 유가의 불안정, 기후변화협약의 규제 대응 등 국내외 환경변화에 따라 신재생 에너지의 중요성이 새롭게 재인식되고 있고, 신재생에너지는 초기투자비가 크기는 하지만 화석에너지의 고갈문제와 환경문제에 대한 돌파구라는 점에서 선진 각국에서는 이에 대한 과감한 연구개발과 보급정책 등을 추진해오고 있다.

새로운 에너지에 대한 문제는 전세계가 함께 고민해야 하는 부분이다.

웅진에너지의 잉곳 생산 공장은 한 해 1400톤의 실리콘 잉곳을 만들어낼 수 있는 규모다. 우리나라는 폴리실리콘-잉곳-웨이퍼(셀) → 모듈 → 시공 → 발전 시스템에 이르는 전 공정을 국내에서 해결할 수 있는 '태양광 가치사슬(PV Value Chain)'을 완성하게 됐다.

1) 잉곳의 생산과정

실리콘 잉곳은 원재료인 폴리실리콘 그림 6-27을 뜨거운 열로 녹인 뒤 이를 원기둥 형태로 쌓아 올린 결정은 그림 6-28이다. 이는 그로워를 통해 생산된 잉곳으로 그림 속 제품은 제조사가 만든 길이 180cm의 잉곳이다. 이를 사각형태 그림 6-29로 가공한 뒤 얇게 잘라 웨이퍼 공정을 거치면 태양광을 받을 때 전기를 만드는 태양전지가 완성된다. 그림 6-29는 원기둥 모양의 잉곳 결정을 태양광 전지 모양으로 가공한 제품이다.

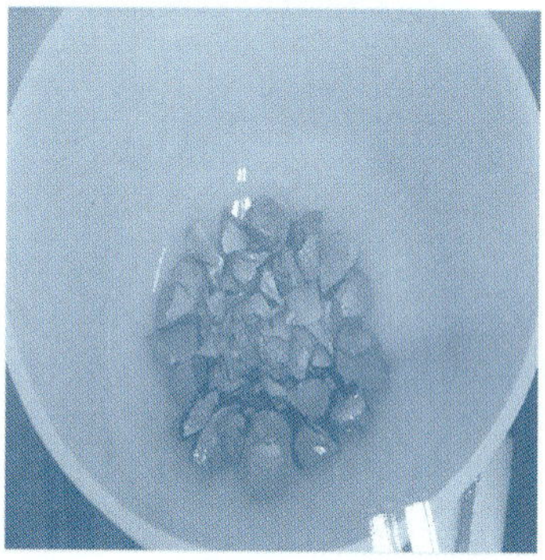

그림 6-27
고순도 폴리실리콘

그림 6-28
생산된 잉곳

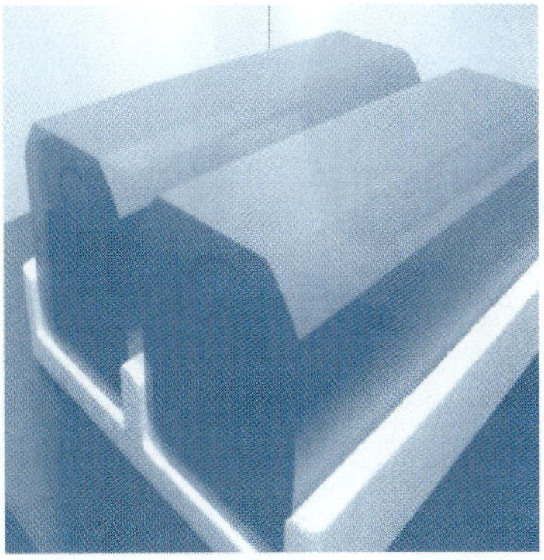

그림 6-29
잉곳을 가공한 제품

잉곳 생산설비인 그로워는 고순도 아르곤 가스와 안정된 전력, 이를 식혀 줄 냉각수를 필요로 한다. 생산현장은 영상 24℃로 항온 상태를 유지해야 한다.

특히 잉곳 가공과 평가 공정에 화학약품을 사용하지 않는 공정을 개발해 이른바 '그린에너지 공장'을 구축한 것이 가장 큰 특징이다.

6.7 인버터의 종류 및 트랙킹시스템

6.7.1 인버터

태양광 발전 시스템에서 생산되는 전기는 직류(DC)이기 때문에 가정이나 빌딩 등에서 사용하거나 기존의 전력계통에서 연결하기 위해서는 교류(AC)로 변환이 필요하다. 따라서 태양광 발전 시스템에는 인버터(inverter)가 필수적으로 필요하다.

태양전지에서는 직류 전압과 직류 전류를 발전하므로 교류 전압으로 변환시켜 줘야 한다. 이때 사용하는 장치가 인버터이다.

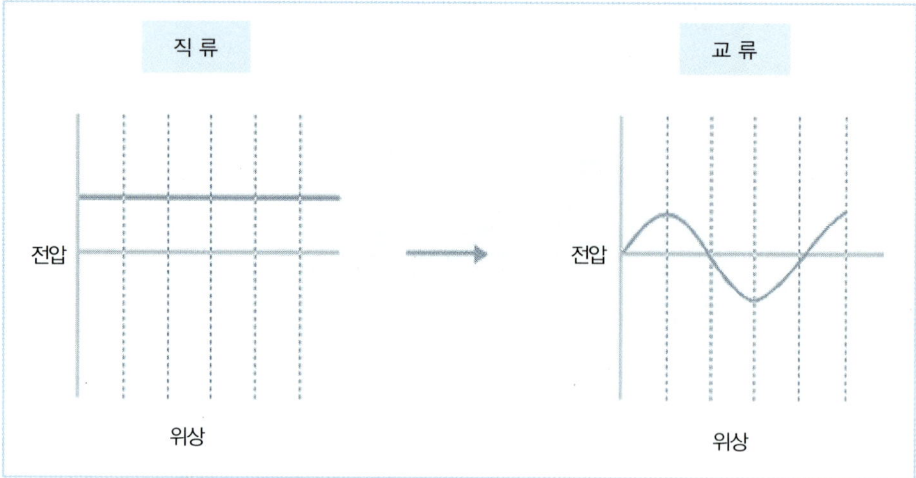

그림 6-30
인버터의 개요

인버터는 계통 전력 품질과 같아야 하며 계통과 연계시 계통을 보호할 수 있어야 한다. 또한 태양전지의 출력특성상 일사 강도의 변화에 따라 최대 전력을 출력하는 크게 변화하므로 항상 최적 동작점을 추종하도록 제어해야 한다. 태양광 인버터에서는 반드시 최대 전력점 추종제어 시스템이 있어야 한다.

인버터는 수십 Watt에서 가장 많이 사용되는 3~6kWp을 비롯하여 수백 kWp의 여러 가지 등급이 있다.

1) 저용량 인버터

저용량 인버터는 주로 가정용(주택보급사업), 건물용(일반보급사업) 또는 소형 태양광 발전소(100kW 정도) 등에 사용하기 적합하다. 저용량 인버터는 효율이 극대화되고, 내구성이 필요하다. 또한 무게가 가볍고 튼튼하여 설치가 용이해야 한다. 야간에는 자동으로 전원을 차단하여 전기를 절약하고, RS232/RS485 인터페이스를 탑재하고 있다. 또한 LCD 화면으로 편리하게 조작이 가능하고, 소음이 적다.

표 6-2
저용량 인버터

용량	제조사	입력전압범위
2.5kW	Kaco	350~600 VDC
3.5kW	Kaco	350~600 VDC
5.5kW	Kaco	350~600 VDC
33.4kW	Kaco	350~600 VDC

그림 6-31
저용량 인버터

2) 고용량 인버터

고용량 인버터는 중대형 태양광 발전소(500kW, 1MW 이상)에 적합하다. 고용량 인버터 역시 효율이 극대화되고, 내구성이 우수하며, 여러 개의 직류입력 포트로 자유롭게 태양광 발전소를 구성할 수 있다.

SMA의 Sunny Team 기술은 태양광 발전소의 발전량을 극대화하며, 입출력 부분에 과전압 방지기능이 적용되어 있다.

표 6-3
고용량 인버터

용량	제조사	입력전압범위
100kW	SMA	450~800 VDC
200kW	SMA	450~800 VDC
250kW	SMA	450~800 VDC
350kW	SMA	450~800 VDC
500kW	SMA	450~800 VDC
1000kW	SMA	450~800 VDC

그림 6-32
고용량 인버터

6.7.2 트랙킹 시스템

태양광 모듈은 태양빛이 수직으로 입사할 때 가장 높은 출력을 낼 수 있다. 따라서 태양광 모듈이 고정되어 있는 고정식 시스템의 경우에는 아침이나 저녁보다는 한낮에 출력이 높을 수밖에 없다. 이런 부분을 보완하기 위해서 태양광 시스템이 태양을 따라 움직일 수 있도록 설치된 시스템이 트랙킹 시스템(tracking system)이다.

트랙킹 시스템은 하루 중 발전이 가능한 시간대의 대부분을 최대출력에 가깝게 발전을 하므로, 발전량이 매우 많다. 따라서 태양광 발전사업의 경우에는 약간의 추가투자로 최대의 수익을 창출할 수 있게 된다. 트랙킹시스템은 태양을 정교하게 추적할 수 있도록 설계되어 있고, 태풍이나 강풍에도 견딜 수 있도록 구조적으로 매우 안정적이어야 한다.

표 6-4 트랙킹시스템

종류	제조사
경사변동형	TID
1축트랙킹	심포니에너지(주)
2축트랙킹	DEGERenergie

그림 6-33 트랙킹시스템

6.8 태양광의 정책

세계적인 태양광 전력 시장의 급격한 확대는 적절한 지원정책 때문이다. 전력 공급 구조를 개선하기 위해서는 태양광 전력에 대한 강력하고 효과적인 지원이 필요하다. 발전 차액 제도(feed-in tariff)는 강력하고 효과적인 지원 방법이다.

많은 사람들은 일사량이 많지 않은 독일이 가장 역동적인 태양광 시장과 산업을 개발했다는 데 놀라고 있다. 태양광 시장을 촉진하기 위해 많은 국가에서 각종 프로그램을 시작하였으나, 독일의 발전 차액 제도와 같이 단기간의 성과를 보여주지는 못했다. 발전 차액 제도는 유럽 각국의 상황에 맞추어 변화되어 채택되고 있고 기본적인 개념은 간단하다.

태양광 전력의 생산은 다음과 같다.

- 전력선 연결에 대한 권리를 갖는다.
- 화력이나 원자력 전력과 비교하여 태양광 전력의 이점을 반영하여 우대된 전력 단가를 받는다.
- 고정된 기간 동안 우대 전력 단가를 받는다.

위의 사항들은 간단하지만 많은 노력을 필요로 한다. 수년 동안 전력회사들은 전력선에 태양광 시스템에 의해 발생된 전력의 계통 연결을 허가하지 않았으며, 현재도 많은 국가에서 전력선 연결을 허가하지 않는다. 태양광 산업의 초기 단계에서는 태양광 발전의 자동적인 전력선 연결을 보증해야 한다. 그렇지 않으면 태양광 발전은 시장에서 없어질 것이다.

과거에는 태양광 전력의 보급 촉진을 위해 국가 예산을 사용했고, 예산이 없으면 프로그램이 종료되었다. 그러나 발전 차액 제도는 완전히 다른 접근 방법이다. 발전 차액 제도에 있어 가장 중요한 점은 정부가 보조하는 것이 아니라, 부가된 전기료에 의해 운영된다는 것이다. 독일의 전력 회사들은 신규 설치된 태양광 시스템에서 발생된 전력에 대해 €0.51/kWh 유로를 지불하였고, 이 부가비용을 일반적인 전기 고지서에 포함하여 모든 전기 사용자에게 분산시켰다. 각 가정당 부가되는 비용은 월간 약 €0.30 유로로 미미한 수준이다. 모든 재생에너지를 포함한 월간 부가액은 €1.5이다. 이에 기반하여 독일 전력회사들은 석탄 석유에 근거한 전력생산에서 재생 가능하고 독립적인 발전이 가능한 에너지 공급으로 국가 전력 공급 방식을 개선할 수 있었다.

태양광 전력의 비용은 지속적으로 인하되고 있다. 그러나 화석 연료 발전에 의한 전력 단가와 비교하면 아직은 비싼 편이다. 하지만 화석 연료에 의한 전기가격은 계속 상승할 것으로 예측되고 있기 때문에, 태양광 전력비용을 감소시키는 것이 중요하다. 독일에서는 신규 설치된 태양광 시스템에 대해 동작 기간인 20년 동안 매년 5%의 발전 차액 금액을 삭감하고 있다. 이는 태양광 산업계가 시장을 유지하기 위해 매년 5% 비용을 절감시키는 압력이 되고 있다. 동시에 고객들은 태양광 시스템 투자에 대한 손익을 쉽게 계산할 수 있다. 투자 안정성은 발전 차액 제도에 있어 가장 중요한 요소이다.

대부분의 태양광 프로그램은 태양광 시스템의 높은 비용을 낮추기 위해 투자 보조 제도에 근거한다. 이 제도의 단점은 양질의 태양광 시스템 투자를 촉진시키지 못하며, 동작 기간 동안 유지 보수비용이 필요하다는 것이다. 만약 고객이 일정한 규모의 시스템에 대해 고정된 금액을 보조받는다면, 좋은 품질(일반적으로 고가인)의 생산품의 시장 확산을 지원할 제도는 없다.

반면에 발전 차액 제도는 태양광 시스템의 성능에 따라 투자회수율 (ROI)이 결정된다. 유지 보수는 투자에 어느 정도 연계되어 있으나, 고객이 장려금을 투자 초기에 받는다면 가장 높은 수준의 시스템을 운영할 이유가 없다. 발전 차액 제도는 계통에 연결된 전력선에 공급되는 전력량에 따라 투자의 회수율이 결정되므로, 20년의 동작 기간 동안 운영할 수 있는 안정한 태양광 시스템이 중요하다.

태양광 시스템의 높은 초기 비용은 시장 확대의 가장 큰 걸림돌이다. 많은 투자 보조 제도들이 이 장벽을 돌파하기 위하여 적용되었다. 법률에 의해 보증된 발전 차액 제도는 투자 기간 안정성을 보장한다. 독일에서 20년 동안 보증된 발전 차액 제도는 일반적으로 태양광 시스템을 설치하기 위해 은행으로부터의 자금 융자를 용이하게 해주고 있다.

독일의 경우 은행에서의 태양광 시스템에 대한 금융은 매우 보편적이고 간단하다. 발전 차액 제도의 성공을 위해서는 감독기관의 간단하고 빠른 허가가 필요하다. 태양광 시스템 설치 허가에 몇 개월 또는 몇 년이 걸리면, 잠재 고객은 제한된다. 복잡하고 시간 소모적인 감독과 허가는 자유화된 에너지 시장으로의 진보된 수준을 평가할 수 있는 척도가 된다.

대부분의 산업화된 국가들은 일반 전력에 많은 보조금을 주고, 부정적인 환경 효과를 최종 고객에게 반영하지 않는다. 태양광 보급 촉진을 위해서는 이런 제도를 변경시켜야 한다.

그림 6-34
신재생에너지
지역에너지 사업
(태양광 발전)
태양광시설 53kWp

그림 6-35
신재생에너지
지역에너지 사업
(태양광 발전)
삼척 세계동굴박람회장
태양광 시설 107kWp

6.9 태양광 채광시스템의 특징 및 활용

태양빛은 인간과 동·식물에게 있어서 성장과 생활 리듬을 확보하는데 중요한 요소 중 하나이다. 그러나 현대사회의 복잡성과 일조량 부족 등으로 기인하는 정신적 스트레스는 신체적 건강까지 위협하고 있다. 이러한 건강을 지키고 유지하는 의미에서 "태양광 채광시스템"의 출현은 필연적이라 할 수 있다. 이는 자연에너지 중에서 인간의 삶에 가장 중요한 역할을 하는 자연광 자체를 이용하는데 목적이 있는 시스템이다.

"태양광 채광시스템"은 태양광이 들어오지 않는 건물 내부의 북측과 지하공간 등에 농축된 양질의 태양광을 Optical Fiber Cable을 통해 자유롭게 전송되며, 전송하는 태양광은 인간의 건강을 활성화하거나 동·식물의 생육 성장에 최적의 환경을 만들어 주는 자연광 채광 시스템으로 건강조명은 물론 대체에너지로 절전기능도 함께 하는 첨단의 자연채광시스템이다. 그러므로 깨끗하고 유익한 태양광 채광 활용방식은 최근 수년 전부터 점차 주목되어지고 있으며 보다 다양한 응용분야에 적용되어지고 있다.

태양광 채광시스템은 단순한 조명이 생명의 빛을 전달하는 장치이다.

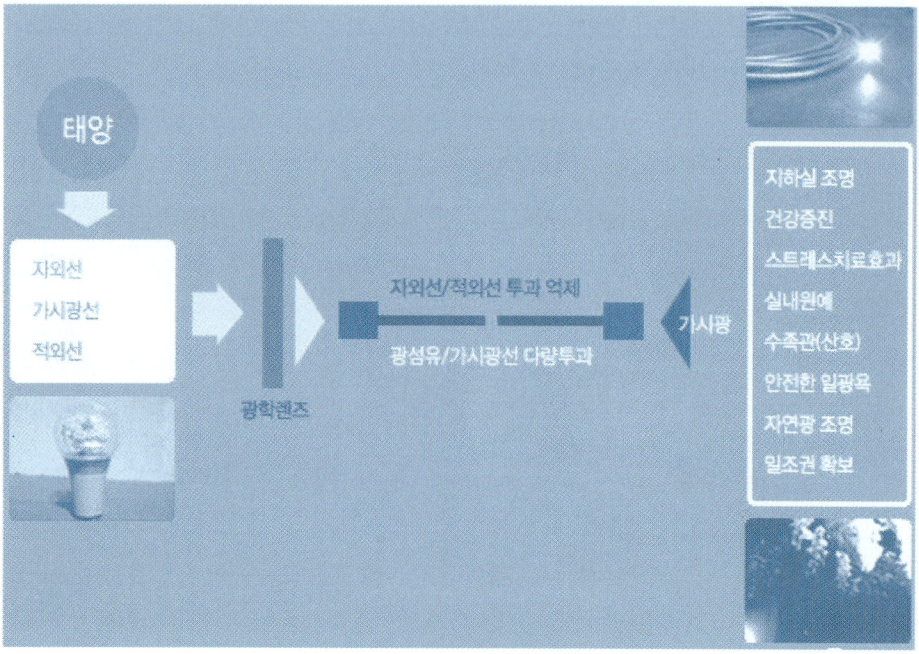

그림 6-36 태양광 채광시스템 원리

6.9.1 태양광 채광시스템의 특징

태양광 발전은 태양전지를 이용하여 전기에너지로, 태양열기술은 집열기를 이용하여 태양복사에너지를 열에너지로 변환하여 이용하나, 채광은 에너지변환과정 없이 적외선, 가시광선, 자외선 모두를 이용할 수 있으므로 효율이 높고 용도가 다양함. "채광"기술은 '건물내부 지하실 등 평소 햇빛을 받지 못하거나, 창문햇빛이 직접 도달하지 않는 임의장소 등에 낮 시간동안 햇빛을 공급하는 것'을 목적으로 하며 다음과 같은 효과가 있다.

- 조명용 전기에너지 절약
- 조명용 등기구 수명 연장
- 등기구 교체비용 등 유지보수비 절약
- 실내 생활환경(살균, 소독, 정화, 탈취, 건조 작용) 및 공기질 개선
- 재실자(在室者) 질병예방 및 건강증진
- 근무 분위기 향상
- 생산성 향상(색상품질관리 등)

표 6-5
기존 전등조명과의 비교

장 점	단 점
• 무비용 조명 광원 • 환경 친화적 자연조명 • 안전(스파크, 폭발, 화재염려 등이 없음) 조명 • 동식물 생육광(生育光)원으로 활용 • 사고 발생이 없음(누전, 누수 등)	• 주간에만 가능(야간 조명 불가능) - 달빛 집광채광가능 -

6.9.2 원 리

햇빛을 이용하는 '채광'에의 세 가지 기본원리는 다음과 같다.

1) 굴 절

볼록렌즈는 평행광선을 모아 한곳에 수렴시키므로, 수렴된 집광형을 광케이블로 받아 멀리까지 햇빛을 보내는 원리. 태양의 움직임에 따라 정밀 추적하여야만 계

속 햇빛을 모을 수 있고, 직사광선만 집광채광에 이용한다.

2) 반 사

거울(Mirror)은 햇빛을 반사시키는 기능을 하므로 원하는 방향으로 진로를 바꿀 수 있어 채광이 가능. 굴절채광과 같이 추적 장치가 필요하고 직사광선만 이용. 자연수광(自然受光)만 하고 집광(集光)은 할 수 없는 단점이 있다.

3) 투 과

유리, 비닐, 투명박판재 등은 빛을 통과시키므로 창문, 천창 등은 실내 · 외 공간 구획을 하는 투과원리이용 건축재. 넓은 의미의 햇빛이용(채광) 기술로 대체에너지에서 논하는 채광기술로 보기엔 타당성이 없다.

6.9.3 종 류

햇빛을 건물 실내에 작용시키는 "채광"방법은 자연의 햇빛을 모으는 여부에 따라 집광(集光)형과 자연(自然)형으로 구분하고, 자연형과 집광형은 태양운동에 쫓아 동작하는지 여부에 따라 추적형과 고정형으로 세분. 상품화 및 보급단계의 기술을 소개하면 다음과 같다.

1) 자연형

- 고정형 : 창문, 천정(경사지붕), 돔형, 피라미드형 돔
- 추적형 : 프리즘형

2) 집광형

- 고정형 : 벽채광패널, 독립채광패널
- 추적형 : 프리즘형

6.9.4 응용 사례

그림 6-37 돔형

그림 6-38 독립채광패널

그림 6-39 추적형/히마와리형

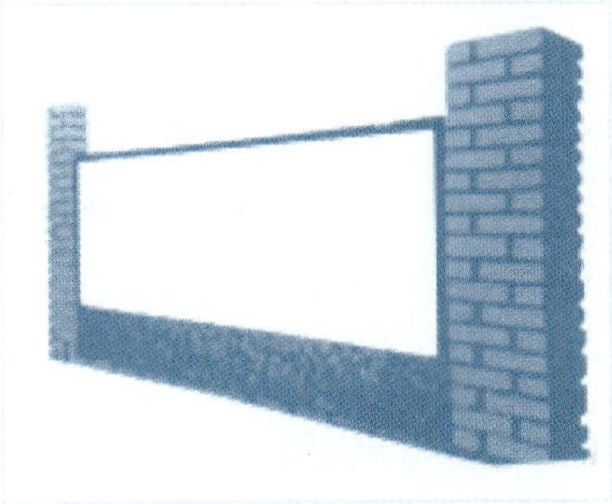

그림 6-40 벽채광패널

- 국내의 경우 (주)찬성에너지 등에서 벽채광패널, 독립채광패널 등의 형태로 시범설치 및 보급하고 있다.

채광시스템은 정밀한 태양추적을 필요로 하기 때문에 특허 고안된 태양위치 센서와 위치추적 프로그램이 함께 운영되어 태양의 위치를 실시간 중계, 인공지능 마이콤에 전달되어 2축(방위, 고도) 제어방식의 소형모터에 전달되어 태양을 자동 정밀 추적한다. 이때 상부에 장착된 광학렌즈를 통하여 집광, 투과율이 뛰어난 첨단의 광섬유로 햇빛의 전송이 이루어진다.

특히 채광시스템은 경량의 고성능 광학 프레넬 렌즈를 채택하여 제품의 중량을 최소화하였으며 또한 전송 손실이 적고 장거리 채광이 가능한 최적의 광파이버를 적용하였다(석영 Fiber).

표 6-6 태양광 조명의 효과

용도	효 과
조명	• 채광범위확대 : APT, 주택 등의 웰빙 조명 및 지하시설, 북측 공간 등의 자연채광 • 법적 규제에의 대응 : 고층건물에 대한 일조권 피해대안 • 자연색 표현 : 자외선 억제로 전시 및 진열품의 변색방지 • 조명효과 : 생동감 있는 자연조명
건강	• 미용효과 : 자외선 제거로 피부에 손상없이 안전한 일광욕 • 건강증진 : 거동불편자의 일조권 확보/욕창 방지효과 지하철역 구내, 대기실 등 휴게실 자연광 조명
화원	• 어류 실내원예 : 태양광 조사로 생육증진 • 실내화원 : 화초의 활발한 광합성 작용/건강한 화초 • 수족관 : 관상어의 건강한 생육과 스트레스 방지(산호사육 등에 최상의 자연조명이며 절전효과로 유지비 절감)
기타	• 폭발위험지역 및 시설에 완벽한 방폭 조명 제공(전기 불필요) • 석유 Plant, 연구시설 등

위의 모든 추적, 전송 동작실행은 자동추적 제어되며 실내에 유입 조사되는 태양광은 피부와 건강에 해로운 강한 자외선이 억제된 양질의 자연광(가시광선) 그 자체로서 우리들의 주거공간을 보다 쾌적하고 행복한 삶의 장으로 만들 것이다.

6.9.5 채광시스템의 활용

1) 건물 내의 자연채광을 실현

북측의 사무실, APT, 주택 등과 햇빛이 차단된 욕실, 지하실, 화장실에 태양광을 전송시킬 수 있으며 일조권 문제를 해결할 수 있다.

2) 쾌적한 지하공간이 가능

이제까지는 지하공간의 특성상 습하고 어두운 곳으로만 생각되어 그 용도를 제대로 이용, 활용되지 못하고 있었지만 추적식 "태양광 채광시스템"의 실용화로 어두운 이미지에서 경제적이고 쾌적한 이미지로 연출이 가능해졌습니다. 특히 지하공간은 연중 온도변화가 거의 없으므로 냉, 운전비가 적게 들기 때문에 경제적일 뿐만 아니라 소음과 먼지가 적어 여기에 자연 태양광을 가져오면 아주 쾌적한 생활공간의 실현이 가능하다.

3) 실내에서도 안심하고 일광욕이 가능

위험한 성분(강한 자외선)을 억제하고 인체에 필요한 가시광선만을 집약적으로 유입한 빛이므로 건강한 실내일광욕에 적합한 시스템이다(개인주택, 사우나 등). 또한 거동이 불편한 노인, 환자, 유아, 장애우 등 실외에서 직사광선을 접할 수 없는 사람들도 안심하고 양질의 깨끗한 태양빛을 즐길 수 있다.

4) 열이 적은 빛, 파괴, 변색작용이 없는 빛

열이 적은 빛으로 실내공조(특히 냉방)에 영향을 주지 않으며 한여름에도 실내에서 시원한 일광욕이 가능하며 자외선으로 인한 물질의 노화와 변색작용도 없기 때문에 가구나 고가의 미술품 등에도 변색 걱정이 없다.

5) 연색성이 뛰어난 자연광

고품격으로 집광된 태양광은 우리들의 눈에 보이는 빛으로 자연 상태의 태양광 그대로의 부드러운 빛으로 물질의 색을 보다 아름답게 연출하여 인간의 삶을 쾌적하게 유지시켜 준다.

6) 동 · 식물의 성장에 유익한 자연광 자체

다양한 취미생활 에서의 태양광은 동 · 식물의 성장과 광합성 작용을 활발하게 유지시켜 줌은 물론 실내의 관상용 수족관(산호)사육 등에서도 자연 상태 그대로의 환경을 조성해줌으로써 보다 생명력 있는 취미활동이 가능하다.

7) 정신적인 건강을 유지

충분한 일조량으로 각종 스트레스, 불면증을 감소할 수 있으며 보다 안정된 삶을 영위할 수 있다.

8) 절전의 대체에너지로서의 활용

실내의 웰빙 조명으로서 절전기능과 에너지를 많이 소비하는 각종 취미생활에서의 대체에너지 역할도 충분히 만족시켜 준다.(산호 수족관 등)

6.10 태양광 에너지의 기술개발 현황

6.10.1 태양광 에너지의 해외 현황

① 미국은 첨단기술의 전략적 개발과 시장개척 및 상업화 지원
- 100만호 Solar-roof 주택 보급사업 등에 의해 2002년까지 212MW 보급

② 일본은 정부주도의 상용화 기술개발과 보급촉진 및 수출시장 확대
- 태양전지 원료의 저가화 및 신형 태양전지 개발
- 3kW 주택용 태양광 발전 시스템 보급사업 등 2002년도까지 637MW 보급

③ 유럽은 분야별 컨소시움 또는 EC를 통한 기술개발 및 실증시험 등 공동수행
- 복합기능 태양전지 모듈개발 및 복합 발전시스템 실용화
- 태양전지 모듈과 시스템의 실증시험 및 규격화 등 국가별, 공동체별 사업 수행중
- 2002년까지 독일은 277MW, 이태리 22MW 등을 보급

④ 선진국에서는 보급 프로그램과 병행하여 기술개발을 종합적으로 추진

⑤ 세계시장은 1995년 이후 연평균 33% 이상의 급신장추세

⑥ 1995년 77.6MW, 1999년 201.3MW 생산

⑦ 2002년말 562MW 생산

⑧ 일본 251.1MW, 유럽 135.1MW, 미국 120.6MW로 대부분 차지

6.10.2 태양광 에너지의 국내 현황

1) 사업비지원 현황

'88년부터 2005년까지 태양광 분야에 94개 과제에 77,552백만 원을 투자하였으며 그 중 51,979백만 원을 정부에서 지원했다.

표 6-7
사업비지원 현황

구분 \ 년도		'88~'98	'99	2000	2001	2002	2003	2004	2005	계
과제수	신 규	44	3	3	6	4	7	22	5	94
	계 속	70	3	4	6	5	6	2	17	113
	계	114	6	7	12	9	13	24	22	207
사업비 (백만원)	정부	10,474	822	1,815	4,917	4,736	5,076	9,140	14,999	51,979
	민간	9,893	354	637	1,938	1,899	1,916	3,564	5,372	25,573
	계	20,367	1,176	2,454	6,855	6,635	6,992	12,704	20,371	77,552

2) 기술개발 현황

① '70년대 초부터 대학과 연구소를 중심으로 연구를 시작하여 '88년부터 대체 에너지개발촉진법에 따라 정부차원에서 기술개발

② 저가화와 효율향상을 위한 태양전지 제조 기술개발 및 시스템 이용 기술개발을 병행하여 추진

(1) 태양전지

① 실리콘계 태양전지

- 결정질 실리콘계 태양전지(기판형)는 시스템화 연구를 통해 상품화단계
- 다결정질 실리콘 박막형 태양전지는 기초연구단계로 요소기술을 확보하였으나 상품화를 위한 제조설비의 투자비 과다로 사업화가 미진행된 상태임

② 화합물계 태양전지

- 결정화합물계 III-VI족 (CdTe, $CuInSe_2$ 등) 태양전지는 효율이 높은 것이 장점이나 저가화, 대면적화가 문제로 이러한 부분을 해결하기 위한 기초 요소연구를 수행
- 미래 박막형 태양전지로서 실용화를 위한 요소기술 확보를 위한 연구개발추진
- 화합물 반도체는 한국에너지 기술연구원 등에서 기반기술 확보 수준

표 6-8 태양광분야 신재생에너지 기술개발 기본계획

제1단계(2003~2006) 보급촉진형 기술개발	제3단계(2006~2009) 다량보급형 기술개발	제4단계(2009~2012) 저가상품화 기술개발
• 주택보급형 3kW급 시스템 개발 • 건물, 상업용 10kW급 시스템 개발 • 태양전지 저가화, 고신뢰성 제품 및 양산체제 확립	• 결정질 초박형 태양전지 기술개발 • 차세대 박막 태양전지 기술개발 • 태양전지 발전시스템 보급형 유니트화 개발	• 결정질 초박형 태양전지 상용화 기술개발 • 차세대 박막 태양전지 상품화 기술개발 • 태양광 발전 시스템 보급형 패키징 상품화 기술개발

3) 향후 기술개발 추진계획

① 실리콘계 태양전지분야는 저가, 고효율화를 위한 기술개발 추진

② 화합물계 등 차세대 태양전지는 대면적화, 실용화를 위한 요소기술개발 및 시스템화를 위한 연구 추진

③ PCS의 경량화 및 고효율화, BIPV 태양광 발전 시스템의 상용화 기술개발 추진

6.11 태양광 에너지의 실용화

결정질 실리콘계 태양전지는 국산화되어 생산체제를 갖추었으며, 생산기반 확충(태양광용 원재료 확보, 기판제조)과 생산 · 제조공정 기술개선에 연구가 필요하다.

6.11.1 태양전지

결정질 실리콘 태양전지(Cell)는 상용화 수준으로 포톤반도체에너지, 네스코쏠라에서 생산능력을 확보하고 있다. 결정질 실리콘 태양전지 제조 기술 및 시스템 이용기술은 선진국 대비 80% 수준이다.

6.11.2 모듈

태양전지 모듈(Module)은 S-에너지, LG산전, 해성쏠라, 쏠라테크, 심포에너지 등에서 생산하고 있다.

6.11.3 인버터

인버터는 LG산전, 헥스파워시스템에서 태양광 발전용 직·교류 변환장치를 생산하고 있다.

6.11.4 축전지

세방하이테크(주)에서 태양광 발전용 무보수 밀폐형 연축전지를 개발 및 실용화하고 있다.

6.11.5 시스템 이용

독립형 태양광 발전시스템은 에기연 및 전력연구원에서 개발, 표준화하고 있으며, 계통연계형 태양광 발전시스템은 삼성전자에서 개발하고 있다.

세계 1위의 기술경쟁력을 가지고 있는 반도체 및 TFT-LCD 산업기반을 활용하여 세계 태양전지 산업을 주도할 수 있는 잠재력을 보유하여 태양전지의 저가화를 위한 실리콘계 박막 태양전지는 현재 태양전지 자체보다는 박막성장법 연구 진행 중이며, 박막성장은 거의 진공상태에서 진행되므로 대단히 느린 공정이며, 양산화를 위한 고속 박막성장 기술개발시 향후 실용화 가능하다.

6.12 태양광 에너지의 요소기술

6.12.1 태양전지 필요 요소기술

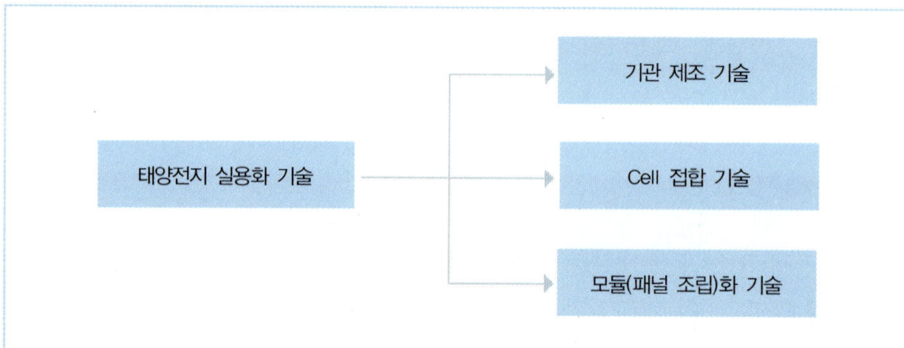

그림 6-41
태양전지 실용화 기술

1) Si계 태양전지

- Si 기판 제조 기술(Cast, 리본 기판)
- Si계 건식, 습식 PN 접합 기술
- 다중접합 형성 및 태양전지 적층 기술
- 투명 전극 및 배면 전극형성 기술

2) 화합물 태양전지

- 박막성장 기술
- 밴드갭 제어 및 다중접합 형성 기술
- 투명 전극 및 배면 전극형성 기술
- 다중접합 형성 및 태양전지 적층 기술
- 박막 장비 기술

6.12.2 태양광 발전 필요 요소기술

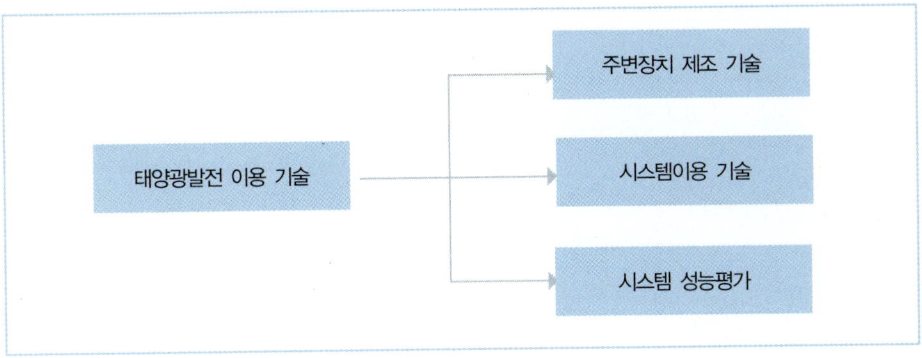

그림 6-42 태양광 발전 이용 기술

1) 주변장치 제조 기술

- 축전지 제조
- 직교류 변환장치 개발
- 소형 인버터 장치 개발

2) 시스템 이용기술

- 독립형 시스템 개발(주변장치 연계 기술)
- 계통연계형 시스템 개발(주변장치 연계 기술)
- 복합이용 시스템 개발(태양광-풍력 연계 기술)

3) 시스템 성능평가 기술

- 인버터 및 축전지 평가 기술개발
- 시스템 효율개선에 필요한 시스템 평가기법 개발
- 시스템 설치대상의 목적·특성 등에 따른 최적시스템 설계기법의 확립
- 실증운전 계측 데이터베이스화에 의한 설계 변수의 도출

제7장

유비쿼터스 바이오에너지의 생산기술

7.1 바이오에너지의 개요

바이오에너지는 살아 있는 생물체로부터 생겨나는 에너지를 이용하는 것으로 나무를 사용해 땔감으로 사용하기도 하고 식물에서 기름을 추출해 액체 연료로 만드는 등 동·식물의 에너지를 이용하여 자연환경을 깨끗하게 유지할 수 있다.

7.1.1 바이오에너지의 내용

태양광을 이용하여 광합성되는 유기물(주로 식물체) 및 동물 유기물을 소비하여 생성되는 모든 생물 유기체(바이오매스)의 에너지를 바이오에너지라 한다.

바이오에너지 생산기술이란 동·생물 유기체를 각종 가스, 액체 혹은 고형연료로 변환하거나 이를 연소하여 열, 증기 혹은 전기를 생산하는데 응용되는 화학, 생물, 연소공학 등을 일컫는다.

그림 7-1
신기한 에너지
(바이오, 폐기물)

바이오매스(Bio-mass)란 태양에너지를 받은 식물과 미생물의 광합성에 의해 생성되는 식물체, 균체와 이를 먹고 살아가는 동물체를 포함하는 생물 유기체를 말한다.

쓰레기매립지에서 발생하여 환경오염의 원인이 되기도 하는 매립지가스(LFG : Landfill Gas)를 원료로 발전 설비를 가동하고 전력을 생산하는 과정을 통하여 매립지 주변의 환경오염(메탄가스 대기방출)을 저감하고, 폐기물을 자원으로 재활용할 수 있다.

그림 7-2
바이오에너지

따라서 바이오매스 자원은 곡물, 감자류를 포함한 전분질계의 자원과 초본, 임목과 볏짚, 왕겨와 같은 농수산물을 포함하는 셀룰로스계의 자원과 사탕수수, 사탕무와 같은 당질계의 자원은 물론 가축의 분뇨, 사체와 미생물의 균체를 포함하는 단백질계의 자원까지를 포함하는 다양한 성상을 지닌다. 이들 자원에서 파생되는 종이, 음식찌꺼기 등의 유기성 폐기물도 포함한다.

표 7-1
바이오스의 종류

	고체 바이오매스	액체 바이오매스	바이오가스
종류	• 나무류 • 작물 및 작물의 껍질 · 줄기등 농업폐기물(콩, 옥수수, 사탕수수 등) • 잡초 등 초본식물 • 동물배설물 등	• 바이오알코올(에탄올, 메탄올, 부탄올) • 식물추출 오일 • 바이오디젤(동 · 식물 지발의 변환)	바이오메탄 (매립지 가스, 거름 부생가스 등)
용도	• 직접 연소(나무, 배설물) • 액체바이오매스의 원료	• 연료용 • 산업용 소재	• 연료용 • 산업용 소재

7.1.2 바이오에너지 원리 및 구조

유기성폐기물 → 혐기발효 → 메탄가스발생 → 터빈가동 → 전력생산

① 매립가스를 포집 : 쓰레기매립지에서 발생하는 매립지가스(Landfill Gas) 중 가연성 기체인 메탄(CH_4)을 포집하여 발전의 열원으로 사용한다.

② 메탄(CH_4)을 보일러로 공급하여 보일러에서 연소 : 이곳에서 발생한 연소가스가 연소로와 전열면을 거치면서 과열증기를 생산하며 터빈에 공급한다.

③ 과열증기로 터빈과 발전기 가동 및 전력생산 : 보일러에서 공급되는 과열 증기로 터빈 발전기를 가동시켜 전력을 생산하고 송전 계통을 통해 이를 한정으로 공급한다.

④ 잔열의 재사용 : 터빈과 발전기 가동시 증기의 일부가 급수의 가열에 재사용되고 나머지 폐열은 복수기를 통해 순환수 계통으로 방출된다.

7.1.3 바이오에너지의 특징 및 변환 시스템

1) 특 징

표 7-2
바이오에너지의 장 · 단점

장 점	단 점
• 풍부한 자원과 큰 파급효과 • 환경친화적 생산 시스템 • 환경오염의 저감(온실가스 등) • 생성에너지의 형태가 다양(연료, 전력, 천연화학물 등)	• 자원의 산재 (수집, 수송 불편) • 다양한 자원에 따른 이용 기술의 다양성과 개발의 어려움 • 과도 이용시 환경파괴 가능성 • 단위 공정의 대규모 설비투자

2) 바이오에너지 기술의 분류

표 7-3
바이오에너지 기술의 분류

대분류	중분류	내 용
바이오 액체연료 생산기술	연료용 바이오 에탄올 생산기술	당질계, 전분질계, 목질계
	바이오디젤 생산기술	바이오디젤 전환 및 엔진적용 기술
	바이오매스 액화 기술(열적 전환)	바이오매스 액화, 연소, 엔진이용 기술
바이오매스 가스화기술	혐기소화에 의한 메탄가스화 기술	유기성 폐수의 메탄가스화 기술 및 매립지 가스 이용 기술 (LFG)
	바이오매스 가스화 기술(열적 전환)	바이오매스 열분해, 가스화, 가스화 발전 기술
	바이오 수소 생산기술	생물학적 바이오 수소 생산기술
바이오매스 생산, 가공 기술	에너지 작물 기술	에너지 작물 재배, 육종, 수집, 운반, 가공 기술
	생물학적 CO_2 고정화 기술	바이오매스 재배, 산림녹화, 미세조류 배양 기술
	바이오 고형연료 생산, 이용 기술	바이오 고형연료 생산 및 이용 기술 (왕겨탄, 칩, RDF(폐기물연료) 등)

3) 바이오에너지 변환 시스템

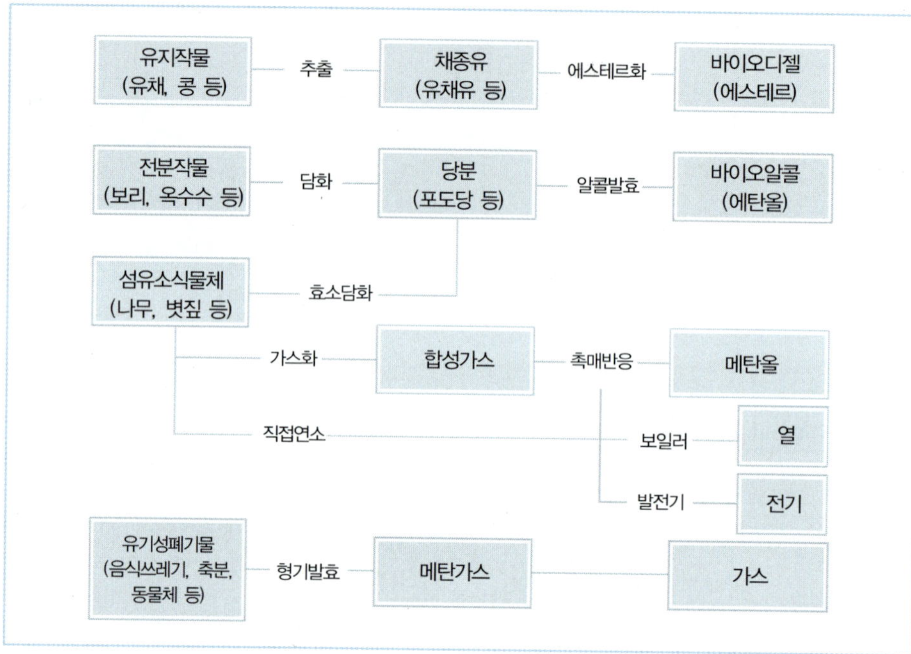

그림 7-3 바이오에너지 변환 시스템

7.1.4 최근의 바이오 기술

바이오 정류(biorefinery) 기술(목질계 바이오 연료/ 및 화학원료 생산기술)이란 식물체 등 바이오매스를 원료로 BT(Bio-Technology)를 이용하여 바이오 연료류(에탄올, 부탄올, 아세톤 등)와 화학원료(젖산, 숙신산)를 만드는 기술과 이를 실현한 플랜트를 말한다.

지금까지 바이오매스 자원을 이용하여 주로 바이오 정류(biorefinery) 기술은 석유자원(protrochemical feedstocks)을 이용한 화학적 합성공정에 의존하였으나 이로 인한 환경문제 및 자원고갈 등의 문제가 대두되었다. 따라서 이러한 공해 유발형 및 고에너지 소비형 화학원료 생산공정을 재생 가능한 자원(renewable feedstocks)인 바이오매스(biomass)를 이용한 생물공학적 발효공정으로 대체하여 탈공해 및 저공해의 청정 생물공학 기술(green- biotechnology)을 이룩하려는 연구가 활발히 진행되고 있다.

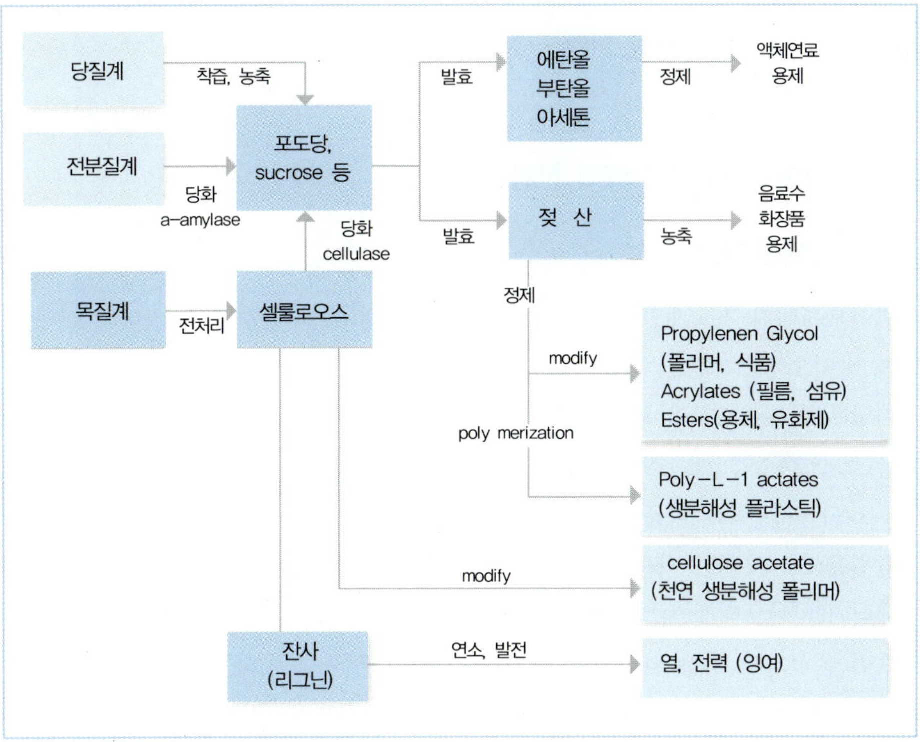

그림 7-4
개발 대상 바이오 정류(Biorefienry)의 원료 및 중점제품 공정도(진하게 표시한 부분)

생물유기체(바이오매스)를 구성하는 탄수화물은 석유를 구성하는 탄화수소와 마찬가지로 이론적으로는 화학, 생물공학기술을 응용하여 우리 일상생활에 쓰이는 거의 모든 화학제품을 만들 수 있다. 다만 탄탄한 인프라를 구축하고 값싸게 공급되는 석유화학제품을 경제성 면에서 극복하지 못하고 있을 뿐이다.

예를 들어, 미국의 카길사(Cargill corp.)는 네바라스카 주에 건설된 바이오 정류(biorefinery)에서 옥수수를 원료로 젖산을 포함한 수 개의 화학제품과 생분해성 플라스틱인 다중 젖산(polylactic acid)을 생산하기 시작했다. 이 같은 바이오매스를 이용한 범용 화학제품의 생산은 비 연료유용 석유(나프타)의 소비를 절약할 뿐만 아니라 공정자체의 에너지소비를 줄일 수 있어 석유소비를 절감하며, 유화계 플라스틱 등을 대체하여 환경오염을 저감하였다.

7.2 바이오에너지의 현황

7.2.1 바이오에너지의 해외 현황

1) 기술개발 현황

바이오에너지 기술개발은 자원과 이용 기술이 다양한 만큼 각각 자국의 실정에 맞는 바이오에너지원을 개발 이용하고 있다.

미국은 정부주도의 상용화 기술개발과 보급을 추진하고 있다. 현재는 연료용 알코올 보급(28.1억 gal, 2003), 바이오디젤 보급(2,000만 gal, 2003), LFG(매립지가스 : Land Fill Gas) 이용 (1998, 360개소, 730MW)에 주력하고 있다.

유럽은 EU 차원의 기술개발/실증시험 사업과 이미 상당히 발전되고 있는 바이오에너지(바이오디젤, 발전사업자) 공급사업자를 중심으로 보급 확대가 일어나고 있으며 온실가스 저감 차원에서 기술개발 및 보급 확대를 하고 있다. EU는 현재 바이오디젤 보급이 활발(110만 ton, 프랑스 2003년) LFG 이용(400개소, 670MW, 1999), 메탄가스 발전시설(100개소, 240MW, 2000)의 실적으로 2010년에 총 대체에너지의 70% 이상을 바이오에너지로 공급예정이다. 기타 국가는 다음과 같다.

- 중국 : 농부산물 바이오매스 가스화 이용(발전 포함)
- 일본 : 도시쓰레기 소각열 발전, 메탄올 생산 이용
- 스웨덴, 캐나다, 브라질 : 미국과 목질계 에탄올 기술개발 협력
- 스웨덴 : 바이오매스 가스화 발전기술 실증
- 네덜란드, 덴마크 : LFG 및 바이오가스 이용 기술개발 적극추진

2) 기술개발계획

(1) 미 국

1999년 대통령령으로 “바이오 연료/화학원료 개발촉진(제13134호)”을 선언하고 2010년까지 바이오에너지 공급을 3배 확충할 것이다. 구체안은 목질계 알코올 연료, 바이오매스 가스화 발전, 바이오정유공정(biorefinery) 기술개발 상용화와 에너지 작물재배 기반의 확충을 포함하고 있다.

표 7-4
미국 바이오에너지의 국가 비전

	2001	2010	2020	2030
전기 · 열생산 점유율	–	4%	5%	5%
운송용 연료 점유율	0.5%	4%	10%	20%
제품 생산 점유율 (화학제품 생산량 대비)	5%	12%	18%	25%

미국은 바이오매스 관련 R&D에만 연간 150백만 달러 이상을 투자하고 있다. 특히 주무부서인 에너지성과 농업성이 각각 90~110백만 달러 및 약 60백만 달러의 자금을 집행하고 있다. 특히 리그린, 셀룰로이드 등 식물섬유질에서 에탄올을 생산하는 기술에 투자를 집중하고 있다.

현재는 옥수수 단일 작물에 대한 의존도가 높아 다양한 에너지 식물 및 풍부한 산림자원의 활용을 늘리기 위한 목적이다. 2010년까지 대규모의 상업용 바이오정유공정(biorefinery) 건설을 목표로 산업계의 공정 기술개발도 집중 지원하고 있다.

표 7-5
미국 정부-기업의 공동 바이오 정유공정 기술 프로젝트

콘소시엄 참여주체	예산(백만 달러)	목표
Broin & Associates, Inc. National Renewable Energy Lab (NREL)	5.4	옥수수 씨알에서 다양한 고부가 화합물 생산
Cargill, Codexis, Pacific Northwest National Lab (PNNL)	6	탄수화물을 발효시키는 새로운 미생물 및 공정개발
Cargill–Dow LLC, Iogen, Shell Global Solutions, CNH Global NV	26	파일로트 수준의 바이오정유 공정 건설
Dupont, NREL, 미시간주립대, Deere&Co	18.2	목질계 셀룰로오스를 분해하는 정유공정 기술개발
High Plains Corp, Novozymes, VTT–Finland, NREL	17.7	주정 발효 후의 엿기름 찌끼로부터 에탄올 생산기술 개발
National Corn Growers Association, PNNL	2.4	옥수수 섬유질에서 헤미셀룰로오스, 단백질, 오일 등 제거

학계나 공공연구기관 중심으로 이루어지는 BT, NT 등 기초 분야의 R&D지원 형태와는 달리 정부와 산업계의 공동 출자 연구를 장려하고 있다.

기초 및 상업화 연구가 혼재하는 성격상 일부 비용을 산업계에서 부담하여 기술

개발의 위험도가 높을수록 정부부담 비중이 높아지는 구조이다.

바이오에너지 개술개발 및 보급 활성화를 위한 다양한 지원정책을 시행하고 있다. 바이오 연료생산자에게는 생산보조금 지급, 설비투자비의 일부 보존 등 경제적 인센티브와 함께 바이오 연료의 의무사용 등 가제규정도 병행하고 있다. 특히 소비자에게는 바이오 연료에 대한 각종 세금공제 등으로 구매를 장려하고 있다. 표 7-6은 미국의 주요 바이오에너지 개발정책을 정리한 것이다.

표 7-6 미국의 주요 바이오에너지 개발정책

법 · 정책(실행시기)	주요 내용	특징
Biomass R&D Act (2000)	에너지성 및 농업성에게 국가 바이오매스 전략의 실행의무	바이오매스의 국가비번 및 기술로드맵 수립(2002)
National Biomass Initiative (2001)	미국의 바이오매스 관련 R&D 및 자원관리를 총괄하는 정책	산하에 Biomass R&D Initiative를 운영
Federal Procurement of Biobased Products(2002)	연방정부가 만 달러 이상의 구매활동 시, 바이오성분이 다량 함유된 제품의 구매를 우선하도록 의무화	농업성이 바이오성분 함량 · 품질을 측정하여 우선구매목록인 Biobased Product Lists를 작성
Renewable Energy Systems & Energy Efficiency Improvements (2003)	농가나 지역 소기업의 재생에너지 생산 또는 에너지 시설개선에 대한 보조금 또는 저리의 차관을 지급	2005년도는 22.8백만 달러를 배경
Biorefinery Development Grants (2002)	바이오매스에서 각종 연료 및 화학소재를 생산하는 공정개발 및 건설비용의 일부를 지원	바이오 정유공정 개발 및 건설비용의 30%까지 지원
Continuation of Bioenergy Program (2003)	연간 바이오에너지 생산량이 증가한 생산자에게 증산비용의 일정액을 연간 150백만 달러 한도에서 2006년까지 지원	연간 65백만 갤런 이하 생산자는 증가량 2.5유닛 당 1유닛, 65백만 이상은 3.5유닛당 1유닛의 비용을 보조
E85 Tax Credit (2002)	수송용 대체연료(E85)에 대해 갤런당 총 0.7985 달러의 세금을 공제	E85판매용 시설투자를 한 소매사업자도 연간 3만 달러의 소득세를 공제. 2007년 기한
Renewable Fuels Standard(RFS) (2005)	• 2012년까지 바이오 연료 등 재생가능 연료(RFS)의 사용량을 연간 50억 갤런까지 확대. • 2012년까지 정유회사는 일정기준 이상의 RFS를 생산하거나,다른 정유사로부터 RFS 사용권을 구입해야 함	–환경청(EPA)이 공급상황에 따라 목표수치를 증(감)량할 수 있도록 규정 –일정규모 이하의 소형 정유사업자는 RFS 사용량 또는 사용권 구매의무를 2007년 말까지 유예
Tax Incentives for Biodiesel (2004)	100% 천연식물 오일로 제조한 바이오디젤은 갤런 당 1달러, 재활용 오일로 만든 바이오디젤은 갤런 당 0.5달러 세금공제	미국시장에서 바이오디젤이 석유계 디젤 대비 생산비가 갤런 당 1달러 비싼 수준

(2) 유 럽

EU Campaign for Take-off(도약의 캠페인)는 2010년 까지 이를 3배로 확충하여 총 에너지 소비의 약 9%(전체 대체에너지의 74%)를 바이오에너지(폐기물 포함)로 공급할 것이다. 구체안은 10GWth의 바이오매스 열병합 발전, 백만호 바이오매스 개별난방, 1GWe의 메탄가스 발전, 500만 톤의 바이오디젤(에탄올) 공급 계획을 추진중이다.

※ 보급현황

1980년 대 미국 및 EU는 폐기물의 단순처리 목적으로 소규모 매립장을 다수 설치하였으나 메탄 방출에 의한 지구온난화 등 환경문제가 심각하여짐에 따라 1990년대에는 매립장에서 발생하는 메탄(매립지가스, LFG)을 회수하여 에너지원으로 활용하는 공정을 상용화하였으며 대규모 매립장을 대상으로 주로 설치하여 전기를 생산하고 있다.

폐수의 메탄가스화는 기존의 기술이지만 고농도 유기성 폐기물 (축산분뇨, 하수슬러지, 음식 쓰레기 등)의 메탄가스화 기술이 개발되어 1988년 이후 EU 지역에만도 약 100기의 메탄가스화 장치가 보급되어 약 240MWe의 분산형 전력 및 열을 공급하고 있음. EU는 2010년까지 1,000 MWe의 메탄가스 발전을 보급할 계획이다.

미국의 경우 옥수수 전분 알코올 48억 kℓ/년 (30억 toe/년) 브라질은 사탕수수 알코올 180억 kℓ/년(115억 toe/년), 프랑스는 밀가루 전분으로부터 150만 kℓ/년의 알코올을 그리고 EU 국가전역에 연간 약 140만 톤의 채종유를 이용한 바이오 디젤이 자동차용 연료로 공급되고 있다.

이외 EU는 나무를 이용한 지역 열병합 발전으로 22백만 toe/년, 쓰레기 소각열 발전으로 2.1 GW의 전력설비를 가동하고 있으며 미국은 바이어매스 소각발전으로 현재 10 GW 용량의 설비를 운용하고 있다.

메탄 및 바이오에탄올의 시장 규모는 소규모이긴 하지만 90~97년간 연 평균 10%의 성장률을 나타내었으며, 지구온난화와 연계하여 앞으로 급격히 성장할 것으로 예상되며 미국과 EU는 모두 현재 총 1차 에너지 소비의 3% 내외를 차지하는 바이오매스 에너지 공급을 2010년까지 3배로 늘리는 계획을 추진 중이다.

7.2.2 바이오에너지의 국내 현황

1) 연구비지원 현황

'88년부터 2004년까지 바이오 분야에 95개 과제에 37,614백만 원을 투자하였으며 그 중 24,775백만 원을 정부에서 지원했다.

표 7-7
연구비지원 현황

구분 \ 년도		'88~'98	'99	2000	2001	2002	2003	2004	계
과제수	신규	68	1	3	4	3	6	10	95
	계속	111	7	4	4	7	11	8	152
	계	179	8	7	8	10	17	18	247
사업비 (백만원)	정부	11,845	1,516	1,470	1,268	1,378	1,467	4,233	24,775
	민간	7,614	155	432	721	889	1,284	1,744	12,839
	계	19,459	1,671	1,902	2,099	2,356	4,150	5,977	37,614

2) 바이오에너지의 기술개발 현황

'70년대 초부터 대학과 연구소를 중심으로 연구 시작하여 '88년부터 대체에너지 개발촉진법에 따라 정부차원에서 기술개발하였으며 대체에너지 기술개발 사업이 동 분야에서 유일한 재원이다. 기술개발 동향은 1999년까지 바이오에탄올, 메탄가스화 기술개발 위주로 추진되었으며 1990년대 이후 LFG 이용기술, 바이오 수소 생산기술개발 등이 주요 분야로 추가 추진되었다.

3) 향후 기술개발 추진계획

① 매립지가스(LFG)의 에너지 이용 기술개발 : LFG 이용 발전 시스템 개발 ($100m^3/h$ 이상 LFG 포집)

② 바이오 수소제조 기술개발 : 유기성 폐자원을 이용한 생물학적 수소 생산기술개발

7.3 바이오에너지의 실용화

전분계 에탄올 연속 생산기술은 실용화 가능 단계에 있고, 목질계 에탄올 연속 생산기술은 기반기술 확립 단계이며 유가 상승시 추가 기술개발 및 상용화가 가능하다.

고율 메탄발효 공정은 상용화 단계로서 보급이 추진되고 있다(각종 산업폐수, 음식물 쓰레기 처리).

LFG 이용 기술개발의 결과로 2개 대규모 프로젝트(서울 상암, 부산 생곡)가 해외 컨설팅 회사와 협력하여 보급이 추진되고 있으며 향후 급격한 보급 확산이 예상된다. 바이오디젤 및 바이오 수소분야는 대학, 연구소 등을 중심으로 기초연구가 수행 중이다.

제7장

표 7-8
바이오 기술개발 기본계획

제1, 2단계(~'96까지)	제3단계('97~'01)	제4단계('02~'06)
• 연료용 알코올 생산기술 개발 - 농산물 이용 1kl/일규모 연속 발효 생산기술 실용화 - 농산물이용 20 l /일규모PDU 건설 및 운전 • 메탄가스 전환 기술 실용화 - 산업용 UASB 공정 개발(10~100톤급) - 50kg/일 처리규모 폐기물 혐기 발효 실증연구 - LFG이용 기술타당성 검토 • 미래 바이오에너지 기술 기초연구	• 연료용 알코올 생산기술 - 생산단가 400원/ l 이하(농산물 이용) - 목질, 산업폐기물 등을 이용한 생산기술 실용화 • 메탄가스 전환기술 - 산업용 및 축산폐수용 메탄가스 전환 공정 개발(500톤급 이상) - 100톤/일 규모 폐기물 혐기발효 실용화 - 1,000만m^3/년 이상 규모 LFG 실증실험 • 미래 바이오에너지 기술기반 연구	• 연료용 알코올 생산기술 - 생산단가 300원/ l 이하(농산물 이용) - 목질, 산업폐기물 등을 이용한 생산기술 상용화 • 메탄가스 전환 기술 - 산업용 및 축산폐수용 메탄가스 전환 공정 상용화 - 폐기물 혐기발효 상용화 - 1,000만m^3/년 이상 규모 LFG 상용화 • 미래 바이오에너지 기술 실증실험

7.4 바이오에너지의 기술 분야

7.4.1 연료용 알코올 생산기술 분야

1) 필요 요소기술

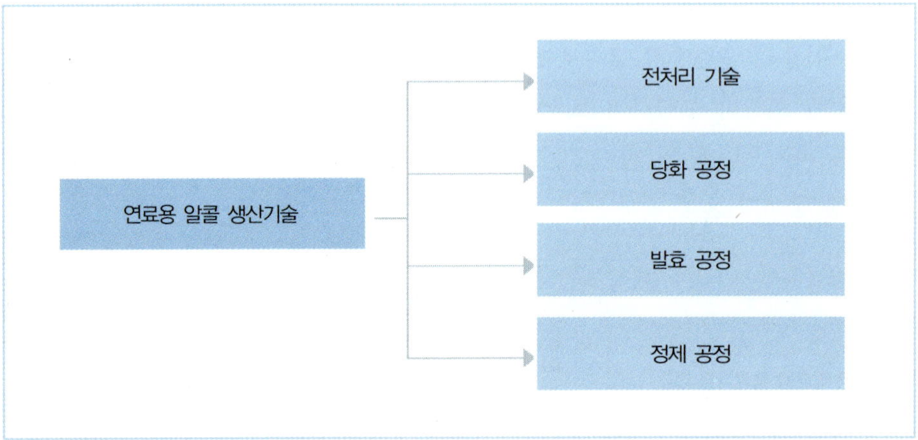

그림 7-5
연료용 알코올 생산기술

2) 추진기술 분석

동 분야는 시스템 기술개발을 완료하였다. 별도의 요소기술개발은 불필요하다. 다만, 보급여건 미성숙으로 실용화되지는 않았다. 추후 보급여건이 성숙되었을 때 저가화(低價化) 기술개발추진 검토예정이다.

일본의 경우도 기술개발은 완료하였으나 보급은 유보된 상태이다.

7.4.2 메탄가스 전환기술 분야

1) 대상 분야 기술

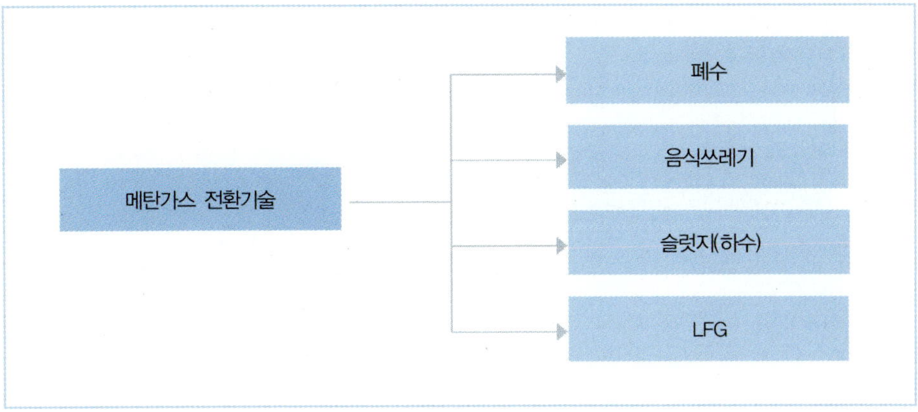

그림 7-6
메탄가스 전환기술

2) 추진기술 분석

① 시스템 기술개발로 추진

② 폐수를 대상으로 하는 메탄전환 기술은 실용화되었다.

- 상용화를 위해 고효율 메탄전환기술을 2006년까지만 지원하고 그 이후는 민간기업 차원의 기술개발 필요하다. 다만, 기술축적이 부진한 축산 폐수분야는 지속적인 기술개발이 필요하다.

③ 음식물, 슬럿지 분야는 일부 실용화되었으나 시스템 신뢰도 향상, 고효율화 기술 등의 추가적인 기술개발이 필요하다.

④ LFG분야는 현재 지방자치단체 차원에서 외국기술이 도입되고 있는 실정이다(김포 수도권 매립지, 부산 생곡매립지 등).

- 현재 추진 중인 가스엔진 적용기술이 개발되면 국내기술의 시장진출이 가능할 것으로 예상된다. 비교적 단시간 내에 기술개발효과가 가시화될 것으로 판단되며 시스템 신뢰도향상을 위한 집중적인 기술개발이 필요하다.

7.4.3 미래 바이오에너지 기술

1) 대상 기술

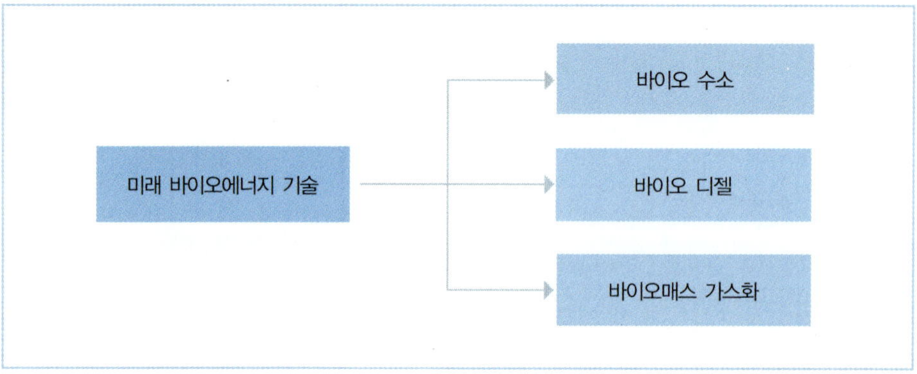

그림 7-7
미래 바이오에너지 기술

2) 추진기술 분석

동 분야는 기초연구분야로서 중장기적인 기술개발투자가 필요하다. 다만, 바이오수소분야의 부산대, 에기연과제를 삼성 엔지니어링에서 후속연구를 추진하여 시스템 기술개발을 추진 중에 있다. 추후 바이오매스 가스화 등 요소기술개발에 투자가 필요하다.

3) 바이오 산업의 가치 사슬

단계구분은 자원확보, 공정처리, 활용으로 구분하였고 가치사슬은 자원확보 영역에서는 경작, 수확 · 수거 및 운송 보관, 공정처리 부문에서는 전처리, 효소분해, 발효.농축, 활용부분으로는 연료용, 발전용, 화학소재용으로 구분하였다.

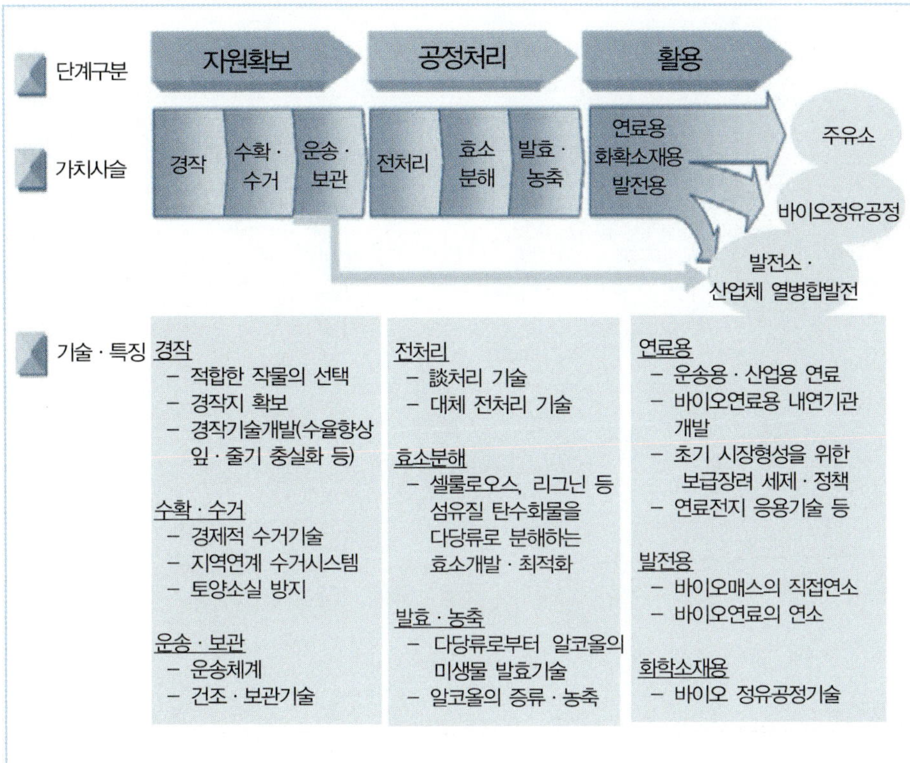

그림 7-8
바이오에너지 산업의 가치사슬

제8장

유비쿼터스 폐기물 에너지의 생산기술

8.1 폐기물 에너지의 개요

사용하고 못쓰게 되어 버리는 제품이나 쓰레기 등을 재활용하는 것으로 에너지 함량이 높은 폐기물들을 여러 가지 기술에 의해 연료로 만들거나 소각하여 에너지로 이용한다. 즉 못 쓰는 물건들을 다시 이용함으로 폐기물도 처리할 수 있고 에너지도 얻어 일석이조의 효과를 얻는다.

8.1.1 폐기물 에너지의 내용

사업장 또는 가정에서 발생되는 가연성 폐기물 중 에너지 함량이 높은 폐기물을 열분해에 의한 오일화 기술, 성형 고체연료의 제조기술, 가스화에 의한 가연성 가스 제조기술 및 소각에 의한 열회수 기술 등의 가공·처리 방법을 통해 고체 연료, 액체 연료, 가스 연료, 폐열 등을 생산하고, 이를 산업 생산 활동에 필요한 에너지로 이용될 수 있도록 한 재생에너지이다.

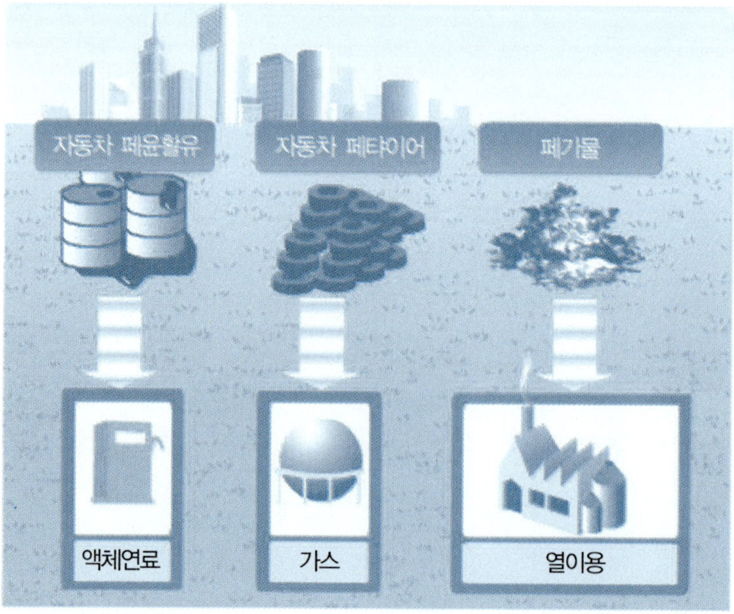

그림 8-1 폐기물 에너지

폐기물 재생에너지란 사업장 또는 가정에서 발생되는 가연성 폐기물 중 에너지 함량이 높은 폐기물을 열분해를 통한 오일화 기술, 성형고체 연료의 제조기술, 가스화에 의한 가연성 가스 제조기술, 소각에 의한 열회수 기술 등으로 가공, 처리하여 고·액체연료, 가스연료, 폐열 등으로 생산하고 이를 산업 생산활동에 필요한 에너지로 이용될 수 있도록 하는 것이다.

8.1.2 폐기물 에너지 원리 및 구조

① 소각로 : 산업폐기물 소각처리
② 보일러 : 보일러에서 냉각시 스팀 발생(18ton/hr)
③ 스팀공급 배관 : 스팀공급(열원 온도 100~120℃)
④ 증발농축시설 : 스팀을 사용하여 폐수를 증발 농축시킴
⑤ 방지시설 : RTO에서 증발 농축시 발생된 악취 제거

8.1.3 폐기물 에너지의 특징

① 비교적 단기간 내에 상용화 가능
- 기술개발을 통한 상용화 기반 조성
- 타 신재생에너지에 비하여 경제성이 매우 높고 조기보급이 가능

② 폐기물의 청정 처리 및 자원으로의 재활용 효과 지대
- 폐기물 자원의 적극적인 에너지자원으로의 활용
- 인류 생존권을 위협하는 폐기물 환경문제의 해소
- 지방자치단체 및 산업체의 폐기물 처리문제 해소

8.1.4 폐기물 신재생에너지의 종류

1) 성형 고체연료(Refuse Derived Fuel : RDF)

종이, 나무, 플라스틱 등의 가연성 폐기물을 파쇄, 분리, 건조, 성형 등의 공정을 거쳐 제조된 고체연료이다.

2) 폐유 정제유

자동차 폐윤활유 등의 폐유를 이온정제법, 열분해 정제법, 감압증류법 등의 공정으로 정제하여 생산된 재생유이다.

3) 플라스틱 열분해 연료유

플라스틱, 합성수지, 고무, 타이어 등의 고분자 폐기물을 열분해하여 생산되는 청정 연료유이다.

4) 폐기물 소각열

가연성 폐기물 소각열 회수에 의한 스팀생산 및 발전, 시멘트킬른 및 철광석소성로 등의 열원으로의 이용 등이다.

8.2 폐기물 에너지의 현황

8.2.1 폐기물 에너지의 해외 현황

1) 기술개발 현황 및 개발계획

(1) 기술개발 현황

① RDF 기술

- 미국은 RDF와 석탄 혼소발전소가 30여 곳에서 가동되고 있다.
- 일본에서는 15MW급 RDF전용 화력발전소가 건설 중이다.

② 폐플라스틱 열분해 기술

- 일본의 후지리사이클, 이화학연구소 등 15여개 기관에서 기술을 개발하여 상업화 규모의 플랜트를 가동한다.
- 독일 BASF(5,000톤), 영국 BP사(125,000톤/년) 등에서 기술개발 및 상용화

③ 폐유 정제 기술

- 미국의 경우 필터링 및 이온정제를 통한 중유 대체연료유로 활용하였으나 현재는 열분해 및 증류공정을 통한 고급 정제유 생산기술을 개발하여 9,000톤/년 규모 플랜트를 실용화한다.
- 일본의 경우, 산백토 처리와 같은 단순처리에 의하여 재생 윤활기유(base oil)로 활용하였으나 현재는 정제유를 생산하여 연료유로 활용하고 있다.

(2) 기술개발계획

- 효율 향상 등의 기술개발을 민간차원에서 추진한다.
- 상용, 보급화단계이다.

2) 보급현황 및 보급계획

(1) 보급현황

① 소각열 이용기술

- 중대형 소각시스템이 상용화된다.
- 일본, 싱가포르, 프랑스, 독일 등은 폐기물 소각률이 높아 고도의 소각기술을 보유한다.
- 기타 미국 등에서도 폐기물 종류에 따라 기술이 상용화된다.

② 연료유화 및 가스화 기술

- '90년대 초부터 유럽의 독일을 중심으로 상업화 공정이 가동 중에 있다.
- 최근 일본은 "용기 포장 리사이클법"이 1997년부터 발효되어서 2000년부터는 PET를 제외한 모든 폐플라스틱을 오일로 전환시켜 연료유 혹은 화학공업 원료로 재활용하도록 법제화되어 있다.

③ 고형 연료화 기술

- 일 본
  - 폐기물처리의 정역화 정책 수립하여 지자체별 사정에 맞게 대형 소각이나 RDF화를 도입 권장한다.

–소각시설에만 지원하였던 국가보조금을 '94년 토야마현 난토 리사이클 센터의 RDF시설로부터 보조금 지원을 시작한다.

–가동 중인 시설이 40여 곳이다.

- 미 국

–'72년 St.Louis시 300톤/일급 공장 최초 가동한다.

–'75년 가동하기 시작한 Ames시의 200톤/일급을 비롯한 30여개의 수백톤급 시설 건설한다.

–ASTM에서 c-RDF(coarse), f-RDF(fine), d-RDF(densified) 등을 1번부터 7번까지 규격화하여 제품을 분류한다.

- 기 타

–캐나다에서도 10년 이전부터 시설 가동 중이다.

–유럽은 소각 기술의 발달로 관심은 다소 낮으나 20여 곳의 플랜트가 건설 가동 중이다.

8.2.2 폐기물 에너지의 기술 현황

1) 기술개발 현황 및 개발계획

(1) 연구비지원 현황

'88년부터 2005년까지 폐기물 개발에 57개 과제 총 45,415백만 원을 투자하였으며 그 중 정부에서 24,396원을 지원한다.

표 8-1 연구비지원 현황

구분 \ 년도		'88~'99	2000	2001	2002	2003	2004	2005	계
과제수	신규	28	3	2	6	5	11	2	57
	계속	35	2	3	5	7	5	10	67
	계	63	5	5	11	12	16	12	124
사업비 (백만원)	정부	6,076	733	1,396	3,194	4,071	5,018	3,908	24,396
	민간	10,184	252	572	1,632	2,984	3,298	2,097	21,019
	계	16,260	985	1,968	4,826	7,055	8,316	6,005	45,415

(2) 기술개발 현황

'70년대 초부터 대학과 연구소를 중심으로 연구 시작하여 '88년부터 대체에너지 개발촉진법에 따라 정부차원에서 기술개발하였다.

기술개발 동향은 1990년대 초까지는 폐기물 소각열이용 기술을 중심으로 기술개발되었고 1990년대 이후 RDF, 고분자폐기물 열분해 등이 주요 분야로 추진되었다.

지금까지 기술개발의 결과는 다음과 같다.

- 중소규모 산업계 폐기물소각 기술 확립
- 고분자폐기물 열분해기반 기술 확립
- 도시폐기물 RDF 제조 기술 확립
- 폐유 열분해 정제 기술 확립

폐기물 에너지 분야의 핵심기술은 크게 고형연료(RDF), 열분해 유화, 가스화, 소각열 회수 이용의 4가지로 구분되며, 4개의 핵심기술은 다시 19개 세부기술로 분류될 수 있다.

각 핵심기술별 세부기술은 표 8-2와 같다.

표 8-2
폐기물 에너지의 기술 분류

고형연료	열분해 유화	가스화	소각열 회수 이용
① 폐기물 선별 기술	① PVC 처리 기술	① 가스화 기술	① 연소 기술
② 폐기물 건조 기술	② 반응기 기술	② 정제 기술	② 혼소 기술
③ 폐기물 성형 기술	③ 코킹 방지 기술	③ 복합발전 기술	③ 열병합 발전 기술
④ RDF 연소 기술	④ 열분해 촉매 기술	④ 합성가스 이용 기술	④ 폐열 발전 기술
	⑤ 정제 기술	⑤ 용융 기술	⑤ 폐열 회수 기술

① RDF 기술

'1990년대 중반부터 본격적으로 추진되었으며 초 · 중기에는 주로 산업체 폐기물 및 생활 폐기물을 대상으로 한 선별, 파쇄, 분쇄, 건조 성형 등 RDF제조기술 중심으로 진행되었다.

이중 폐플라스틱류(포장재 등 포함)를 원료로 하는 RDF 제조기술이 2003년 관련 법규의 제정으로 먼저 상용화되어 보급되었고 생활폐기물을 대상으로 하는 본격적인 RDF제조는 2006년 말부터 법적 근거가 마련되었다.

- RDF제조 기술은 개발 완료되었고 유동층연소와 같은 이용기술은 현재 개발 중에 있다.
- RDF전용 발전기술은 요소기술 및 시스템 기술개발이 필요하다.
- RDF 제조기술이 확보된 후 2000년대 들어서면서 RDF 연소설비 등 이용기술 개발이 집중적으로 추진되어 스토커 방식의 난방용 RDF전용 온수보일러가 개발 및 실증연구까지 완료하고 보급을 시도하고 있으며 이를 발전시켜 증기보일러와 흡수식냉방기를 연계하여 건물냉난방 시스템을 구축하는 연구가 진행 중이다.

② 폐플라스틱 열분해 기술

- 폐플라스틱 및 폐타이어 등 고상의 고분자폐기물을 대상으로 하는 열분해 기술은 1980년대 말 개념과 기초연구가 진행되어 1990년대 중반 이후 본격 추진하였다.
- 유동층 방식 및 교반형의 열분해 반응기 기술 및 촉매 이용 기술 등 다양한 방식의 공정기술 개발이 추진되었고 연 300-500톤 처리 규모의 소규모 연속식 설비에 대한 기술도 확보하였으나 그간 무분별한 해외기술 도입 및 실패의 반복에 따라 관련기술에 대한 시장의 신뢰가 매우 부족하여 상용화 사례가 없다.
- 폐플라스틱 열분해 pilot plant 제작 및 운전기술보유
- (주)한국로이코, (주)리엔텍 등 수개 기업에서 자체개발 또는 도입기술로 3,000톤/년 규모 플랜트 설치하여 가동 중이나 기술의 미흡으로 보급되지 않고 있어 추가 기술개발이 필요하다.

③ 폐유 정제 기술

- 산백토 처리, 이온 정제 및 감압 증류에 의한 재생유로 대부분 활용하고 있다.
- 열분해에 의한 고급재생유 생산 공정의 개발 완료

④ 가스화

폐기물 가스화 기술은 석탄가스화 기술을 기반으로 200년대에 들어와 개발을 시작하였으며 초기 도입된 해외 공정의 요소기술 및 핵심부품 국산화 기술개발

을 추진하여 내화물, 가스화 버너, 벽면냉각장치, 합성가스세정 장치 등 국산화 기술을 확보하였다.

파일롯 규모의 연구가 주로 진행되고 있으며 상용화 실적이 아직까지 없다.

⑤ 소각열 회수이용

1980년대 후반부터 연구개발이 시작된 소각열 회수 이용 부분은 1990년대 초반부터 기업중심의 연구가 추진되기 시작하였고 스토카, 유동층, 로타리 킬른 방식의 소각로와 다양한 방법의 폐열 회수 이용 기술이 개발되어 보급되었다.

(3) 폐기물 에너지 부문의 국내의 기술수준

4개 핵심기술 중에서 기술개발 역사가 오래되었고 가장 신뢰성이 있는 기술로 인정되고 있는 소각열 회수 이용 분야의 기술수준이 73%로 가장 높고 1990년대부

표 8-3 폐기물 분야 국내의 기술수준

분야	핵심기술	비중 (%)	국내수준 (%)	세부기술		비중 (%)	국내수준 (%)
				No.	기술명		
폐기물	고형연료 (RDF)	30	66.8	1	폐기물 선별 기술	30	68
				2	폐기물 건조 기술	20	70
				3	폐기물 성형 기술	20	66
				4	RDF 연소 기술	30	64
	열분해 유화	20	58.35	5	PVC 처리 기술	25	56
				6	반응기 기술	30	63
				7	코킹 방지 기술	20	57
				8	열분해 촉매 기술	15	55
				9	정제 기술	10	58
	가스화	20	55.5	10	가스화 기술	25	60
				11	정제 기술	20	55
				12	복합발전 기술	15	53
				13	합성가스 이용 기술	25	52
				14	용융 기술	15	57
	소각열 회수 이용	30	73	15	연소 기술	30	79
				16	혼소 기술	15	71
				17	열병합 발전 기술	15	71
				18	폐열 발전 기술	20	68
				19	폐열 회수 기술	20	72
	합계	100	64.7				

제8장

터 활발히 기술 개발이 이루어져 상용화 단계에 진입한 고형연료 분양가 66.8% 기술 개발 후 보급을 위한 실증단계에 있는 열분해 유화분야는 58.4%로 조사되었으며 최근 소각을 대신할 청정처리 기술로 기대되고 있는 가스화 분야는 가장 낮은 55.5% 수준인 것으로 나타났다.

(4) 폐기물의 핵심기술별 국산화율

4개의 핵심기술에 대한 설비의 국산화율의 기술수준은 소각열회수이용, 고형연료, 열분해 유화, 가스화의 순서대로 국산화율이 높은 것으로 되어 있다.

전반적으로 국산화율이 기술수준에 비해 다소 높고 해외기술 도입 후 리버스엔지니어링을 통한 설계, 제작/생산기술의 습득이 원인이라고 판단한다.

표 8-4 폐기물 분야의 국산화율

핵심기술	비중(%)	국산화율(%)	
		설계	제작/생산
고형연료(RDF)	30	72	74
열분해유화	20	64	65
가스화	20	58	61
소각열 회수이용	30	73	75
전체 폐기물 에너지 분야의 국산화율		67.9	69.9

(5) 폐기물 에너지 분야의 SWOT 분석

강점(Strength)	약점(Weakness)
• 폐기물에 대한 친환경적인 에너지화 방법의 필요성 대두 • 20년 이상의 기술개발 경험에 의한 경쟁력 확보 • 화석에너지 대체에 따른 온실가스 저감 효과 • 우수한 국내 IT 분야의 개발 능력 및 응용기술의 발전	• 핵심적인 원천 기술 및 축적된 노하우의 부족 • 종합적인 폐기물 재활용 정책 및 관리체제의 미흡 • IT, NT, BT 등의 미래 첨단기술과의 연계 및 융합 미흡 • 폐기물 관련 업계의 영세성
기회(Opportunity)	**위기(Threat)**
• 정부의 적극적인 신재생에너지 보급 및 확대 정책 • 국제 유가 상승에 의한 폐기물 에너지화에 대한 필요성 인식 • 사업장 폐기물의 지속적인 증가 추세에 의한 에너지 잠재량 확보 • 중국, 동남아, 중동 등의 새로운 환경 시장 형성	• 폐기물 에너지화 과정에서 발생할 수 있는 2차 공해문제 • 폐기물의 재활용 비중 증가에 의한 에너지 잠재량 감소 • 국제 환경시장의 경쟁 심화 • 선진국의 기술 우위 선점과 지속적인 기술개발

(6) 기술개발계획

① 고분자폐기물을 이용한 고형연료(RDF) 제조 및 에너지이용 기술

- 고분자폐기물 RDF/하수 슬러지 혼소장치개발

② 폐플라스틱류로부터 대체연료유 생산을 위한 상용화 기술개발

- 산업체 보일러 연료용 열분해유 제조 기술개발

표 8-5
폐기물 기술개발 기본계획

구분	'97~'00	'01~'03	'04~'06
RDF	• 도시폐기물 RDF 제조 기술개발 • 폐합성수지 RDF 제조 기술개발 • 도시폐기물 RDF 연소 기술개발	• 고분자폐기물 RDF 제조 및 연소 기술개발 • RDF발전 요소기술개발	• RDF 발전 플랜트 개발
열분해	• 폐플라스틱 열분해 공정개발 • 폐타이어 열분해 공정개발 • 고분자폐기물 가스화 기술개발 • 초임계분해 기반기술개발	• 고분자폐기물 열분해 상용화 기술개발 • 초임계분해 응용 기술개발	• 초임계분해 실용화 기술개발
폐유정제	• 폐유의 촉매분해 공정개발 • 폐유의 고급연료유화 공정개발	• 폐유의 정제기술 상용화 공정개발	
사업비 (정부) 억원	40(26)	85(55)	90(65)

2) 폐기물 에너지의 R&D 추진 전략 및 목표설정

(1) 산업화 및 기술개발 추진 방향

- 폐기물분야에 대한 단·중·장기산업화 및 기술개발 추진방향은 2030년2까지 전체 신재생에너지 보급량의 약50%정 도인 770만 TOE를 담당하는 것을 기본으로 하여 수립하였다.
- 단기에서는 490만TOE의 보급을 위한 실용화 기반기술개발을 목표로 하여 RDF 전용 발전설비, 열분해 유화설비, 가스화 플랜트 중소형 소각로용의 마이크로 발전시스템등 에 대한 실증 연구사업이 집중적으로 추진될 계획이다.
- 중기적(2013~2020년)으로는 RDF 혼소기술, 열분해 복합활용기술, 합성가스의 수소 및 화학연료 전환기술, 고효율 열병합발전기술 등을 상용화하여 보급하는 연구가 수행될 예정이다.

- 2021~2030년 동안에는 초고효율 RDF 발전기술, 미활용 유기성 폐기물의 열분해유화기술, 복합 가스화기술, 산소부화 소각 및 고효율 발전기술 등의 미래 지향적인첨단기술개발이 예상된다.

(2) 단기(2008~2012) 기술개발 목표

① 폐기물 고형연료(RDF)

- RDF 기술보급의 장애가 되고 있는 대형 규모의 수요처 부족문제를 단기간에 극복할 수 있는 실증기술을 추진하여 RDF 확산 인프라를 구축한다.
- 잠재 자원량이 큰 유기성 폐기물을 원료로 하는 RDF 실증사업의 추진

② 열분해유화

- 전처리되지 않은 종말처리품 형태의 폐플라스틱 폐고무 폐비닐 폐마대 폐 피혁 등을 대상원료로 사용하는 열분해 유화기술의 실증기술 개발
- 열분해 유화기술의 세부핵심 기술별 활용기술 개발
- 산업체 열원활용기술이나 디젤엔진과 같은 에너지 활용기술과 열분해 유화기술의 복합 활용 기술개발 추진
- 폐플라스틱이외의 열분해 가능 폐기물을 대상으로 하는 열분해 유화기술

③ 가스화

- 폐기물 가스화기의 상용화 및 상용급 규모의 국산화 고유모델 개발
- 폐기물 가스화기술의 자립화
- 개발기술을 연계한 기술의 신뢰성 확보

④ 소각열 회수이용

- 폐기물 소각 폐열 이용시스템의 대량공급에 애로가 되고 있는 기술을 단기적으로 해결하고 이를 기반으로 하여 신발전 시스템의 원천기술 확보

(3) 중기(2013~2020) 기술개발 목표

① 폐기물 고형연료(RDF)

- 다양한 RDF 수요처의 확보를 위해서 기존의 대형 석탄 사용시설에서 RDF를 혼소하는 기술을 개발한다.
- 잠재 자원량이 많으나 환경적으로 적정한 대응이 필요한 폐기물에 대하

여 청정화 기술을 접목한 RDF화 기술을 개발한다.

② 열분해 유화

- 산업체 열원 활용기술이나 디젤 엔진과 같은 에너지 활용기술과 열분해 유화기술의 복합 활용기술의 실증 기술개발
- 열분해 유화기술의 세부 핵심기술 개발성과 활용 및 보급추진
- 열분해 유화기술의 고급화를 위한 열분해 촉매 반응기술 개발
- 열분해 생성유의 고부가 가치를 위한 활용 기술개발
- 폐플라스틱 이외의 열분해 유화가 가능한 폐기물 열분해 유화 실증 기술 개발

③ 가스화

- 단기에서 개발된 기술의 실용화 및 상용실 증화를 통한 국내 독자기술 확보
- 가스화 대상 폐기물을 확대 적용
- CO_2 고정 기술과의 연계를 통한 온실가스 저감현실화

④ 소각열 회수이용

- 폐기물을 안전하게 처리하면서 소각폐열을 효율적으로 회수하여 발전 효율을 크게 높일 수 있는 새로운 신발전 시스템의 원천 기술을 개발한다.

(4) 장기(2021~2030) 기술개발 목표

① 폐기물고형연료(RDF)

- RDF의 액상 또는 고순도 기상연료를 생산하는 기술을 개발한다.
- RDF 연료의 일반 대중화를 위한 고효율 보일러 개발을 통해 개인이 배출한 폐기물이 직접 배출자 자신이 연료로 사용함으로써 폐기물 에너지의 완전 연료화를 목표로 한다.

② 열분해 유화

- 산업체 열원 활용기술이나 디젤엔진과 같은 에너지 활용기술과 열분해 유화기술의 복합 활용기술의 상용화
- 촉매 열분해 반응 기술의 상용화 기술개발

- 열분해 생성유의 활용기술 상용화
- 폐플라스틱 이외의 미활용 폐기물 열분해 유화기술의 상용화

③ 가스화

- 폐기물을 이용한 고부가 가치 고효율 에너지 활용기술 실증
- 폐기물 가스화 기술과 연계한 CO_2 처리 기술 실증

④ 소각열 회수이용

- 초고효율 소각 폐열 발전기술의 신뢰성 구축 및 저가화

8.3 폐기물 에너지의 실용화

중소규모 산업계 폐기물 소각열 이용기술 및 폐윤활유 정제시스템은 기술개발 완료되었다.

① 2003년 말 현재 536개의 일반폐기물 및 산업계 폐기물 소각로 등 폐기물 에너지 이용설비 가동 중 : 일반폐기물 소각로는 대부분 외국기술도입, 산업계 폐기물소각로는 국산화로 완료하였다.

② 기술개발 후 데모플랜트가 아직 없는 폐윤활유 정제시스템에 대해서는 시범사업추진이 필요하다.

RDF 제조기술은 개발 완료되어 안정적인 수요처 확보시 실용화 가능하다.

현재 RDF 연소기술 및 발전 기술개발을 추진하고 있고 2004~5년 이후 실용화 가능하다. 활성화방안은 다음과 같다.

① 환경기초시설이므로 지자체와 연계하여 환경부 등 관련부처의 폐기물 처리 관련 기금으로 기초 시설을 지원하고 에너지 회수에 필요한 시설을 설치하는데 필요한 투자비의 일부를 보조금 또는 융자금 등으로 지원한다.

② RDF 제조설비에 대해 보조금지원(건설비의 10%)으로 시범 보급 사업이나 지역에너지사업으로 시범플랜트 건설 및 운영을 추진한다.

제9 장

유비쿼터스 석탄이용(석탄가스화 · 액화) 에너지의 생산기술

9.1 석탄이용 에너지의 개요
9.2 석탄이용 에너지의 기술수준
9.3 석탄이용 에너지의 현황
9.4 석탄이용 에너지의 실용화
9.5 석탄이용 에너지의 기술 분야

9.1 석탄이용 에너지의 개요

9.1.1 석탄(중질 잔사유)가스화

가스화 복합발전기술(Integrated Gasification Combined Cycle : IGCC)은 석탄, 중질 잔사유 등의 저급 원료를 고온·고압의 가스화기에서 수증기와 함께 한정된 산소로 불완전연소 및 가스화시켜 일산화탄소와 수소가 주성분인 합성가스를 만들어 정제공정을 거친 후 가스터빈 및 증기터빈 등을 구동하여 발전하는 친환경 차세대 발전 신기술이다.

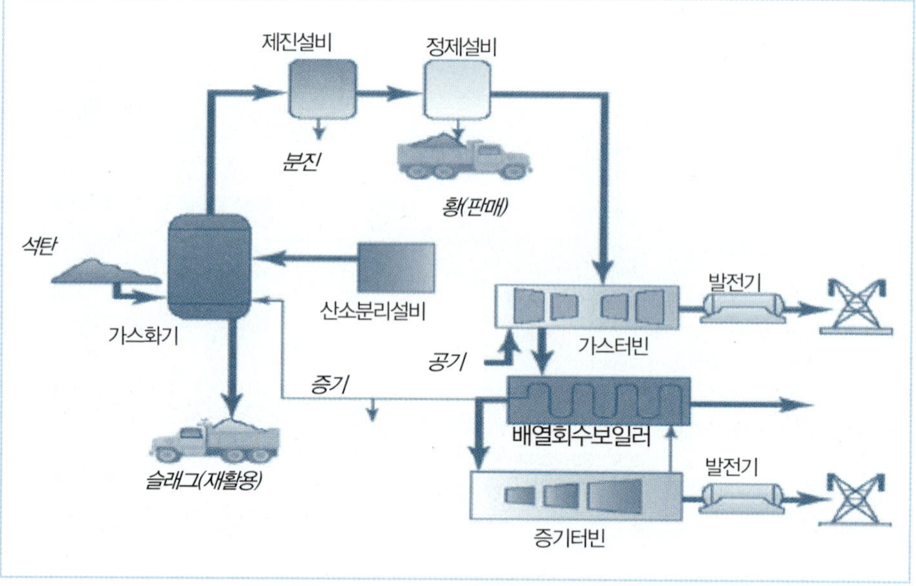

그림 9-1 석탄가스화 복합발전(IGCC)의 구성도

IGCC의 상용설비(600MW급)는 송전단 열효율이 46%(HHV 기준, 습식 가스정제, 1500도 C급 GT)에서 48%(HHV 기준, 건식 가스정제, 1500도 C급 GT) 범위로 높게 예측되고 있다. 또한 대기 오염물질(황산화물, 질소산화물, 분진) 저감 및 고효율에 의한 이산화탄소 배출량 감소 등 환경보전성이 매우 우수한 발전기술이다.

동일한 석탄을 사용하면서 발전효율이 일반 화력발전보다 높고 환경오염물 배출이 크게 낮아 최근 차세대 석탄발전방식으로 부각되고 있으나 건설비가 상대적으로 높고 설계제어기술 확보의 어려우므로 국내에서 상용 플랜트가 아직 건설되지 못하고 있다.

IGCC의 기술개발 필요성은 IGCC의 기반기술인 가스화 기술은 석탄가스화 복합발전뿐 아니라 향후 대당 수소생산, 연료전지 연계, 석탄간접액화 및 CCS 등 활용범위가 넓어 미래 석탄이용의 핵심기술이라 할 수 있어 유사 IGCC공정 개발 가속화가 가능하다.

IGCC는 제2차 신재생에너지 기술개발 이용보급 기본계획의 2011년까지 신.재생에너지를 통해 총 1차 에너지 소비량의 5%, 총 전력생산량의 7%인 보급목표 달성을 위한 가장 적합한 대용량 신에너지 발전기술이다.

시스템 종합엔지니어링인 IGCC 기술개발을 통해 설계, 제작, 운전 기술을 체계화 및 종합화하여 상용급 국산화 기술 확보를 통해 해외 플랜트 수출 역량 확보가 가능하다.

9.1.2 석탄액화

석탄액화(Coal To Liquid : CTL) 기술은 고체연료인 석탄을 휘발유 및 디젤유 등의 액체연료로 전환시키는 기술로 고온 고압의 상태에서 용매를 사용하여 전환시키는 직접액화 방식과 석탄가스화 후 촉매상에서 액체연료로 전환시키는 간접액화 기술이다.

석탄의 직접액화 방식은 H/C원자 비율이 0.6~1.0인 석탄을 열분해하여 생성된 자유기에 수소첨가반응 또는 탄소제거반응에 의하여 H/C비를 1.2~2.0으로 높이는 기술이다.

석탄의 간접액화 방식은 석탄을 물, 산소와 반응시켜 H_2와 CO의 혼합기체인 합성가스로 전환시키고 합성가스를 코발트계 또는 철계 촉매하에서 F-T반응(Fischer-Tropsh reaction)에 의해 액체 탄화수소(합성석유, 인조석유)를 만드는 기술이다.

CTL 기술개발의 필요성은 세계적으로 고유가 상황이 지속됨에 따라 기존의 석유기반 인프라를 활용하기 위하여 석탄가스화 후 합성가스로부터 액화유를 생산하는 석탄액화 플랜트 건설이 고려되고 있다.

장기적으로는 신재생에너지가 기존의 화석연료를 대체하겠지만 그 시기는 30~40년 이후가 되어야 가격적인 경쟁력까지 갖추고 양적인 면에서도 의미있는 에너지원이 될 것으로 예측되고 있으므로 타 화석연료와 비교하여 가체 매장량이 많은 석탄을 이용한 액화유 생산기술을 통해 기존 석유 위주로 구성된 산업인프라를 활용할 수 있도록 한다.

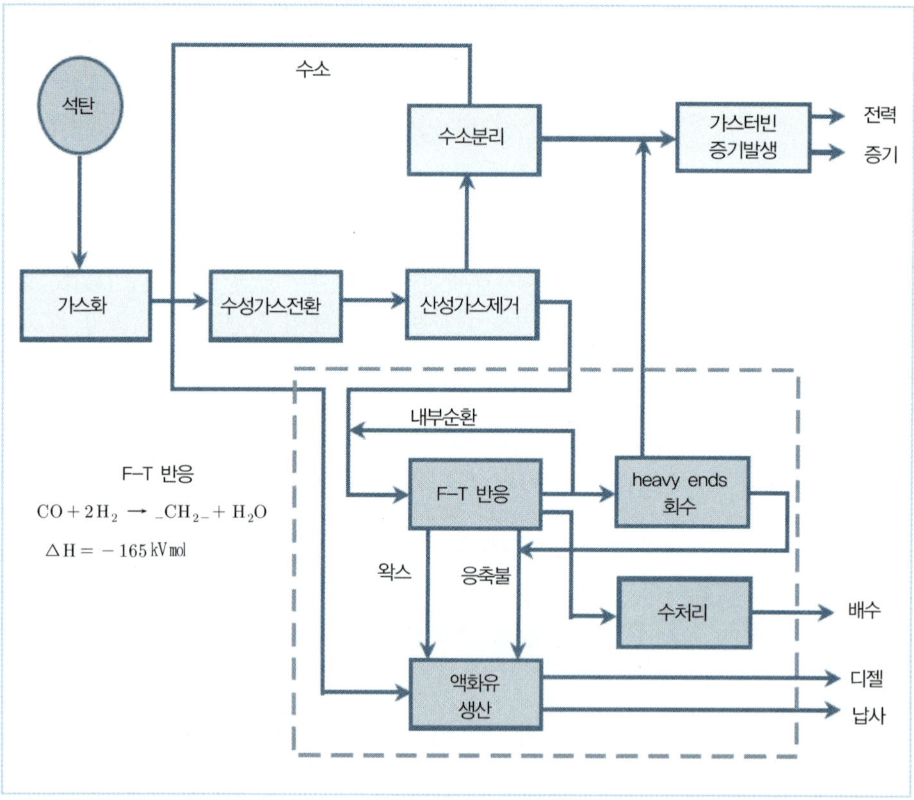

그림 9-2
석탄 간접액화 공정의 구성도

9.1.3 특징 및 시스템 구성도

1) 특 징

표 9-1
석탄이용의 장 · 단점

장 점	단 점
• 고효율 발전 • SOx를 95% 이상, NOx를 90% 이상 저감하는 환경친화기술 • 다양한 저급연료(석탄, 중질 잔사유, 폐기물 등)를 고부가가치의 에너지화	• 설비구성과 제어가 복잡하여 설비최적화, 고효율화 및 저비용화가 요구됨 • 소요 면적이 넓고 시스템 비용이 고가이므로 투자비가 높은 대형 장치산업으로 일부 대기업 중심의 기술개발로 한정

2) 시스템 구성도

IGCC는 가스화부, 가스정제부와 발전부 등 세 가지 주요 빌딩 블록(Building Block)으로 구성되어 있다.

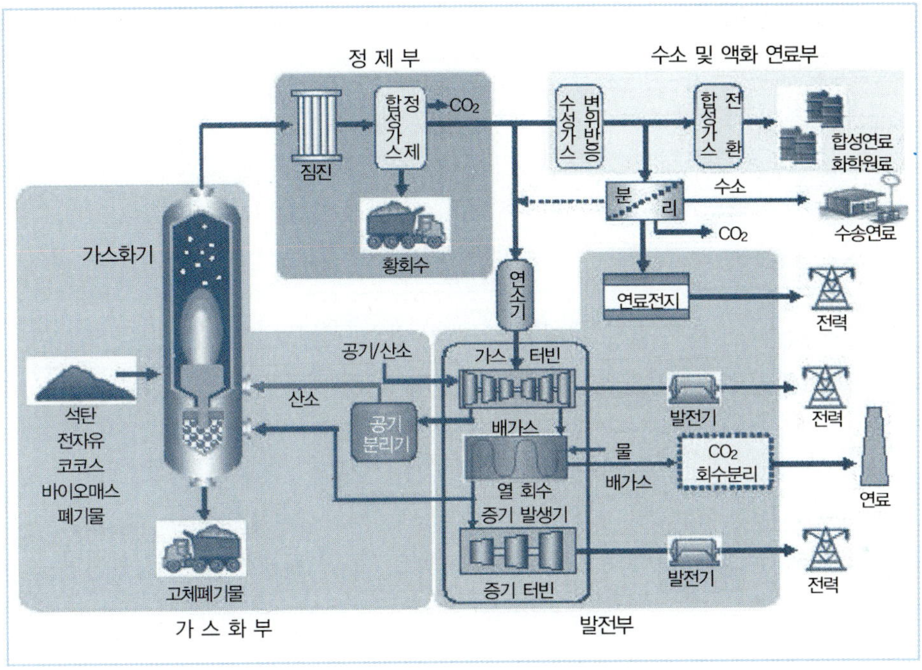

그림 9-3 석탄이용 시스템의 구성도

9.1.4 기술의 분류

1) 석탄가스화 기술

가장 중요한 부분으로 원료공급방법 및 Ash처리 등이 핵심기술로 석탄 종류 및 반응조건에 따라 생성가스의 성분과 성질이 달라진다.

① 가스화기 : 석탄을 고온, 고압하에서 불완전연소(가스화)시켜 CO와 H_2를 주성분으로 하는 합성가스를 생산하는 반응기이다.

② 석탄전처리/이송설비 : 가스화기에 투입하기 전처리 및 이송설비

③ 석탄가스 냉각기 : 가스화기에서 생산된 합성가스의 온도를 후단공정에 적합하게 떨어뜨리고 스팀을 생산하는 설비이다.

④ **슬래그 배출설비** : 가스화기에서 용융된 슬래그를 배출하는 설비

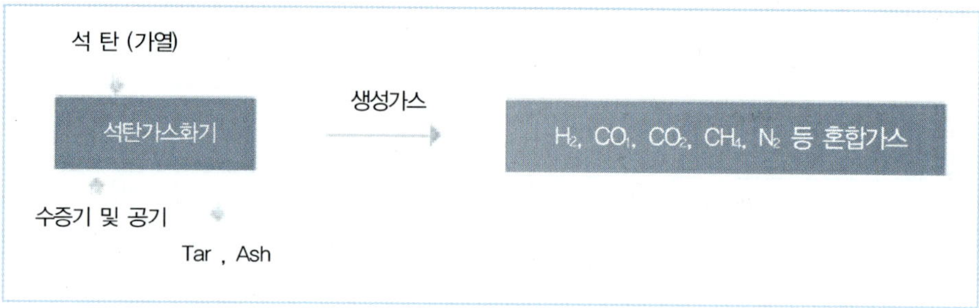

그림 9-4
생성가스의 성분

2) 가스정제공정

생성된 합성가스를 고효율 청정발전 및 청정에너지에 사용할 수 있도록 오염가스와 분진(H_2S, HCl, NH_3 등) 등을 제거하는 기술이다.

① 탈황 : 합성가스내에 포함된 황성분(COS, H_2S)을 제거하는 설비이다.
② 집진 : 합성가스내에 포함된 비산재를 제거하는 설비이다.
③ 유황회수 : 제거된 황성분을 순수황 또는 석고형태로 회수하는 설비이다.

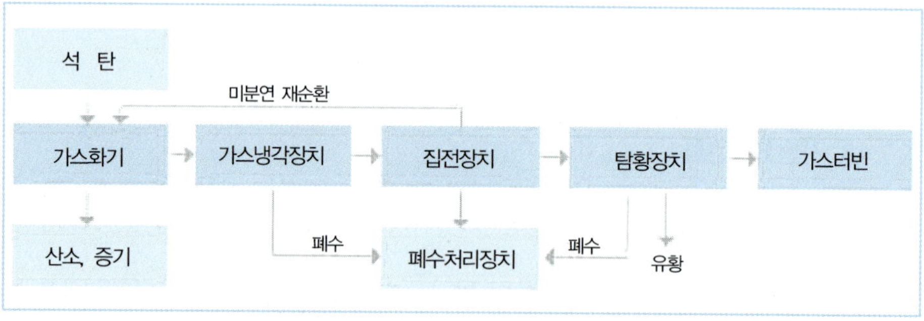

그림 9-5
가스정제
공정 원리

3) 가스터빈 복합발전 시스템(IGCC)

정제된 가스를 사용 1차로 가스터빈을 돌려 발전하고, 배기 가스열을 이용하여 보일러로 증기를 발생시켜 증기터빈을 돌려 발전하는 방식이다.

① 가스터빈 : 합성가스를 압축 연소시켜 생성된 가스흐름으로부터 에너지를 추

출하여 터빈 블레이드를 회전시키는 동력장치이다.

② 가스터빈 연소최적화 : 천연가스와 상이한 발열량, 연소속도 특성을 가진 합성가스에 적합한 가스터빈 연소최적화 기술이다.

③ 증기터빈/복합설비 : 폐열회수 보일러에서 생성한 증기흐름으로부터 에너지를 얻는 회전 동력장치, 랭킨 사이클이다.

표 9-2 석탄이용 기술의 분류

대분류	중분류	소분류	세분류
IGCC	가스화 플랜트 설계기술	• 고신뢰도 가스화기 설계 • 가스화기 설계고도화	• 가스화플랜트 종합설계기술 • 석탄가스화기 공정 모델 개발 • 가스화기 설계변수 복성연구 • 3000톤/일 가스화기 설계 • Ash 성분 운전장애 규명/제어 • 연료/슬래그의 특성 • 내화재 내구성 평가
	IGCC 플랜트 설계 제작	• 한국형 600MW IGCC 플랜트 종합설계기술	• IGCC 플랜트 종합설계 기술 • IGCC 플랜트 주기기 설계 • IGCC 플랜트 시운전 기술
	IGCC 플랜트 운영기술	• 한국형 600MW IGCC 운전신뢰도 향상 기술개발	• 내화재 재료 기술개발 • 가혹환경 재료 개발 • 가스터빈 성능계산 엔진 개발 • IGCC 성능 향상
	단위공정 국산화 기술	• 30톤/일급 가스화기 이용 부품 국산화 실험 • 3톤/일 석탄가스화/가스정제 요소기술 개발	• 집진공정 /제진필터 설계 • 탈황공정 설계 기술개발 • 집진공정 설계 기술개발 • 세라믹 집진필터 재료개발 • 발광재 개발
NEXT Gen	수소생산 이용기술	• Full Scale Operation 기술 습득 • 수소생산/CCS IGCC 연계 기술개발	• 미국 FutureGen 프로젝트 참여 • Coal–to–Hydrogen 기술개발 • Pre–Combustion CCS 기술개발
CTL	액화기술	• 300배럴/일급 CTL 단위공정 개발 • 3000톤/일 CTL/IGCC 플랜트, 연계운전개발 • 5000배럴/일 액화공정 개발	• FT 촉매 고도화 기술 • 촉매 분리 기술 • 연계 운전 기술 • 초대형 scale–up 기술

제9장

9.2 석탄이용 에너지의 기술수준

9.2.1 석탄이용 에너지의 국내 기술수준

국내 IGCC 분야의 연구개발에 있어 80년대 후반부터 지속적인 연구개발은 이루어졌으나, 선진국 대비 투자환경의 열세와 관련 산업체 참여의 부진으로 기반기술 및 BSU급 설비의 설계, 건설 및 운전기술에 주력하여 규모면에서 큰 차이가 있다.

최근 환경 규제가 강화되고 석탄을 활용한 고부가치 산업에 대한 관심이 증가하면서 국내에서 본 분야의 기술개발에 대한 관심이 높아져 2006년 하반기부터 상용급 기술 확보를 위한 기술개발사업이 착수되어 향후 IGCC 기술 분야의 급속한 성장을 기대한다.

CTL분야는 IGCC분야에 비해 그 기술수준이 더 낮고 기술개발 환경 역시 열악하였으나, 최근 장기화되는 고유가와 함께 CTL 기술이 신에너지 및 재생에너지 기술이 일반화되기까지를 대체할 수 있는 기술로 각광을 받으며 기술개발의 필요성이 증대되고 있다.

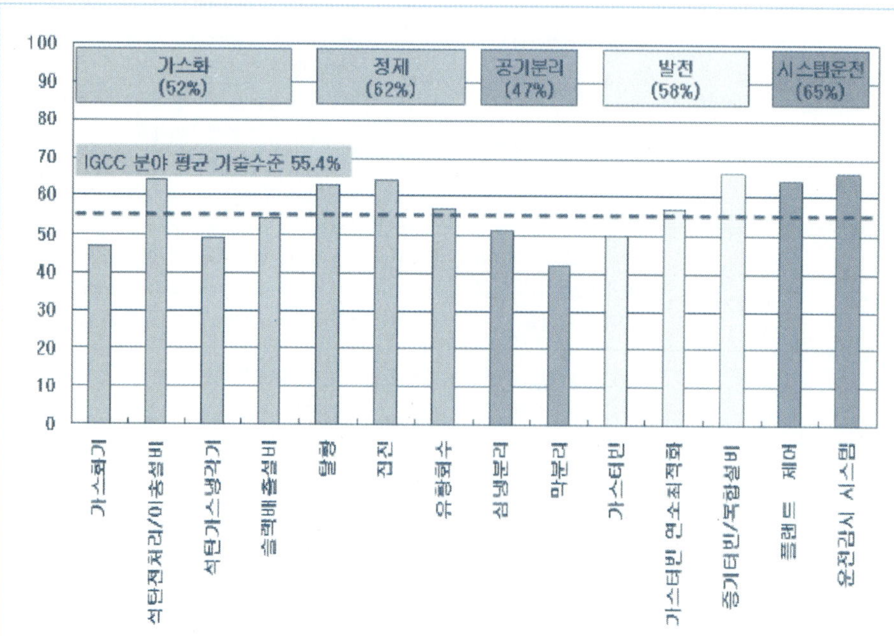

그림 9-6 IGCC 분야 기술수준

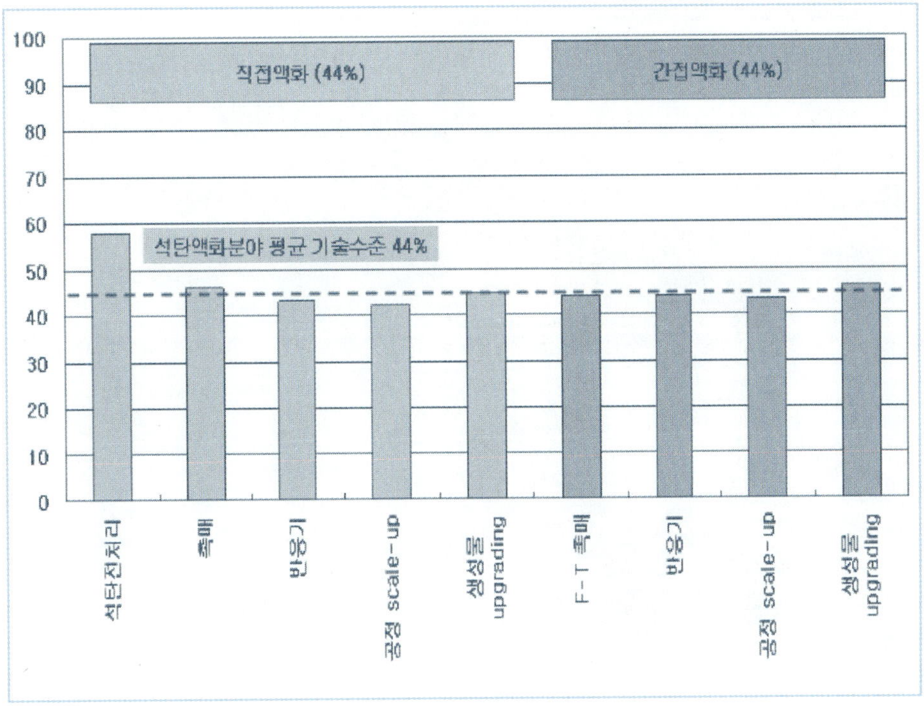

그림 9-7 석탄액화 기술수준

9.2.2 석탄이용 에너지의 해외 기술수준

석탄가스화 기술은 1930년 이후 유럽에서 석탄간접액화를 위한 방법으로 많이 개발되었으나, 낮은 원유 가격으로 인하여 기술이 사장되었다가 70년대 초반의 제1차 오일쇼크 이후에는 미국과 유럽의 회사들이 전력생산을 위한 석탄가스화 기술을 개발하기 시작하였다.

2020년까지 주요 선진국에서는 IGCC기술, CCS, 수소이용 및 연료전지 연계 IGCC기술을 석탄이용 분야의 기술방향을 제시하고 있다.

IGCC의 경우 선진국은 많은 정부지원을 바탕으로 차세대 석탄발전기술로서 실증 플랜트를 설계, 건설 운전 중으로 현재 미국 2기, 네덜란드 1기, 일본 1기의 실증플랜트 운전 중이다.

그림 9-8
IGCC 해외 플랜트

표 9-3
해외 주요국의 석탄가스화 기술개발 현황

미국	• 에너지부(DOE) 프로젝트 : 상용급 석탄가스화 플랜트 건설운영 지원 • Vision21 프로그램 : 고효율(60%)의 Fuel–Flexible 기술개발 추진
일본	• Sunshine 프로젝트 : 200톤/일급의 석탄가스화 플랜트 건설 • 250MW급 IGCC 발전 플랜트 건설
유럽	• 네덜란드, 스페인 중심으로 IGCC 실용플랜트 건설 · 운영

CTL의 경우 상용급으로는 석탄간접액화 방식의 남아공 Sasol사가 유일하다. 1955년 7000배럴/일 규모의 석탄간접액화 Sasol 1공장이 가동되었고 1982년 총 15만 배럴/일 규모의 Sasol 2에서 3호까지 가동 중이다. 1989년에 Sasol 1은 F-T반응기를 개조하여 생산품 전량을 부가가치가 높은 화학제품으로 변모하고 있다.

Sasol사는 지속적으로 연구개발을 통해 기술의 완성도를 높이고자 현재 320억원을 투입하여 신형 액화반응기를 개발 및 시운전하고 있다.

그림 9-9
남아공 Sasol CTL 플랜트

9.3 석탄이용 에너지의 현황

9.3.1 석탄이용 에너지의 해외 현황

강화되고 있는 국제 환경규제에 대비하여 전력의 안정적 공급과 환경오염물질 감소라는 조건을 만족시키고 기술개발에 따른 파급효과가 큰 기술로 인식이 확산되고 있다.

발전시장에서 매우 중요한 비중을 차지할 것으로 예상되며 유럽, 미국 등에서 100~250MW급 대용량 석탄가스화 복합발전 시스템을 개발, 운전하여 경험 축적으로 미래시장에 대비해야 한다.

유럽, 미국, 일본 등지에서 이미 100~250MW급 대용량 석탄가스화 복합발전 시스템을 개발, 건설 계획은 다음과 같다.

1) 미 국

① 세계적으로 가장 활발하게 IGCC 상용화 추진

② Vision21 프로그램 : 가스화, 고온정제 SOFC 등 핵심기술 집중개발

③ 100MW급 실증연구 실시('84~'89, Cool Water Plant, Texaco사)

④ 2003년에 IGCC 기반의 Future Gen 프로그램 출범하여 '03~'18년까지 10억불을 투자하여 CO_2를 제거하는 초청정 플랜트 건설

⑤ DOE에서 Clean Coal Technology 프로그램으로 5개 프로젝트(총 915MW) 추진 중

2) 유 럽

① 네덜란드(SHELL사)는 '72년부터 약 20억불을 투입하여 건식 가스화 기술개발, Buggenum 지역에 253MWe급 운전

② 이탈리아는 전력비용에 대한 인센티브 제도를 두어 280MW, 450MW, 510MW, 550MW 규모의 중질 잔사유 IGCC 플랜트를 건설하여 운영 중

③ 독일은 스페인의 ELCOGAS 프로젝트에서 상용규모 300MW급 실증

3) 일 본

① NEDO 주관 하에 9개 전력회사, 전원개발, 전력중앙연구소 등 11개 법인으로 구성된 '석탄가스화 복합발전기술 연구조합'을 발족시켜 '86년부터 국가보조사업으로 250MW IGCC를 2004년부터 건설

② 150톤/일급의 가스화복합 연료전지(IGFC) 기술개발을 위한 EAGLE 프로젝트 수행중

③ 민간주도로 중질 잔사유를 사용한 Negishi(431MW) NPRC IGCC를 2003년부터 상업화 운전시작

9.3.2 석탄이용 에너지의 국내 현황

1) 기술개발지원 현황

① '88년부터 2005까지 석탄이용 분야 43개 과제에 36,539백만 원을 투자하였으며 그 중 22,720백만 원을 정부에서 지원

구분	년도	'88~'98	'99	2000	2001	2002	2003	2004	2005	계
과제수	신규	34	0	2	0	1	2	2	2	43
	계속	52	6	1	2	1	0	2	3	67
	계	86	6	3	2	2	2	4	5	110
사업비 (백만원)	정부	9,952	1,771	1,913	1,829	1,619	598	2,259	2,779	22,720
	민간	7,553	1,274	767	762	788	500	967	1,208	13,819
	계	17,505	3,045	2,680	2,591	2,407	1,098	3,226	3,987	36,539

표 9-4 기술개발비지원 현황

2) 기술개발 현황

① '80년대 초부터 대학과 연구소를 중심으로 연구를 시작하여 '88년부터 대체 에너지개발 촉진법에 따라 정부차원에서 기술을 개발한다.

② 한국전력공사에서 1988년 타당성, 경제성 등의 검토를 위한 기초연구 수행하고, '92년부터 정부차원의 대체에너지 기술개발사업으로 아주대학교에서 3t/d 분류층 석탄가스화 반응장치를 설계한다.

③ '90년대 중반부터 한국전력공사를 중심으로 석탄가스 정제기술개발이 활발하게 추진한다.

- IGCC용 고온 및 중저온 건식 탈황기술개발 중(에기연, 전력연)이다.

④ 현재 고등기술연구원, 에기연을 중심으로 가스화 장치에 대한 연속운전, 신뢰성 확보를 위한 연구 수행한다.

- 3t/d 건식 가스화로 및 1t/d 습식 가스화로 설치 및 운전 중이다.

그림 9-10 3t/d 건식가스화 설비

그림 9-11
1t/d 습식 가스화설비

3) 향후 계획

표 9-5
단계별 추진계획 내용

제1, 2단계(~'96까지)	제3단계('97~'02)	제4단계('03~'06)
• 가스화 복합발전 기반기술 확보 - 벤치규모(3t/d) 가스화 기반 기술 - 핵심 요소 기술개발	• 가스화 복합발전 요소기술 확보 - 300MW급 IGCC발전 시스템 개념 설계 기술확보 - 벤치급 가스화기 운전 특성 기술 확보 - 고온 정제 장치 개발 및 PDU급 파일럿 플랜트 설계	• 가스화 복합발전 실증 연계기술 및 고효율 신발전 요소기술개발 - 벤치급 가스화 고온 정제 연계 실증기술 확보 - 300MW급 IGCC 설계 기술개발 및 개량 추진 - 소형 가스터빈 및 연료전지 연계 고효율 신발전 공정기술 기반 확보 - 최적 IGCC 공정평가 능력 개발 - 핵심 요소 기술개발 자립화
• 벤치규모 액화공정(24kg/일) 기반 기술개발	• 벤치급 액화공정 기반기술개발 - 벤치급 액화공정 기반기술개발	• 실용 액화공정 기반기술개발 • 석탄가스화기로부터 발생된 합성가스를 사용한 화학원료 전환기술개발

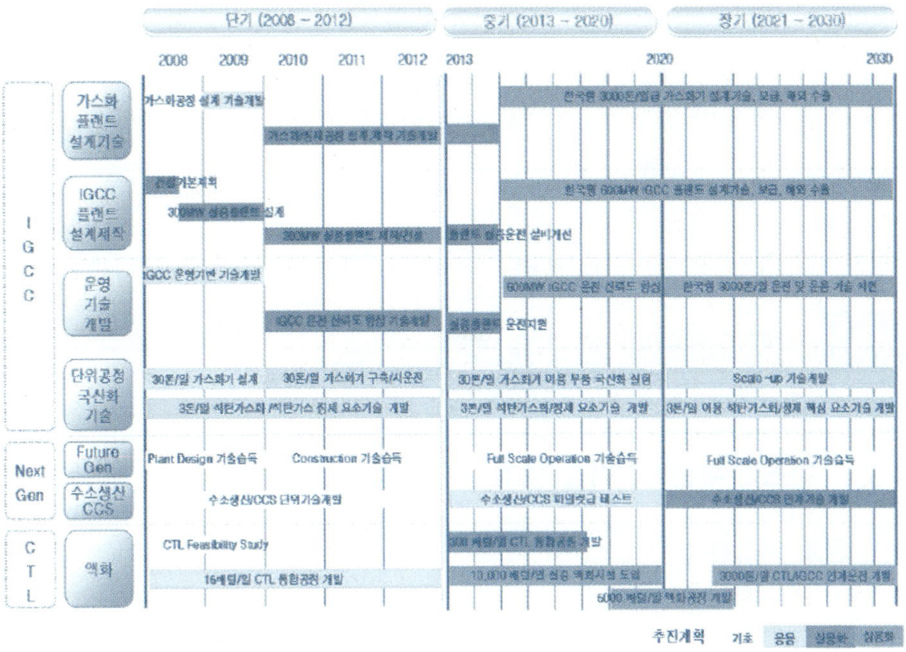

표 9-6
석탄이용분야 총괄 추진획 내용

9.4 석탄이용 에너지의 실용화

① 국내 기술이 아직 초기단계로 보급실적이 전무하나 한전의 장기 전력수급계획에 따르면 향후 상용플랜트를 건설하여 운전할 예정으로, 미분탄 화력의 상당부분을 대체 가능하다.

- 외국 상용화 설비 도입시 한국형 IGCC기술 접목으로 기술도입비 절감, 첨단 운전 · 건설기술 자립화 및 각 대상공정 중 주요부위 판단기준 제공한다.

② 중질 잔사유를 이용한 가스화복합발전의 건설을 몇 년 전부터 대기업에서 타당성조사를 실시하고 있어 대체에너지개발 및 이용보급촉진법에 중질 잔사유를 이용한 가스화 에너지가 대체에너지원으로 포함될 경우 조기에 플랜트 건설이 이루어질 것으로 예상된다.

- 이 경우 저급원료인 중질 잔사유의 원료성분분석, 가스화 기초실험을 기술개발 결과로 활용이 가능하며, 석탄가스화와 같이 상용화 설비 도입시 기술도입비 절감 및 대상공정 중 주요부위 판단 기준 제공이 가능하다.

9.5 석탄이용 에너지의 기술 분야

9.5.1 가스화 복합발전기술 분야

1) 필요 요소기술

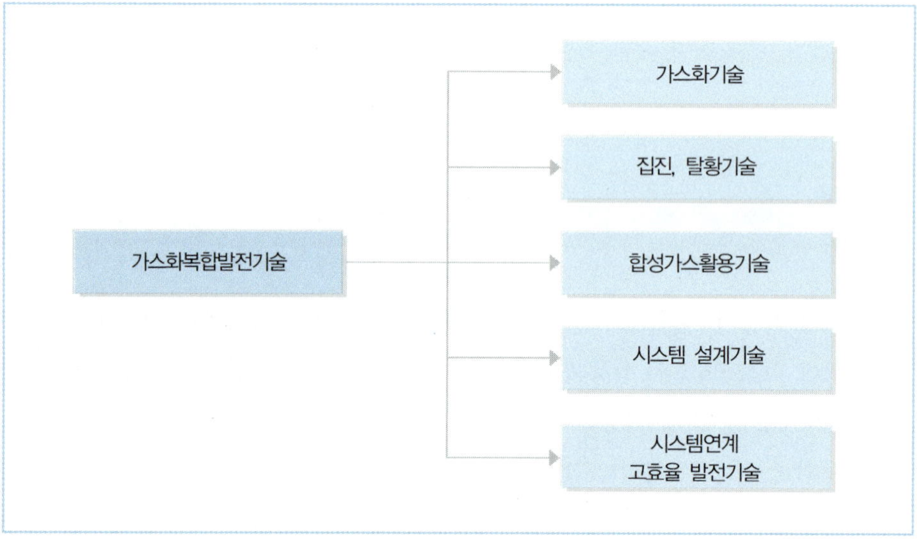

그림 9-12 가스화 복합발전기술.

(1) 추진개발 분석 및 향후 추진계획

① 추진개발 분석

- 가스화 및 고온가스정제의 기반기술을 확보하였고, 벤치급 설비의 연계 연속운전 기술을 개발 중에 있다.

- 선진화된 외국과 기술개발 투자의 규모 측면에서 극히 열세에 있어서 상용급의 설비기술까지는 도달치 못하고 있으나, 설계해석과 컴퓨터 시뮬레이션 분야에서는 대등 위치에 도달한다.
- 일본은 2003년까지 정유공장 중잔유 사용 342MW급 IGCC 발전소와 2006년까지 250MW급 석탄 IGCC 발전소 건설계획을 진행 중임. 국내 상용급 IGCC 발전소도 2012년 이전 건설완공 계획이 유력하다.
  → 이에 대비한 시스템 선정과 설계, 시료별 IGCC 운전특성 자료 축적성과가 있다.
- 벤치급 IGCC 연구설비의 연속 운전기술의 기반이 확보된다.
  → 소형 가스터빈 및 고온형 연료전지와 연계된 고효율 발전기술로 연계하면 차세대 핵심 발전기술개발이 가능하다.
- 고온건식 탈황제 및 BSU급 유동층 탈황공정을 개발한다.
  → 국내 고유기술 확보단계이다.
- 고온건식 집진/탈황기술은 단시간 내에 기술개발 효과를 기대할 수 있으므로 국제 경쟁력의 확보 차원에서 집중 투자가 필요하다.
  → 신뢰도 확보를 위한 PDU급 장치 확보와 운전 필수

② 향후 추진계획

- 가스화부분과 고온탈황 부분의 장기적이고 안정적인 연계운전을 위한 연구와 설계 기술개발 및 실험 연구
- 석탄가스에 의한 가스터빈 구동 및 전력생산 시험
- 가스화 효율향상을 위한 공정변수의 최적화 및 핵심요소설계 기술개발
- 동적 수치 모사 기술
- 건설 및 초기투자비를 줄이기 위한 공정의 단순화 설계 기술개발
- 버너 및 가스화시스템의 최적화를 위한 설계 기술개발
- 시스템의 연계성 및 에너지 소비 최적화 기술개발
- 고온건식 탈황제와 transport 탈황장치의 국내고유기술 확보(H_2S 누출 〈20 ppmv)
- 기타 오염물질(alkali, HCl, NH3)처리 기술개발 및 황회수 기술개발
- 다양한 연료가스(석탄, 중질 잔사유, 석유코크스, 바이오매스 등)에 대한

고온건식 집진/탈황 적용 기술개발

- 고온정밀정제 기반기술개발(연료전지 연료 및 화학공정용 원료)

9.5.2 석탄액화공정기술 분야

1) 대상분야 기술

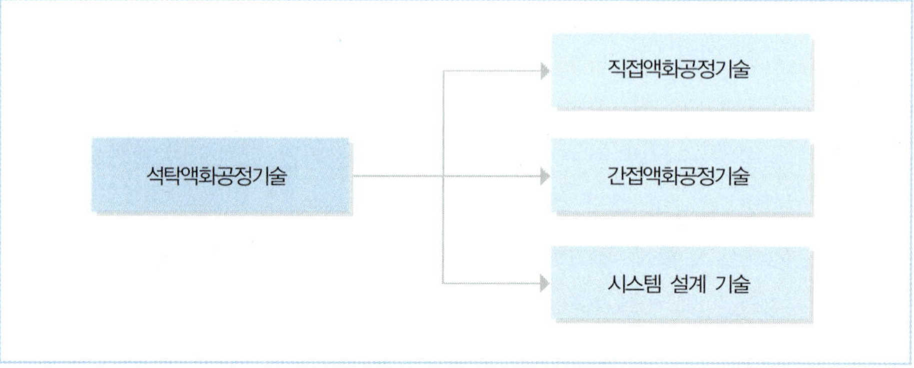

그림 9-13
석탄액화공정기술

2) 추진 기술개발 분석 및 향후 추진계획

수송용 에너지에서 석유가 차지하고 있는 절대적인 위치와 전량 수입에 의존하고 현실에 비하여, 사업규모는 미미하며 과제추진도 일관성이 있게 진행되지 못한 부분이 있고 국내연구진도 고갈 상태이다.

이는 1990년대에 국제공급과 가격이 안정됨에 따라서 석탄액화의 경제성이 떨어지고 선진국에서의 연구개발사업도 부진하게 되었으며 그에 따라서 국내에서 액화기술에 대한 관심도 엷어지고 기업체의 과제 참여가 이루어지지 않은 결과로 사료된다.

단시간에 이러한 여건에 변화를 기대할 수는 없으나 과제의 중요성에 비추어 볼 때 선진국의 기술개발 현황을 심층 깊게 지속적으로 조사하고 핵심기술에 대한 최소한의 연구 개발역량의 국내 유지를 위하여 정책적으로, 기업체 참여 여부에 관계없이 중규모의 단위연구과제 1개 이상과 이와는 별도로 1개 이상의 학술 진흥사업을 체계적, 지속적으로 진행시킬 필요가 있다. 기반기술의 축적에 중점을 두고 에너지 효율적 신공정 기술 아이디어 개발에 중점을 둘 필요가 있으며, 예로 미국과 일본은 낮은 온도와 낮은 압력에서의 효과적 석탄액화 공정개발에 중점을 두고 있다.

석탄을 수입하여 사용하는 국내 현실에서 해외 석탄산지에 액화공정을 설치하는 방안의 검토가 필요하다. 일본은 중국 만주에 일본자체 기술을 적용하여 국내 울산정유공장 생산 원유량의 수배에 달하는 생산능력의 액화공장의 추진을 미국과 경합 중에 있었으나 현재는 보류 상태이다.

제 10 장

유비쿼터스 풍력에너지의 생산기술

10.1 풍력에너지의 개요

풍력발전은 바람의 힘을 이용한 것으로 바람이 풍차의 날개를 돌리면 날개는 발전기라는 전기발생장치에 연결되어 전기를 생산하고 생산된 전기는 바로 사용하거나 전기를 보내는 전산망을 이용하여 전기를 필요로 하는 사람들에게 보내준다.

우리나라는 바람이 많이 부는 산이나 해안선이 깊은 바다가 있어 풍력발전설치시 많은 전기를 생산할 수 있다.

풍력발전은 바람이 가진 운동에너지를 이용하여 전기에너지를 생산하는 시스템이다. 즉 에너지 변환과정을 통해 전력을 생산하며 생산된 전력은 가정용, 공업용 등으로 자체 소모하거나 한국전력에 역송전하여 전기를 판매할 수 있다. 특히 우리나라는 해안선이 길어 풍력발전을 하기에 유리한 조건을 가지고 있다.

그림 10-1
바람나라(풍력)

10.2 풍력발전의 기술

10.2.1 풍력발전의 기술 개요

풍력발전이란 공기의 유동이 가진 운동에너지의 공기역학적(aero dynamic) 특성을 이용하여 회전자(rotor)를 회전시켜 기계적 에너지로 변환시키고 이 기계적 에너지로 발생되는 유도전기를 전력계통이나 수요자에게 공급하는 기술이다.

풍력발전기는 회전축의 방향에 따라 수평형 및 수직형으로 분류되며 운전시스템의 제어방식에 따라 능동제어형과 수동제어형으로 구분한다.

① 풍력발전기의 구성요소는 풍력이 가진 에너지를 흡수, 변환하는 운동량변환장치, 동력전달장치, 동력변환장치, 제어장치 등이며, 기계장치부는 회전날개(blade), 회전축(shaft)을 포함한 회전자(rotor), 증속장치(gearbox)와 브레이크(Brake), 경사각(Pitching), 방향조절(Yawing) 시스템으로, 전기장치부는 발전기 및 전력안정화 장치로, 제어장치부는 제어시스템 및 방향조절(Yawing) & 경사각 제어기와 모니터링 시스템으로 구성되었다.

② 풍력발전시스템 분류는 구조상, 운전방식, 출력제어방식과 전력사용방식에 따라 분류할 수 있는데 회전축 방향에 따른 구조상 분류는 수평축과 수직축으로, 운전방식에 의한 분류는 정속운전과 가변속운전, 출력제어 방식에 따라 날개각, 실속(stall)제어로, 전력사용 방식에 의해 계통연계와 독립전원으로 분류

표 10-1 주요 기술별 발전단가

(유로/MWh)

기존 및 화석에너지		신 · 재생에너지	
기술	단가	기술	단가
원자력	38	풍력(육상)	54
석탄화력	60	지열	53
가스화 복합발전	50	바이오매스	71
가스화 단일발전	76	태양광	265

풍력발전으로 400MWh 발전시(200kW급 풍력발전 1년간 운영) 석탄 120~200톤을 대체하는 효과가 있고 표 10-2는 환경오염 감축량을 표시하였다.

표 10-2
풍력발전에 따른 환경오염 감축효과

(톤)

	아황산가스(SO_2)	질산화물(NO_2)	이산화탄소	슬래그와 분진
감축량	2 ~ 3.2	1.2 ~ 2.4	300 ~ 500	16 ~ 28

그림 10-2
풍력에너지

10.2.2 풍력에너지의 원리

① 바람의 힘을 회전력으로 전환시켜 발생되는 유도전기를 전력계통이나 수요자에게 공급하는 기술이다.

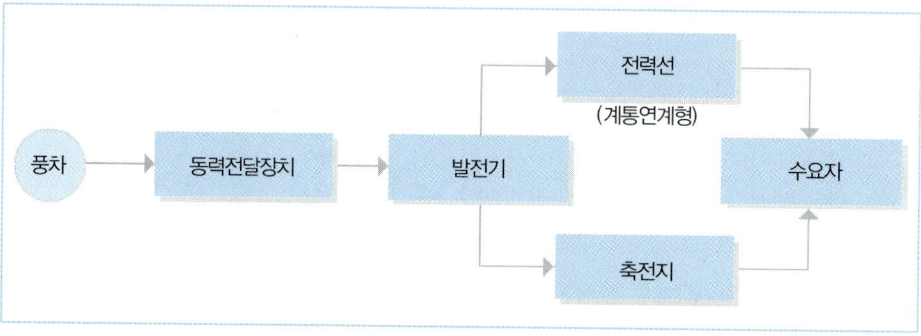

그림 10-3
풍력시스템의 원리

① 풍차날개(blade) : 바람의 운동에너지를 기계적 회전력으로 변환한다.
② 동력전달장치(gearbox) : 입력된 에너지를 증폭시킨다.
③ 발전기 : 기계적 회전력을 전기에너지로 변환한다.
④ 전력변환장치(inverter) : 직류전기(DC)를 교류전기(AC)로 변환시킨다.
⑤ 전력선 및 수용가로 전력을 공급한다.

10.2.3 특징 및 시스템 구성

바람의 운동에너지 ➡ 풍력터빈의 기계에너지 ➡ 발전기의 전기에너지

풍력이 가진 에너지를 흡수, 변환하는 운동량변환장치, 동력전달장치, 동력변환장치, 제어장치 등으로 구성되어 있으며 각 구성요소들은 독립적으로 그 기능을 발휘하지 못하며 상호 연관되어 전체적인 시스템으로서의 기능을 수행한다.

1) 기계장치부

바람으로부터 회전력을 생산하는 회전날개(blade), 회전축(shade)를 포함한 회전자(rotor), 이를 적정 속도로 변환하는 증속기(gearbox)와 기동 · 제동 및 운용 효율성 향상을 위한 브레이크(Brake), 경사각(Pitching) & 방향조절(Yawing) 시스템 등의 제어장치부문으로 구성되어 있다.

2) 전기장치부

발전기 및 기타 안정된 전력을 공급토록 하는 전력안정화 장치로 구성되어 있다.

3) 제어장치부

풍력발전기가 무인 운전이 가능토록 설정, 운전하는 제어 시스템(Control System) 및 방향조절(Yawing) & 경사각 제어기(Pitching Controler)와 원격지 제어 및 지상에서 시스템 상태 판별을 가능케 하는 모니터링 시스템(Monitoring System)으로 구성되어 있다.

① 방향 제어(Yaw Control) : 바람방향을 향하도록 블레이드의 방향조절

② 풍력발전 출력제어방식

- 경사각 제어(Pitch Control) : 날개의 경사각(pitch) 조절로 출력을 능동적 제어
- 실속 제어(Stall(失速) Control) : 한계풍속 이상이 되었을 때 양력이 회전 날개에 작용하지 못하도록 날개의 공기역학적 형상에 의한 제어

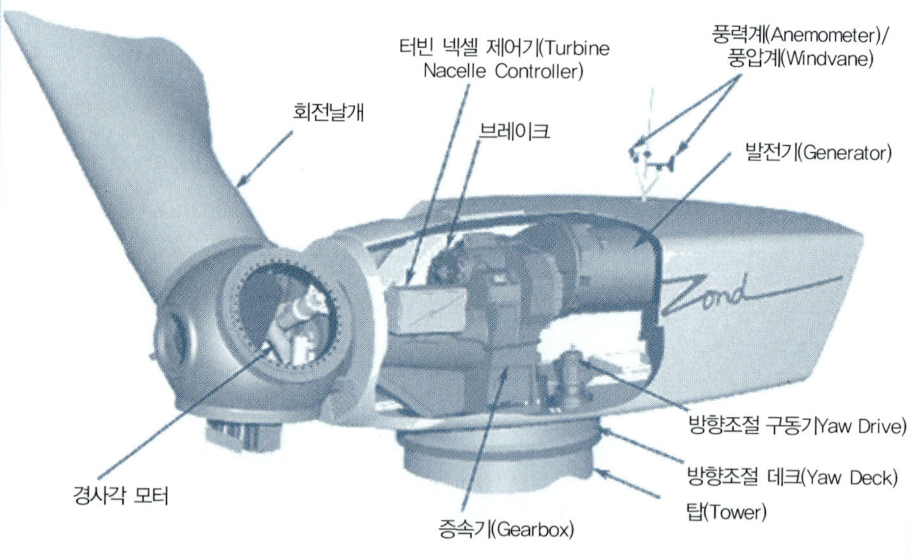

그림 10-4
풍력발전시스템
(greared type)

10.2.4 풍력발전시스템 분류

표 10-3
풍력발전시스템의 분류

구분	내용
구조상 분류(회전축 방향)	수평축 풍력시스템(HAWT) : 프로펠라형
	수직축 풍력시스템(VAWT) : 다리우스형, 사보니우스형
운전방식	정속운전(fixed roter speed type) : 통상 Geared형
	가변속운전(variable roter speed type) : 통상 Gearless형
출력제어방식	경사각 제어(Pitch Control)
	실속 제어(Stall(失速) Control)
전력사용방식	계통연계(유도발전기, 동기발전기)
	독립전원(동기발전기, 직류발전기)

1) 회전축 방향에 따른 구분

그림 10-5 수직축 발전기

그림 10-6 수평축 발전기

① 풍력발전기는 날개의 회전축의 방향에 따라 회전축이 지면에 대해 수직으로 설치되어 있는 수직축 발전기와 회전축이 지면에 대해 수평으로 설치되어 있는 수평축 발전기로 구분한다.

- 수직축은 바람의 방향에 관계가 없어 사막이나 평원에 많이 설치하여 이용 가능하지만 소재가 비싸고 수평축 풍차에 비해 효율이 떨어지는 단점이 있다.
- 수평축은 간단한 구조로 이루어져 있어 설치하기 편리하나 바람의 방향에 영향을 받는다.
- 중대형급 이상은 수평축을 사용하고, 100kW급 이하 소형은 수직축도 사용된다.

2) 운전방식 따른 구분

(1) 기어형 및 기어리스형 특성

① 기어형

- 대부분의 정속운전 유도형 발전기기를 사용하는 풍력발전시스템에 해당되며 유도형 발전기기의 높은 정격회전수에 맞추기 위해 회전자의 회전속도를 증속하는 기어장치가 장착되어 있는 형태이다.

- 증속기(gearbox :적정속도로 변환)필요, 인버터가 불필요하다.
- 정속 : 발전기 주파수를 올려 한전계통에 적합한 60Hz 맞춘다.
- 대부분 정속운전 유도형 발전기 사용한다.
- 유도형 발전기의 높은 정격회전수에 맞추기 위해 회전자의 회전속도를 증속하는 기어장치를 장착한다.
- 회전자→기어증속장치→유도발전기(정전압/정주파수)→한전계통

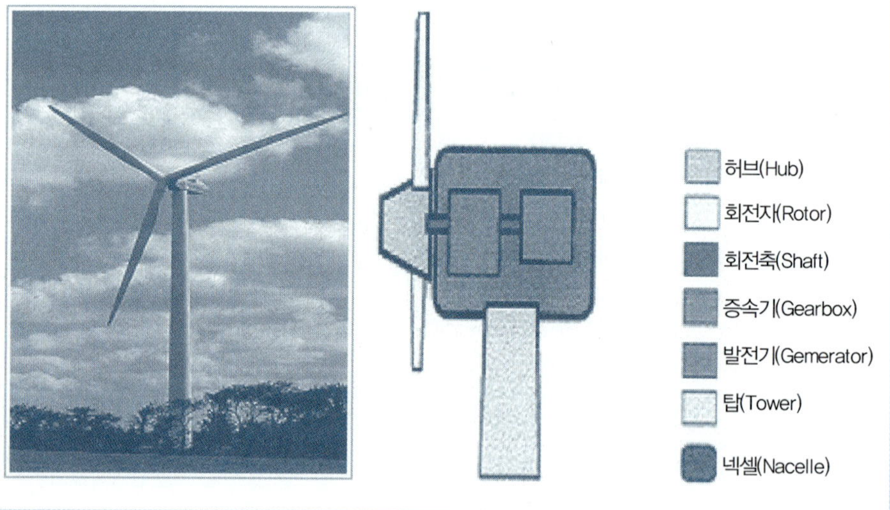

그림 10-7 기어형 풍력발전시스템/기어형의 개요

② 기어리스형

- 대부분 가변속 운전동기형(또는 영구자석형) 발전기기를 사용하는 풍력발전 시스템에 해당되며 다극형 동기발전기를 사용하여 증속기어장치가 없이 회전자와 발전기가 직결되는 직접구동 형태이다.
- 가변속 : 한전계통 주파수와 맞지 않기 때문에 인버터가 필요하다.
- 가변속운전 동기형(또는 영구자석형)발전기를 사용한다.
- 다극형 동기발전기를 사용하여 증속기어장치 없이 회전자와 발전기가 직결되는 직접구동 형태이다.
- 발전효율 높음(단독 운전의 경우 많이 사용되나 유도발전기보다 비싸고, 크기도 큰 단점이 있다.

- 회전자(직결)→동기발전기(가변전압/가변주파수)→인버터→한전계통

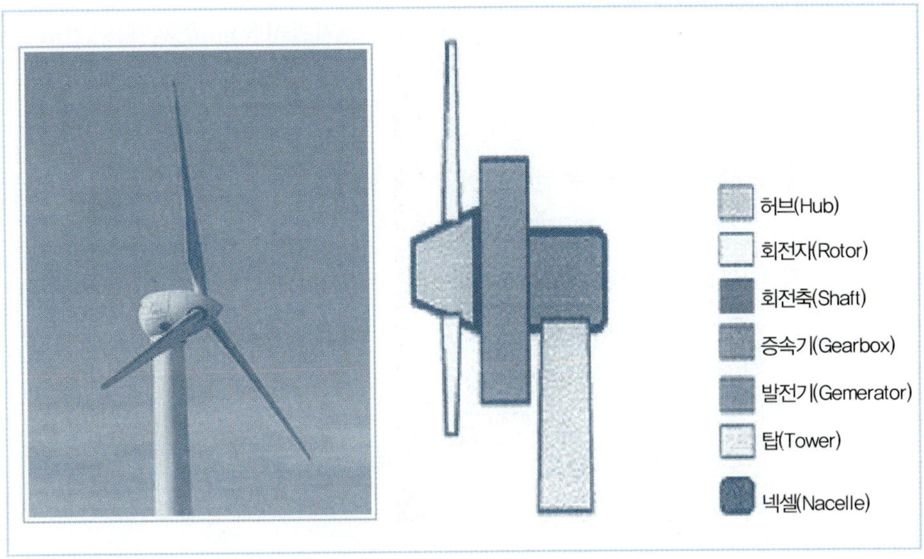

그림 10-8 기어리스형 풍력발전시스템/기어리스형의 개요

– 허브(Hub) : 블레이드가 모인 중심부분
– 넥셀(Nacelle) : 증속기(gear box), 발전기(generator) 등이 있는 구동실

(2) 기어형 및 기어리스형 풍력시스템의 구성

① 기어형

회전자 → 기어증속장치 → 유도발전기(정전압/정주파수) → 한전계통

② 기어리스형

회전자(직결) → 동기발전기(가변전압/가변주파수) → 인버터 → 한전계통

(3) 기어형 및 기어리스형의 비교분석

① 기어형

- 장 점
  – 저렴한 제작비용으로 고신뢰도의 동력전달계 구성이 가능하다.
  – 장기간의 기술적 노하우와 경험을 바탕으로 신뢰도가 매우 높다.
  – 보편적 요소기술로서 어느 지역에서도 설계제작이 가능한 보편기술이다.
  – 유지보수가 용이하며 부분품의 교체로서 쉽게 성능유지가 가능하다.

－계통연계가 간편하고 용이한 기술적 특성을 지닌다.

• 단 점

－증속기어의 기계적 마모나 이에 따른 유지관리상의 문제가 야기될 수 있다.

－기계적 소음발생의 원인이며, 고장발생의 주요원인이 될 수 있다.

－통상 전체시스템의 운전수명인 20년 보다 짧은 8~10년 이내의 운전수명을 지님으로써 유지관리 비용의 상승을 초래한다.

－저출력시 추가적인 보상회로에 의한 역률개선이 필요하게 된다.

② 기어리스형

• 장 점

－증속기어장치 등 많은 기계부품을 제거할 수 있다.

－넛셀(nacelle) 구조가 매우 간단 단순해져 유지보수상의 간편성이 증대된다.

－증속기어의 제거로 기계적 소음이 획기적으로 저감된다.

－역률제어가 가능하여 출력에 무관하게 고역률 실현가능하다.

• 단 점

－매우 크고 무거우며 제작비용이 많이 들어가는 다극형 링발전기가 필요하다.

－다극형 동기발전기 공극이 외기에 노출되어 염해나 먼지 등의 부유물에 영향을 받을 수 있으며, 전기적 절연성에 있어서의 안전성 확보가 절대 필요하다.

－중량이 큰 발전기를 외팔보 형태로 지지해야 하는 구조적 문제가 있다.

－장기적 입장에서 인버터 등 전력기기의 신뢰도에 대한 검증이 되지 않는다.

－인버터 등 전력기기의 계통병입으로 고주파 등을 발생할 가능성이 있다.

• 증속기종류 : 마찰원판, 벨트, 체인, 기어

－기어형(Geared Type), 정속운전, 유도발전기에 사용한다.

－약 30rpm정도로 회전하는 풍차날개 끝의 속도는 음속의 2배 이상을 넘기 때문에 60Hz인 경우에 극수에 따라 1,200rpm~ 3,600rpm 사이에서

회전하는 발전기와 직접 연결된다면 시스템에 미치는 영향은 상상하기 힘들다.

– 또한 발전기의 극수를 늘리면 발전기 회전수를 풍차날개의 회전수의 정도로 낮출 수 있지만, 발전기 회전자의 질량은 거의 토크와 비례하기 때문에 발전기 무게가 매우 무거워지며, 극수가 늘어남에 따라 가격도 비싸다.

– 따라서 일반적으로 느린 회전수에 큰 토크를 가진 풍력에너지를 빠른 회전수에 작은 토크를 지닌 발전기에 사용하기 위해서는 동력전달장치로 증속기를 사용한다.

– 소형 풍력발전기 : 마찰원판, 벨트, 체인, 기어를 사용한다.

– 기어타입 : 평기어를 많이 사용한다.

– 대형 풍력발전기 : 치차를 많이 사용한다.

– 동력전달 효율이 좋으며, 내구성이 크다.

– 기어타입 : 헬리컬기어(helical gear) 많이 사용, 용량이 커짐에 따라 고속회전운동이 원활하고 충격에도 잘 견디며, 소음이나 진동발생 적다.

3) 풍력발전 출력제어방식

① 경사각 제어(Pitch Control)

날개의 경사각(pitch) 조절로 출력을 능동적 제어(경사도 조절장치는 유압으로 작동. 장기간 운전시 유압장치 실린더와 회전자간의 기계적 링크부분의 손상이 우려되며, 빠른 풍속변화시 순간적 피크발생으로 시스템 손상이 우려된다.)

② 실속 제어(Stall(失速) Control)

한계풍속 이상이 되었을 때 양력이 회전날개에 작용하지 못하도록 날개의 공기역학적 형상에 의한 제어로 고효율 발전량생산 및 기계적 링크가 없어 유지보수 수월(경사각에 의한 능동적 출력제어가 불가능하여 과출력 가능성이 존재하며, 제동효율이 좋지 못함. 복잡한 공기역학 설계 필요)하다.

10.3 풍력에너지의 기술 현황

10.3.1 풍력에너지의 해외 기술 현황

1980년대 초부터 풍력발전의 제작기술이 급속히 발전하여 2004년도 현재 전 세계적으로 47,912MW 정도의 규모로 설치되어 있으며, 독일의 Germanischer Lloyd, 덴마크의 Vesitas 및 RISO 등에서 설계인증 · 검증, 성능평가기준을 제시하고 있는 실정이며 IEA에서는 풍력발전 신규기술에 관한 국제기준을 개정하고 있다.

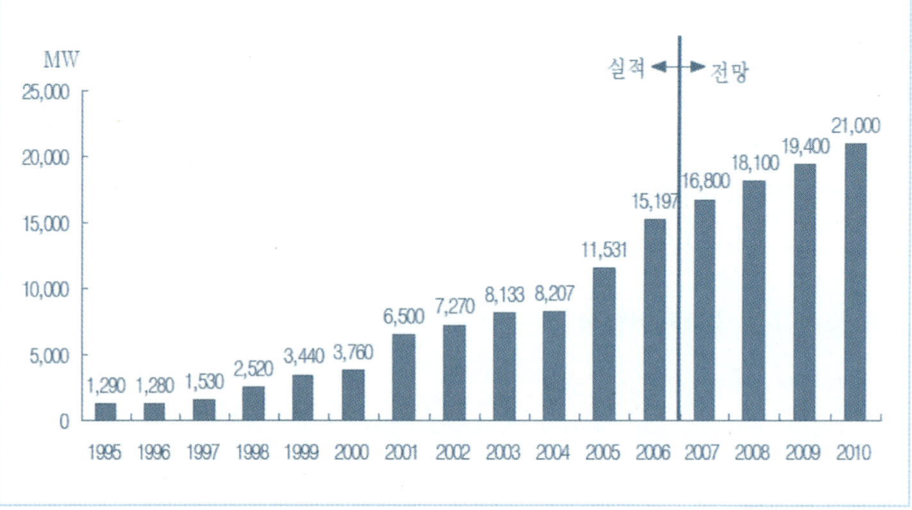

그림 10-9 전세계 풍력발전용량 및 전망

① 유럽을 중심으로 시스템의 대형화 및 해상용에 초점을 두고 2MW는 보급단계이며, 3~4MW급(Scan Wind 3MW, Enercom 4.5MW 등)은 실증단계이며, 최대 5MW급 개발 중이다.

② 미국은 DOE를 중심으로 첨단 풍력발전기 개발에 중점 지원한다.

③ 제작기술의 발달로 풍력발전 단가는 1980년도 5센트/kWh에서 현재 4센트/kWh 수준이다.

④ 설치비도 1980년대 3,000달러/kWh에서 현재 750~950달러/kWh 수준이다.

1) 주요국가의 풍력발전 보급현황

① 세계시장은 1989년 이후 매년 증가하고 있으며, 1999년부터 2004년까지 최근 5년간 평균 28%의 높은 시장 성장률을 보인다.

② 2004년까지 유럽이 전세계 풍력발전기 보급량의 73% 차지한다.

구 분	1999	2000	2001	2002	2003	2004
연간보급량(MW)	3,922	4,495	6,824	7,227	8,344	8,154
누적설치량(MW)	13,932	18,449	24,927	32,037	40,301	47,912
증가율	37%	32%	35%	29%	26%	19%

표 10-4
년도별 풍력발전기 설치 · 보급현황

- 연평균 증가율 26.5%

③ 2005년에는 18,449MW(2000년)의 3.5배인 63,769MW 보급예상하고 있다.

④ 세계 주요 국가의 판매량은 내수용보다 수출량이 많으며 특히 일본의 수출률은 96%이다.

⑤ 풍력발전설비 시장은 2010년 390억달러로 연평균 14% 성장전망이다.

⑥ 유럽, 북미, 아시아 등이 풍력발전의 주요 시장이다.

표 10-5처럼 풍력발전 용량의 상위 10개국이 6만 3,218MW로 전체의 85.2%를 차지하고 있다. 2006년 설치한 풍력발전용량도 상위 10개국이 1만 2,792MW로 전체 84.2%를 차지하고 있다.

앞으로 유럽 시장의 비중은 줄어들고 북미와 아시아 시장의 비중이 커질 전망이다. 현재 비중은 크지 않으나 멕시코, 브라질 등의 중남미 시장도 확대될 전망이다.

풍력발전 산업은 부품, 기자재－발전기－설치, 시공－발전 서비스 등의 부문으로 이루어진 구조이다.

부품 · 기자재는 발전기 제작에 필요한 구성품이나 부품의 생산, 발전소 건립에 필요한 기자재를 생산하는 분야이다.

발전기 부문은 발전기의 구성품을 조립하여 발전기를 제작하는 것으로 가장핵심이 되는 분야이다.

표 10-5
국가별 풍력발전 설치 비중

순위	풍력발전용량			2006년 신규 설치용량		
	국가	MW	%	국가	MW	%
1	독일	20,622	27.8	미국	2,454	16.1
2	스페인	11,615	15.6	독일	2,233	14.7
3	미국	11,603	15.6	인도	1,840	12.1
4	인도	6,270	8.4	스페인	1,587	10.4
5	덴마크	3,136	4.2	중국	1,347	8.9
6	중국	2,604	3.5	프랑스	810	5.3
7	이탈리아	2,123	2.9	캐나다	776	5.1
8	영국	1,963	2.6	포르투갈	694	4.6
9	포르투갈	1,716	2.3	영국	634	4.2
10	프랑스	1,567	2.1	이탈리아	417	2.7
나머지		11,005	14.8		2,405	15.8
전체		74,223	100		15,197	100

시공, 설치는 발전소 건립을 위한 엔지니어링, 건설 등을 수행하는 분야이며 발전서비스는 발전소 운영, 발전하여 전력을 제공하는 분야이다.

풍력발전의 선도기업은 표 10-6처럼 부품, 발전기 제작부터 설치, 시공까지 발전 서비스를 제외한 모든 부문을 내재화하며 통합화를 추진하는 추세이다. 특히 시장 선도 기업은 발전기 제조업으로부터 기본적으로 설치, 시공 역량을 보유하고 있고 발전기 핵심 구성품에 대해 내부 제조역량을 확보하는 등 수직계열화를 강화하고 있다.

표 10-6
주요 발전기 제조업체의 부품 자체 제작 역량보유 현황

		Vestas	GEWind	Gamesa	Suzlon
넥셀 조립		V	V	V	V
	증속기	·	V	V	V
	발전기	V	V	V	V
	제어기	V	V	V	V
회전자 풍차날개		V	V	V	V
타우어		V	V	V	V

그림 10-10처럼 소수 상위 업체에 의해 과점화되어 있으며 네덜란드, 독일, 미국 등의 기업이 시장은 주도하고 있다. 즉 상위 6개 업체가 전체 시장의 86%를 차지하고 있다. Vestas(덴마크), Enercon(독일), Gamesa(스페인) 등 풍력발전기 전문 업체와 GE Wind(미국), Siemens(독일) 등의 종합 에너지 업체로 양분되어 있다.

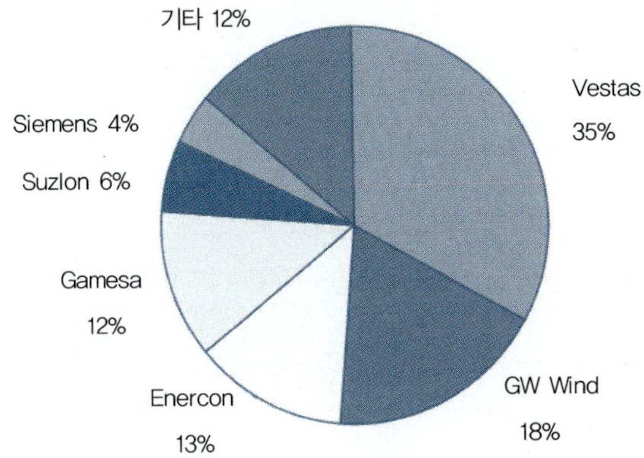

그림 10-10
주요 기업의 시장 점유율

대용량화와 해상 풍력기술개발이 주요 이슈는 다음과 같다.

① 발전단가를 낮추기 위해 풍력발전기의 규모를 늘리는데 집중하고 있다.
② 풍력발전기의 회전날개(Rotor Blade)가 회전시 그리는 원의 직경인 Rotor 직경이 124m인 5MW급 풍력발전기가 개발되어 실증 테스트 중이다. 현재는 2~3MW급 풍력발전기가 주력제품이다. 발전효율을 높이기 위해 날개(Blade)재질이나 회전 구조 등을 연구하고 있다.
③ 2010년 전체 풍력발전용량의 8%에서 2020년 39%로 확대될 전망이다.

해상 풍력발전은 최적조건의 입지선정에 따른 효율적인 발전, 소음 문제의 해소 등의 측면에서 육상 풍력발전보다 유리하다.

10.3.2 국내 현황

국내 풍력발전 산업은 초기단계이다.

2006년 국내 풍력발전은 197.4MW로 국내 전체 발전용량의 0.3%수준이다.

즉, 제주한경(6MW), 강원(98MW), 영덕(39.6MW), 전북새만금(4.5MW) 등 중심으로 풍력단지가 조성되고 있다.

2013년까지 발전용량을 2,237MW로 확대, 총발전량의 1.8%를 담당할 계획이다.

풍력발전기의 국산화가 늦어 주로 수입에 의존하는 상황이다. 현재 국내에서 개발된 풍력발전기는 750kW로 풍력발전의 주력인 2MW급에 비해 크게 뒤지는 상황이다.

1) 연구비 지원 현황

① '88년부터 2005년까지 37과제에 54,108백만원을 투자하였으며 그 중 36,813백만원을 정부에서 지원한다.

표 10-7 연구비 지원 현황

구분 \ 년도		'88~2001	2002	2003	2004	2005	계
과제수	신규	16	2	4	13	2	37
	계속	12	7	4	1	12	36
	계	28	9	8	14	14	73
사업비 (백만원)	정부	10,963	3,254	3,739	8,312	10,886	36,813
	민간	7,241	2,011	1,877	2,243	4,086	17,295
	계	18,204	5,265	5,616	10,555	14,972	54,108

2) 기술개발 현황 및 동향

'90년대 초에 대학과 연구원을 중심으로 기초연구 및 소형풍력시스템 연구를 시작한 이래 '90년대 중반부터 본격적으로 기술개발 수행한다.

① 1단계('88~'91) 사업으로 전국 64개 기상청 산하 기상관측소, 일부지역의 도서 및 내륙 일부지역에서 관측된 풍속과 풍향자료를 이용한 풍력자원 특성분석 이루어진다.

② '93년부터 한국에너지 기술연구소가 제주 월령에 풍력, 태양광 및 태양열 시설을 포함한 신재생에너지 시범단지를 조성, 100kW 풍력발전기 1기와 30kW 풍력발전기 2기를 설치, 계통선에 연계 운전 중이다.

③ 1단계 사업기간에 한국과학기술원이 20kW 소형 수평축 풍력발전기를 국산화하려는 연구개발을 시도하였고, 2단계('92~'96) 사업기간에는 복합재료 분

야의 전문업체인 한국화이바가 한국형 중형급 수직축 300kW풍력발전기를 개발하다.

④ 한국화이바에서 중대형급(750kW급) Gearless Type(Direct Drive Generation) 수평축 풍력발전기(브레이드) 개발완료(2001년)

⑤ (주)효성에서 풍력발전시스템용 증속기 및 유도발전기 개발완료(2001말 종료)

⑥ 한국전기연구원에서 750kW급 제어 및 계통연계장치 개발(2002말 종료)

⑦ (주)우리들에서 50kW급 풍력, 태양광, 디젤복합발전 시스템개발 중 (2003.5월 종료)

⑧ (주)효성과 유니스산업(주)에서 750kW급 기어드 및 기어리스 풍력발전시스템 국산화 기술개발 완료

⑨ 1~2MW급 중대형 풍력발전 시스템 개발 추진중(2004년~)

3) 향후 기술개발 추진계획

① 풍력발전시스템 구성에 필요한 요소기술개발 및 시스템 개발 지속 추진(추진 중)

- 국산화 차원의 기술개발
- 풍력발전 패턴별(예 gearless type, geared type 등) 부문별 기술개발내용 추진
  - Geared Type(증속기) 기준의 풍력발전시스템 제어 및 계통연계장치 개발
  - Gearless Type기준에 적용되는 동기발전기 개발

② 관련 요소기술 간의 시스템 결합(System Integration) 기술개발 및 확보는 다음과 같다.

- 풍력단지 용량별 계통연계 기술 및 설비의 표준화
- 국내 풍력발전 시스템 표준성능시험 기술개발
- MW급 이상 대용량 발전 시스템 개발

③ 내륙 : 남북한, 시베리아, 해외수출

제10장

④ Offshore : 국내해안지역, 수출 목표 연구

⑤ 3MW급 해상용 시스템 개념설계 착수(2004년)

- 해양(offshore)풍력발전
  - 해양풍력발전 : 해안에서 떨어진 10여m 깊이의 바다위에 설치
  - 스웨덴, 덴마크 등 유럽에서는 90년대부터 시작하여 2000년 말 현재 총 88기(설치용량 86MW)설치
  - 덴마크 Tuno : 총 5MW(500kW×10기)
  - 덴마크 Middelgrunden : 총 40MW(2,000kW×20기)
  - 국내에서는 서해안, 남해안, 제주도 등이 유망 후보지역

그림 10-11 덴마크 Tuno 해양단지

그림 10-12 덴마크 Middelgrunden 해양단지

표 10-8 풍력발전 기술개발 기본계획

1단계(~ 2005년)	2단계(2006~2008년)	3단계(2009~2012년)
• 중형급 750kW 풍력발전기 개발 · 상용화 • 소형분산형 30kW급 풍력 발전기 상용화 • 경량화 · 저가화 개발 • 소형풍력기의 연계기술확립 및 보급 • 풍력자원 DB구축 및 예측 기술개발	• 대형급 1,500kW 풍력발전기 개발 및 상용화 • 해양풍력 발전기 개발 및 상용화 • 해양풍력 자원 DB구축	• 초대형급 3MW 풍력발전기 개발 및 상용화 • 해양풍력단지 보급확산 • 풍력발전산업 고도화로 해외수출 확대

10.4 풍력에너지의 실용화

10.4.1 기술개발결과

① 기술개발 성과분석 : 중형(750kW)급 블레이드, 발전기, 제어시스템 제작기술 등 핵심 요소기술 확보

- 국내 중공업사의 발전기 제작기술은 우수함
- 외국 풍력발전설비 리모델링 수준
- 선진기술대비 70% 수준
- 회전자 설계 · 제작 기술 : 70%
- 발전기 및 계통연계 기술 : 90%
- 시스템 설계 · 조합기술 : 60%
  - 시스템 설계 및 조합(integration)기술과 실용화를 위한 양산 기술개발 필요

② 750kW급 수평축 풍력발전 시스템 개발

- 현재 브레이드, 증속기, 유도발전기 등의 요소기술 및 시스템 제어기술은 설계 및 제작기술을 확보하여, 실용화 진입단계임

1) 관련 요소기술개발

① 풍차날개 : 최초로 (주)한국화이바에서 750kW급 브레이드 개발완료 및 해외 인증획득(2001년)

- 미국 라거웨이사의 750kW급 Gearless Type 모델 적용

② 발전기 및 증속기

- 유도발전기 : 주)효성에서 유도발전기 및 증속기 개발완료(660kW급)
  - Geared Type에 적용
- 발전기 : 미개발(Gearless Type에 적용)

③ 제어시스템 기술개발

- 한국전기연구원 : 750kW급 풍력발전 시스템 제어 및 계통연계장치 개발

완료 (Gearless Type, 동기발전형식 기준)

10.4.2 실용화 관련

현재 750kW급 수평축 풍력발전시스템에 대해서는 Gearless Type의 블레이드 및 풍력발전시스템 제어 · 계통연계장치는 개발되었으며 2005년~2006년에 750kW급 국내개발 기어 및 기어리스타입에 대한 실증시험을 추진하다.

블레이드 및 발전기 제작능력이 있으므로 향후 안정적인 시장확보시 국내 제작 풍력발전시스템의 실용화가 가능하다.

제 11 장

유비쿼터스 연료전지 에너지의 생산기술

11.1 연료전지의 개요

연료전지(fuel cell)란 연료가 가진 화학에너지를 전기화학반응을 통해 직접 전기에너지로 바꾸는 에너지 변환장치로서, 배터리와는 달리 연료가 공급되는 한 재충전없이 계속해서 전기를 생산할 수 있고, 반응 중 발생된 열은 온수생산에 이용되어 급탕 및 난방으로 가능하다.

11.1.1 연료전지의 정의

연료의 산화(酸化)에 의해서 생기는 화학에너지를 직접 전기에너지로 변환시키는 전지로써 일종의 발전장치(發電裝置)라고 할 수 있으며 산화 · 환원반응을 이용한 점 등 기본적으로는 보통의 화학전지와 같지만, 닫힌 계내(系內)에서 전지반응(電池反應)을 하는 화학전지와 달라서 반응물이 외부에서 연속적으로 공급되어, 반응생성물이 연속적으로 계외(系外)로 제거되고 가장 전형적인 것에 수소-산소 연료전지가 있다.

그림 11-1
공기의 고마움
(수소, 연료전지)

수소 외에 메탄과 천연가스 등의 화석연료(化石燃料)를 사용하는 기체연료와 메탄올(메틸알코올) 및 히드라진과 같은 액체연료를 사용하는 것 등 여러 가지의 연료전지가 나왔으며 이 중에서 작동온도가 300℃ 정도 이하의 것을 저온형, 그 이상의 것을 고온형이라고 한다.

또, 발전효율의 향상을 꾀한 것이나 귀금속 촉매를 사용하지 않는 고온형의 용융탄산염(溶融炭酸鹽) 연료전지를 제2세대, 보다 높은 효율로 발전을 하는 고체 전해질 연료전지를 제3세대의 연료전지라고 한다.

11.1.2 연료전지 발전원리(예 : 수소–산소 연료전지)

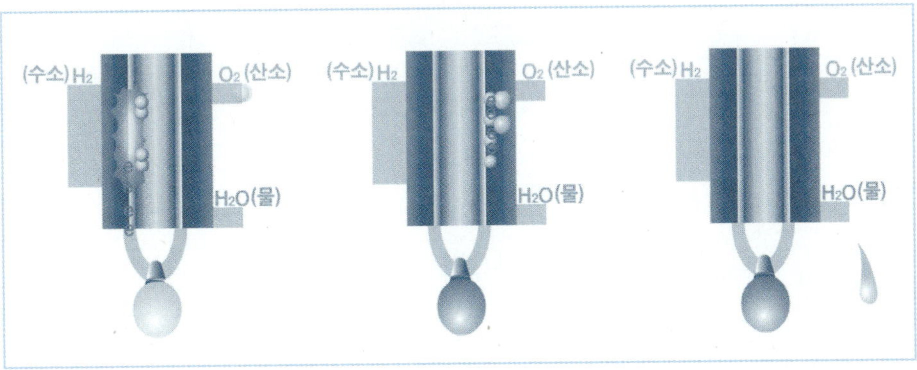

그림 11-2
수소 연료전지의 원리

연료전지는 수소를 연료로 전기를 생산하는 장치이다. 연료전지는 공해와 소음이 없기 때문에 앞으로 수소에너지와 더불어 미래의 에너지 장치로 주목받을 것이다.

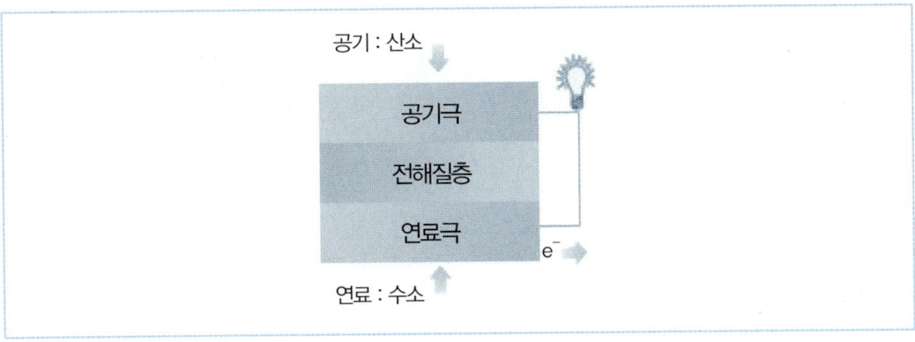

그림 11-3
연료전지의 원리

연료 중 수소와 공기 중 산소가 전기화학반응에 의해 직접 발전한다.

① 연료극(양극)에 공급된 수소는 수소이온과 전자로 분리 → ② 수소이온은 전해질층을 통해 공기극으로 이동하고 전자는 외부회로를 통해 공기극으로 이동 → ③ 공기극(음극)쪽에서 산소이온과 수소이온이 만나 반응생성물(물)을 생성 → 최종적인 반응은 수소와 산소가 결합하여 전기, 물 및 열생성한다.

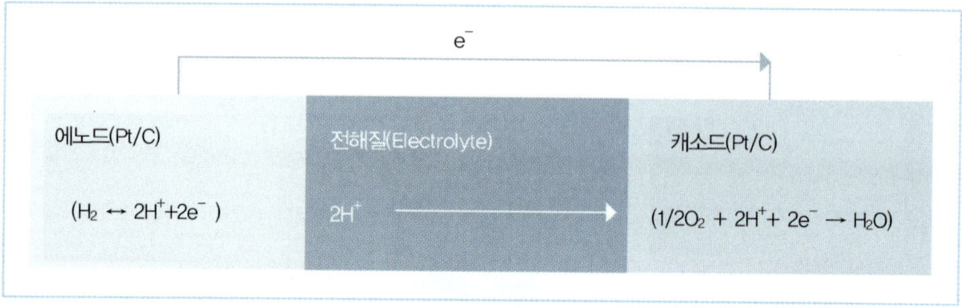

그림 11-4 연료전지의 반응과정(예)

11.1.3 특징 및 시스템 구성도

1) 특 징

① 발전효율이 40~60%이며, 열병합발전시 80% 이상 가능하다.

② 천연가스, 메탄올, 석탄가스 등 다양한 연료사용 가능하다.

③ 환경공해 감소 : 배기가스 중 NOx, SOx 및 분진이 거의 없으며, CO_2 발생량에 있어서도 미분탄 화력발전에 비하여 20~40% 감소한다.

④ 회전부위가 없어 소음이 없으며, 기존 화력발전과 같은 다량의 냉각수 불필요하다.

⑤ 도심부근 설치 가능하여 송배전시의 설비 및 전력 손실 적다.

⑥ 부하변동에 따라 신속히 반응하며, 설치형태에 따라서 현지 설치형, 분산 배치형, 중앙집중형 등의 다양한 용도 사용 가능하다.

2) 연료전지 발전시스템 구성도

① 개질기 : 화석연료인 천연가스(LFG), 메탄올, 석탄, 석유 등을 수소 연료로 변환하는 장치

② 스택 : 수소로부터 전기를 생성하는 발전부

③ 전력변환기 : 연료전지에서 나오는 직류전기(DC)를 우리가 사용하는 교류전기(AC)로 변환시키는 장치

④ 폐열회수장치 : 폐열을 회수하여 급탕 또는 온수를 공급해주는 장치

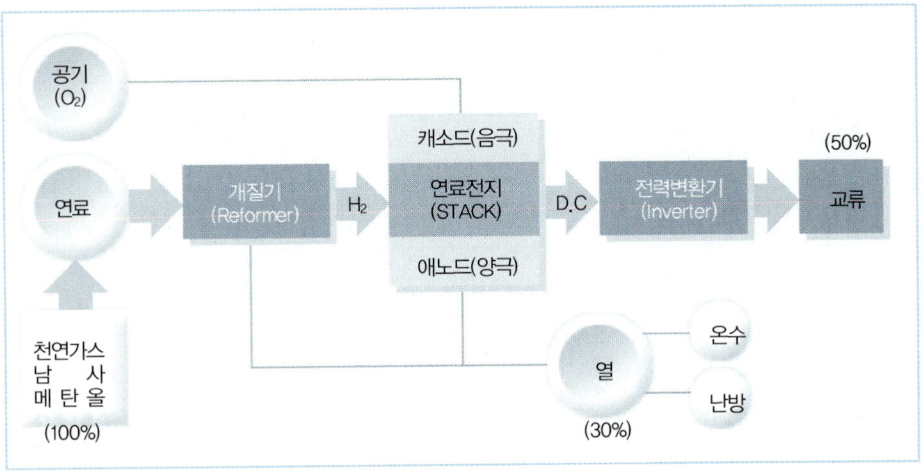

그림 11-5 연료전지시스템의 구성도

- 개질기(reformer) : 연료인 천연가스, 메탄올, 석탄, 석유 등을 수소가 많은 연료를 변환시키는 장치
- 단위전지(unit cell) : 연료전지 단위전지(cell)는 기본적으로 전해질이 함유된 전해질판, 연료극(anode), 공기극(cathode), 이들을 분리하는 분리판 등으로 구성되어 있으며, 이 단위전지에서 전류를 인출하는 경우 통상 0.6~0.8V의 낮은 전압이 생성된다.
- 스택(stack) : 원하는 전기출력을 얻기 위해 단위전지를 수십장, 수백장 직렬로 쌓아 올린 본체
- 전력변환기(inverter) : 연료전지에서 나오는 직류전기(DC)를 우리가 사용하는 교류(AC)로 변환시키는 장치

3) 연료전지의 종류 및 특징

(1) 전해질 종류와 동작온도에 의한 분류

표 11-1 전해질 종류와 동작온도에 의한 분류

	용융탄산염형 (MCFC)[2]	고체산화물형 (SOFC)	고분자 전해질형 (PEMFC)[3]	직접 매탄올 (DMFC)
전해질[4]	탄산염 (Li_2CO_3+K_2CO_3)	질코니아 (ZrO_2+Y_2O_3)	이온교환막 (Nafion)	이온교환막 (Nafion)
동작온도 (℃)	600~1000	약 650	상온~80	상온~100
효율(%)	45~60	50~60	40~50	20~30
용 도	중 · 대용량 전력용	소 · 중 · 대용량 발전	정지용, 이동용	소형이동

(2) 천연가스

아폴로11호가 인류 최초로 달에 내려앉았을 때 그 우주선의 전원은 천연가스를 이용한 연료전지이다. 그리고 지금도 스페이스 셔틀의 전원으로 사용되고 있다.

연료전지는 건전지나 축전지의 이웃간이라 할 수 있으며, 전지라고 하는 것보다 발전장치라고 말하는 편이 적격으로, 천연가스로부터 나온 수소와 공기 중의 산소를 전기 화학 반응시켜 물의 전기분해와는 역의 반응으로 하여 전기를 만드는 장치이다.

연료전지는 발전효율이 높고, 환경 친화적이며, 폐열도 이용할 수 있는 등, 오늘날 중대한 이슈로 대두되고 있는 에너지 문제, 환경문제의 해결에 공헌할 수 있는 이상적인 발전 장치로써 그 실용화와 보급 확대에 큰 기대가 모아지고 있다.

---

2) MCFC : Molten Carbonate Fuel Cell, SOFC : Solid Oxide Fuel Cell
3) PEMFC : Polymer Electrolyte Membrane Cell, DMFG : Direct Methanol Fuer Cell
4) 전해질(電解質: electrolyte) : 물 등의 극성용매에서 이온화되어 전기전도를 하는 물질
용액 속에서 양이온과 음이온으로 무질서하게 해리(解離)되며 이와 같은 용액 속에 전극을 넣고 전압을 가하면, 양이온은 음극으로, 음이온은 양극으로 끌려서 이동하여 결과적으로는 용액을 통해서 전류가 생김. 이온으로 해리하는 전리도가 높은 것일수록 전기전도성이 좋은데 이것을 강한전해질이라 하고, 그 반대의 것을 약한 전해질이라고 함(강한 전해질 : 알칼리금속의 할로겐화물, 산소산염 등 강한 산과 강한 염기에 의해서 생기는 염이나 강한산 · 강한 염기 그 자체 등. 약한 전해질 : 아세트산암모늄 등은 전리도가 낮고 약한산 · 약한 염기에 의해서 생기는 것).

(3) 액화천연가스(LNG : Liquefied natural gas)의 이용

산업용은 여러 가지 공정에 이용되며 생산성 향상, 공해방지, 품질향상, 직업 환경개선 등에 공헌하고 있다.

① 열병합 발전

1차 에너지(가스, 석유 등)로 원동기(가스터빈, 가스엔진 등)를 이용하여 전기를 생산하고, 이때 발생되는 폐열을 회수하여 유효열로 사용하는 시스템이다. 그러므로 종래의 발전방식보다 배 이상의 효과를 거둘 수 있는 경제적인 발전방식이다.

	종래 발전방식	열병합 발전방식
총 효율	30~35%	70~80%

표 11-2 발전방식의 총 효율비교

② 가스냉방

- 장 점
  - 오존층을 파괴하는 프레온(FREON)을 사용하지 않아 환경 개선에 기여한다.
  - 한 대의 기기로 냉 · 난방을 동시에 할 수 있는 경제적인 시스템이다.
  - 하절기 냉방 전력을 대체할 수 있고 청정에너지인 천연가스를 사용한다.
  - 소음과 진동이 작고, 운전비가 적다.
- 원 리

  물은 진공상태에서는 저온(4°C)에서 증발하고, 증발시 주위의 열을 빼앗는 원리를 응용한 시스템이다.

③ 냉열이용산업

- 장점 : 천연가스의 액화과정에서 생긴 냉열을 재활용하는 산업으로, 차가운 LNG는 1kg당 약 200kcal의 냉열을 갖고 있어서 약 절반의 에너지를 절약할 수 있다.
  - LNG의 저온성(-162°C)을 이용하여, 공기 액화 분리 사업 : 액체 산소, 질소, 아르곤을 생산한다.
  - 냉동창고 : LNG의 냉열을 직접, 간접으로 이용하여 식품사업에 적용한다.

제11장

– 냉열발전 : LNG를 기화할 때 발생된 팽창 에너지를 회수하여 발전하는 방식이다.

– 저온 분쇄 : 폐타이어 등의 폐기물을 저온 분쇄하여 재활용하는 사업이다.

그 외 인공 스케이트장, 스키장, 지역냉방 등에 값싼 냉열을 효과적으로 이용하려고 연구개발 중이다.

④ 천연가스 자동차

- CNG(Compressed Natural Gas : 압축천연가스)

  기존의 휘발유와 경유 대신 저공해 천연가스를 연료로 사용하여 운행되는 자동차이다. 타 연료 자동차에 비해 대기오염물질이 현저하게 적게 배출된다.

- LPG(Liquefied Petroleum Gas : 액화석유가스, 부탄과 프로판이 있음)

  LPG는 원유의 채굴, 정제과정에서 생산되는 기체상의 탄화수소를 액화시킨 혼합물로서, 프로판(propane) 제품과 부탄(butane) 제품으로 구분하여 사용된다. 프로판 제품은 프로판(C_3H_8)이 주성분이며, 소량의 메탄, 에탄, 부탄 등이 혼합되어 있다. 주로 가정, 상업용 취사, 난방 등에 사용되며 도시가스의 제조 원료로도 공급되고 있으며 산업체(도자기 공장 등)에서 사용된다.

- 부탄제품은 노말부탄(n-C_4H_{10}), 이소부탄(i-C_4H_{10}) 등 부탄성분 등이 대부분을 차지하며, 프로판 등 타성분이 일부 혼합되어 있는 제품으로서, 국내에서는 주로 자동차용 연료로 사용되며 이동용 버너캔, 일부 난방용 연료 및 석유화학 연료로 사용된다. 또한, LPG는 산업용으로 일부 사용되고 있으나, 외국의 예를 볼 때 LPG가 가진 우수한 특성 등으로 향후 비약적인 보급, 확대가 예상된다. 청정연료로써 사용량이 증가하고 있으나 취급방법 숙지 및 철저한 점검으로 사고를 미연에 방지하시기 바란다.

  – 물 성

  순수한 LPG는 무색무취 무미이나 누설시 이를 감지할 수 있도록 미량의 착취제를 첨가하고 있으며, 독성물질 및 불순물을 함유하지 않은 청결함이다. 일부 청소년들이 환각 목적으로 흡입하는 경우가 있으나 환각작용이라기 보다는 뇌에 산소공급이 중단되는 질식 상태인 것이다. 뇌에 장

시간 산소공급이 중단되면 질식사하거나 심각한 장애를 초래할 수 있다.

LPG는 액화 및 기화가 용이하다. 즉, 프로판의 경우 대기압 상태에서 -42.1℃ 이하로 냉각시키거나 상온에서 7kg/cm^2 이상으로 압력을 가하면 쉽게 액화되며, 부탄은 -0.5℃, 2kg/cm^{2}로서 더욱 쉽게 액화시킬 수 있다. 또한 LPG는 액화시키면 부피가 매우 작아지므로 (프로판은 약 270분의 1, 부탄은 약 240분의 1) 수송과 저장이 용이하다. 예를 들어 이동용 버너 가스(520*ml*) 두 개를 기화시키면 약 250 *l* 의 기체가스로 변한다. 밀폐된 장소의 경우는 산소가 전혀 없으므로 질식하게 되며 어느 정도의 산소(폭발범위)가 유입되면 폭발원(정전기, 전기스위치의 스파크, 냉장고의 자동스위치 등)이 발생되면 폭발(화재)하게 된다.

LPG는 기화하면 공기보다 무겁고, 액화하면 물보다 가볍다. 또한 공기 중에서의 연소한계농도가 낮아 누설이 되면 낮은 부분에 고여 화재 또는 폭발의 위험이 있으므로 별도의 안전장치를 구비하여 이에 대비하여야 한다. 실내에 가스탐지기를 설치하는 경우 LPG의 경우 공기보다 무거우므로 바닥에 가깝게 설치하며 LNG의 경우 공기보다 가벼우므로 천정에 가깝게 설치한다.

LPG를 연료로 하는 난방기(캐비닛 히터 등 히터류, 보일러)를 사용 시는 환기에 주의하여야 한다. LPG는 연소시 산소 소비량이 많기 때문에 밀폐된 공간에서 사용시는 환기에 주의하여야 하며 보일러실은 적정한 통풍구를 설치하여야 산소 결핍에 의한 질식 사고를 미연에 예방할 수 있다. LPG는 기화잠열이 높아 기화시킬 때 많은 기화열이 필요하다. 따라서 공업용 등 대량 사용시에는 별도의 기화설비를 갖추어야 한다.

- 메탄 하이드레이트(Methane(Gas) Hydrate)

메탄 하이드레이트는 21세기의 신에너지자원으로 빙하기 시대 이후 해저 또는 동토 지역에서 고압, 저온으로 형성된 메탄의 수화물로서, 해저에는 지하에 매장된 석탄, 석유, 가스량의 거의 2배에 가까운 (탄소기준) 메탄하이드레이트가 존재하는 것으로 알려져 있다.

1cc의 메탄하이드레이트는 표준상태의 메탄 160cc에 해당되므로 농축시킨 천연가스로 볼 수 가 있다. 이것은 압력, 온도 등 주변여건이 맞아야 축적이 될 수 있으며, 불안정하기 때문에 여건이 변하면 지상으로 방

출될 수 있고, 이렇게 방출된 메탄은 지구환경에 악영향을 줄 수도 있다.

전세계적으로 볼 때 메탄하이드레이트의 개발은 아직 기초연구로 진행되며 자원을 탐색하는 단계에 머물고 있다. 따라서 아직은 이용하지 못하고 있는 잠재적 에너지원으로서, 러시아의 시베리아와 같은 영구동토지대와 심해저의 퇴적물 또는 퇴적암에 광범위하게 분포되어 있는 것으로 알려져 있다.

이러한 에너지가 알려진 것은 1930년대였으나 이때는 원유나 천연가스가 풍부해 하이드레이트 개발에는 별다른 관심을 갖지 못했으나, 점차 석유 등 에너지자원이 고갈되어 가고 있고 세계 각국의 환경보호 정책에 따라 연소시 지구온난화 물질인 이산화탄소의 발생량이 적은 청정에너지에 대한 요구가 확산되면서 하이드레이트에 대한 관심이 많아졌다. 이는 천연가스처럼 95% 이상이 메탄으로 이루어진 하이드레이트가 기존 천연가스의 매장량보다 수십 배나 많고 연소시 이산화탄소 발생량이 석탄, 석유의 절반에 불과한 청정에너지원이기 때문일 뿐만 아니라, 석유자원이 매장되었는지를 알려주는 표시물이기도한 특성이 있는 까닭이다.

동해상의 한 지점에 하이드레이트가 매장되어 있을 경우 천연가스나 원유가 매장되어 있을 확률이 높아, 한국자원연구소에서 직접 해저탐사를 실시하고 있다고 한다. 전세계적으로도 개발기술은 초보단계로 상업화된 예는 거의 없으며, 하이드레이트에 대한 개발과 연구는 러시아가 세계최고의 수준을 자랑하고 있다.

11.1.4 연료전지 발전 추이

1) 알칼리형(Alkaline Fuel Cell : AFC)

① 1960년대 군사용(우주선 : 아폴로 11호)으로 개발

② 순수소 및 순산소를 사용

2) 인산형(Phosphoric Acid Fuel Cell : PAFC)

① 1970년대 민간차원에서 처음으로 기술개발된 1세대 연료전지로 병원, 호텔, 건물 등 분산형 전원으로 이용

② 현재 가장 앞선 기술로 미국, 일본에서 실용화 단계에 있다.

3) 용융탄산염형(Molten Carbonate Fuel Cell : MCFC)

① 1980년대에 기술개발된 2세대 연료전지로 대형발전소, 아파트단지, 대형건물의 분산형 전원으로 이용한다.

② 미국, 일본에서 기술개발을 완료하고 성능평가 진행 중(250kW 상용화, 2MW 실증)이다.

4) 고체산화물형(Solid Oxide Fuel Cell : SOFC)

① 1980년대에 본격적으로 기술개발된 3세대로서, MCFC보다 효율이 우수한 연료전지, 대형발전소, 아파트단지 및 대형건물의 분산형 전원으로 이용한다.

② 최근 선진국에서는 가정용, 자동차용 등으로도 연구를 진행하고 있으나 우리나라는 다른 연료전지에 비해 기술력이 가장 낮다.

5) 고분자 전해질형(Polymer Electrolyte Membrane : PEMFC)

① 1990년대에 기술개발된 4세대 연료전지로 가정용, 자동차용, 이동용 전원으로 이용한다.

② 가장 활발하게 연구되는 분야이며, 실용화 및 상용화도 타 연료전지보다 빠르게 진행되고 있다.

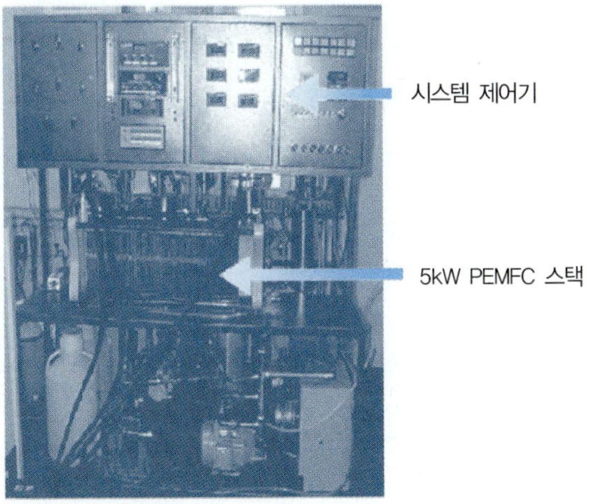

그림 11-6
5kW급 고분자 연료전지 시스템 개발

그림 11-7
50kW급 인산형 연료전지 스택제조 및 운전기술개발

표 11-3
구성요소별 기술개발 내용

대분류	중분류	소분류	기술개발 내용
본체제작기술(STACK) H_2와 O_2로 전기화학반응을 일으키는 장치(전기, 열 생산)	요소기술	재료기술	• 촉매성능향상 • 재료특성 향상
		제조기술	• 전극(anode, cathod) • 분리판 • 매트릭스
	적층기술	설계기술	• 단위전지 • 스택설치 • 냉각 및 유체 이동
		구성기술	• 단위전지 적층 • 스택구성 및 최적화 • 스택밀봉
주변기술 및 운영 • 연료를 개질하여 수소로 만드는 장치 • 생산된 직류전기를 교류로 전환 장치 • 연료전지시스템 설치/운전 기술	주변기술	연료개질기(reformer)	• 개질촉매 및 반응조건 최적화 연구 • reactor 개발 및 운전
		전력변환(inverter)	• 직류/교류 변환기(inverter) • 부하 및 시스템 제어기술
	시스템종합 및 운영 기술	시스템종합	• 시스템 설계 • 시스템 최적화 및 구성설치
		운영기술	• 발전 플랜트 설치 • 운전특성

11.2 연료전지 에너지의 현황

11.2.1 연료전지 에너지의 해외 현황

1) 기술동향 및 수준

① 미국은 1970년대, 일본은 1980년대 초부터 본격적인 개발에 착수

- 1839년 영국의 W.R. Grove가 발명, 1952년 F.T.Bacon이 베이컨 전지를 개발하여 특허를 취득한 후 미국에서 이 특허를 개량하여 1969년 아폴로 11호에 탑재하였다.

② 인산형

- 1990년대 중반 미국 ONSI사에서 200kW급 발전시스템을 북미, 아시아, 유럽에 2000년까지 총 206대를 보급(구입비의 1/3 정부보조, 1대당 80만 $)하였으며 11MW급 실증시험 중이다.
- 일본은 50~200kW급 모델시판 및 7.5MW급 실증시험 중이다.

③ 용융탄산염형

- 미국은 '99년도에 280kW급 모듈 및 2MW급 발전시스템(산타클라라) 실증 완료하고 자국의 지자체 또는 유럽에서 1MW급을 실증시험할 예정(실용화단계)이다.
- 일본(1MW 실증시험 완료), 이태리(500kW급 스택개발)가 집중투자

③ 고체산화물형 : 250kW급 발전시스템 실증시험 중이다.

- 최근에 가정용, 자동차용 등의 소용량의 연구가 대용량과 함께 선진국을 중심으로 연구가 진행되고 있다.

④ 고분자 전해질형

- 미국, 캐나다가 기술을 선도하고 있으며 100kW급 이하의 자동차용과 7.5kW급을 가정에 보급하여 실증시험 중이다.
- 자동차용, 이동용, 가정용, 분산전원용 등으로 이용범위가 광범위하여 향후 가장 먼저 실용화가 예상되는 분야로 최근에 선진국에서 집중투자를 하고 있다.

2) 기술개발 현황 및 분석

① 선진국 연료전지기술은 이미 실증연구 및 실용화단계에 와 있으며, 미국과 일본이 실용화 기술을 보유하고 있는 실정

- 정부가 적극 지원, 기업이 모든 기술을 보유하고 있기 때문에 핵심기술은 기업 비밀로 되어 있는 상황
- 실용화단계 : 인산형으로 100kW, 200kW급 분산형 전원으로 전 세계적으로 200기 이상 보급되어 있고 MW급 발전소를 실용화 추진 중이며, 고분자 전해질형은 7.5kW급이 가정용으로 실증단계를 거쳐 실용화 단계에 있다.
- 실증연구단계 : 용융탄산염형으로 250kW급을 모듈형으로 2~11 MW급 발전플랜트 실증실험을 완료
- 기술개발단계 : 고체산화물형으로 250kW급 모듈형 개발

② 기존 기술과 경쟁성 확보를 위해 설비 단가를 감소시키는 등 경제성 확보에 주력하고 있는 상황

- 저가격화 : 재료 저가격화, 부품 공용 및 표준화, 유지 및 운전비용 저감, 열병합화, 중량 및 크기 축소 등
- 스택 개선 : 구성소재 개선, 전력밀도 개선, 신뢰성 향상, 수명향상
- 발전시스템 개선 : 개질기(LNG, LPG, 메탄올, 바이오가스 등 연료 다양화) 및 냉각시스템(수처리장치 등) 등 주변기기 개선
- 적용 분야 확대 및 시장 개척

11.2.2 국내 현황

1) 연구비지원 현황

'88년부터 2005년까지 연료전지 개발에 59과제 총 146,663백만원을 투자하였으며, 그 중 77,051백만원을 정부에서 지원한다.

표 11-4
연구비지원 현황

구분 (년도)		'88~'99	2000	2001	2002	200j3	2004	2005	계
과제수	신규	32	4	3	-	3	13	4	59
	계속	66	3	4	4	3	4	15	99
	계	98	7	7	4	6	17	19	158
사업비 (백만원)	정부	22,349	3,280	5,759	5,390	7,481	14,529	18,263	77,051
	민간	23,118	2,047	4,506	4,259	6,241	13,442	15,999	69,612
	계	45,467	5,327	10,265	9,649	13,722	27,971	34,262	146,663

2) 국내 기술개발 현황 및 분석

(1) 추진 현황

① 1985년부터 에너지 기술연구소와 한전기술연구소 공동으로 5.9kW 인산 연료전지 본체를 수입하여 성능실험을 한 것이 효시이다.

② 1987년부터 6년 계획인 국책연구사업으로 2kW급 인산형 연료전지 발전기를 개발(과기부)한다.

③ 1989년부터 산자부의 대체에너지 기술개발사업 계획에 의해 4개 분야 연료전지를 본격적으로 시작한다.

④ 1993년부터는 선도기술개발사업(G-7사업)의 신에너지 분야로 연료전지 개발 프로그램을 확정하여 2000년까지 추진한다.

⑤ 1996년부터 고분자 연료전지 연구가 시작되었고 한국에너지 기술연구원이 주축이 되어 2001년 가정용 5kW급 고분자 연료전지 스택과 시스템을 개발하였다.

⑥ 2002년부터 상업화를 목적으로 (주)GS퓨얼셀이 주관이 되어 더욱 컴팩트하고 성능이 향상된 3kW급 열병합 고분자 연료전지 시스템 개발을 완료하고 실증단계이다.

⑦ 2004년부터 프로젝트형 기술개발로 자동차용, 가정용(RPG), 발전용, 소형 이동전원용 등 다양한 분야에 기술개발 추진 중이다.

⑧ 연료전지 발전시스템 가격은 스택 50%, 개질시스템 20%, 열교환기 10%, 전력변환기 15%, 기타 주변기기 5%로 구성한다.

- 스택은 가격저하를 위해 중점적으로 기술개발이 필요한 분야로 국내는 10여 년간 스택 기술개발에 치중하였다.
- 스택제조에 필요한 주요 원료는 50% 이상 수입하고 있어 구성요소제작 및 국산화 연구가 필요하다.

⑨ 시스템 용량확대를 위해 단계별로 추진하였으나 주변기술의 기술개발과 시스템 운전기술이 취약하다.

- 주변기기인 개질기, 전력변환기, 시스템 종합 등은 1999년부터 연구되고 있다.

(2) 기술개발 현황

① 인산형 : '89년부터 '92년까지 구성요소, 소재기술 등 기초연구를 완료하고 '93년부터 본격적으로 시스템 연구를 진행하여 현재 GS-Caltex에서 50kW급 발전시스템의 실용화를 연구추진(2002 종료)한다.

② 가스공사(1대, '94년) 및 현대중공업(2대, '98년)에서 미국제품인 200kW급 시스템을 수입('98)하여 운전연구를 완료한다.

- 2006년 이후 50kW급 실용화가 가능하며 선진국과 5~7년의 기술격차

③ 용융탄산염형 : '89년부터 '92년까지 대학을 중심으로 기반기술연구를 완료하고 '93년부터 본격적으로 발전시스템 연구를 진행하여 현재 한전 전력연구원에서 100kW급 발전시스템 기술개발을 완료하고 250kW급 기술개발 추진 중임

- 효성중공업, 삼성엔지니어링이 참여기업으로 KIST, RIST, 대학이 위탁기관으로 공동연구를 수행한다.

④ 고체산화물형 : 쌍용양회에서 100W급 기술개발을 추진하였으나 실패하고 현재는 1kW급 가정용 기술개발이 진행 중(한전전력연구원)이다.

⑤ 고분자 전해질형 : 추진된 연구과제는 실증 1과제 포함하여 7과제이고 가장 먼저 실용화가 예상되는 분야이다.

- 산업자원부 신재생에너지 사업의 하나로 1989년부터 대학 및 출연연구소 등을 중심으로 고분자 전해질 연료전지에 대한 연구가 시작되었다.
- 한국에너지 기술연구소에서 가정용으로 5kW급의 실용화 연구완료(2001)하였으며, GS-Caltex에서 참여하였다.
- 현대자동차 및 대우자동차에서 자동차용으로 기술개발을 추진(cartech)한다.

- 2006년 이후 3kW급이 10,000대 이상 보급될 것으로 예상된다.

3) 향후 기술개발 추진계획

① 용융탄산염형 : 대형 발전소, 대형건물 및 아파트의 분산전원용으로 이용

- 외부개질형 : 2000년도에 25kW급 시스템 보완 및 실험을 완료하였으며, 2005년에 100kW급 시스템을 설치 완료한다.
  - 2005년 현재 100kW급 MCFC 시스템을 제작하고 있으며, 중부발전 보령화력 발전소 구내에서 이 시스템을 설치하여 운전시험 및 평가를 실시한다.
  - 2009년까지 250kW급을 모듈화하여 MW급 시스템을 개발할 수 있는 여건 조성을 하여 실제 MW급 시스템 제작 및 운영은 발전회사에서 추진하도록 한다.
- 내부개질형 : 정부출연연구소(KIST)에서 5kW급을 추진하여 시스템을 개발하였으나 관련기업 부재로 사업을 축소하여 추진한다.
  - 현재 외부개질형으로 수행하고 있는 전력연구원 수행과제의 위탁사업으로 10kW급 기술개발을 추진 중이다.

② 고체산화물형 : 효율이 가장 우수한 연료전지로, 최근에 소·중·대형으로 모든 분야에 이용 가능한 것으로 알려져 있으나 다른 연료전지에 비해 기술이 뒤쳐진다.

- 100W급 스택개발 완료(쌍용에서 수행되었으나 불량으로 평가됨)되었고, 현재 전해질 기초연구를 요업기술원에서 수행
- 현재 기술수준이 선진국과 현격하게 차이가 있고, 향후 100kW급 개발을 위해서는 최소 10년 개발기간과 약 300억 원 이상의 예산 필요
- 연료전지 중 가장 우수하고, 선진국에서 가장 투자를 많이 하고 있으며, 향후 기술개발 진보 등으로 국내에서는 용량을 1~5kW급으로 관련 기업을 유도하여 사업을 추진한다.
  - 2003년부터 1KW급 중온형 SOFC 기술개발 진행 중이다.

③ 고분자 전해질형 : 가정용, 이동용, 자동차용 등으로 이용하며, 최근에 가장 진보된 기술로 가정용으로 기술개발하여 보급한다.

- 3kW급 시스템은 실용화 기술개발완료(2004.12)함
- 수송용 PEMFC 기술개발 착수한다.
  -승용차(80kW), 버스(200kW)

11.3 연료전지 에너지의 실용화

① 인산형 연료전지는 10kW, 50kW스택 및 요소기술은 (주)GS-Caltex에서 개발완료단계로 발전시스템 실용화 기술개발 완료(2002.12)되었으며, 상용화되기까지 지속적인 연구개발이 필요하다.

② 개발을 완료(2005)하고 현재 250KW 기술개발 진행 중이다.

③ 고분자 전해질 연료전지는 현재 한국에너지 기술연구원에서 5kW시스템 실용화 및 이용기술의 연구 완료(2001.12완료)되었으며 최근 민간기업의 참여로 2006년 상용화 예상(3kW급)

④ 직접메탄올 연료전지는 현재 (주)GS화학에서 노트북용으로 50W급 기술개발 중(2004.1 완료)이다.

⑤ 연료전지의 도입 촉진을 위해서는 다음의 제도 마련 필요

- 연료전지발전 취득가의 세제 공제
  (예 일본, 미국 소득세 법인세에서 기준취득가 약 10% 이내 공제)
- 설치비의 일정액 지원(예 일본, 미국 약 30% 지원)
- 설치비 저금리 융자 혜택
- 생산된 전력의 가격 보장 및 의무 구입
- 한전전력과의 연계기준을 위한 제도 마련

11.4 화학 연료전지의 구성 및 특징

① 화학적 또는 물리적 반응을 이용하여 전기에너지를 얻는 직류전원이다.

② 현재 실용화되어 있는 전지는 화학적 방법에 의한 것이 대부분이고, 물리적인 전지는 특수한 분야에서만 사용되며, 1개의 전지에서 얻을 수 있는 에너지도 매우 적다.

③ 화학적인 전지(電池 : cell)는 1차전지와 2차전지로 나누어진다.

④ 1차전지는 작용물질을 전극 가까이에 미리 넣어 두고, 이 물질의 화학변화에 의해 생기는 전기에너지를 이용하는 것으로, 작용물질의 화학변화가 끝나면 수명(壽命)을 다하여 재생할 수 없게 되며 이것에는 많은 종류가 있는데 건전지로서 널리 사용된다.

⑤ 2차전지는 전에너지를 방출하여 작용물질이 변화한 후 전지에 전기에너지를 공급, 즉 충전함으로써 작용물질이 재생되어 이를 되풀이할 수 있는 것으로, 축전지로서 많이 사용되고 연료전지는 넓은 뜻의 1차전지이며, 작용물질을 계속 외부로부터 공급하는 형식이다.

⑥ 이에 대한 발상은 19세기 초부터 있었으나, 실용화된 것은 얼마 전의 일이며, 물리작용을 이용하는 전지에는 태양전지 · 열전지 · 광전지(光電池) 등이 있다.

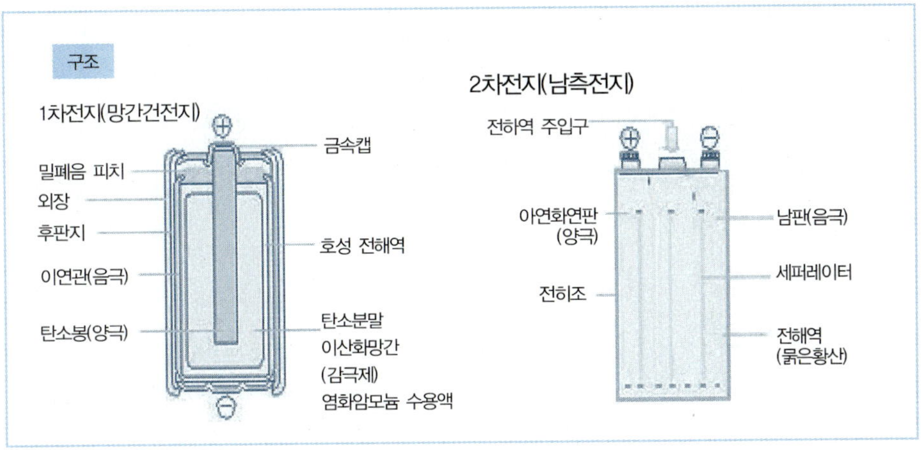

그림 11-8
전지(電池 : cell)

11.5 수소에너지의 개요

11.5.1 수소에너지의 특성

수소는 무한정인 물 또는 유기물질을 원료로 하여 제조할 수 있으며, 사용 후에 다시 물로 재순환이 된다. 자원고갈의 우려가 없으므로 화석연료 자원이 빈약한 국가에 적합한 에너지원이다. 그러나 수소는 물의 전기분해로 가장 쉽게 제조할 수 있으나, 입력에너지(전기에너지)에 비해 수소에너지가 경제성이 너무 낮아 대체전원 또는 촉매를 이용한 제조기술 연구를 추진하고 있다.

수소는 가스나 액체로서 쉽게 수송할 수 있으며 고압가스, 액체수소, 금속수소화물 등의 다양한 형태로 저장이 용이하다. 현재 수소는 기체로 저장하고 있으나 단위부피당 수소저장밀도가 너무 낮아 경제성과 안정성이 부족하여 액체 및 고체 저장법의 연구를 추진중이다.

수소는 연료로 사용할 경우에 연소시 극소량의 NOx를 제외하고는 공해물질이 생성되지 않으므로 환경오염의 우려가 최소화(단위에너지 제품기준으로 석탄의 이산화탄소 배출량을 100으로 할 때 석유와 천연가스는 각각 80 및 60의 이산화탄소를 배출하나 수소는 이산화탄소를 전혀 배출하지 않음)된다.

수소는 산업용의 기초 소재로부터 일반 연료, 수소자동차, 수소비행기, 연료전지 등 현재의 에너지시스템에서 사용되는 거의 모든 분야에 이용가능하다. 그리고 수소는 물 전기분해시 순수(純水) 사용과 전기요금, 부생가스의 고순도 제조시 장치비 등으로 가격이 고가여서 특수 분야인 고온 용접기, 반도체 분야에 이용되나 화석연료에 비해 경제성이 확보되면 일반연료, 동력원 등으로 사용이 가능하다.

11.5.2 수소에너지 시스템

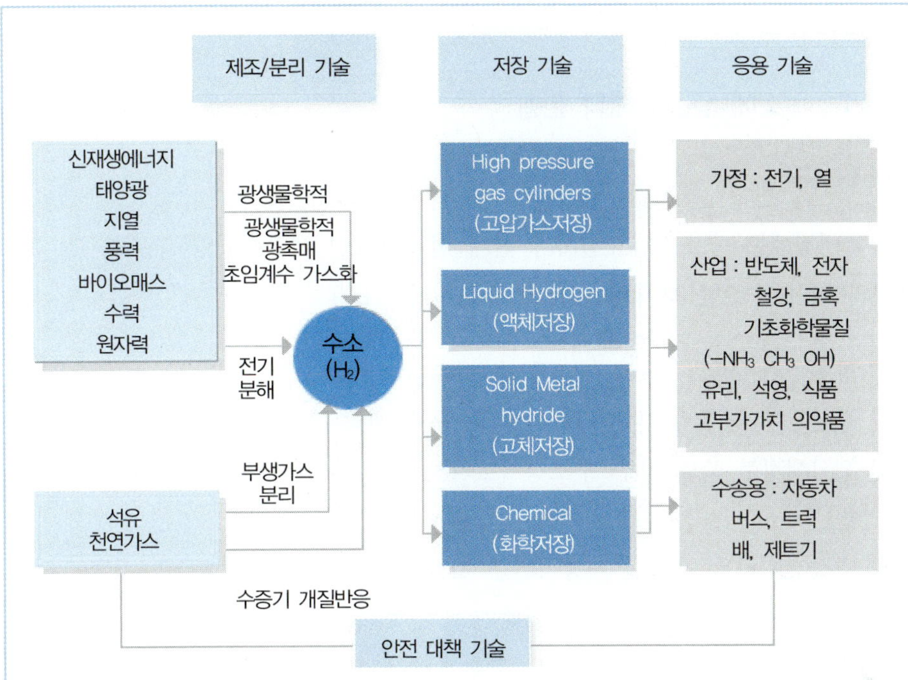

그림 11-9 수소에너지 시스템의 구성도

11.5.3 기술별 기술개발 내용

표 11-5 수소에너지 시스템 기술개발 내용

대분류	중분류	기술개발 내용
제조	물로부터 수소제조 (세계적으로 연구단계임)	전기분해(SPE, 태양광, 풍력 등 대체전원이용 등)
		저온열분해(산화물, 유황화합물, 염화물, 불화물, 요드화물 등)
		광촉매(금속산화물, 페롭스카트, 제올라이트 등)
		바이오(광합성 직·간접, 혐기발효, 과합성 발효 등)
	화석연료로부터 수소제조	수증기개질(상용화 되어 있음)
		플라즈마 개질(반응기, 플랜트 건설) → 미국 상용화
		고온열분해(이론정립, 촉매, 반응기) → 미국 개발단계
	수소정제	고순도 수소제조(PSA, MH 이용 등) → 선진국 기술확립
저장	물리적 저장	기체저장(상용화되어 있음)
		액체저장(저장용기, 극저온 연구 등) → 독일 상용화
		고체저장(재료, 고용량 저장, 무게 등) → 일부 상용화
		CNT(재료, 합성, 공정기술 등) → 선진국 개발단계
	화학적 저장	CO_2이용 메탄올, 에탄올 합성(상용화되어 있음)
이용	이용	가정(전기, 열), 산업(반도체, 전자, 철강 등), 수송(자동차, 배, 비행기) → 수소의 제조, 저장기술이 확립되지 않아 실용화된 사례가 없음
	안전대책	역화방지 등

11.6 수소에너지의 기술개발 현황

11.6.1 수소에너지의 해외 현황

1) 미 국

2040년경에는 수소·연료전지가 현재 미국의 1일 석유수입량 수준인 1,100만 배럴의 석유 수요를 대체할 것으로 추산된다.

① 향후 5년 동안 'Hydrogen Fuel Initiative(수소인프라)'와 'FreedomCAR(연료전지차 연구파트너십)'에 17억불 투자 계획

② 부시행정부 출범 이후 '수소경제로의 이행을 위한 국가비전'을 제시('01년 11월)

③ 연료전지차를 포함한 자동차관련 기술개발 프로그램인 'FreedomCAR' 발표('02년 1월)

③ 2003년 대통령 연두교서'에서 향후 5년간 약 12억불을 투자하겠다고 발표

⑤ 2003년 11월 IPHE를 결성하여 수소경제의 구현을 위한 기술개발, 실증/보급, 표준화, 안전, 교육/홍보 등 국제적인 협력을 주도

⑥ 2005년도 예산교서에서 에너지 관련 예산은 2004년 대비 1.8% 감소. 연료전지 관련 예산은 18.9% 증가한 7,750만 달러이며, 수소 기술개발은 16.3% 증가한 9,532만 달러임.

2) 일 본

① WE-NET project로 1993년부터 2020년까지 24억$ 연구투자 계획

② 일본은 에너지 자급과 연료전지의 산업화를 위하여 자동차 및 가정용/건물용 연료전지 개발에 주력

③ 2003년 연료전지 자동차 시판, 6개의 수소스테이션 시범설치

④ 2010년까지 연료전지자동차 5만대, 2020년 5백만 대 보급 예정

⑤ 2010년까지 가정용/건물용 연료전지 210만kW, 2020년 1,000만kW 공급목표 설정

3) 독 일

① German Hydrogen Energy Project로 정부의 수소 및 연료전지 관련 기술개발에 1997년 25백만 DM, 2000년 31백만 DM으로 연구투자 증가

② Hysolar Project에 84.8백만 DM, 뮌헨공항 수소화 프로젝트로 30백만 DM 투자

- 벤츠자동차에서 수소에너지 자동차 개발하여 시운전
- 태양에너지를 이용하여 수소제조공장 건설
- 수소엔진, 연료전지 시스템을 개발 중

그 밖에 프랑스, 영국, 중국, 이스라엘 등에서 수소에너지의 개발을 활발히 연구를 하고 있음

11.6.2 수소에너지의 국내 현황

1) 연구비지원 현황

'92년부터 2005년까지 수소분야 총28과제에 32,477백만 원을 투자하였으며 그 중 19,549백만 원을 정부에서 지원했다.

표 11-6 연구비지원 현황

구분 \ 년도		'88~'99	2000	2001	2002	2003	2004	2005	계
과제수	신규	12	2	1	2	2	8	9	42
	계속	19	4	3	1	2	4	9	42
	계	31	6	4	3	4	12	10	70
사업비 (백만원)	정부	1,845	771	1,219	1,058	1,752	5,848	7,056	19,549
	민간	156	163	678	784	963	4,262	5,922	12,928
	계	2,001	934	1,897	1,842	2,715	10,110	12,978	32,477

2) 수소에너지의 기술개발 현황

(1) 추진 현황

① 1980년대 후반까지 신재생에너지로서의 수소에너지 기술개발에 대한 인식 부족으로 인하여 전반적인 연구 수준은 기초 단계임

② 대학을 중심으로 1989년에 수소에너지 학회가 창립

③ 산업자원부, 과학기술부, 환경부 등에서 수소에너지 관련 분야에 대한 연구를 주요 정책사업으로 선정하여 추진

(2) 기술개발 현황 분석

① 수소제조

- 천연가스로부터 대량 수소 제조 및 저장(한국가스공사)
- 탄화수소 촉매반응에 의한 연속적 수소제조(성균관대)

② 수소저장

- 탄소나노튜브 이용 수소저장(전남대)

③ 수소스테이션 기술개발 및 실증연구

- 30Nm^3/hr급 수소스테이션 건설 및 실증연구(한국가스공사)
- 액체연료를 이용한 수소스테이션 건설 및 실증연구(GS칼텍스)
- 수소스테이션 국산화 기술개발(SK)

④ 미국, 일본, EU 등 선진국을 중심으로 수소스테이션 설치가 활발히 진행되고 있음

- 국내기업이 참여하여 수소스테이션 3기설치 추진 중(2006~2007년)

(3) 기술개발 성과

국내의 수소에너지는 제조, 저장 및 이용 분야에 기초단계 수준을 확보하여 실용화을 연구할 수 있는 기반을 구축하였다.

① 수소제조 : 천연가스로부터 수소제조 기술을 일부 확보하였으며 저가의 대용량 수소제조에 대한 기술개발이 진행 중에 있음

② 수소저장 : 실험실 규모의 액체저장법(-253℃) 및 고체저장법인 MH(수소저장합금)의 소재 개발을 수행하였으며 탄소나노튜브를 이용 수소저장 기술을

개발 중에 있음

3) 수소에너지의 추진계획

① 지금까지 연구개발은 수소제조(태양, 제올라이트, 전기방법 이용)의 기초연구와 저장(자동차 냉난방)기술로 실험실 규모로 연구되었다.

② 실험실규모가 아닌 pilot plant 규모의 연구를 수행토록 하여 기업에서 실용화할 수 있도록 과제 발굴 및 연구

③ 수소의 경제성을 확보하고, 수소경제의 인프라구축을 위한 수소스테이션 설치 및 실증연구 추진

11.7 수소 연료전지

11.7.1 수소 연료전지 기술의 개요

1) 수송용 연료전지

- 수소 · 연료전지 차에는 여러 가지 다양한 연료전지 중에서도 운전온도가 저온이며 출력밀도 및 시동 특성이 우수한 고분자 전해질 연료전지가 사용되며 연료전지에서 생성되는 전기로 모터를 구동시킨다.
- 수소 · 연료 전지차는 연료전지 스택, 수소저장탱크, 스택에 공기와 수소를 공급하는 운전장치, 전력변환기, 모터 및 감속기, 스택의 운전을 보조해주는 보조전원으로 구성된다.
- 보조전원으로는 전지 또는 슈퍼 캐패시터와 같은 보조에너지 저장장치가 사용되며 스택의 운전을 도와 차량의 성능을 높이기 위하여 사용된다.
- 수송용 연료전지 시스템으로는 대표적으로 연료전지 승용차와 연료전지 버스가 있으며 개발단계 및 시장초기에는 정부의 역할이 매우 중요하지만 점차적으로 환경 및 에너지문제가 심각하게 대두되기 때문에 시장이

급격히 성장할 것으로 예측된다.

- 수송용 연료전지의 개발이슈는 연료전지스택을 포함한 연료전지 시스템의 가격저감 연료전지의 내구성 향상 냉시동 운전 MEA를 포함한 핵심부품 및 주변기기 국산화 수소 저장탱크 개발 값싼 수소를 생산할 수 있는 수소 인프라 구축 등으로 요약됨. 산업화 시기는 기술개발 속도 및 가격 저감정도에 달려 있다.

2) 가정/상업용 연료전지

- 가정 상업용 연료전지 시스템은 연료전지에 의하여 생산되는 전기를 이용함과 동시에 연료전지에서 발생되는 열을 동시에 이용하여 온수와 난방을 공급하는 고효율 청정에너지 시스템을 말한다.
- 고효율열 병합발전 발전효율 35%, 종합 효율75% 이상으로 에너지 절감에 유리하고 마이크로 가스터빈이나 가스터빈에 비하여 시스템의 소음 및 환경오염 배출이 적다.
- 가정 상업용 연료전지 시스템의 연료로는 수소 인프라가 구축되기까지는 전국적인 배관망을 갖고 있는 천연가스가 주로 사용되고 다양한 연료전지 중 고분자 전해질 연료전지와 고체 산화물 연료전지가 주로 사용되며 1kW급부터 50kW급 이하의 시스템을 말한다.
- LNG 화력발전과 일반보일러를 사용하여 전기와 열을 생산하였을 때와 비교하여 가정용 연료전지 시스템은 소비되는 전기 및 가스비가 총12% 정도 절약되고 온실가스의 주범인 이산화탄소는 약40% 감소되고 또한 약 26%의 에너지가 절감되는 효과가 있다.
- 가정 상업용 연료전지의 개발이슈는 연료전지 스택 및 연료 프로세서의 가격저감 및 내구성 향상 MEA를 포함한 핵심부품 및 주변기기 국산화로 요약된다.

3) 발전용 연료전지(MCFC)

- 발전용 연료전지는 정치형으로서 수백W이상의 전력을 생산함으로써 기존의 발전설비를 대체할 수 있는 기능을 갖는 연료전지 시스템

- 발전용으로 사용될 수 있는 연료전지는 인산형 연료전지, 용융탄산염 연료전지, 고 체 산화물 연료전지가 있는데 인산형 연료전지의 경우 가장 먼저 개발되었지만 가격문제를 극복하지 못하여 시장진입에 어려움을 겪고 있고 고체 산화물의 경우는 아직 기술적으로 해결이 안된 부분이 많아 아직은 연구개발단계이며 용융탄산염 연료전지가 기술적으로나 가격적으로나 가장 상업화에 근접해 있는 상황이다.(미국FCE사의 내부 개질형 용융탄산염 연료전지 시스템 가격 및 내구성은 각각$5,000/kW, 20,000시간 이상으로 개발목표인 $1,000/kW, 40,000시간에 상당히 근접해 있다.
- 용융탄산염 연료전지는 사용연료의 개질방식에 따라 내부개질형과 외부개질형으로 구분한다. 내부 개질형은 천연가스, 메탄가스 등의 연료를 수증기와 함께 직접스택으로 도입한 후 스택내부의 개질촉매를 이용하여 연료전지 발전에 사용하는 방식이다. 반면에 외부 개질형은 사용연료를 스택 외부에 설치된 별도의 연료 개질기에서 개질한 후 스택내부로 도입하여 연료전지를 가동하는 방식이다.
- 내부 개질형은 별도의 개질기가 필요치 않으므로 설비제조 비용이 상대적으로 저렴하고 시스템 소형화라는 측면에서 유리한 점이 있다. 한편 외부 개질형은 연료 개질기의 종류 및 형태에 대한 자유도를 가지게 되므로 훨씬 다양한 연료를 적용할 수 있다는 점에서 장점을 가진다. 분산 전원이라는 측면에서 천연가스를 연료로 사용하는 경우에는 내부 개질형이 상대적으로 유리하다고 할 수 있으나 다른 연료를 사용해야 하는 경우에는 별도의 연료 전처리 설비가 필요할 수 있으므로 내부개질형의 장점이 희석된다. 화력발전 대체 집중 전원에서는 석탄가스의 활용 가능성이라는 측면에서 외부 개질형의 장점이 부각된다.

4) 휴대용 연료전지

- 휴대용 연료전지(portable fuel cell) 기술의 범주는 출력밀도가 비교적 낮지만 휴대의 간편성, 작동의 편리성, 연료교체의 용이함을 특징으로 하는 휴대가 가능한 수W에서 수십W급의 소형 전자기기용 전원시스템

및 휴대용 충전시스템에의 적용을 목적으로 개발하는 연료전지 시스템과 관련기술을 포괄한다. 적용 전자기기의 대상으로는 휴대폰 DMB폰 PDA, 캠A코더 노트PC 등이 있다

- 휴대용 연료전지 시스템개발과 상용화를 위해서 고출력 신뢰성과 가격 경쟁력 확보 등을 위한 연구개발이 국내외에서 활발하게 진행되고 있다.
- 휴대용 연료전지는 휴대전자기기의 배터리 대체 전원 소형 이동용 전원 이외에 국방용 전원 등으로의 응용도 관심이 높다. 휴대용 연료전지가 차세대 발전기술로 자리잡기 위해서는 요소기술 스택제작기술, 실용화를 위한 가격저감연구 등이 필요하다.
- 연료전지 유형별 : 직접 메탄올 연료전지(DMFC, Direct Methanol Fuel Cell), 저장 수소형 고분자 연료전지(H2-PEMFC, Hydrogen Polymer Electrolyte Fuel Cell) 혹은 개질 가스형 고분자 연료전지(Reformer-PEMFC, Reformer Polymer Electrolyte Fuel Cell) 등을 개발하고 있다. 최근에는 마이크로 고체 산화물 연료전지(Micro-SOFC, Micro Solid Oxide Fuel Cell)에 대한 연구개발도 발표되고 있다.
- 휴대용 연료 전지시스템으로 가장 적합한 시스템이 어느 것인가에 대해서는 아직 이견들이 남아 있지만 PEMFC와 DMFC의 개발이 거의 비슷하게 이루어지고 있다. 일부기업은 고체 산화물 연료전지(SOFC)를 개발하고 있지만 소수이다.
- 우선 PEMFC와 DMFC가 휴대전자기기용 기술로 선택 될 것으로 여겨지며 SOFC는 군용 시스템으로 사용 될 가능성이 있다.

5) SOFC

- 고체 산화물 연료전지(Solid Oxide Fuel Cell, SOFC)는 고체상의 세라믹을 전해질로 사용하여 500℃~1000℃의 고온에서 운전되는 연료전지로 고온에서 운전되므로 발전효율이 높고 고온의 배기가스를 이용하여 열병합 발전이 용이하다.
- 고온 작동으로 값비싼 귀금속촉매를 사용하지 않고도 반응을 가속화 시킬 수 있으며 연료 극측에서의 내부 개질반응이 가능하여 개질기를 간략

화할 수 있을 뿐만 아니라 수소이외에 천연가스 및 석탄가스 등의 다양한 연료를 사용할 수 있다.

- SOFC는 전해질 전극이 고체 상태이기 때문에 여러 가지 형태(평판형, 원통형 등)의 cell로 제조 가능하며 지지체에 따라 전해질 지지체(Electrolyte Supported Cell), 연료극 지지체형 등으로 분류할 수 있다.
- 평판형 SOFC는 전력밀도 및 생산성이 높고 대규모에 용이하며 전해질 박막화가 가능하지만 별도의 밀봉제를 이용한 기체 밀봉이 요구된다는 단점이 있다.
- 원통형 SOFC의 경우 기체 밀봉이 필요 없고 기계적 강도가 우수할 뿐 아니라 많은 시험 항목에서 신뢰성이 검증되었기 때문에 상용화에 가장 근접한 SOFC 디자인으로 평가 받고 있다. 그러나 전류의 이동경로가 길기 때문에 내부저항이 높고 출력밀도가 낮아서 저온형으로 전환하기 곤란하고 전기 화학 증착법을 이용하여 전해질막을 제조하기 때문에 생산 단가가 높다는 단점이 있다.
- 전해질 지지체형 SOFC는 높은 비저항 때문에 단위 면적당 전력밀도가 전극 지지체형 SOFC보다 낮고 따라서 고온에서 작동시켜야 하는 단점이 있다. 여기에 대안으로 등장한 것이 연료극 지지체(Anode Supported Cell)형이다. 연료극은 전해질보다 전기 전도도가 높아 기계적 강도 향상을 위해 전극의 두께를 증가시키더라도 비저항의 증가가 작기 때문에 1993년 독일의 julich에서 개발을 시작한 이래 많은 그룹에서 연구 중이다.

6) 수소생산

- 수소는 우주에서 가장 풍부한 원소이지만 그자체로는 자연계에 존재하지 않고 열, 빛, 전기 등을 이용하여 화석연료, 물, 바이오매스 등에서 얻을 수 있다.
- 수소 에너지 생산기술로는 천연가스, LPG, 납사, 석탄 등 화석연료의 수증기 개질 부 분산화, 자열반응, 열분해, 플라스마 개질 등의 기술에 의한 수소 생산기술과 풍력, 태양광, 등의 재생에너지를 이용한 물의 전기분해, 광전기 화학적 또는 광생물학적 수소제조 방법, 차세대 원자로를

이용한 원자력 에너지를 활용하여 물의 열화학적 또는 전기분해방법에 의해 수소를 생산하는 방법이 있다.

- 수소를 에너지로 사용하기 위해서는 단기적으로는 경제성이 있는 화석연료로부터 수소를 제조하되 부산물로 생성되는 이산화탄소는 분리처리하여 수소경제로의 전환을 촉진하다.
  궁극적으로는 대체에너지를 통한 이산화탄소의 배출이 전혀없는 수소제조로 진정한 수소 경제사회로의 진입을 확립하는 것이 필요하다.
- 국내 수소 생산량은 연간 약 40만톤 정도 되는데, 이들 대부분이 석유의 정제공장, 화학공장, 반도체 및 철강산업에서 산업적인 목적으로 주로 사용되고 있으며 아직은 에너지를 목적으로 거의 사용되고 있지 않는다.
  수소를 에너지원으로 사용하기위해서는 수소제조 단가를 더욱 낮추는 연구개발이 필요하다.
- 수소 제조공정 중 수증기 개질, 부분산화, 전기분해 등은 기술적으로 상용화되어 있으나 제조가격 저감 등의 연구개발은 더욱 필요하다.
- 여러 제조방법들 중 제조가격이 저렴한 메탄 수증기개질에 의한 수소의 생산이 현재 가장 보편적으로 사용되고 있다.

7) 수소저장

- 중량 및 부피당 저장밀도가 높은 수소저장 시스템은 연료전지 자동차뿐만 아니라 발전용 휴대용 등 연료전지 및 수소 스테이션 등 많은 분야에서 사용되고 있으며 각 분야별로 반드시 개발되어야 할 핵심기술이다.
- 수소 저장기술로는 고압 기체수소 저장, 저온액체 수소저장, 수소저장 합금, 나노재료 수소저장, 화학수소화물 수소저장 등의 기술이 연구되고 있다.
- 수소를 극저온 액체 상태나 저온 및 상온 압축기체 상태로 용기에 저장하는 기술과수소를 고체상태로 저장하는 금속 수소 화물 저장기술은 일부 실용화 단계에 있기는 하나 수소저장 부피밀도나 중량밀도가 낮으며 수소를 용기에 담고 방출할 때 비 등 손실이나 에너지 손실이 커서 보다 많은 양의 수소를 저장할 수 있는 새로운 수소 저장기술이 연구되고 있다.

- 수소를 기체상태로 저장하는 가장 일반적인 방법은 고압을 견디도록 설계된 강철이나 경량 복합탱크에 350~700bar의 압력에 수소를 저장하는 방법이다.
- 수소를 재료에 저장하는 방법은 수소에너지 밀도가 압축가스 및 액화가스에 비해 높고 안전하여 수소 저장기술로 활발히 연구되고 있다. 수소 저장방법은 흡착을 이용하여 수소를 저장하는 방법(유기금속 구조물, 제올라이트, 탄소 나노 튜브 등), 금속 수소화물 수소저장 합금 방법, 화학반응을 이용하여 수소를 저장하는 방법 등으로 구분된다.

11.7.2 수소 연료전지 기술수준 및 동향

1) 수송용 연료전지

(1) 국내 기술 수준

① 연료 전지 스택

- 국내기술로 1.2kW/ *l* 의 100kW급 연료전지스택개발에 성공하여 세계적인 수준에 이르렀다고 판단된다.
- 실험실에서의 국내연료전지스택의 내구는 4,000시간 이상을 달성하였으며 현재 수소 연료 전지차 모니터링사업에서 실도로 평가 중이다.
- 연료전지 스택의 저온 시동성은 최종적으로 영하 30도가 목표이며 현재 영하 15도에서의 저온 시동기술이 확보되었다.
- 스택 요소부품개발
  - 분리판 : 국내 순수기술로 설계 및 제작이 가능하며 금속 리판의 경우 표면코팅 기술 및 사출 개스킷 개발이 요구된다.
  - 전극막 : 국내에 연료전지 전극막을 제조할 수 있는 산업기반이 없으며 일부 연구기관에서 전해질막 및 촉매에 관한 연구를 수행하고 있다.
  - 가스확산층 : 전극막과 마찬가지로 국내의 산업기반이 전무하다.

② 고압 수소 저장 시스템

- 수소 탱크는 알루미늄 라이너를 사용하는 TYPE III와 플라스틱 라이너를 사용하는 TYPE IV 두 가지가 있으며 압력별로는 35MPa과 70MPa 두

가지 종류가 있다.

- 35MPa 수소 탱크 중 TYPE III 탱크는 이노컴에서 외산 라이너를 사용하여 70리터급 국산화 시제품을 제작 및 평가하여 자체인증을 완료하였으며 현재 국내 기술로 설계한 라이너를 사용하여 시제품을 개발 중이다.
- 35MPa 수소 탱크 중 TYPE IV 탱크는 KCR에서 70리터급 국산화 시제품 개발을 완료하여 '06년말 NGV2-2000인증을 취득하였고 현재 39리터급 시제품 및 70MPa용 라이너를 개발 중이다.
  - 35MPa 고압 수소탱크에 대한 국내 기술 수준은 설계 및 제작 능력 면에서 선진국 수준에 바짝 다가온 상태이나 70MPa 탱크의 경우 현재 라이너 설계단계로서기술격차가 다소 있는 편이다.
- 신수소 저장 시스템
  - 교과부 21C 프런티어과제로 금속 수소화물 금속착 수소화물, Chemical Hydride, MOF(Metal Organic Framwork), 탄소나노튜브 등의 신수소 저장재료 및 시스템에 대한 연구가 진행 중이다.
  - 국내에서는 아직 수소저장 재료를 상용화한 업체가 없어 재료의 대량생산기술은 선진국과 격차를 보인다.
  - 시스템 개발의 경우 미국 Ovonic社에서 금속 수소화물을 이용한 탱크를 개발하여 도요타 Prius Hybrid를 개조한 수소 내연기관에 장착하였으며 도요타의 경우 고압수소탱크에 금속 수소화물을 내장한 하이브리드형 수소탱크를 개발 중이다.
  - 이에 비해 국내에서는 현대자동차에서 금속 수소화물 및 금속 착수소화물을 이용한 소용량 탱크를 올해부터 본격적으로 개발 중이며 삼성엔지니어링에서 NaBH4를 이용한 이동용 시스템을 개발 중인 것이 전부이다.

(2) 기술개발동향

① 스택개발

- 연료전지 스택은 운전압력에 따라 약 2~23기압에서 운전되는 가압형과 대기압 조건에서 작동하는 상압형 스택 그리고 약 1.5기압에서 작동하는 중압형으로 대별 할 수 있으며 스택의 차량 패키지 용이성 및 운전손실

을 고려하여 중압 형태로 수렴하고 있고 가변 운전형 시스템도 개발 중이다.

- 연료전지의 스택은 적층성을 고려하여 4개의 모듈로 구성된 스택이 많은 비중을 차지했으나 출력밀도를 높이기 위해 모듈 시스템이 개발되고 있다.
- 요소부품개발
  - 분리판 : 양산성이 반영된 흑연 성형 분리판과 금속 성형 분리판이 개발 중이다.
  - 전극막 : 아직도 90% 이상 불소계 전해질막을 사용한 전극막이 주류를 이루고 있으나 저가의 탄화수소계 전해질막 개발이 활발히 진행되고 있다. 연료전지용 촉매 기술은 백금 사용량 저감, 백금 혼합 촉매 그리고 비백금계 촉매 개발로 이어지고 있으며 현재 사용되고 있는 백금량은 약0.5mg/cm^{2}이 일반적인 수준이다.
  - 가스확산층 : 탄소 섬유의 구조체로 만들어지며 PTFE를 함침시켜 소수성을 가지도록 만들어진다. Micro Porous Layer라고 하는 탄소 지지체 막을 도포시켜 스택의 성능을 월등히 향상시켰다. 최적의 성능을 구현하고 스택의 저온 시동성능을 개선 할 수 있는 가스 확산층의 설계 기술이 개발 중이다.

② 수소저장

- TYPE III 용기는 이노컴 TYPE IV 용기는 KCR, 레귤레이터는 현대모비스에서2003년부터 교과부 수소에너지 사업단의 21C 프런티어사업을 통해본 격적으로 국산화 개발을 시작하였으며 2006년부터는 솔레노이드 밸브와 시스템 마운팅 어세이를 추가하여 국산화 개발추진 중이다.
- 고압탱크 모듈의 시스템 통합기술의 경우 현대자동차가 캐나다 Dynetek, 미국의 Quantum에서 기술을 도입하여 개발을 진행 중에 있다.
- 현재 35MPa/70MPa 시스템이 개발되어 실증 중이나 어떤 사양으로 결정할 지는 시스템 패키지, 무게, 가격, 인프라 효율 등을 종합적으로 고려하여 결정해야 한다.

2) 가정/상업용 연료전지

(1) 국내 기술 수준

① "가정용연료전지모니터링사업"에서 국내에서 제작되는 시스템의 요소부품의 기술을 증진시키기 위하여 국산화율 및 국산화의 무품목을 설정하였다.

표 11-7 가정용 연료전지 모니터링사업 국산화율 및 국산화 품목

구 분	1단계('06~'09)	2단계('07~'10)	3단계('08~'11)
모니터링 대수	40대	70대	100대
국산화율	55%	70%	80%
국산화 품목	스텍	연료처리장치	전력변환기

- "가정용 연료전지 모니터링 사업"에 1차년도 참여한 가정용 연료전지 시스템제작사인 GS퓨얼셀과 퓨얼셀 파워의 경우 1단계의 국산화율과 국산화 품목을 만족하였다.

② 시스템기술

- 국내의 시스템 제어와 시스템 설계/제작하는 기술은 선진국의 수준에 근접한 정도로 성장하였으며 국내에서 운영되는 가정용 연료 전지시스템은 이같은 시스템 기술을 바탕으로 목표 발전량인 3,000kWh을 초과달성하였다.

③ 스택 기술

- 가정용 연료전지 모니터링1단계 사업에서 스택이 국산화품목으로 설정되어 스택의 설계 스택의 제작, MEA 제작 등은 국내기술을 기반으로 구축되었고 이를 바탕으로 생산된 스택은 1차년도 가정용 연료전지 모니터링사업에 공급되어 안정적으로 운영되고 있다.
- 가정용 연료전지 시스템의 소형화 및 내구성 증진을 위해 스택의 소형화 및 단위부피당 출력의 증가가 요구되고 장기 내구성 및 CO의 내구성 증진이 요구된다.
- 그러나 스택에 관련된 소재부품인 전해질 재료, 전극촉매 GDL, 분리판 등은 국외에서 공급되고 있는 실정이어서 스택에 관련된 소재부품의 국

산화가 요구된다.

④ 연료처리 장치기술

- 국내의 연료처리 장치기술은 스택기술에 비하여 뒤떨어져 있으며 국내에서 운영되는 40기의 가정용 연료전지 시스템의 경우 국외의 연료처리 장치가 적용되었다.
- 일본 오사카 가스에서 제작된 가정용 연료전지용 연료처리 장치의 경우 90,000시간 정도의 내구성 보장되어 연료전지 시스템의 내구성을 증진시키는데 이바지를 하나 국내의 연료처리장치의 경우 장기 내구성 검증이 요구된다.
- 가정용 연료전지 모니터링2단계 사업에서 연료처리장치가 국산화 품목으로 설정이 되어 2008년에 운영되는 70기 시스템의 경우 국내의 연료처리장치가 적용될 예정이다.

⑤ 전력변환기 기술

- 국내에서 전환효율 90% 이상의 가정용 연료전지 시스템용 전력변환기를 개발하여 가정용 연료전지 시스템에 일부 적용 중이고 현재 장기 내구성의 검증이 요구된다.
- 일본의 경우 가정용 연료전지 시스템용 전력변환기의 효율이 92% 이상이고 전 국에 걸친 장기운전을 통하여 전력변환기의 내구성을 검증하였다.

⑥ BOP 기술

- BOP는 가정용 연료전지 시스템의 고장의 주요 원인이 되고 현재 국내에서는 연료전지에 적합한 BOP를 판매하는 업체가 거의 없어 수입에 의존하는 상황으로 가정용연료 전지시스템 관련 산업의 발전을 위해서 연료펌프, 블로워, 물펌프류의 집중적인 개발이 요구된다.
- 가정용 연료전지 시스템의 세부기술 중에 BOP 관련 기술이 선진국 대비 가장 뒤떨어져 있어 국내 BOP 개발이 촉진이 시급한 상황으로 국내의 BOP 개발이 이루어지지 않으면 일본과의 가격 경쟁력 및 기술격차를 줄이는 것이 힘들 것으로 판단된다.

(2) 기술개발동향

① 2002년부터 주세티가 주관이 되어 한국가스공사, 한국에너지기술연구원, 한국타이어 및 여러 대학과 함께 컴팩트하고 성능이 더욱 향상된 3kW급 열병합 고분자 연료전지 시스템 개발한다.

② 2004년부터 GS 퓨얼셀, 퓨얼셀파워, 대구도시가스가 가정용 고분자 연료전지 시스템을 개발하고 2006년까지 실증연구를 진행하였다.

③ 한국가스공사가 주관하는"가정용 연료전지모니터링사업"으로 2006년 1단계 사업에서 GS퓨얼셀과 퓨얼셀파워의 시스템 각각 20기를 전국에 걸쳐서 도시가스 10개사와 공동으로 설치 운영 중으로 내구성과 신뢰성을 평가 중이다.

④ 한전전력연구원은 2003년부터 평판형 고체산화물 연료전지를 이용한 1kW급 가정용 시스템 개발과제를 진행하여 2006년 시연을 한 바 있으며 현재 5kW급 열병합 시스템 개발과제를 진행하고 있다.

⑤ 2004년부터 KIST, 한국에너지기술연구원, 요업기술원 등의 정부출연연구소와 대학들을 중심으로 고체 산화물 연료전지 스택구성에 필요한 여러 구성요소를 개발하기 위한 원천기술개발 과제를 수행하여 2007년 1단계사업을 종료하였으며 현재 2단계 사업을 진행 중이다.

3) MCFC(발전용)

(1) 국내기술수준

① 현재 국내 MCFC 기술은 1993년부터 진행된 국책연구과제의 성과를 기반으로 스택의 구성요소에 대한 기술수준은 선진국 대비 80% 이상에 도달하였으며 이에 대한 전문인력도 충분하지는 않지만 기술수준만큼 확보했다고 파악되나 이를 위한 인프라 구축은 선진국 대비50%를 밑도는 것으로 분석된다.

② 현재 스택과 달리 개질기를 포함한 연료전지 플랜트 전체를 포괄하는 시스템 분야에서는 선진국 대비 40~60% 정도의 기술수준을 보유하고 있으며 이와 관련된 인프라도 부족한 것으로 판단된다.

(2) 기술개발동향

① 전력 연구원은 국책 연구과제를 기반으로 1993년부터 외부 개질형 MCFC 발

전시스템을 개발을 추진하였으며 2005년까지 100kW급 스택 및 시스템을 제작하고 성능평가를 완료하였다.

- 2005년부터 2009년을 목표로 437억원의 예산으로 전력연구원 및 RIST의 주관 하에 250kW급 열병합 MCFC 시스템 개발연구 및 MCFC 스택 양산화 연구 착수
- 장기적으로 화력발전소를 대체할 규모의 중앙집중 발전용 MCFC급 시스템 개발을 목표로 하고 있으며 이에 수반된 시스템 설계 및 제작기술과 분리판 및 구성요소 생산기술 등 핵심기술 국산화 추진

② 포스코 파워는 2003년부터 FCE와 전략적 제휴를 맺고 FCE 시스템의 도입 및 기술제휴를 통한 국산화를 병행하여 MCFC 발전시장의 진입을 추진하였으며 2004년부터 FCE의 시스템 2기를 도입하여 도시가스 및 하수처리장 부생가스를 이용한 실증 운전실시

- 2007년 FCE와 기술제휴협상을 완료하고 2009년을 목표로 포스콘과 함께 MCFC 시스템의 국내 조립생산 및 시스템 BOP 국산화를 추진하는 한편 6만여평의 시스템 조립 공장부지 조성 중이다.
- 한편 발전차액지원제도, 신재생에너지 개발협약, 지역에너지사업, 대체에너지개발 및 이용 보급촉진법 등 정부 및 지방자치단체의 신재생에너지 분야 지원대책을 활용한 MCFC 발전 시스템의 보급에도 노력하여 2007년 말까지 총10MW 이상의 시스템을 보급할 예정임

③ 두산중공업은 FCE의 기술을 벤치마킹하여 내부 개질형300kW급 MCFC 시스템을 정부과제 형태로 추진 중이다.

- 2010년까지 300kW급 내부 개질형 MCFC 시스템을 순수자체기술로 독자개발하여 MCFC 분산발전시스템의 국산화기술을 구축하며 이를 통하여 국내 및 세계의 발전형 연료전지시장에서 경쟁력 확보추진

4) DMFC(휴대용)

(1) 국내기술수준

- DMFC에서 발전의 기본구성 요소인 MEA 관련 세부기술의 정량적 수준은 표11-9와 같다.

- 촉매 전해질막 MEA에대한 성능개선과 가격저감을 위한 제조기술 최적화 및 새로운 소재개발이 요구된다.

표 11-8 DMFC의 MEA 관련 세부기술의 정량적 수준

평가항목	단위	세계최고수준(보유국/보유기업) 성능수준	국내수준	비고
MEA 성능 (전력밀도)	mW/cm²	140(영국/J-M) *Nafion 전해질막	120	60℃, 공기
		120(미국/폴리퓨얼) *탄소수소계 전해질막	80	60℃, 공기
MEA 연속운전 (장기성능)	시간	4,000(한국/KIER)	4,000	LG화학 MEA, 5-oell
		2,000(미국/폴리퓨얼) *탄화수소 전해질막	50 미만	단위전지
백금함량	mg/cm²	2(영국/J-M)	3~5	60℃, 공기
대량생산	g/batch	자료없음	–	–
전해질막 이온전도도	S/cm	0.09S/cm(미국/Maxdem)	0.07 미만	전도도 실측
전해질막 메탄올 투과도	%	1/3(미국/PolyFuel)	〈 50	메탄올 투과도 측정

(2) 기술 개발 동향

① 현재 가격과 부피, 내구성 등이 상용화 수준에 이르지 못함에 따라 가격 저감과 성능 향상, 내구성 향상, 경박 단소화를 위한 구성요소개발이 이루어지고 있다.

② MEA 기술

- 휴대용 연료전지에 쓰이는 MEA와 스택의 요소별 가격은 촉매의 비중이 가장 크며 바이폴라판 전극 순서이다. 또한 고분자막은 휴대용 연료전지의 성능을 좌우하는 중요한 요소이기 때문에 필수적으로 개발되어야 할 품목 중의 하나이다. MEA 전체 비용의 약50-85%는 재료비가 차지한다.
- 촉매 : 메탄올 산화 반응에는 PtRu 합금 촉매가 산소 환원 반응에는 순수백금 촉매가 주로 사용되고 있으나 현재에는 가격저감과 성능 및 내구성 향상을 위해 다양한 합금 촉매와 카본담지체에 대한 개발이 진행되고 있다.

- 고분자전해질막 : 수소이온 전도성이 우수하고 반응물의 투과도가 적어야 하고 형상 안정성, 화학적 안정성 및 기계적 강도가 높아야 하며 80~120℃에서 안정하고 값싸고 양산화가 가능해야 한다.
  - Nafion 멤브레인은 이온 전도도가 우수하고 안정하여 현재 분리막으로 가장 널리 사용되고 있으나 메탄올의 투과도가 높은 단점이 있다. 따라서 메탄올 투과도가 낮고 이온 전도도가 높은 새로운 탄화수소계 및 복합 분리막의 개발이 진행되고 있다.
  - Polyfuel 사 등에서는 메탄올의 투과도를 Nafion에 비해 50% 이하로 감소시킨 탄화수소계 분리막을 시판 중에 있으며 MEA의 성능과 내구성이 상당히 우수한 것으로 보고된다.
  - 이외에도 메탄올 투과도가 작고 물이 없어도 수소이온의 전달이 가능한 플러렌계의 수소 이온 전도체나 상온 용융염을 전해질로 응용하려는 연구도 진행되고 있다. 또한 촉매의 활성을 높이기 위한 고온 작동용 분리막의 개발도 이루어 지고 있다.
- 분리판 : 일반적인 연료전지 스택은 bipolar plate를 사용하지만 수급의 소형 연료전지 스택은 monopolar plate를 사용하여 개발하고 있다.

③ PEMFC를 휴대용 연료전지에 응용하기 위해서는 수소공급 및 저장기술이 해결되어야하며 에너지 밀도, 안전성, 충전시간, 전극피독 물질제거, 충전수소의 인프라 구조와 가격 등을 고려해야 한다.

④ 휴대용 연료전지는 5000시간 이상 내구성이 보장되는 핵심요소 기술개발이 중요하며 BOP를 소형 저가격 경량화하면서 성능목표를 맞추는 것이 중요하다.

- 휴대용 연료전지 시스템의 양산 상용화를 위해서는 DMFC와 PEMFC에서 공통적으로 저소비 전력의 소형BOP(펌프, 콤프레서, 밸브, 센서, 열교환기 등), 연료전지와 적용기기의 인터페이스 (시스템 제어기술, 회로설계기술) 기술이 개발되어야한다.

⑤ DMFC 분야에서는 고농도 메탄올 사용 가능한 고분자막 개발, 촉매량 감소, CO 저항성 고효율 촉매를 비롯하여 MEA의 출력과 내구성 향상이 이루어져야 한다. PEMFC 분야에서는 수소 공급방법과 스택 온도제어방법이 해결되어야 한다. 특히마이크로 개질기와 무가습 멤브레인의 개발이 우선적으로 요구된다.

5) SOFC

① 한국과학기술연구원은 90년대 초부터 평판형 SOFC 개발연구를 수행해 왔다. 쌍용(주), 현대자동차, 포스코 등의 산업체와 연계하여 다층 세라믹 복합체 제조기술을 응용한 고온(〉800℃)용 전해질 지지체형 SOFC 개발, 중·저온 600-800℃)용 음극지지체형, SOFC 개발 등의 연구과제를 수행하였다.

- 평판형 SOFC 스택 구성에 필요한 단전지 및 밀봉재, 접속자, 집전자 등의 각종 요소부품 제조기술을 확보하고 이를 바탕으로 kW급 스택제조기술을 축적하는 등SOFC 관련 고유원천기술들을 폭넓게 보유하고 있다.
- 현재 저온 작동화를 통한 시스템의 안정성 및 경제성 확보와 이를 위한 저온 성능 향상 연구에 주력하고 있으며 열싸이클 및 산화환원 싸이클에서의 안정성 문제를 해결하여 상용화 수준의 내구성을 확보하기 위한 기술개발에 초점을 맞추고 있다.

② 전력연구원은 평판형 SOFC를 사용하여 가정용 kW급 시스템 개발을 진행 중이며 고성능이면서 장기성능을 신뢰할 수 있는 SOFC 스택 모듈 본체의 개발과 이의RPG용으로서의 시스템화 관련 기술을 개발 중에 있다.

- 2006년 연료극 지지체형 단전지를 이용한 1kW급 RPG용 중저온형 SOFC 발전시스템 개발을 완료하였으며 현재 후속 연구로 5kW급 열병합 SOFC 발전 시스템 개발 연구를 수행 중이다. 향후 실증 연구를 시작하여 가정용 연료전지 보급사업에 참여할 계획을 갖고 있다.

③ 한국에너지기술연구원은 소형 원통형 SOFC 스택으로 수송기기 산업용 보조전원장치 및 가스터빈과의 하이브리드 대형 복합발전 시스템 개발에 주력하고 있으며 평관형 SOFC 스택용 원천기술 개발도 추진 중에 있다.

- 보조전원(APU) SOFC 발전시스템 개발의 경우 연료극 지지체식 튜브셀 및 이를 이용한 급속 기동형 SOFC 스택을 개발했으며 이와 더불어 SOFC 발전시스템용 디젤 개질 시스템 BOP 등 소형화 기술개발을 추진 중에 있다.
- 가스 터빈 연료전지 복합 발전용 SOFC 발전 시스템 개발의 경우 5kW급 SOFC 스택 본체는 독일 율리히연구소에서 도입했으며 상압에서 연료로서 수소를 주입해 약 8.1kW의 출력을 발생시키는 SOFC 발전시스템을 개발하였다.

- 평관형 SOFC 스택 및 스택모듈 원천기술 개발의 경우 적용분야별 평관형 SOFC 스택 제작에 필요한 스택모듈기술개발 및 스택구성 부품들의 핵심 소재 원천기술을 개발하고 있다.

④ 포항산업과학연구원은 90년대 후반부터 SOFC용 분리판 소재개발, 고온형 연료전지 스택 소재 제조기술개발연구를 통해 저비용 · 고기능, 분리판 설계 스택구성 요소제작 및 공정기술 등의 기반기술을 확보하였으며 이를 바탕으로 2006년 1kW급SOFC 스택의 제작 및 운전평가 연구를 완료하였다.

- 분산전원/중앙 집중형 대형발전시스템의 상용화를 위한 기반과제로써 2007년부터 150kW급 SOFC 스택 소재핵심기술 및 발전시스템 개발을 수행 중이다

6) 수소제조

(1) 국내기술수준

① 수소제조 공정들의 기술 수준을 다음 표에 나타내었는데 이중 수증기 개질 부분산화 전기분해 등은 기술적으로 개발이 끝나 실제현장에서 사용되고 있으나 제조가격저감 등의 연구개발은 계속 필요하며 수소 스테이션과 같이 집적화와 연계 운전을 위한 연구개발 필요

표 11-9 주요 수소제조 공정현황

제조공정	현 황
천연가스 수증기개질	기술완성단계
천연가스 촉매분해	기술완성단계
중유 부분산화	기술완성단계
석탄가스화	연국개발-기술완성단계
수증기-철 석탄가스화	연구개발
물 전기분해	기술완성단계
열화학적 사이클(단일)	연구개발
열화학적 사이클(복합)	연구개발
광화학적 공정	초기 연구개발
광전기화학적 공정	초기 연구개발
광생물학적 공정	초기 연구개발

② 수소 제조기술 분야 중 이미 완성단계에 있는 기술은 선진국과의 기술격차가 거의 없다. 단지 고유한 기술력의 확보 독자적인 공정시스템에 대한 연구가 필요하다. 기초 연구개발 분야에서는 선진국과의 상당한 격차를 보이고 있다.

(2) 기술개발동향

① 화석연료를 이용한 수소생산

- 우리나라에서는 지형 기후 및 관련기술의 제반여건상 풍력 태양광 등의 신재생에너지를 활용한 수소제조기술이 경제성 있는 규모로 대형화되기에는 여러 가지 제약조건을 지니고 있으므로 상대적으로 제약조건이 적고 보다 기술 집약적인 천연가스 열분해에 의한 수소 제조가 더 현실성이 있는 것으로 판단되고 있다.
- 천연가스 직접분해 기술들 중 Plasma 활용기술에 비교적 많은 연구가 진행되어Pilot test의 단계에 있으나 과다한 전기에너지의 사용으로 경제성면에서 부정적인 측면을 내포하고 있으며 대형화시의 문제점으로 인해 최근에는 열분해법에 대 관심이 더 높아지는 추세에 있다.
- 현재로서는 수소제조원가가 가장 저렴한 연료 천연가스로서 수소 경제 과도기에는 소형 및 분산형 수소 제조 원료로 사용되고 장기적으로는 중앙 집중형 대형 수소 제조 원료로 사용될 것으로 예상된다.
- 시스템 효율 향상 및 고순도 수소 제조 및 가격저하를 위한 연구 진행 중이다.

② 물로부터의 수소생산 분야

- 열화학적 수소생산
  - 다단계 사이클에 의한 공정의 복잡함과 화합물의 분리 이송 등의 문제로 2단계 사이클인 금속 산화물의 산화 환원 사이클에 의한 물분해 수소 제조 시스템을 우선 순위로 개발 진행 중이다.
  - 물분해 반응속도와 열적 안정성이 향상된 금속산화물 개발 진행 중이다.
  - 태양광 집적로(solar concentrator)등 환경 친화적인 고온 열원 시스템 이용 기술을 위한 실험실적 연구 진행 중이다.

- 원자력이용 수소생산
  - 제세대형 원자로 개발을 진행 중이며 이와 더불어 550~1,000℃로 고효율의 고체산화물 연료전지(solid oxide fuel cell, SOFC)를 이용한 열 및 전기화학적 물분해과제 기획 단계이다.
- 광촉매이용수소생산
  - 포항공대, 서울대, 한국화학연구소, 한국에너지기술연구원, 전기연구원 등에서 광촉매에 관한 기초연구 수행 광활성은 부분적으로 기술 선진국 수준에 육박
- 생물학적 방법에 의한 수소 제조기술
  - 2012년까지 단위면적과 시간당 수소 생산성이 5 l/hr/m^2 이상 태양광을 수소로 변환하는 효율을 7~10% 단계까지 끌어 올려야 한다.
  - 균주에 대한 특허권 확보가 가능하여 자연계 및 돌연변이 균주 개발에 집중
  - 고정화 기술개발 반응기 설계 및 최적화 기술개발 진행 중
- 물의 전기분해에 의한 수소 제조기술
  - 국내에서는 SPE(Solid polymer electrolyte)를 이용한 물의 전기분해에 관해서는 신재생에너지 프로그램 수소에너지 기초연구를 통해 일부대학에서 MEA 및 전극에 대한 기초연구가 추진된 바 있으며 현재 프런티어사업을 통해 한국에너지기술연구원과 엘켐텍에서 SPE 기술 기반 수전해 시스템 개발 중이다.

③ Biomass로부터의 수소 생산분야

- 1970년대 중반이후 바이오 에너지 개발연구가 진행되어 왔으나 아직 실험실적 기초연구 단계에 머물러 있다.
- 한국에너지기술연구원에서 혐기발효에 의한 수소 생산 대형화 시설개발을 진행 중이다.
- 원천핵심 기술로 고효율 수소생산 광합성 세균개발 고효율 생물반응기 개발 그리고 연속공정 개발 등에 집중

7) 수소저장

(1) 국내기술 수준

① 고압 기체 저장기술은 KCR, 현대자동차를 중심으로 저가 경량 고압용기의 개발에 집중하여 집중 개발되고 있어 선진국과 비교하여 상당한 수준에 도달하였으나 액체 수소 저장기술은 국내에서 기술개발이 수행되지 않아 기술수준이 많이 낮다.

② 흡착 저장의 경우 탄소 나노튜브의 표면처리를 통하여 수소저장 용량을 향상시키는 연구에 진전이 있었으며 MOF를 비롯한 고표면적 나노재료에서도 동일한 현상이 관찰되어 재료 합성면에서는 어느 정도 선진국 기술과 근접하였다고 생각되나 저장 시스템 제작 및 운용면에서는 매우 기술수준 차이가 큼

- 금속 수소화물의 경우 저온형 재료 및 이를 이용한 수소저장 방출 시스템은 국내에서도 실증시험을 실시하는 회사가 증가하고 있어 기술수준 차이는 아주 크지 않다.

③ 중고온형 금속 수소 화물의 경우에도 물질의 설계, 합성, 물성, 제어기술 이 상당한 수준에 도달하였으나 합성장치와 저장탱크의 설계 및 제작 기술은 외국에 비하여 낙후되어 있다.

④ 화학 수소 화물의 경우 NaBH4를 제외한 다른 보론계 화합물 및 유기물에 대해 수소 저장기술 개발이 이루지지 않아 기술수준에 차이가 있다.

(2) 기술개발동향

① 고압기체 저장

- 고압기체수소 저장의 경우 수소연료전지 자동차용으로 350~3700bar에서 6~610wt%의 수소를 저장할 목적으로 KCR, 현대자동차를 중심으로 저장용기의 저가 경량화 고압화가 이루어져 연료전지 자동차에 장착하여 시험 중이다.
- 안전성과 가격 경쟁력을 확보하기 위하여 가벼운 탄소섬유 복합 재료탱크의 개발에 집중하고 있으며 재료의 수소취화 방지기술 안전성 향상기술 1000 bar 이상의 청정압축기 기술 등에 대해 개발이 이루어지고 있다.

② 액체수소저장

- 액체수소 저장의 경우 단열상태가 우수하여 수소의 증발(boil-off)이 낮은 극저온(-253 ℃) 단열 보온조의 개발이 진행되어 왔으나 기술의 응용에 한계성이 있어 현재 국내에서는 기술개발이 중단된 상태이다.

③ 수소 저장재료에 의한 수소저장

- 흡착 수소저장
  - 탄소 나노튜브에 의한 수소저장은 상온에서 0.5 wt% 정도이나 금속을 이용하여탄소 나노튜브의 표면처리를 하면 수소 저장량이 크게 향상되며(3wt%), 이러한 결과는 MOF를 비롯한 고표면적 나노재료에서도 관찰 되었다.
  - 무기물계 나노물질도 연구가 진행 중에 있으며 MOF에 대한 연구도 활발히 진행되고 있다.
- 가역적 금속 수소화물에 의한 수소저장
  - 금속 수소화물을 이용한 수소저장기술은 국내에서도 재료개발부터 이용기술에까지 상당한 수준의 연구개발이 진행되어 왔다. 이 재료들은 부피 기준 저장밀도가 100~150kg/m^3으로 높다는 장점이 있으나 무게 기준 저장밀도가 최대 2.5wt%로 낮아 연료전지 자동차의 저장탱크에 적용하는데 어려움이 있다.
  - 프런티어 사업으로 고온형 및 저온형 수소저장합금이 연구되고 있으며 고압기체 수소 저장의 안전성과 수소저장용량의 확보를 위해 용기에 수소저장 합금과 고압 수소저장을 결합한 수소 저장기술이 현대자동차, 자원연구소, KIST에 의해 개발되고 있다.
  - 일부 가역적 금속 붕소수 소화물의 연구는 국내에서도 상당히 진전되어 외국과 기술적 격차가 크지 않는 수준으로 물질설계 및 성능예측 기술이 잘 확립되어 있으며 합성기술도 최고 수준을 보유하고 있으나 대량생산을 할 수 있는 합성장치 및 저장장치의 설계 제작기술은 낮은 수준이다.
- 비가역적 화학수소화물에 의한 수소저장
  - $NaBH_4$를 이용한 수소방출 시스템개발 및 실증시험이 프런티어사업에

제11장

의해 진행되고 있으며 삼성엔지니어링, $NaBH_4$ 재생공정에 대해서도 연구가 진행되고 있다(KIST, KAIST). 시스템 기준 4wt% 정도의 수소 저장 용량을 확보

– 새로운 boron 화합물 및 유기물 수소저장에 대해서는 일부 기초연구가 진행되고 있는 상태이다.

11.7.3 수소연료전지 RD&D 추진전략 및 목표설정

1) 수송용 연료전지

(1) 추진전략 및 목표

표 11-10 수송용 연료전지의 단계별 목표

단 계	목 표
단기 (2008~2012)	• 연료전지기술 경쟁력 확보 및 상품성 확보 • 시스템 효율 54%, 내구성 5,000시간, 일충전주행거리 500km • 연료전지차 530대, 연료전지버스 24여대 실증참여
중기 (2013~2020)	• 수소연료전지차 초기시장 마련 • 양산을 위한 기술개발 및 설비구축 • 시스템효율 60%, 내구성 5,000시간 이상, 일충전주행거리 600km • 연료전지차 53,000여대, 연료전지버스 1,200대 보급
장기 (2021~2030)	• 연료전지차 양산

① 단기추진 전략

- 기술개발 과제결과를 실도로 평가에 적용하여 목표상태 검증
- 실도로 평가를 통해 확보된 자료로 연구개발성과 품질향상
- 연료전지 시스템 모듈화기 술개발을 통한 가격절감
- 금속분리판 개발 및 양산화 추진을 통한 가격절감

② 중기추진 전략

- 고성능 전극막 국산화를 통한 연료전지 차량국산화율 100% 달성
- 차세대 연료전지시스템 개발 추진
- 대량 생산을 위한 스택 및 시스템 양산공정 개발

③ 장기추진 전략

- 연료전지차 양산에 따른 시장 확보를 위한 품질 경쟁력 확보
- 연료전지차량의 지속적 개선을 통한 상품 경쟁력확보

2) 가정/상업용 연료전지

(1) 추진전략 및 목표

표 11-11 가정/상업용 연료전지의 단계별 목표

단 계	목 표
단기 (2008~2012)	• 가정용 연료전지 1차 및 2차 모니터링 사업 • 가정용 연료전지 1만대 보급 사업 • 신개념 가정용 연료전지 실증 연구 • 상업용 연료전지 모니터링 사업
중기 (2013~2020)	• 가정용 연료전지 10만대 보급사업 • 가정용 연료전지 80만대 보급사업 • 상업용 연료전지 6만대 보급사업
장기 (2021~2030)	• 가정용 연료전지 275만대 누적보급 • 상업용 연료전지 20만대 누적보급

① 단기추진 전략

- 가정용 연료전지 1, 2차 모니터링 사업을 통한 내구성 신뢰성 검증
- 가정용 연료전지1만대 보급사업을 통한 가격절감
- 신개념 가정용 연료전지 실증연구를 통한 가정용 연료전지 적용확대
- 상업용 연료전지 모니터링사업을 통한 내구성 신뢰성 검증

② 중기추진 전략

- 가정용 연료전지 1차, 2차 보급사업을 통한 상업화 유도 및 가격절감
- 상업용 연료전지 보급사업을 통한 내구성 검증 및 상업화 유도

③ 장기추진 전략

- 가정용 연료전지 상업화
- 국내 연료전지 제작업체의 자체 경쟁력 강화

3) MCFC(발전용)

(1) 추진전략 및 목표

표 11-12 MCFC(발전용)의 단계별 목표

단 계	목 표
단기 (2008~2012)	• 스택 및 시스템 분야에서 신뢰성 및 경제성 향상을 위한 기초 및 응용기술개발 수행 • IR-MCFC 시스템 대상인 백업파워용 시스템 및 분산발전용 시스템과 해당 열회수 기술 개발 완료 • 대용량 ER 스팩의 설계 및 제작을 위한 기초기술 개발 수행
중기 (2013~2020)	• 스택 및 시스템 분야에서 신뢰성 및 경제성 향상을 위한 실용화 및 상용화 기술 개발 완료 • IR-MCFC 분야에서 백업파워용 시스템과 분산전원용 시스템 그리고 열회수 기술의 상용화 기술개발 완료 • ER-MCFC(IGFC) 스택 및 시스템 개발 분야에서 대용량 ER 스택 설계/제작 및 대용량 스택 운전/평가, IGFC 발전시스템 설계/제작/운전의 실용화 기술 개발 수행 • IGFC 실증운전의 기초 및 응용기술과 수백MW급 IGFC 설계/제작의 기초기술 분야의 기술 개발 수행
장기 (2021~2030)	• IGFC발전시스템의 설계/제작/운전 및 실증을 상용화 수준에서 완료 • KGFC 상용화 시스템 보급을 위한 실용화 및 상용화 기술을 확보

① 단기추진 전략

- 스택분야 고신뢰성 구성요소 개발과 스택 성능 저하 메커니즘 규명 고신뢰성 시스템 설계 제작 분야 고신뢰성 BOP 구성품 개발, 백업 파워용 시스템 개발 분야의 연료전지, PS 시스템 EBOP 개발 원천기술 과제로 추진
- 스택 분야의 구성요소 원료 분말 국산화 시스템 신뢰성 향상 분야의 다연료 활용기술 개발 시스템 경제성 향상 분야의 BOP 표준화, IR-MCFC 시스템 활용 분야의 연료전지 시스템 실증, 석탄가스 대응 스택 개발 분야는 실용화 기술과제로 추진
- 스택분야 고신뢰성 구성요소 생산 스택 경제성 향상 분야 스택 고성능화 장수화 및 구성요소 경제성 향상 시스템 신뢰성 향상분야 시스템 설계기술 개발 및 시스템운전 평가기술개발 BOP 표준화를 제외한 시스템 경제성 향상 분야, 연료전지UPS 시스템 EBOP개발 및 시스템 실증을 제외한 IR-MCFC 시스템 활용 분야는 상용화개발과제로 추진

② 중기추진 전략

- 단기의 경우와 동일

③ 장기추진 전략

- IGFC 시스템 개발은 막대한 자금이 소요되므로 IGFC 상용화 시스템 보급사업을 제외한 나머지 기술개발은 정부지원 과제로 수행

4) DMFC(휴대용)

(1) 추진전략 및 목표

표 11-13 DMFC(휴대용)의 단계별 목표

단 계	목 표
단기 (2008~2012)	• 노트북 PC용 연료전지의 상업화 기술 개발 • 시스템 경박단소화 및 구성요소의 성능향상 • DMFC 내구성 5,000시간 이상, 에너지밀도(시스템) : 500Wh/L 이상, 출력밀도 : 약 100mW/cm^2(최대), 50mW/cm^2(정격), 메탄올 농도 : 30% 이상 • 신뢰성과 안전성 확보 가능 기술
중기 (2013~2020)	• 틈새 시장 개척을 위한 다양한 상품 개발 및 상업화 추진 • 대량 생산기술 확보 및 시장 확대 방안 모색 • 가격과 성능 및 신뢰성 향상 기술 개발 • DMFC 내구성 10,000시간, 에너지밀도(시스템) : 1,000Wh/L, 출력밀도 : 약 200mW/cm^2(최대), 100mW/cm^2(정격), 메탄올 농도 : 30% 이상 • 신뢰성과 안전성 확보 가능 기술
장기 (2021~2030)	• 시장확대를 위한 새로운 응용분야 개척 • 성능 및 내구성 강화 기술개발 • 경박단소화, 신뢰성 향상, 가격 저감 방안 개발 • 새로운 연료전지 형태 개발 • DMFC 내구성 10,000시간 이상, 에너지밀도(시스템) : 1,000Wh/L, 출력밀도 : 약 200mW/cm^2 이상(최대), 100mW/cm^2 이상(정격)

① 단기추진 전략

- 기술적으로 가장 앞선 노트북용 DMFC 시스템의 실증 및 모니터링 사업 추진
- 시스템 가격과 부피저감을 위한 구성요소 및 BOP 개발착수
- 스택과 MEA의 성능 향상 및 대량 생산기술 추진
- 주변기기 최적화에 의한 시스템 고효율 및 고내구화 기술 개발
- 틈새시장 개척을 위해 수백 급 이동용 독립전원 개발 사업 시작

② 중기추진 전략

- 휴대용 연료전지 보급 사업을 통해 상업화 촉진 및 소비자 홍보확대

- 상업화를 위한 대량 생산기술 및 가격 저감기술 개발
- 소비자의 요구에 부합하는 제품의 신뢰성과 안정성 확보기술 개발
- 관련업체와의 협력을 통해 구성요소 및 주변기기 가격 저감기술 개발 유도
- 응용분야 확대를 위한 다양한 시도 및 kW급 대용량 연료전지 개발
- 획기적인 성능 및 가격 개선을 위한 원천기술 개발 집중

③ 장기추진 전략

- 세계시장 확대를 위한 전략마련
- 원천기술 개발을 위한 연구개발 지속추진
- 부품소재 협력업체 육성

5) SOFC

(1) 추진전략 및 목표

표 11-14 SOFC의 단계별 목표

단 계	목 표
단기 (2008~2012)	• 출력밀도 : 0.6W/cm^2, 셀면적 : 1000cm^2, 열 싸이클 : 50회 이상, 내구성 : 10000시간 이상, 대면적 셀 벤딩 방지 기술 : 2mm/400mm
중기 (2013~2020)	• 석탄 가스화 복합 연료전지 발전 시스템 개발 • 상업용, 발전용 연료전지 실증 및 장기 신뢰성(〉40000시간) 확보
장기 (2021~2030)	• 100MW급 석탄 가스화 복합 연료전지 발전 시스템 개발 • 상업용, 발전용 연료전지 실증 및 장기 신뢰성(〉100000시간) 확보

① 단기추진 전략

- 150kW급 SOFC 스택 및 구성요소 핵심기술 개발
- 150kW급 SOFC 발전 시스템 핵심기술 개발

② 중기추진 전략

- 10MW급 SOFC/터빈 hybrid 고효율 시스템기술 개발
- 석탄가스 연료화 공정기술 개발
- 가스 불순물 및 CO^2 제거기술 개발
- 연료전지 운전조건 최적화 및 진단기술 개발
- 1MW급 발전용 SOFC 시스템 실증 연구

③ 장기추진전략

- 100MW급 SOFC/터빈 hybrid 고효율 시스템 기술개발
- 10MW급 발전용 SOFC 시스템 실증연구

6) 수소제조

(1) 추진전략 및 목표

표 11-15 수소제조의 단계별 목표

단 계	목 표
단기 (2008~2012)	• 완성단계에 있는 기술을 대상으로 산업화와 시장 진입을 모색
중기 (2013~2020)	• 초기에 완성된 기술들의 성능향상 및 가격저감을 위한 기술개발을 유지하며, 석탄 및 바이오매스로부터의 수소 제조 기술을 완성
장기 (2021~2030)	• 신재생에너지원으로부터 수소를 제조하는 기술개발 연구에 집중하여 수소경제 실현을 위한 제반여건 완성

① 단기추진 전략

- 기술의 완성단계에 있는 천연가스 개질과 물의 전기분해 기술은 기업이 상업화할 수 있도록 지원하여 기업의 조기육성과 완제품 생산을 유도하며 기술개발이 다소 필요한 석탄과 바이오매스의 기초 응용연구에 치중함으로써 실용화를 위한 기반을 마련
- 장기적인 기술개발이 필요한 기술인 재생 가능한 에너지원으로부터의 수소제조기술은 경제성 확보나 기술적 완성을 위한 차원에서 기초연구를 수행
- 원자력 및 태양광 고온을 이용한 물의 열화학분해 기술과 생물 및 광학적 물분해 기술은 장기적인 목표로 기초연구를 지원
- 성능 및 가격 목표치를 산정하여 현단계에서 완성할 수 있는 결과를 유도

② 중기추진 전략

- 천연가스 개질기술은 분산형으로부터 중앙집중식개 질에 지원을 집중하며 동시에 CO_2 회수 및 처리기술 개발에 중점
- 석탄과 바이오매스로부터 수소를 제조하는 기술은 실용화 및 상용화 기술개발에 역점을 둠으로써 매장량이 풍부하여 원료의 가격이 저렴한 기술을 활용 수소 제조의 경제성을 확보

제11장

- 원자력 및 태양광 고온을 이용한 물의 열화학분해 기술과 생물 및 광학적 물분해 기술은 응용 및 실용화 기술개발을 지원하며 동시에 CO_2 회수 및 처리기술 개발에 중점
- 개발된 제품의 시장진입을 추진하며 시장 및 수소 인프라간의 상호 연계성을 통해 시장을 확대하여 궁극적으로 태양열이나 물과 같은 재생 가능한 에너지원으로부터 수소를 얻기 위해 연구개발 단계에 있는 기술들에 대한 연구를 함께 추진

③ 장기추진 전략

- 수소 제조기술의 경제성을 확립 및 시장성숙 및 인프라를 완비하며 수소 제조 기술을 다양화하여 적용분야 특성에 알맞은 기술을 접목
- 신재생에너지원으로부터 수소를 제조하는 기술을 확립하여 에너지 자립 국가로서 기술적 우위를 점유

7) 수소저장

(1) 추진전략 및 목표

표 11-16 수소저장의 단계별 목표

단 계	목 표
단기 (2008~2012)	• 상업화 단계에 있는 고압기체 수소저장 및 금속수소화물 수송저장 기술을 완성하여 산업화와 시장진입 시도, 고용량 수소저장 신재료 탐색 병행(수소저장 목표 : 5.0wt%)
중기 (2013~2020)	• 고압기체 수소저장기술, 나노구조 재료 및 일부 금속수소화물에 의한 흡착저장 등은 시장 진입을 추진 • 금속수소화물 및 화학수소화물은 수소저장 용량 향상 및 저온/저압 저장 공정기술 및 시스템 개발에 집중하여 수송용 수소저장기술 개발(수소저장 목표 : 9.0wt%)
장기 (2021~2030)	• 고압기체 수소저장 및 이와 연계한 금속수소화물, 나노재료 수소저장 기술과 액체수소 저장 기술에 대해 시장 확대를 추진 • 중간 단계에 구축된 금속수소화물 및 화학수소화물 수소저장 기술에 대하여 상용화 공정 및 시스템 개발을 확립하여 수송용 수소저장 기술의 시장 진입(수소저장 목표 : 10wt%)

① 단기추진전략

- 상업화 단계에 있는 고압 기체 수소저장 및 금속 수소화물 수소저장기술을 완성하여 상용화추진 350bar 및 700bar 저장 용기 경량화 기술 개발로 저장용량 향상

- 최근 국외에서 개발되는 고압 용기 금속 수소화물 hybrid system 구축으로 안정성 및 저장용량 향상 추진
- 액체 수소저장 기술은 고효율 액화기술과 저가 단열기술 개발을 통한 수소기화율 저감 기술개발
- 나노구조재료를 이용한 흡착 수소저장의 경우 기존 탄소계 및 비탄소계 나노재료의 수소저장용량 및 수소저장 방출속도의 향상과 함께 저장공정 및 시스템 개발추진하여 최종년도의 기술가능성 평가를 통하여 기술개발 계속여부 판단
- 금속수소 화물을 이용한 가역적 수소저장은 기존에 추진되는 재료이외에 저장용량이 재료기준으로 7wt% 이상인 금속 붕소수소화물 아마이드계 물질에 대한 기술개발추진
- 화학수소화물의 경우 새로운 수소저장물질로서 재생이 용이한 유기화학수소화물과 저장용량이 재료기준으로 7wt% 이상인 보레인계 화합물에 대한 기술개발 진행

② 중기추진전략

- 고압기체 수소저장기술은 700bar 시스템 중심으로 상용화 및 시장진입을 추진 안전성확보를 위해 금속수소화물을 고압저장기술에 결합한 고압 hybrid 수소저장 기술확립
- 액체수소 저장기술은 고효율 수소액화시스템 기술을 확립하고 저가 단열재를 사용한 저장용기 개발과 비등 수소 회수 및 재사용공정을 개발
- 나노구조 재료를 이용한 흡착수소저장의 상용화 기술개발 및 시장진입 진행
- 금속수소화물을 이용한 가역적 수소저장은 기존 알라나이트 사용시스템을 상용화하고 금속붕소수소화물 및 아마이드계 물질을 사용한 수소저장시스템 실용화 기술완성
- 화학수소화물의 경우 유기화학수소화물 및 보레인계 화합물의 수소저장 특성향상 및 저장시스템 실용화 기술진행

③ 장기추진전략

- 고압 기체수소 저장 및 액체수소저장기술은 저장효율의 극대화를 통하여 시장확대
- 고압기체 수소저장은 금속 수소화물 및 나노재료 수소저장 기술 과 연계한 상용시스템 기술을 완성하여 시장 진입
- 금속수소화물 및 화학수소화물의 경우 재료의 저가화와 함께 저장공정의 단순화 및 저장 시스템의 경량화를 추진하여 상용화 기술을 완성하고 신재료의 특성에 따라 적용 여부를 결정하여 상용 수소저장 기술을 완성한다.

제 12 장

유비쿼터스 소수력 에너지의 생산기술

12.1 소수력 에너지의 개요

12.1.1 소수력 에너지의 정의

수력발전은 물의 힘을 이용해 전기를 생산하는 것이다. 흐르는 물의 힘으로 발전기의 연결되어 있는 날개를 돌려 전기를 생산하여 사용한다. 즉, 수력발전은 물의 유동에너지를 변환시켜 전기를 생산하는 것을 말한다.

① '대체에너지 개발 및 이용, 보급촉진법(2003년)'에는 소수력만을 신재생에너지로 정의하고, 같은 법 시행규칙에서 소수력 설비를 시설용량 10,000kW 이하의 설비로 규정하였다.

② 2004년말 12월에 위 법을 '신에너지 및 재생에너지 개발, 이용, 보급촉진법(2004년)'으로 개정하여 대수력을 포함한 수력으로 정의하였다.

그림 12-1 물의 소리 (수력, 해양)

③ 현재 수력발전 중 소수력 발전에 대하여 다양한 연구개발 및 정부지원정책과 제도를 시행하고 있다.

12.1.2 소수력 에너지의 내용

소수력발전은 물의 낙하차를 이용한 시설용량 10,000kW 이하의 수력발전을 말하며, 국내보급현황은 '82년 이후 정부의 지원으로 현재까지 40개 지역에 (시설용량 약 53,408kW) 설치되었고 연간전력생산량은 약 1억 kWh에 달한다.

주) 시행규칙 개정 전에는 시설용량 3,000kW 이하('82. 3 수력개발 기본 방침)

① 미국 : 시설용량 15,000kW 이하
② 중국 : 시설용량 25,000kW 이하

소수력발전은 전력 생산 외에 농업용 저수지, 농업용 보, 하수처리장, 정수장, 다목적댐의 용수로 등에도 적용할 수 있는 점을 감안할 때 국내의 개발 잠재량은 풍부하며, 또한 청정자원으로서 개발할 가치가 큰 부존자원으로 평가받고 있다.

그림 12-2
수력 에너지

그림 12-3
포천 소수력 발전소
(설비용량 : 2,940kW)

12.1.3 소수력 시스템 구성도

① 취수구 수로 : 물이 유입되는 곳이다.

② 수차날개 : 수력에 의해 회전되어 수력에너지를 기계적인 에너지로 변환시켜 주는 장치이다.

③ 동력전달장치 : 날개에서 발생한 회전력이 중심 전축을 통해서 변속 기어에 전달 요구되는 회전수로 높여서 발전기를 회전시켜준다.

④ 발전기 : 날개에서 발생한 기계적인 에너지를 전기에너지로 변환하는 장치다.

⑤ 변압기 : 발전기에서 발생된 전원을 수용가에서 사용할 수 있는 전력으로 변환시켜주는 장치이다.

⑥ 한전계통선 : 발생된 전력을 한전으로 보내는 것이다.

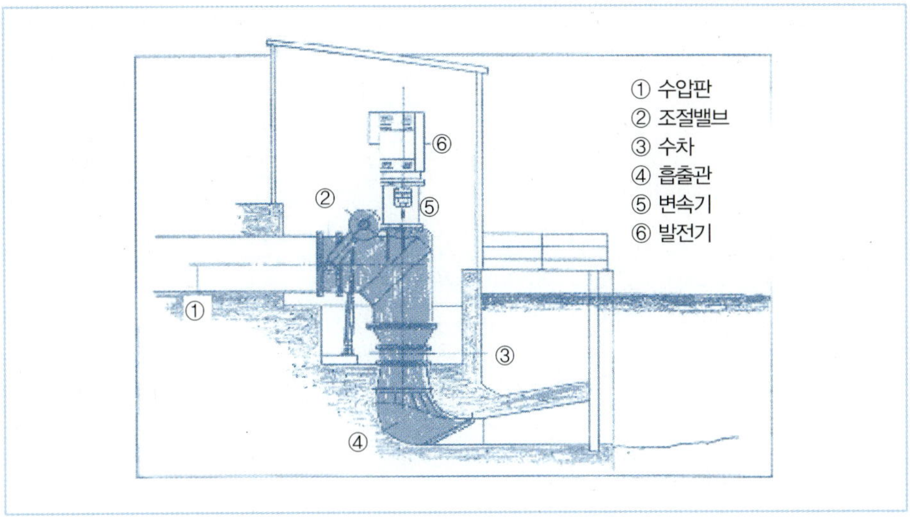

그림 12-4
소수력 발전시스템의 구성도

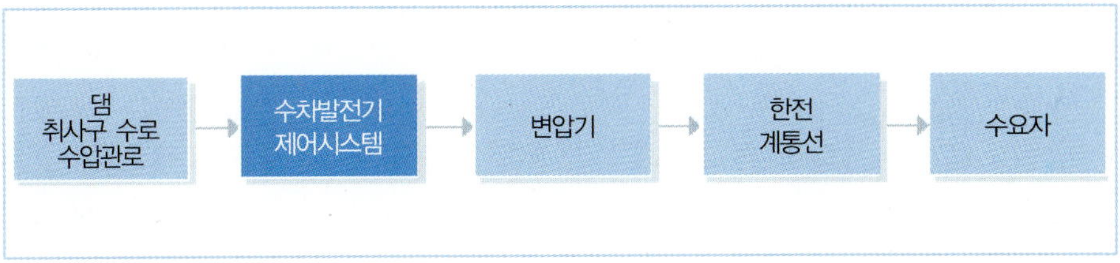

그림 12-5
소수력 발전시스템 원리

12.1.4 종 류

설비용량, 낙차, 발전방식에 따라 분류한다.

소수력발전은 소규모 하천의 물을 인공적으로 유도하여 저낙차 터빈을 이용한 발전방식으로 설비용량, 낙차 및 발전방식에 따라 표 12-1과 같이 분류될 수 있다.

소수력 발전방식은 수로식, 댐식, 터널식으로 구분한다.

① 수로식(Run of river type)은 하천을 따라 완경사의 수로를 결정하고 하천의 급경사와 굴곡 등을 이용하여 수로에 의해 낙차를 얻는 방식으로 하천경사가 급한 상·중류에 적합한 형식이다.

② 댐식(Storage type)은 주로 댐에 의해서 낙차를 얻는 형식으로 발전소는 댐에 근접해서 건설하고 하천경사가 작은 중·하류로서 유량이 풍부한 지점이

제12장

유리하며, 하천의 구배가 완만하나 유량이 풍부한 곳과 낙차는 크나 하천의 수위변동이 심한 지역을 택한다.

표 12-1 소수력발전의 분류

	분 류		비 고
설비 용량	Micro hydropower	100kW 미만	국내의 경우 소수력발전은 저낙차, 터널식 및 댐식으로 이용(예 : 방우리, 금강 등)
	Mini hydropower	100~1,000kW	
	Small hydropower	1,000~10,000kW	
낙 차	저낙차(low head)	2~20m	
	중낙차(medium head)	20~150m	
	고낙차(high head)	150m 이상	
발전 방식	수로식(run-of-river type)	하천경사가 급한 중 · 상류지역	
	댐식(storage type)	하천경사가 작고 유량이 큰 지점	
	터널식(tunnel type)	하천의 형태가 오메가(Ω)인 지점	

③ 터널식(tunnel type)은 댐식과 수로식을 혼합한 방식으로 굴곡이 심한 하천 지역에 적당하고 지형상 지하 터널로 수로를 만들어 큰 낙차를 얻을 수 있는 곳에 설치하게 되므로 수로식 소수력발전의 변형이라 할 수 있다.

- 우리나라는 대부분 토건비 부담 등의 이유로 수로식이나 터널식보다 경제성이 있는 농사용 댐 등을 주로 이용하고 있는 실정이다.

④ 소수력의 가장 중요한 설비는 수차(turbine)이며, 설비별 특징은 다음과 같다.

표 12-2 수차의 종류 및 특징

종 류			특 징
충격수차	펠톤(Pelton)수차 튜고(Turgo)수차 오스버그(Ossberger)수차		• 수차가 물에 완전히 잠기지 않는다. • 물은 수차의 일부 방향에서만 공급되며, 운동에너지만을 전환한다.
반동수차	프란시스(Francis)수차		• 수차가 물에 완전히 잠긴다.
	프로펠러수차	카플란(Kaplan)수차 튜브라(Tubular)수차 벌브(Bulb)수차 림(Rim)수차	• 수차의 원주방향에서 물이 공급된다. • 동압(dynamic pressure) 및 정압(static pressure)이 전환된다.

12.1.5 소수력발전의 장점과 단점

1) 장 점

① 국내 부존자원 활용한다.
② 전력 생산 외에 농업용수 공급, 홍수조절에 기여한다.
③ 일단 건설 후에는 운영비가 저렴하다.

2) 단 점

① 대수력이나 양수발전과 같이 첨두부하에 대한 기여도가 적다.
② 초기 건설비 소요가 크고, 발전량이 강수량에 따라 변동이 많다.

12.2 소수력 에너지의 기술개발 현황

12.2.1 해외 현황

① 기술개발이 완료되어 상용화 보급되고 있다.
② 미국은 '80년대에 소수력발전의 잠재지역을 조사하였으며, 90년대에는 수차의 표준화와 개도국에 대한 기술을 지원하여 왔다.
③ 일본은 80년대에 Sunshin계획의 일환으로 수차의 국산화개발과 소수력발전 시스템 자동화연구를 수행하였으며 90년대에는 New Sunshin계획으로 수차의 표준화개발을 완료하였다.

12.2.2 국내 현황

1) 연구비지원 현황

① '91년부터 2005년까지 소수력 분야 7개 과제에 총 3,773백만원을 투자하였으며 그 중 정부에서 2,718백만원 지원한다.

표 12-3
연구비지원 현황

구분	년도	'88~'97	'98	'99	2000	2001	2002	2003	2004	2005	계
과제수	신규	2	-	-	-	-	1	1	2	1	7
	계속	1	1	1	-	-	-	1	2	3	9
	계	3	1	1	-	-	1	2	4	4	16
사업비 (백만원)	정부	254	94	82	-	-	226	426	706	930	7,718
	민간	33	40	34	-	-	88	158	219	483	1,055
	계	287	134	116	-	-	314	584	925	1,413	3,773

2) 기술개발 내용

기술개발 내용으로는 '99까지 카프란수차 설계기술 및 국산화 개발, 튜브라수차 개발, 횡류형 수차 개발을 하였으며 카프란수차 개발은 국산화율이 95% 이상으로 현재 상용화 보급 전단계에 있다.

'99년도에는 국내 소수력 자원조사 및 개발 활성화 방안에 대한 연구를 수행한 바 있으며, 2002년도에는 국내에 산재되어 있는 농업용저수지 및 다목적댐을 이용하기 위한 중·저낙차용 프란시스수차 기술개발을 착수하여 2005년 성공적 완료 후 실증연구 추진중이다.

① 수차개발

- 카프란수차 설계기술 및 국산화개발
- 튜브라수차 개발
- 횡류형 수차 개발
- 프란시스수차 개발

② 소수력 자원조사 및 최적 운용기술

향후 소수력 분야의 기술개발은 상용화를 위한 기술개발로서 설비표준화 및 효율향상기술 및 시스템 자동화 기술을 중점적으로 개발할 계획이다.

보급목표는 총에너지 수요 중 대체에너지 보급률을 나타낸다.

구분	제1단계	제2단계	제3단계	제4단계
계획기간 개발목표 보급목표	'88~'91 연구기반구축 (0.4%)	'92~'96 실용화 기반구축 (0.6%)	'97~2001 기술자립달성 (1.02%)	2002~2006 기술의 상용화 (2.0%)

표 12-4
소수력 기술개발 기본계획

12.3 소수력 에너지의 실용화

12.3.1 소수력 에너지의 해외 보급현황

소수력 발전소는 전 세계적으로 매우 광범위하게 운영되고 있다. 아시아권에서는 중국이 58,000개소(13,250MW), 일본이 600개소(538MW)로써 가장 많이 운영되고 있으며, 미국은 1,715개소(3,420MW), 유럽의 경우 독일 5,882개소(341MW), 프랑스1,479개소(1,646MW), 이태리 1,420개소(1,969MW), 스웨덴 1,346개소(8,406MW), 스페인 1,102개소(1,010MW), 노르웨이 227개소(806MW) 등으로 매우 많은 소수력 발전소가 건설, 운영되고 있다.

1개소당 발전용량을 살펴보면 중국은 228kW, 일본은 896kW, 유럽은 평균 1,200kW인 반면 우리나라의 경우에는 1개소당 평균 발전용량이 약 1,500kW로 외국에 비하여 비교적 큰 편이다.

특히 독일의 경우 소수력 발전소 1개소당 평균 발전용량은 58kW로 매우 작은 바, 이는 주어진 부존에너지를 최대한 활용하고 소수력 발전소 건설 및 운영에 대하여 정부에서 많은 지원을 하기 때문으로 알려져 있다.

일반적으로 소수력발전은 자연낙차가 크고 발전용량이 증가할수록 경제성이 향상되지만, 외국의 경우처럼 소규모용량의 소수력발전이 활성화된 것은 중 · 저낙차 소용량이면서 대용량에 비하여 경제성면에서 뒤떨어지지 않는 중 · 저낙차용 수차를 개발, 보급하여 경제성을 향상시켰기 때문이다.

제12장

12.3.2 소수력 에너지의 국내 보급현황

우리나라의 소수력 개발은 1982년 제정된 '수력개발 활성화 방안'이 공포되면서부터 시작되었다.

현재 전국에 40개소의 소수력 발전소가 운영되고 있으며, 설치장소는 하천(15개소), 기존댐(11개소)이 주를 이루고 있으며, 저수지(5개소), 하수처리장(3개소)에도 일부 설치되어 있다.

설치된 발전설비 용량은 총 53,408kW로써 이는 의암댐의 발전용량(50,000kW)에 근접하는 용량이나 외국에 비하면 아직은 미미한 형편이다(표 12-5 참조).

현재 개발추진중인 소수력 발전소는 50개소에 총 설비용량은 53MW로서 일반하천뿐만 아니라 경제성 향상을 위하여 기존 댐 등의 구조물을 이용한 수력개발과 지방자치단체, 수자원공사, 농업기반공사 등 공공기관이 사업주체가 되어 적극적인 개발을 추진하고 있으며, 특히 중 · 저낙차 수력개발 입지인 농업용 저수지와 다목적댐의 소수력개발에 주력하고 있다(표 12-6 참조).

수력 자원면에서 유럽의 여러 나라에 뒤지지 않는 우리나라에서 소수력 발전소 건설이 활성화되지 않는 이유는 수력발전소 운영에 따른 경제성이 향상되지 않기 때문인 것으로 분석된다.

표 12-5 국내의 소수력 발전소 건설 및 운영 현황

발전소	용량(kW)	개발위치	비 고	발전소	용량(kW)	개발위치	비 고
동 진	2,000	전북 정읍	저수지	정 선	1,920	강원 정선	하 천
임 기	1,100	경북 봉화	하 천	봉 정	1,920	강원 정선	하 천
방우리	2,120	충남 금산	하 천	대 아	3,000	전북 완주	저수지
소 천	2,400	경북 봉화	하 천	경 천	800	경북 문경	저수지
금 강	1,350	충북 옥천	하 천	반 변	1,060	경북 안동	기존댐
봉 화	2,000	경북 봉화	하 천	포 천	2,970	경기 포천	하 천
단 양	2,100	충북 단양	하 천	보령(I)	145	충남 보령	기존댐
산 내	820	전북 남원	하 천	부 안	193	전북 부안	기존댐
광 천	450	전남 승주	기존댐	운 문	330	경북 청도	기존댐
영 월	2,800	강원 영월	하 천	보령(II)	556	충남 보령	기존댐
덕 송	2,000	강원 정선	하 천	성 주	1,800	경북 성주	저수지
안 흥	450	강원 횡성	하 천	횡 성	1,000	강원 횡성	기존댐
괴 산	2,600	충북 괴산	하 천	밀 양	1,300	경남 밀양	기존댐
추 산	1,400	경북 울릉	하 천	영 천	1,000	경북 영천	기존댐
합 천2	1,200	경남 합천	기존댐	아 산	36	충남 아산	하수처리장

따라서 소수력 발전소의 경제성을 향상시키기 위해서는 우리나라의 수력자원 특성에 적합한 중 · 저낙차용 수차발전기를 국산화 개발과 이에 따른 수차발전기의 제작비용 및 수력발전소 건설비를 절감하고, 또한 수차발전기 운영에 따른 유지비의 절감이 필요한 실정이다.

표 12-6 개발 추진 중인 소수력 발전소 현황

구분	발전소명	설비용량	사업자	비고
개발 추진 중	양 양	1,400	한국전력공사	
	안 동	1,500	한국수자원공사	
	용 담	1,800		
	대곡댐	300		
	탐진댐	550		
	성남정수장	1,050		
	와부정수장	260		
	판교가압장	650		
	칠보취수장	380		
	운 문	470		
	사연댐	300		
	안계댐	450		
	동화댐	1,000	농업기반공사	
	장성댐	1,200		
	예 당	700		
	담 양	1,400		
	나 주	1,300		
	탑 정	500		
	안 양	400	지자체(하수처리장)	
	천 안	45	지자체(하수처리장)	
	청 주	80	지자체(하수처리장)	
	전 주	90	지자체(하수처리장)	
	사 연	200	지자체(정수장)	
	합 계	16,025		

표 12-7 국내의 소수력 에너지 보급잠재량

구 분	지점수	개발가능용량(kW)
일반하천	120	147,000
하수처리장	55	5,300
정 수 장	58	2,500
농업용저수지	163	48,000
농업용보	100	5,000
다목적댐의 용수로	6	6,744
합 계	502	227,544

12.4 소수력 에너지의 보급

12.4.1 소수력 에너지의 국내 보급추이

소수력발전의 판매단가는 '82년도 한전 화력(석유)발전소 연료비 단가의 90%, '83년에 연료비 단가의 100%적용키로 하였으며, '84년도의 정부고시 판매단가는 40.29원/kWh로 경제성이 있었다. '82년 당시 예상으로는 '90년대는 원유가격의 계속적인 인상으로 소수력발전 판매단가도 연동 인상될 경우 약 120원/kWh 정도로서 '90년대에는 손실을 보전하고 이익이 발생될 것으로 기대되어 개발을 착수하였다.

그러나, 유가의 지속적 안정으로 '85년에 38.25원/kWh, '86년에 38.45원/kWh로 판매단가가 인하된 후, 2002년 고시된 발전차액지원제도상 현재 73.69원/kWh으로 판매 단가가 책정되었고, 경제성 부족 등의 요인으로 수력발전소의 신규개발이 거의 중단되었으며, 최근에는 기존 농업용 댐 등을 이용하는 사업이 일부 추진되고 있는 실정이다.

표 12-8 한전 수력발전 매입단가의 변화 추이

년 도	~'85	'86	'89	'91	'95	'96	'97	'98	'99	2000	2001	2002~
매입단가 (원/kWh)	78.54	38.45	38.45	41.67	48.09	48.38	49.94	54.84	60.93	60.23	63.51	73.69

주요 국가의 소수력발전 전력구매 현황은 다음과 같다.

① 독일 : 전력회사 판매가격의 75%
② 프랑스 : 전력회사의 판매단가
③ 미국 : 주별로 산정되어 있는 회피원가(Avoided Cost)
④ 일본 : 소수력 발전소의 총괄원가

12.4.2 외국의 소수력발전 육성 전략

① 미국 : 1978년 제정된 PURPA(Public Utility Regulatory Policies Act)에 의해 지원

- 주요내용
  - 신재생에너지원에 의한 발전전력을 전력회사가 의무구입
  - 전력회사의 발전단가로 매입(각 주마다 상이함)
  - 전기법인체, 산업개발기관, 비영리단체 또는 개인개발비의 75%까지 융자
- 주요장려책 : US$ 0.015/kWh 의 소득세 감면 또는 자치기구와 같이 세금 미부과 기구에는 US$ 0.015/kWh의 생산장려금 직접 지원 (근거 National Energy Polich Act, 1992년 제정)

② 독일 : the Electricity Feed Law, 1991년 제정

- 주요내용
  - 신재생에너지원에 의한 발전전력을 전력망에 연계 및 생산전력 판매허용
  - 전력판매가의 65~90%로 매입가격 보장
- 주요장려책 : 총투자비의 최대 25% 지원

② 일본 : 분산형 전원의 생산전력 매입정책(平成 4년), 중수력발전 개발보조금

- 주요내용
  - 폐기물발전, 연료전지, 태양광 발전, 풍력발전, 열병합발전 등 자가발전 전력의 매입
  - 전력회사의 판매단가를 매입단가로 규정
  - 공영전기사업자, 기타 전기사업자, 자가용 발전 설치자에 대해 보조지원(5~15%)
- 주요장려책 : 지역별로 17~28엔/kWh의 전력구매

제12장

③ 덴마크 : Danish Energy Policy 1995, Energy 21

- 주요내용 : 1975년부터 개인소유 발전시스템을 전력망 연계 운전가능
- 주요장려정책
  - 계통연계 설비비용을 전력회사와 공동부담
  - 0.17dkk/kWh의 생산장려금 지급 및 탄소세환급금으로 0.1dkk/kWh지원

④ 중 국 : MEP(Ministry of Electric Power)에서 지원

- 주요내용 : 전력망 연계와 전력매입 의무화

표 12-9
국가별 수력발전소 운영 현황

국 명	발전소 수	용량(MW)	국 명	발전소 수	용량(MW)
중 국	58,000	13,250	오스트리아	1,200	320
일 본	600	538	프랑스	1,479	1,646
한 국	21	38	독 일	5,882	341
미 국	1,715	3,420	이태리	1,420	1,969
카나다	321	1,056	스페인	1,102	1,010
브라질	232	483	스웨덴	1,346	8,406

독일의 경우 수력발전소 1개소당 평균 발전용량은 58kW로써, 이용 가능한 수력자원을 적극적으로 개발하여 사용하고 있다.

표 12-10
국가별 수차 표준화 현황

수차제작회사	국 명	수차형식	표준화내용
Allis-Chalmer Co	미국	Tube	D = 750 ~ 3,000mm
Fuji	일본	TubeBulb	D = 750 ~ 3,000mm D = 1,250 ~ 2,000mm
CMEC	중국	Francis	D = 300 ~ 1,000mm
Sorumsand-Verksted	노르웨이	Tube	D = 100 ~ 2,400mm
Bofors-Nohab	스웨덴	Bulb	D = 500 ~ 3,000mm
Neyrpic	프랑스	Bulb	D = 800 ~ 1,800mm

※ D : 수차직경

표 12-11 소수력용 수차 (300~1,000kW급) 생산업체수 현황

국명	생산업체수	국명	생산업체수	국명	생산업체수
Canada	4-6	U.K.	7 이상	Tanzania	1-3
USA	7 이상	Netherlands	7 이상	Sri Lanka	1-3
Cuba	1-3	Germany	4-6	India	4-6
Mexico	1-3	Irish. Rep.	1-3	Pakistan	1-3
Costa Rica	4-6	Belgium	1-3	Nepal	7 이상
Colombia	1-3	France	4-6	Indonesia	1-3
Peru	7 이상	Portugal	1-3	Singapore	1-3
Brazil	4-6	Spain	4-6	Vetnam	1-3
Bolivia	1-3	Austria	4-6	China	7 이상
Chile	4-6	Italy	4-6	Japan	4-6
Argentina	1-3	Slovenia	1-3	Australia	1-3
Finland	1-3	Romania	1-3	New-Zealand	1-3
Sweden	4-6	Hungary	1-3		
Norway	1-3	Czech. Rep.	1-3		

제 13 장

유비쿼터스 해양 에너지의 생산기술

13.1 해양개발의 개요

13.1.1 해양개발

해양은 방대한 광물자원과 생물자원을 가지고 있다. 광물자원에 관한 연구개발로는 망간단괴, Cobalt rich crust, 열수광상 등을 대상으로 하는 탐사, 채광시스템 연구개발 등이 있다. 생물자원에 관한 연구개발로는 양식업, 재배어업의 추진, 어장환경의 보전을 위한 연구개발 등이 있다. 이외에도 해양심층수 이용을 위한 연구개발 등이 다각적으로 추진되고 있다.

그럼 21세기에 인류가 시급히 해결해야 할 과제는 무엇인가? 다양한 답변이 있겠지만 크게 에너지문제와 지구환경문제로 집약될 수 있다. 21세기 해양에 대한 연구개발은 이 두 문제 해결을 위해 크게 공헌해야 한다. 2000년 지구상의 인구는 이미 60억을 돌파했다. 선진국의 인구는 약 12억으로 일정하지만, 개발도상국의 인구는 폭발적으로 증가하여 21세기 중반에는 90억에 달할 것으로 전망되고 있다.

우리들이 살아가는데 있어 에너지는 필요 불가결한 것이다. 앞으로 개발도상국의 산업화 과정에 따른 에너지 수요는 폭발적으로 증대하여 화석연료의 고갈이 당면한 에너지 문제로 등장할 것이다. 그러나 화석연료 사용은 지구온난화라는 심각한 환경문제를 야기하고 있다. 대기중 이산화탄소 농도는 산업혁명 이후 계속 증가하여 현재는 0.037%에 도달하여 에너지소비의 억제, 이산화탄소를 발생시키지 않는 새로운 에너지의 개발이 요구되지만 여전히 매년 1.5ppm의 비율로 대기중 이산화탄소 농도가 증가하고 있다. 이 문제를 해결하는 열쇠는 해양이 쥐고 있다.

13.1.2 에너지 문제와 해양개발

천연가스는 단위에너지 생산량당 이산화탄소 배출량이 가장 적은 깨끗한 에너지로 알려져 있다. 지금까지 천연가스는 재래형 천연가스광상(鑛床)에서 채취되었지만 21세기에는 새로운 해양자원인 메탄수화물(methane hydrate)로부터 공급받게 될 것이다.

수화물(hydrate)은 포접(包接)화합물의 일종으로 수분자를 형성하는 다각형안에 가스분자가 둘러싸여 있는 특이한 구조를 하고 있다. 수화물이 역사에 등장한 것은 1810년에 Davy가 염소가스를 용해한 물이 순수한 물보다 훨씬 쉽게 응결되는 것을 발견한데서 시작된다. 그 후 1930년대에 들어와서 천연가스 파이프라인에서 수화물(Hydrate) 생성의 원인으로 폐색(閉塞)사고가 많이 발생하여 메탄(methane), 에탄, 프로판 등 천연가스 및 혼합기체의 수화물 생성 조건이 연구되었다.

한편 1967년 Messoyakha(소비에트연방)에서 메탄수화물 광상의 존재가 확인되어, 1969년 이후 10년간 약 5×109m^{3}의 천연가스가 생산되었다. 그 후 West Prudhoe Bay(알래스카), Mac Kenzie Delta(캐나다), Gulf of Mexico(미국) 등의 해역에서도 메탄수화물의 존재가 확인되었다. 이들 메탄수화물의 매장량은 육지 수십조m^3, 바다 수천조m^{3}로 추정된다. 이는 세계 천연가스 확인매장량의 수십배로 새로운 천연가스자원으로 각광을 받고 있다. 일본 근해에서는 오호츠크해, 奧尻海嶺, 千島海溝주변, 西津輕海盆, 南海트라프 등이 메탄수화물 개발 후보지이다.

일반적으로 수화물이 생성되기 위해서는 ① 물의 존재, ② 가스의 존재, ③ 저온, ④ 고압 등 네가지 조건이 만족되어야 한다.

자연계에서 이 네 가지 조건을 만족하는 곳은 육상의 동토지역와 해저퇴적층이다. 해저퇴적층이면 물이 대량으로 존재하고, 메탄가스가 퇴적층 가운데의 유기물이 미생물에 의해 분해되어 발생한다.

심해저의 온도는 대체로 4℃ 전후이며 심도 500m에서는 5메가파스칼, 1000미터에서는 10메가파스칼의 압력이 작용한다. 따라서 이상 언급한 네 가지 조건이 만족되는 곳에는 반드시 존재하는 물질이라고 생각해도 좋다. 그러나 이것을 자원으로 이용하기 위해서는 많은 어려운 과정을 극복하여야 한다.

일반적으로 석유, 천연가스는 액체 또는 기체로 존재하며 자체에 유동성이 있다. 따라서 우물형태로 파면 광상내부로 이동하여 자체로 분출될 가능성이 있다. 그러나 메탄수화물의 경우에는 해저퇴적층 내에 고체로 존재한다. 사층(砂層) 가운데에 얼음 층이 끼어 있는 상태, 또는 진흙 가운데 얼음덩어리 형태로 산재되어 있는 상태이다. 따라서 우물형태로 파는 것으로 자체 분출되지는 않는다. 또한 메탄수화물를 물과 메탄가스로 분해하여 유동 가능한 상태로 변화시키는 것이 필요하다. 생성한 메탄가스 기포를 어떻게 하여 효율적으로 모을 것인가 하는 문제도 있다. 더욱이 메탄수화물는 대량으로 존재하지만 한 장소에 모여있지 않고 넓게 산재하고 있다. 메탄수화물 개발에는 앞에서 언급한 바와 같은 어려운 점이 있지만 앞으로의 기술개발에 의해 모든 문제가 충분히 해결될 수 있다.

일본에서 가장 대량으로 수화물(hydrate)가 매장되어 있다고 추정되는 남해트라프의 해저지층상황은 투수성(透水性) 사암과 난투수성(難透水性) 사암과의 호층구조를 이루고 있다. 수화물층은 매우 연약하여 수화물 가스는 투수성인 사암 가운데 간극(약 30%)에 60~80%가 매장되어 있다.

수화물은 고체로 존재하여 자체로 분출하지 않는다. 광상이 수평방향으로 넓게 퍼져 있고, 상층이 난투수성인 경우에는 한 개의 우물에서 증기와 열수를 주입하여 퇴적층의 온도를 올려 우선 메탄수화물을 분해한다. 증기와 열수 대신에 따뜻한 해양표층수를 사용하는 것도 검토되고 있다. 다음으로 다른 우물로부터 가스리프트를 사용하여 메탄가스를 채취한다. 가스리프트 대신에 펌프를 사용하여 빨아올리는 것도 가능하다.

상층이 투수성인 경우에는 발생한 메탄가스 기포는 부력에 의해 퇴적물 또는 단층을 통해 상승하고, 바다 가운데로 방출될 위험성이 있다. 이와 같은 경우에는 퇴적층 가운데 인공천반을 형성하므로 이를 방지하는 것도 제안되고 있다.

심해저로부터 해상채굴시설까지 빨아올려진 메탄가스는 여기에서 액화되어 LNG선에 의해 육지로 운반된다.

화력발전설비를 겸비한 거대해상 채굴시설을 건설하여 메탄가스를 원위치에서 전력으로 변환하고, 발생한 이산화탄소를 심해저 퇴적층으로 돌려 이산화탄소 수화물로 고정시키는 것도 가능하다. 전력은 해저케이블에 의해 육지로 송전된다. 21세기 중반 무렵에는 이러한 거대해상 채굴시설이 일본 근해에 여러 개 건설되어 메탄수화물은 귀중한 국내자원으로 일본의 에너지 문제해결을 위해 큰 공헌을 할 것이다.

13.1.3 지구환경 문제와 해양개발

지구온난화 가스로 불리는 것은 이산화탄소, 프레온, 메탄, 이산화질소 등 5종류이다. 이들 가스가 지구온난화에 주는 효과는 다르지만 거의 이산화탄소의 기여가 3분의 2를 차지한다고 한다.

이들 지구온난화가스는 지표로부터 방사에너지를 흡수하여 우주공간으로의 열방출을 막는다. 따라서 이들 기체 농도가 증가하면 태양으로부터의 방사에너지와 지표로부터의 우주로 향하는 방사에너지의 균형이 무너져 지표부근의 대기온도가 상승하게 된다. 이것이 지구온난화 현상이다.

21세기에는 태양전지 등의 개발이 진전되며, 가솔린엔진 대신에 연료전지를 적재한 자동차가 주류를 이룰 것이다.

풍력에너지를 비롯한 재생가능에너지 이용에 관한 효율이 비약적으로 향상될 것이다. 그러나 이들 방법에 의해 삭감할 수 있는 이산화탄소량에는 한계가 있다. 21세기에도 여전히 화석연료가 에너지공급의 주역을 차지하리라 예상된다.

이산화탄소를 대기 중에 방출하는 것이 불가능하다면 이것을 대기 이외의 장소로 가두어 두지 않으면 안 된다. 지구상의 탄소는 대기, 해양, 퇴적물, 생물권 등 다양한 변천을 거치면서 순회하고 있다. 대기 이외의 장소는 해양, 퇴적물, 생물권이다.

현재 연간 71억톤(탄소환산)의 이산화탄소가 대기 중에 방출되고 있다. 이 가운데 45%는 대기 중에 머물러 있고 28%가 해양에 흡수된다. 특히 해양은 연직방향으로 표층, 중층, 심층으로 구성된 성층구조를 이루고 있다. 표층수는 대기와 대양으로부터 직접 영향을 주기 때문에 운동의 폭이 넓다. 심층수는 밀도가 일정하여 매우 천천히 운동한다. 아래로 움직일 정도로 밀도가 높아 안정된 성층구조를 유지하고 있고, 심층에는 이산화탄소를 고정해 둘 수가 있다.

이러한 해양이 갖는 이산화탄소 흡수 능력을 이용한 이산화탄소 고정방법에 대해 여러 가지 제안이 제시되고 있다. 예를 들면 화력발전소로부터 회수한 이산화탄소를 액화하여 유조선에 싣고 항해하면서 파이프를 이용하여 액체이산화탄소를 넓게 방류하는 방법이 있다. 또는 심해저 웅덩이에 액화이산화탄소를 모아두는 것도 고려되고 있다. 이 경우에는 액화이산화탄소 표면에 수화물이 형성되어 이산화탄소의 확산을 방지할 것으로 기대된다.

GLAD시스템이라고 불리는 화력발전소와 제철소로부터 배출되는 대량의 이산화탄소가스를 파이프라인을 통해서 역U자형 용해관으로 압송되어 해양에 고정하는 방법도 제안되고 있다. 경제성, 환경수용성의 면에서 뛰어난 시스템이다. 또한, 해저아래의 지층에 저장하는 것도 시도되고 있다. 예를 들면 노르웨이에서는 현재, 천연가스로부터 분리 회수된 이산화탄소를 해저 1000미터의 사암층에 저장하고 있다. 이외에도 해저퇴적층에 이산화탄소 수화물로써 고정하는 방법이 고려되고 있다.

메탄수화물의 경우에는 수분자가 만드는 다각형 구조 가운데 메탄분자가 포함되어 있었지만 이번은 이산화탄소분자가 포함되게 된다. 이산화탄소 수화물을 만드는데 필요한 조건도 메탄수화물의 경우와 동일하다. 즉, ① 물 ② 가스 ③ 저온 ④ 고압 등의 네 가지 조건이다.

메탄수화물과 비교하면 이산화탄소 수화물은 보다 저압조건에서 생성된다. 예를 들면 5℃의 메탄수화물의 평형압력은 4.3메가파스칼이지만, 이산화탄소 수화물의 평형압력은 2.2메가파스칼이다. 따라서 현재 메탄수화물이 존재하는 퇴적층을 그대로 이산화탄소의 수화물의 고정에 이용할 수 있다.

이산화탄소 고정 기술로써 필요한 요건은 환경으로의 영향이 적을 것, 장기간 고정할 수 있을 것, 경제성 등이다. 방류방식이든 저장방식이든 액체이산화탄소가 직접 해수에 접촉하기 때문에 해수 폐하(수소이온지수)가 산성으로 이동하여 환경에 큰 영향을 줄 우려가 있다. 또한, 해저의 사암층에 주입하는 방식에서는 이산화탄소는 사암층 안에서 유동가능하기 때문에 장기적으로 고정 가능할지 의문시된다. 단층 등을 통해서 대량의 이산화탄소가 분출될 경우 생물에게 큰 피해를 초래하게 된다.

이들 방법에 대해서 수화물화 고정법은 해저퇴적층 가운데 고체로써 이산화탄소를 가두는 방법으로 장기간 안정하여 이산화탄소를 고정할 수가 있다. 게다가 만일 이산화탄소가 퇴적층 안에서 샌다고 하더라도 이산화탄소 포장능력을 가진 해양이 이를 흡수하여 준다. 즉, 이산화탄소의 수화물화 고정법은 이중으로 안전한 방법이다.

21세기에는 해저퇴적층 가운데의 메탄수화물을 분해해서 얻은 메탄가스를 연료로 하여 화력발전을 운행하고, 발생한 이산화탄소를 분해하여 이를 이산화탄소 수화물로써 해저퇴적층 안에 고정한다는 일련의 사이클이 완성된다. 즉 퇴적물 가운데 존재하고 있던 탄소는 에너지원으로써 사용된 후 대기 중에 방출되는 것이 아니라 다시 퇴적물로 돌아가게 되는 것이다. 탄소 그 자체는 메탄으로부터 이산화탄소로 형태를 바꾸지만 이를 퇴적물 가운데로 고정해두는 역할은 항상 물분자가 만드는 다각형, 수화물이다.

13.1.4 수화물(Hydrate)의 이용

21세기에는 해저퇴적층 가운데 수화물로써 고정되어 있는 메탄을 끄집어내어 에너지원으로써 이용하고 그 과정에서 생성된 이산화탄소를 다시 수화물로써 해저퇴적층 가운데로 고정하는 일련의 사이클이 완성된다. 이 사이클 가운데 수화물은 탄소를 고정하는 기능을 하지만 이산화탄소 분리에도 이용을 할 수가 있다. 해양개발을 추진하는 핵심기술의 하나로 생각되기 때문에 마지막에 수화물을 이용한 분리기술의 장래에 대해 소개한다.

수화물은 물분자가 모여서 생성된 다각형 안에 가스분자가 하나씩 존재한다는 특이한 구조를 한 물질이다. 물분자는 다각형의 정점에 위치하고 서로 전기적인 힘에 의해 서로 끌어당기고 있다. 게다가 이 다각형 안에는 가스분자가 하나 포함된다.

다각형 가운데 포함된 분자는 게스트(guest)분자라고 불리고 아르곤, 탄소, 질소, 크세논(Xe), 메탄, 이산화탄소, 일산화질소 등 다양한 분자가 수화물의 게스트 분자가 될 수 있다. 메탄가스와 물분자가 만나면 메탄수화물가 생성되고 이산화탄소와 물분자가 만나면 이산화탄소 수화물을 생성되는 것이다.

게스트분자의 종류에 따라 다양한 수화물이 가능하지만 수화물 다각형의 보충성은 게스트분자의 종류에 의해 다르다.

이 성질을 사용함에 따라 어떤 특정 종류의 가스는 수화물 다각형을 사용하여 분리할 수가 있다

수화물 분자 선택성에는 두 가지 요인이 관계하고 있다. 이 가운데 하나는 분자의 크기이다.

아르곤, 탄소, 질소 등 여러 종류의 분자가 존재하지만 그 크기는 분자 종류에 따라 다른 한편 수화물 다각형의 크기는 결정되어 있다. 따라서 다각형 안으로 잘 들어가는 크기의 분자가 아니면 안된다. 다각형의 크기와 비교하여 커다란 분자의 경우에는 다각형 안으로 들어가지 못하고 수화물을 생성하지 못한다. 또한 다각형의 크기와 비교하여 너무 작은 분자의 경우에는 다각형의 틈에서 잘 빠져나오므로 이것 역시 수화물을 만들지 못한다. 수화물은 분자의 크기에 근거하는 분자인식성을 갖는다.

또 다른 하나는 수화물의 다각형 구조를 형성하는 물분자와 가스분자와의 사이

에 활동하는 분자간에 힘의 크기에 관련되어 있다. 일반적으로 분자간에는 힘이 작용한다.

분자간의 거리가 가까운 경우에는 척력(斥力)이 분자간의 거리가 멀리있는 경우에는 인력(引力)이 작용한다. 수화물의 다각형을 만들고 있는 물분자와 가스분자와의 사이에 활동하는 척력이 클 경우에는 그 분자는 다각형 안에서는 불안정하다. 반대로 척력이 작을 경우에는 다각형 가운데서 안정된다. 즉 수화물은 게스트 분자-물분자간 상호작용 가능성에 의거하는 분자인식성을 갖는다.

메탄의 연소가스에서 이산화탄소를 분리할 경우에는 이산화탄소 이외에 포함되어 있는 성분은 주로 질소, 탄소, 그리고 물이다.

물은 그 자체로 수화물 다각형을 만드는데 이용될 수 있다. 수화물은 분자의 크기와 분자 사이의 가능성의 차이라고 하는 두 개의 요인에 의해 분자인식을 하기 때문에 질소, 탄소 및 이산화탄소를 비교하면 이산화탄소가 가장 수화물 다각형에 고정되기 쉬운 성질을 가진다. 따라서 물분자는 질소분자, 탄소분자, 및 이산화탄소 분자와 만나면 이산화탄소분자 주변에만 다각형을 만들고 이산화탄소분자를 고정시킬 수 있다.

이 원리를 실용화하기 위해서는 물과 배출가스를 저온 · 고압환경 아래에서 효율적으로 접촉시키는 것이 우선 필요하다. 접촉효율을 올리기 위한 방법으로써 예를 들어 물을 미립화하여 분사하는 방법, 그리고 반대로 수중에서 마이크로거품을 발생시키는 방법이 제안되고 있다. 어느 경우에도 비표(比表)면적의 수치를 증가시키고 접촉비율을 높일 수 있다. 수화물의 생성조건을 제어하여 에너지효율을 높이는 연구도 필요하다.

지구온난화가스로써 이산화탄소 이외에 메탄, 이산화질소, 프레온 등을 들 수 있지만 모두 이 기술에 의해 회수 가능하다. 수화물을 이용한 회수기술이 실용화되면 저가격으로 대량 처리가 가능하고, 물 이외에 약제를 사용하지 않는 매우 깨끗한 기술로 기대되고 있다.

21세기는 해양의 시대이다. 해양이 갖는 잠재력이 에너지문제, 지구환경문제를 해결한다. 이 때 핵심기술이 되는 것이 수화물, 즉 물의 새로운 이용 형태이다.

13.2 해양에너지의 개요

해양에너지는 바다에서 발생하는 에너지로서 파도가 칠 때 사용할 수 있는 파력에너지, 바다 속과 바다 표면의 온도의 차를 이용해 만드는 온도차에너지, 밀물과 썰물 때의 물의 깊이가 달라지는 현상인 조력에너지 등이 있으며 이러한 여러 에너지를 이용하여 전기를 생산할 수 있다.

바다는 세계 최대의 태양열 수집기이다. 바다는 지상의 모든 인간이 1년간 사용하는 전기량의 4천배나 되는 37조kW와 맞먹는 에너지를 태양열에서 흡수하고 있다. 그래서 바다 표면은 매 평방마일당 석유로 따져 7천배럴 이상의 에너지를 내포하고 있는 셈이 된다. 해수는 끊임없이 움직이며 이동하고, 이 유동현상이 해양에너지 자원을 형성한다. 해양에너지는 파랑 에너지, 조석 에너지, 해류 에너지, 바이오매스 에너지, 온도차 에너지 등이다.

① 조력발전 : 조석의 힘을 동력원으로 하여 해수면의 상승하강운동을 이용하여 전기를 생산하는 발전 기술로써 10m 이상의 간만차가 있는 곳에 설치, 댐식 발전과 원리 같다.

그림 13-1
해양에너지

② 파력발전 : 입사하는 파랑에너지를 이용하여 터빈 등의 원동기 구동력으로 발전하는 기술이다.

③ 해수온도차발전 : 해수 표면과 심해의 온도차로 저온 비등 매체를 순환 발전하는 것으로 해양 표면층 온수(㉑ 25~30℃)와 심해층(500~100M) 냉수(㉑ 5~7℃)의 온도차를 이용하여 열에너지를 기계적 에너지로 변환시켜 발전하는 기술이다. 즉, 파도의 상하 운동 → 공기의 유동 에너지 → 터빈 회전 → 발전을 통해 에너지를 얻는다.

④ 기타 : 조류 발전, 염도차 발전, 해수 양수 발전, 해상 태양광 발전 등

화석에너지에 비해 아직 개발단가가 높아 통상의 에너지원으로서는 비용면에서 불리한 상황에 있기는 하나, 청정하고 무한정한 에너지 자원이기 때문에 지구환경 보전이라는 차원에서 그 이용이 기대된다.

장래 세계전체 에너지 공급구조의 변화로부터 해양에너지가 차지할 비중은 중요할 것으로 판단된다. 따라서 전 세계적으로 해양에너지 및 각종 기술을 조합하여 비용을 절감할 수 있는 복합시스템 형태의 개발이 추진되고 있으며, 우리나라의 경우도 그 개발의 필요성을 인식하여 현재 이와 관련된 기술개발을 시도하고 있다. 특히, 조석간만의 차가 큰 충남 서산의 가로림만은 조력발전의 유망한 후보지로 선정되어 현재 이의 개발을 위한 연구가 수행 중이다.

1) 해양에너지의 장점

- 청정하고 무한정한 에너지 자원
- 지구환경보전
- 한번 설치 후 거의 영구적 사용, 공해 없다
- 계절적인 변동 고려 계획적인 발전 가능

2) 해양에너지의 단점

- 심한 출력 변동과 대규모 발전시설에 기술적인 어려움
- 입지 선정이 까다롭다.
- 현재의 기술 수준으로는 초기 시설비가 많다(화력 발전의 2배)
- 바닷물에 부식되지 않는 재료로 제작

해양의 청정에너지원으로는 조력, 조류, 온도차, 파력, 해상풍력, 염분발전, 해양 바이오 발전 등이 있다.

조력은 조수간만의 차를 이용하여 해양에 댐을 막아서 발전하는 방식으로 조수간만의 차가 큰 해안을 갖은 나라에 적합하며 한국이 포함된다. 그러나 해양에 대규모 댐을 설치해야 함으로 비용 및 그 지역 환경영향이 막대하다. 그래서 조력발전을 하기 위해서는 무엇보다도 환경영향 평가가 중요하다.

한국의 서해안은 중요한 개별지역이 많아서 생태학적으로 매우 중요한 가치가 있다. 댐으로 인해 해수의 교환이 안 되고 갯벌의 40~50% 이상이 항상 물이 있으므로 갯벌의 기능을 상실하게 된다. 발전도 중요하지만 만약 이로 인해 그 지역에 큰 악 영향을 미치는지 충분한 검토가 요구된다.

현재 시공중인 시화호 조력발전은 다른 목적으로 이미 해양에 댐이 설치되었고 이 지역의 원래 목적을 상실함으로써 그 댐을 조력발전에 이용하는 것으로 2009년에 시설용량 245MW급으로 완성예정이다. 이와 별도로 새만금도 시화호와 같이 기존의 댐을 이용해 조력발전을 계획하고 있고, 현재 논의되고 있는 지역은 가로림만, 인천만, 강화만 조력발전이 있다. 그러나 인천만과 강화조력은 그 지역이 생태학적으로 매우 중요한 갯벌이기에 신중한 검토가 요구된다.

조류발전은 해양에 댐이 없이 유체의 흐름을 이용한 발전으로 친환경적인 발전방식이다. 수직축방식과 수평축방식이 있으며 설치 방법에 따라 파일고정식, 자중고정식, 계류식으로 나눌수 있다.

우리나라 서해안과 남해안은 유체의 흐름이 빠른 지역이 있다. 인천만, 남해의 대방수도, 횡간수도, 맹골수도, 남해대교 등 여러 후보지역이 있어서 앞으로 우리나라 에너지 공급에 큰 역활이 기대된다.

국내에서는 해양연구소가 연구하는 수직축(VAT) 헬리칼 방식과 인하대가 연구하고 개발하고 있는 수직축(HAT) 방식이 있다. 헬리칼 방식은 울돌목에 설치되었고 인하대학교가 기업과 공동개발하는 수직축방식은 100kw급으로 2009년 대방수도에 설치예정이다.

파력은 해양의 파도를 이용하는 방법으로 진동수주형, 가동물체형, 월파수류형이 있다. 그러나 우리나라는 파도가 높지 않아서 파력발전을 할 수 있는 곳은 제주도 서남쪽 정도로 한정되어 있다. 또한 언제 파도가 칠 지 예측할 수 없기 때문에 에너지량이나 시기를 예측하기 어렵다.

온도차에너지는 해수면 온도로 암모니아 합성액체를 기화시켜 수증기로 만들어 터빈을 돌리고 해저면 낮은 온도의 해수로 수증기를 액화시켜 다시 사용하는 것을 반복하는 원리이다. 현재 기술로 20~24° 정도에서 기화할 수 있는 액체를 만들어 내었으나 우리나라의 해수면 온도가 20°로 유지되는 지역은 매우 한정적이고 계절에 영향을 받으므로 국내에서 해수온도차 발전은 매우 어렵다.

13.2.1 해양에너지 시스템 구성도

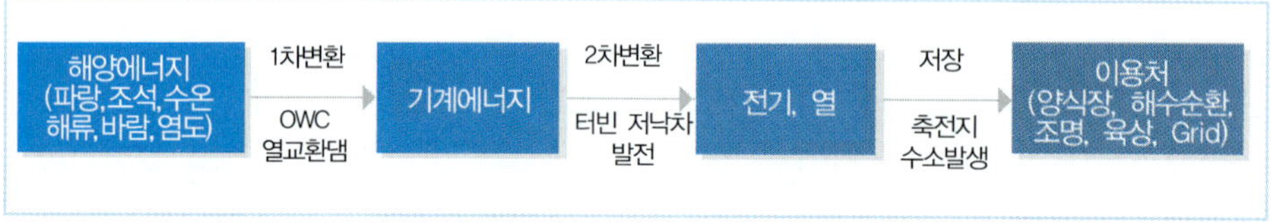

그림 13-2 해양시스템의 구성도

13.2.2 해양에너지별 입지조건

에너지 이용방식에 따라 조력, 파력, 온도차발전으로 구분되며, 기타 해류발전, 근해 풍력발전, 해양 생물자원의 에너지화 및 염도차 발전 등이 있다.

구분	조력발전	파력발전	온도차발전
입지조건	• 평균조차 : 3m 이상 • 폐쇄된 만의 형태 • 해저의 지반이 강고 • 에너지 수요처와 근거리	• 자원량이 풍부한 연안 • 육지에서 거리 30km 미만 • 수심 300m 미만의 해상 • 항해, 항만 기능에 방해되지 않을 것	• 연 중 표 · 심층수와 온 도차가 17℃ 이상인 기간이 많을 것 • 어업 및 선박에 방해되지 않을 것

표 13-1 에너지 이용방식에 따른 구분

13.2.3 기술개발

① 해양에너지 자원조사 및 국내 적용 타당성 검토, 분석

② 발전시스템 기초연구 및 파력발전(60kW) 기술개발 중

13.2.4 보급기대효과

① 해양자원의 다각적 이용, 연안 및 낙도에 전력공급

② 해양 환경제고 및 수산자원 활용의 극대화 도모

13.3 해양에너지의 종류

13.3.1 조력에너지

1) 조력발전 개요

조력에너지는 이미 10세기경 페르시아 만 연안에서 제분용 기기의 동력으로 이용되었던 적이 있다. 그러나 조력발전을 위한 적절한 장소 선정은 매우 어려우며 설치비용이 매우 많이 드는 것이 문제점이다. 조력에너지는 미래전력 수요의 일부만 충족시킬 것이다.

오늘날 실용화되고 있는 해양에너지는 바다의 밀물과 썰물의 차이를 이용하는 조력발전뿐이라고 볼 수 있다. 세계의 어떤 바다에서도 하루 두 번씩 밀물과 썰물을 만난다. 그런데 이런 조석현상은 달이나 태양의 인력만으로 생기는 것은 아니

다. 이런 기조력은 지구가 공전할 때 생기는 원심력의 차이에 의해서도 발생한다.

인류는 벌써 오래 전부터 이런 조류를 이용해 왔다. 예컨대 11세기에 프랑스에서는 조류로 수차를 돌려 생기는 동력을 이용하여 옥수수나 밀을 가루로 빻기도 했다. 중세 유럽에서는 조류로 돌리는 수차를 이용하여 제재소를 가동하고 제분소도 운영했다.

조력발전이란 조석이 발생하는 하구나 만을 방조제로 막아 해수를 가두고 수차발전기를 설치하여 외해와 조지내의 해수를 가두고 수차발전기를 설치하여 외해와 조지내의 수위차를 이용하여 발전하는 방식으로서 해양에너지의 수위차를 이용하여 발전하는 방식으로서 해양에너지에 의한 발전방식 중에서 가장 먼저 개발되었다.

그림 13-3 조력발전소 시스템

우리나라의 경우 1970년대에 와서 한국해양연구소에 의해 충청남도의 가로림만과 천수만을 대상으로 한 조력발전 예비 타당성조사가 실시된 이래 1980년과 1982년 최적 후보지로 선정된 가로림만에 대한 조력발전 정밀타당성조사 및 기본설계를 프랑스와 공동으로 실시하였다.

1986년에는 영국의 기술진과 공동으로 1981년의 조사를 재검토한 결과 최적 시설용량은 40만kW, 연간 발전량은 836GWh로 평가된바 있다.

국내에서는 현재 시험 조력발전소 건설에 관한 조사사업을 추진 중에 있는데, 앞으로 연구 개발되어야 할 주요 대상은 깊은 수심에서의 연안구조물 설계와 시공기술, 조력발전소 수심에서의 연안 구조물 설계와 시공기술, 조력발전소의 주요부분인 수차발전기의 설계제작기술, 발전계통기술, 발전시스템의 자동제어기술, 해수에 의한 소재의 부식방지기술 등이다.

우리나라에서의 조력발전 건설은 서해안에 부존하는 천혜의 조력에너지를 개발함으로써 지역경제의 균형발전을 도모할 수 있을 것으로 기대되고 있다.

(1) 장 점

조력발전은 발전을 하는 지점이 결정되면 그 지점에 있어서 조위(潮位)의 변화를 예측 할 수 있다.

청정에너지이다.

(2) 단 점

얻어지는 유효낙차가 적고, 또한 조위의 변화가 연간을 통하여 균일하지 않으며, 조위가 일정한 시간대에서는 발전할 수 없다는 문제점들이 있다.

간만의 차가 심해야 하므로 지역적으로 한정된 장소에만 적용할 수 있다.

(3) 원 리

조력발전의 원리는 간단하다. 바닷물이 가장 높이 올라왔을 때, 물을 가두었다가 물이 빠지는 힘을 이용해 발전기를 돌리는 것이다. 수력발전소와 비슷한 원리인데, 차이점은 수력발전의 낙차가 수십m인 데 비해 조력발전은 낙차가 보통 10m이하라는 점이다. 따라서 효율이 좋은 수차발전기를 개발하는 것이 관건이라고 할 수 있다. 밀물 때 수문을 닫아 두었다가 문을 열면 물이 쏟아져 들어오면서 터빈을 돌려 발전하게 된다. 썰물 때는 터빈의 날개가 반대 방향으로 돌면서 다시 발전하게 된다.

2) 조력발전의 미래

바다는 세계 최대의 태양열 수집기이다. 바다는 지상의 모든 인간이 1년간 사용하는 전기량의 4천배나 되는 37조kW와 맞먹는 에너지를 태양열에서 흡수하고 있다. 그래서 바다 표면은 매 평방마일당 석유로 따져 7천배럴 이상의 에너지를 내포하고 있는 셈이 된다. 바다는 파랑 에너지, 조석 에너지, 해류 에너지, 바이오매스 에너지, 그리고 온도차 에너지 등 다양한 모양의 에너지를 갖고 있다.

그런데 영불 해협과 이웃한 프랑스의 브르따뉴 지방의 랑스 하구에는 밀물과 썰물의 차이가 13.5m나 벌어지고 밀물이 들어오고 나갈 때의 조류의 용량이 매초 5천m^3나 된다.

프랑스는 1966년 이 곳에 일당 최고 24만kW를 발전할 수 있는 조력발전소를 완공했다. 프랑스는 먼저 콘크리트 케이슨으로 랑스강 하구에 댐을 건설하여 우리나라의 팔당댐 보다 약간 적은 용량인 1만8천4백만 입방미터의 물을 담을 수 있는 저수지를 만들었다. 만조 때 이 저수지를 가득 메운 바닷물은 간조 때 낮아진 해면으로 떨어지면서 24개의 터빈 발전기를 돌린다. 바닷물이 저수지로 밀려 들어올 때도 발전기를 돌려 효율을 높일 수 있다. 그런데 조력발전의 효율을 결정하는 가장 큰 요소는 저수지의 저수량이다. 따라서 썰물과 밀물의 차와 함께 넓은 저수지가 들어 앉을 수 있는 입지조건이 매우 중요하다.

3) 조력발전의 현황

현재 가동중인 조력발전소는 프랑스의 랑스(1967 완공, 용량 400kW), 소련의 키슬라야(1968 완공, 용량 800kW), 캐나다의 아나폴리스(1986 완공, 용량 2만kW), 중국의 지앙시아(1980완공, 용량 3,000kW) 등이다.

현재 캐나다, 중국, 프랑스, 구소련 등에서 조력발전소를 건설해 활용하고 있으며, 우리나라를 비롯해 조력발전이 가능한 지역을 보유하고 있는 미국, 호주, 인도 등의 국가에서도 조사 작업이 한창이다. 80년대 중반에 완성된 캐나다의 아나폴리스 조력발전소는 20kW급 대형발전소다.

프랑스는 '랑스' 조력발전소에 이어 연간 30억 kW규모의 조력발전소를 계획했으나 아직도 계획선에 머물러 있다. 구 소련은1968년 실험용 조력발전소를 준공했는가 하면 일본은 물결이 센 에히메현 내도해협에서 조류발전 실험에 성공했다. 중국은 발해에서 북부만에 걸쳐 8기의 조석발전소를 보유하고 있는데 그 용량은 모두 합쳐 6천kW이다.

현재 영불 해협을 비롯하여 남북 아메리카, 중국, 러시아 그리고 우리나라 서해의 인천만, 아산만, 가로림만, 천수만 등을 포함하여 세계 도처에는 조석의 차가 크게 벌어지는 곳이 많다. 이런 곳을 이용하여 조력발전을 한다면 수력발전의 4배가 넘는 10억kW의 전력을 생산할 수 있다.

그러나 아직은 막대한 건설비 때문에 주춤한 상태이지만 21세기 중반경에 화석연료 자원이 바닥이 나면 조력발전은 다시 각광을 받게 될 것으로 전망된다.

(1) 프랑스 랑스 발전소

프랑스의 Brittany지방의 랑스강 하구에 위치하고 있다. 이 지점의 최대조차는 13.5m나 되어 조력발전소 입지로서 매우 이상적인 곳이다. 현재 랑스발전소는 1951년 Gibrat박사의 주도하에 프랑스 전력공사(EDF)가 건설 계획을 수립하여 1961년 착공, 1967년 완공되었다.

그림 13-4 프랑스 랑스 조력발전소

(2) 조력발전 우리나라 현황

우리나라 경기만 일대는 세계적으로 드문 조력발전의 최적지로 부상한 곳이다. 1932년 일제시대 때부터 발전소 설계도를 작성한 기록이 있을 정도이며, 1986년 영국의 공식조사 결과에 따르면 가로림만에 조력발전소를 지을 경우 시설용량이 40MW, 연간 발전량은 836GWh까지 가능한 것으로 판명되기도 했다.

국내에서는 현재 시험조력발전소 건설에 관한 조사사업을 추진 중에 있는데, 앞으로 연구 개발되어야 할 주요 대상은 깊은 수심에서의 연안구조물 설계와 시공기술, 조력발전소 수심에서의 연안 구조물 설계와 시공기술, 조력발전소의 주요부분인 수차발전기의 설계제작기술, 발전계통기술, 발전시스템의 자동제어기술, 해수에 의한 소재의 부식방지기술 등이다.

우리나라에서의 조력발전 건설은 서해안에 부존 하는 천혜의 조력에너지를 개발함으로써 지역경제의 균형발전을 도모할 수 있을 것으로 기대되고 있다.

(3) 시화호 조력발전소

시화호 조력발전소는 시화공단과 대부도를 연결하는 시화방조제(길이 12km)의 중간지점에 위치한 작은 가리섬에 건설되고 있고 우리나라의 최초의 조력발전소이면서 동시에 세계최대의 조력발전소이다. 2004년 착공하여 2009년 완공으로 연간 5억 5200만kWh의 전력을 생산할 수 있고 약 50만명의 인구가 사용할 수 있는 전력량이다.

그림 13-5 시화호 조력발전소

13.3.2 파력에너지

바닷가에 가면 파도가 쉴사이 없이 육지쪽으로 밀려오고 있는 것을 볼 수 있다. 파도 때문에 수면은 주기적으로 상하 운동을 하며, 물입자는 전후로 움직인다. 이 운동을 에너지 변환장치를 통하여 기계적인 회전운동 또는 축방향 운동으로 변환시킨 후, 전기에너지로 변화시키는 것을 파력발전이라 한다.

파도에 의해 수면이 주기적으로 상하운동을 하면 물 입자는 전후로 움직이는데

이 운동을 에너지 변환장치를 통하여 전기에너지로 변환시키는 것을 말한다.

설치 방법에 따라 부유식과 고정식으로 나뉘게 되는데 부유식은 바다에 떠서 있는 장치로 파 에너지의 효율적 이용과 시설주변 측면에서 좋고 고정식은 고정되어 있는 기질에 설치되는데 설계, 시공상 유리하며 방파제 등 타 시설물과의 겸용할 수 있고 추출한 에너지 수용이 용이하다.

또한 파의 에너지를 이용하는 방법에 따라 각각 파의 상하운동, 수평운동, 수중 압력을 이용하는 파력발전으로 나뉘게 된다.

파력 에너지 파도는 주로 바람에 의해 발생하며, 파력은 파도의 높이와 그 속도에 영향을 받는다. 파력 발전은 해수의 움직임, 즉 해수의 상하 운동과 전후 운동을 이용하는 것이다.

파력 에너지의 개발에 알맞은 입지 조건은 지구상 위도 40~60도 지역의 바람이 지속적으로 불어오는 연안이 좋다. 이러한 곳으로는 일본의 동해안선, 노르웨이, 스코틀랜드 및 미국의 서해안선 등이 있다.

지구의 해안에 들이치는 파도의 에너지는 모두 200~300만 메가와트에 달할 것으로 추정된다. 이와 같이 잠재량은 매우 많지만 파도로부터 전기를 얻는 시도는 아직 연구개발단계에 머물어 있지 실용화되지는 않고 있다. 단지 몇 개의 원형 형태의 시스템이 실험적으로 설치되어 운영되고 있다. 이것들은 모두 해안선에 설치되어 있고, 총 발전용량은 1메가와트도 채 안된다.

1) 장 점

소규모 개발이 가능하고 방파제로 활용할 수 있어 실용성이 크다.
한번 설치해 놓으면 거의 영구적으로 사용할 수 있고 공해를 유발하지 않는다.

2) 단 점

심한 출력 변동과 대규모 발전 플랜트를 해상에 계류시키는데 기술적인 어려움이 있다. 입지 선정이 까다롭다.

현재의 기술 수준으로는 초기 제작비가 많이 들어 발전 단가가 화력 발전의 2배에 달한다.

3) 파력발전 방식

파랑의 운동에너지를 1차 변환하는 방식에 따라 여러 가지로 분류할 수 있으나, 중요한 것으로는 수면에 떠있는 부체가 파랑의 운동에 의하여 상하 또는 회전운동을 하도록 하여 발전기를 회전시키는 가동물체형 방식과, 파랑의 작용에 의하여 공기실 내의 수위가 변동함에 따라 공기실 내의 공기가 압축, 팽창될 때 노즐을 통하여 발생하는 공기흐름으로 터빈을 돌려 발전하는 진동수주방식이 있다.

4) 파력발전에 관한 연구

약 100년 전부터 시작되어 1973년 제 1차 석유파동 이후부터는 전세계적인 관심을 불러모았다. 미국, 일본, 영국, 노르웨이 등 여러 나라에서는 그동안 파력발전에 관한 많은 연구를 수행하였으며 현재 약 50여종의 파력발전장치가 고안되어 있다. 일본은 이미 1966년부터 항로표시용 소형 파력발전 부이를 개발하여 상용화한 이래 구미 여러 선진국과 공동연구로 가이메이호라는 파력발전선을 일본 근해에 2년간 계류하여 발전이론과 발전시시템의 효율개선에 괄목할만한 성과를 거두었다. 또한 운수성 항만기술연구소에서는 사카타(Sakata) 항구에 7kW급 파력발전 방파제의 파이롯트 프랜트를 건설하여 실해역 실험중이며, 해양과학기술센터(JAMSTEC)에서도 540kW급 부유식 파력발전장치(Mighty Whale)를 실해역에 설치, 실험할 예정에 있다. 영국은 루이스(Lewis)섬 근해 수심 21m의 해역에 진동수주방식을 이용한 5,000kW급 파력발전소를 건설하여 운영중에 있으며, 인도네시아는 발리섬에 출력 1000kW의 월파저수식 발전소를 노르웨이의 기술로 건설하여 운영하고 있다.

5) 우리나라의 파력발전

우리나라 연안의 파력에너지는 약 500만kW 정도로 추산되나 단 한 건의 시험발전 연구도 아직 이루어지지 못한 실정이다. 파력발전은 해양구조물과 복합적으로 시설되어 이용될 경우에는 기존의 육상발전보다도 여러 면에서 유리한 점이 있으므로 연안산업시설의 건설시 필수적으로 요구되는 방파제에 부착하는 파력발전소 시스템의 개발이 고려되고 있다.

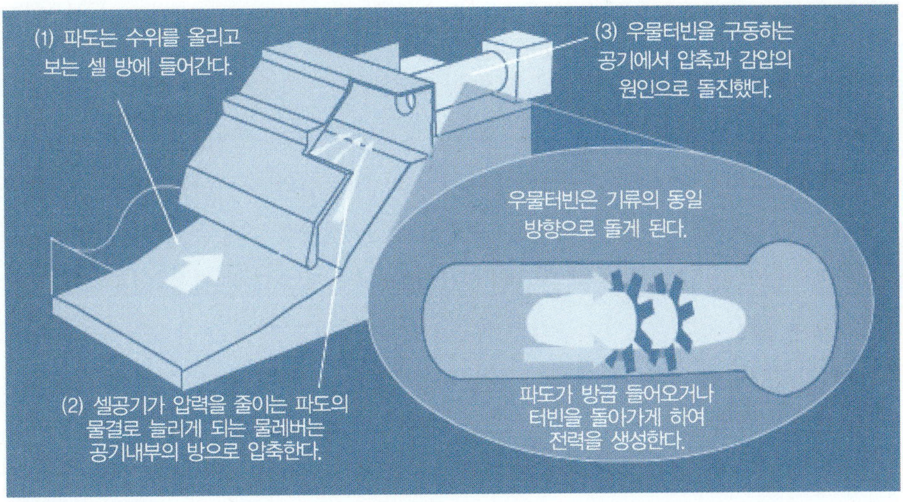

13.3.3 온도차발전 에너지

해양온도차발전은 해양 표층과 심층간의 섭씨 20℃ 전후의 수온차를 이용하는 발전 방법으로서, 표층의 온수로 암모니아, 프레온 등의 끓는 점이 낮은 매체를 증발시킨 후 심층의 냉각수로 응축시켜 그 압력차로 터빈을 돌려 발전하는 방식이다.

열대해역에서 해면의 해수 온도는 20℃를 넘으나 해면으로부터 500~1000m 정도 깊이의 심해에서는 4℃에서 거의 변하지 않는다. 이런 표층수와 심층수의 온도차로부터 프레온과 같은 저온 비등매체를 이용하여 발전하는 기술을 해양 온도차발전, 줄여서 보통 OTEC(Ocean Thermal Energy Conversion)이라 한다. 1948년에 '해양에너지개발공단'이 조직되어 서아프리카 상아해안에 세계 최초로 해양온도차발전소가 건설되었다.

1) 장 점

에너지공급원이 무한하다.

이산화탄소(CO_2)와 같은 유해물질을 발생시키지 않는 청정 자연에너지이다.

주·야 구별없이 전력생산이 가능한 안정적 에너지원으로, 특별한 저장 시설이 필요 없으며 계절적인 변동을 사전에 감안해 계획적인 발전이 가능한 우수한 자원이다.

2) 단 점

발전설비를 바닷물의 부식성에 영향을 받지 않는 재료로 만들어야 한다.

생물 때문에 생기는 오염을 막기 위한 대책을 필요로 한다.

실제 OTEC 발전을 통한 전력 생산시 열역학 시스템의 총 효율은 2.5~3.0% 정도이다. OTEC 발전 시스템에서는 그 무엇보다도 적당한 작동유체를 개발하고 이를 향상된 열역학 사이클에 적용하여 그 성능을 측정하고 특성을 연구하는 일이 절대적으로 필요하다.

기존 화석연료를 전혀 소비하지 않는다.

3) 원 리

열대 부근의 바다는 태양열로 데워진 해수면과 수심 600~700m의 바닷물 사이에 20℃ 이상 온도차가 있다. 가열된 바닷물을 파이프라인으로 끌어 증기를 만드는 장치에 보내면 뜨거운 바닷물이, 끓는점이 낮은 암모니아나 프레온을 증기로 만들고, 이 증기의 힘으로 터빈을 돌려 발전한다. 터빈을 돌리고 난 증기는 심해의 찬 바닷물로 냉각해서 다시 유체로 만들어 계속 사용한다.

OTEC 발전 시스템의 원리는 일반 발전소의 가동 원리와 같다. 바다 표면층의 더운물과 심층 냉수간 온도차를 이용해 비등액이 낮은 액체를 증발 냉각시킨 뒤 그 압력차를 이용해 발전하는 것으로 즉, 고온의 열원에서 저온의 열원으로 열이 흘러 들어가 터빈을 구동시켜 전력을 생산하는 방법이다.

사이클 시스템(Cycle system)은 표면온수를 사용하여 오존층을 파괴하지 않는 암모니아나 프로필렌 같은 작동유체를 증발시켜 터빈 구동기(Turbine generator)를 구동시키는 방법이다. 바다 표면의 온수는 작동유체 시스템에 유입되어 열교환기를 통하여 열전달이 일어나며 이 때 비등을 통해 작동 증기가 생성된다. 이 생성된 증기가 터빈을 회전시켜 전력을 생산하는 시스템이다. 그 다음 터빈을 나온 증기는 해저로부터 끌어올린 심층 냉수에 의하여 응축기에서 응축액으로 바뀌며 다시 재순환된다. 이 시스템은 간단하여 전력 생산만을 위하여 가장 실용적인 방법으로 알려져 있다. 이 때 전력전환 효율은 약 5%이며, 터빈 효율, 펌프 효율 등을 포함한 전체 시스템 효율은 약 2.5%정도 이고 plant 설비 단가가 저렴하기 때문에 화석연료 시스템과 경쟁력이 있다고 할 수 있다.

개방 루프 사이클 시스템(Open-loop cycle system)은 해양표면 온수를 작동 유체로 직접 사용하는 방법이다. 표면 온수는 펌프로 증발기에 유입되고, 증발기는 진공펌프로 압력을 낮추어 온수가 상온에서 비등하게 하며, 생성된 증기로 저압터빈을 구동시켜 전력을 생산하게 된다. 이어 터빈을 나온 증기는 심해에서 펌프로 퍼 올려진 냉수로 열교환기에서 응축되어 부산물로 담수를 얻게 한다. 이러한 직접접촉 열교환 방식은 그 효율이 높아 더 많은 전력을 생산하는 장점이 있다. 이 시스템은 현재 선진국에서 테스트 중이며 전력 변환 효율은 약 5.5%이고 전체 시스템의 효율은 약 3.0% 정도로 plant의 단가는 폐회로 시스템보다 약간 비싸나, 도서 지방이나 선진국형에 적합할 것이다.

혼합형 하이브리드 사이클은 폐회로(closed-loop)와 개회로(open-loop) 시스템의 장점을 결합한 것으로 열원을 최대로 사용하도록 설계하여 전력과 담수를 동시에 얻게 하는 방법이다. 유입된 표면온수로 일차적으로 전력을 폐회로 사이클에서 생산하며 여기서 나오는 온수를 이차적으로 개회로 사이클에 보내어 직접 접촉식 증발기를 통과하게 하고 다시 응축기로 보내는 2단계 시스템을 사용함으로써 충분한 담수를 동시에 안정적으로 생산할 수 있게 한다. 아직은 이론적 단계에 있지만 두 시스템의 장점을 조합하였기 때문에 미래의 시스템으로 기대되며, 효율은 개회로 시스템과 거의 같을 것으로 보고되고 있다.

4) 해양온도차발전에 관한 연구

해양온도차발전의 개념은 1881년 프랑스에서 최초로 제안된 이후 1960년대 전반에 산발적인 시험이 시도되었으나, 기술상의 어려움 등으로 성공하지 못하였다. 그러나 1973년 1차 석유파동 이후 다시 연구가 시작되어 그 개발속도가 가속화되어 왔으며, 미국, 일본 등지에서 소규모 해상실험이 실시되고 있다.

미국은 1978년 하와이 근해에서 50kW급의 소규모 시험발전에 성공하였고, 1981년에는 또다른 시험 발전기를 제작하여 해상시험을 마친 바 있는데, 1985년부터는 출력 10만kW급 발전소를 건설하기 위해 상세한 설계와 함께 모형 수조시험을 중점적으로 실시하고 있다.

일본도 1974년부터 산학연 공동으로 실험실 규모의 시험을 계속하고 있는데, 1981년 남태평양의 나우르(Nauru) 공화국 해역에서 최대출력 120kW의 실험발전에 성공한 바 있고, 1982년 말에는 큐우슈우 서남쪽에 위치한 도쿠노시마(Tokunoshima)에서 50kW급의 출력향상시험에 성공하였다. 일본은 1989년 도야마(Toyama)만에서 1MW급의 파이롯트 플랜트를 시험 발전하는 등 최근에는 이를 실용화하고 있다.

5) 해양 온도차 발전 세계 현황

미국은 '80년대 초에 이미 160kW급의 해양 온도차 발전에 대한 실증 실험을 마친바 있으며, 하와이에는 50kW급의 상용 발전소가 가동 중이고(Mini OTEC) 10만 kW급의 대규모 발전소가 건설되고 있다. 하와이 주변해역에 해양온도차 발전소를 건설해 운영중인 미국은 2000년부터 해양온도차 발전을 통해 일부 연안지역에 전력을 공급할 계획이다.

일본은 일찍부터 Sun-Shine 계획의 일부로 해양 온도차 발전 기술의 개발을 추진하여 도꾸시마(Tokushima)에 50kW급, Saga대학에 75kW급, 도야마(Toyama)에 3.5 kW급, 국제 협력 사업으로 나우루(Nauru) 섬에 100 kW급 시범 발전소를 건설하여 가동하고 있으며, 1000kW급에 대한 실증 실험을 수행하고 있으며 동남아국가에 관련기술을 수출까지 하고 있다.

프랑스는 남태평양의 타히티 섬에 5000 kW급 해양 온도차 발전소 건설을 계획하고 있고, 북구의 핀란드도 스페인과 공동으로 저온도차 OTEC 시스템을 이용한 해수 담수화 장치 개발을 추진하고 있으며, 자마이카에 MW급 발전소 건설을 추진 중이다. 네덜란드도 '80년대 후반부터 개발에 착수하여 인도네시아의 발리섬에 250kW급 발전소 건설을 추진 중이며, 영국은 10MW급 해상 발전소 건설 사업을 추진하고 있다.

스코틀란드 서부의 이슬레이 섬에서는 재능있는 기술자들이 파력발전기 실험을 하고 있다. 여기서는 파도가 거꾸로 뒤집힌 것 같은 콘크리트 물통 속으로 밀려들어온다. 콘크리트 물통은 해수면 바로 밑에 놓여 있고, 그 위로는 관이 하나 솟아 있다. 이 관으로는 공기가 빠져나오고 빨려들어간다. 이 범상치 않은 발전소의 기술자는 파력발전소를 "바다가 숨을 쉬고, 우리가 그 숨을 붙잡아들이는 것"이라고 설명한다. 관 속으로 들어온 공기는 터빈과 부딪치면서 흘러간다. 터빈의 날개는 바다가 숨을 들이쉬거나 내쉬는 것에 상관없이 항상 한 방향으로만 돌도록 제작되어 있다.

세계 최초의 이 파력발전기는 300가구에 전기를 공급할 수 있다. 많은 양은 아니다. 그렇지만 기술자들은 "우리는 이제 처음 시작입니다. 비행기도 하루 아침에 발명된 것이 아니잖아요"라고 말한다. 이들 연구자들은 파력발전소가 항구의 방파제 같은 것을 이용하면 해안을 따라 어디에나 세울 수 있게 될 것이라고 생각한다.

6) 해양온도차발전 우리나라 현황

우리나라의 동해 남부 해역에는 표층수와 심층수 사이에 상당한 온도차가 존재한다고 알려져 있어 해양 온도차 발전 기술의 개발에 관한 전향적인 검토가 필요하다. 그러나 계절적인 편차가 심하여 개발 착수에는 신중한 접근이 요구된다. 국내에서는 아직껏 해양온도차발전 기술의 개발이 본격적으로 추진된 바는 없으나 외국의 예에서 보듯이 우리의 경제적, 사회적 활동 무대를 넓히기 위한 국제 협력 사업의 하나로 추진하는 것도 고려할 필요가 있다.

우리나라 근해에는 아열대 근원의 쿠로시오 해류가 남해안과 동해안을 스쳐가므로, 해양온도차발전에 있어서 유리한 조건을 갖추고 있다. 그러나 이 분야의 연구는 아직 기초 단계에 머문 상태인데, 지난 1989년부터 동력자원부의 대체에너지 개발 사업자금을 이용하여 최적후보지 선정을 위한 해양조사를 실시한 바 있다.

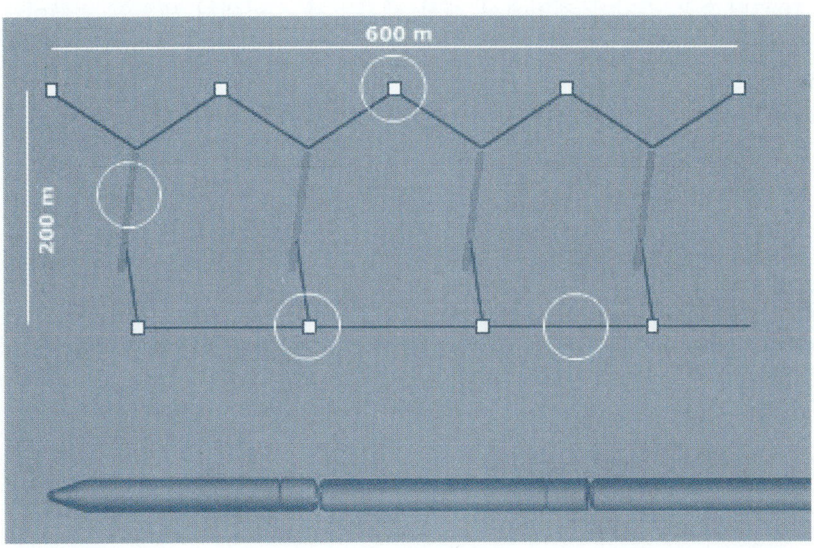

13.3.4 해류 발전 에너지

육상에서 바람을 이용하여 거대한 풍차를 돌리는 것처럼 바다 속에 큰 프로펠러식 터빈을 설치, 해류를 이용하여 이를 돌려 전기를 일으키게 하는 것이다.

코리올리스 계획(Coriolis Project)이라고 부르는 미국의 해류발전 사업계획에서는 한 개의 무게가 6천톤이나 되는 거대한 발전기를 사용하여 약 2억 5천만kW의 전기를 얻을 수 있다고 추정하고 있다. 이 계획에서는 우선 플로리다주 연안에 지름이 170m나 되는 초대형 발전기 242대를 설치하여 약 2천만kW를 발전하려고 시도하고 있는데, 해류의 계절적인 속도 변화와 발전기의 유지관리, 고장수리를 위한 가동 정지시간 등을 고려할 때 평균 발전출력은 약 1천만kW가 될 것으로 보고 있다.

해류발전의 시간당 발전비용은 원자력발전보다 싸고, 화력발전보다는 절반 이상이 싼 것으로 나타나 발전기 제작에 엄청난 돈이 드는데도 불구하고 경제성이 매우 좋은 것으로 판명되고 있다. 해양에너지 개발에 적극적으로 참여하고 있는 일본은 1983년 8월 카지마 해역에서 행한 해류발전 시험에서 해류의 흐름이 3노트에 달했을 때 최고 1000W의 전류를 발전하여 세계 최초의 해류 발전에 성공한 바 있으며, 실용적인 발전기의 개발을 위해 주력하고 있다.

13.4 해양에너지의 기술개발 현황

13.4.1 해양에너지의 개발목표

표 13-2 년도별 개발목표

'97~2001	2002~2006
• 해양에너지 자원 정밀 조사 (최적후보지 선정) • 적정 플랜트 시스템 기본 설계 • 시스템 성능해석 및 운전제어 기술개발	• 저가 고효율 발전시스템 개발 • 시범 플랜트 설치 및 실증실험 • 복합 발전 시스템 기술개발

13.4.2 해양에너지 장기 개발목표

표 13-3
단계별 개발목표

(단위 : 천 kW)

구분	1단계(2000~2010)	2단계(2011~2020)	3단계(2021~2030)
조력에너지	720	1,320	2,040
조류에너지	100	200	400
파력 및 온도차 에너지	50	100	200
누계	870	1,620	2,640

13.4.3 해양에너지의 국내 기술개발 및 이용 현황

1) 기술개발 현황

해양에너지의 기술개발은 '대체에너지개발 및 이용 · 보급 촉진법'에 따라 '88년부터 기본계획을 수립하여 기술개발 수행한다.

해양에너지 기술개발 투자실적 : '89년부터 '05년까지 해양 분야 10개 과제에 총 2,884백만 원을 투자하였으며 그 중 정부에서 2,220백만 원 지원했다.

표 13-4
연구비 지원현황

구분 \ 년도		'89~'00	'01	'02	'03	'04	'05	계
과제수	신규	2	-	-	1	1	1	5
	계속	4	-	-	-	-	1	5
	계	6	-	-	1	1	2	10
사업비 (백만원)	정부	1,165	-	-	295	200	560	2,220
	민간	150	-	-	424	-	90	664
	계	1,315	-	-	719	200	650	2,884

2) 국내 이용 현황

① 조력발전 : 시화호 수질개선과 해양에너지 개발을 목적으로 254천kW급 조력발전소 건설중

② 조류발전 : 울돌목을 재상으로 실용화 연구 추진 중
('07년 10,000kW급 시험 발전소 완공)

13.5 해양에너지의 실용화

표 13-5 국내 · 외 기술개발 결과

기술명	국내	국외
파력발전	• 파력발전 기초조사('80) • 60kW급 파력발전장치 개발 수행 (한국해양 연구원 '98)	• 일본 : 540kW급 개발 중 • 영국 : 75kW급 가동 중 • 덴마크 : 45kW급 실증시험 중
조력발전	• 타당성 조사(가로림만 해역)	• 캐나다 : 20MW급 가동 중 • 프랑스 : 240MW급 운영 중 • 중국 : 30MW급 가동 중
온도차발전	• 해양에너지 복합이용시스템 개발(한국해양연구원 '91)	• 일본 : 100kW급 가동 중 • 미국 : 50kW급 실증시험 중
조류발전	• 울돌목대상 1,000kW급 시험조류발전소 건설 추진(2007년 완공)	• 노르웨이 : 수평축 100kW급 실험 중 • 영국 : 300kW급 터빈설치 실험 중

제 14 장

유비쿼터스 지열에너지의 생산기술

14.1 지열에너지의 개요

14.1.1 지열에너지의 정의

지열이란 지표면의 얕은 곳에서부터 수 km깊이에 뜨거운 물과 돌을 포함하고 있는 땅의 에너지를 말하며, 통상 후자에 있어 뜨거운 물을 온천, 녹아 있는 암석을 마그마라고 불린다.

지열은 지구 내부에서 표면을 거쳐 외부로 나오게 되는 열을 말한다. 땅속 깊은 곳에서는 방사성 동위원소들의 붕괴로 끊임없이 열이 생성되고 있고, 땅속 마그마는 종종 지각이 얇은 곳에서 화산이나 뜨거운 노천온천의 형태로 열을 분출한다. 이러한 열을 보통 지열이라 부르는데, 지열은 방사성 물질과 마그마의 작용으로 생성되는 것이다.

그림 14-2
땅의 힘(지열)

지구 탄생 이래 지구의 내부에서 발생, 축적된 열에너지, 태양 주위에 산재되어 있던 작은 천체가 집적(集積)하여 충돌하였을 때의 에너지, 지구의 핵이 형성되었을 때의 에너지, 지각 속이나 맨틀 상부에 있는 긴 수명의 방사성 원소가 붕괴될 때에 방출되는 열에너지 등에서 유래한다.

이러한 에너지는 플레이트운동 · 조산운동 · 지진 · 화산 등 많은 자연현상의 원동력이 된다. 현재 지구 내부의 온도는 추정방법이 각각이어서 확실히 알 수 없지만, 일례를 들면 대륙 지각이 밑바닥에서는 약 400℃, 해양 지각 밑바닥에서 약 200℃, 맨틀과 핵의 경계 근처에서는 약 4000℃, 내핵에서는 약 6000℃로 알려지고 있다.

이와 같은 온도분포에 대응하여 지구의 내부에서 지표를 향한 열의 흐름이 있는데, 이 지각 내부의 것을 지각열 유량이라고 한다.

이 지각열 유량에 의하여 지구 전표면에서 방출되고 있는 열에너지는 1년 간에 약 10erg, 즉 세계의 지진이나 화산 에너지의 수십 배에서 100배 정도의 크기가 된다.

이를 냉 · 난방시스템으로 이용하여 여름철에는 실내의 높은 온도를 지중으로 겨울철에는 지중으로부터 열을 흡수하여 난방을 수행할 수 있다.

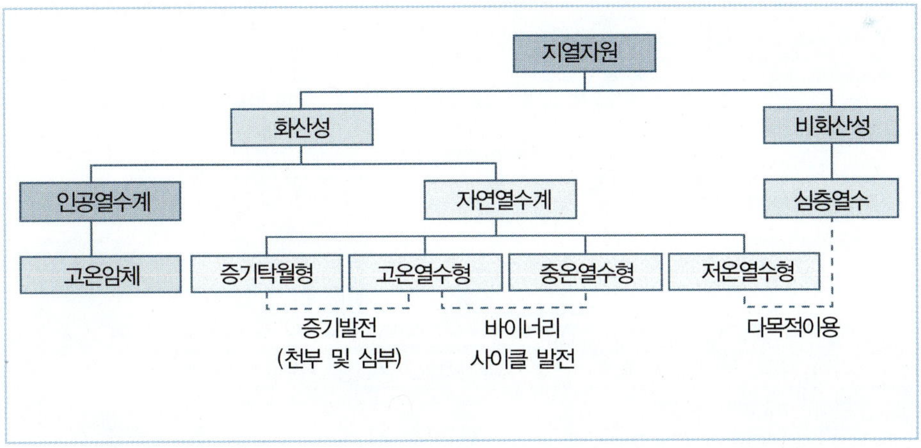

그림 14-2
지열자원의 종류

태양열의 약 47%가 지표면을 통해 지하에 저장되며, 이렇게 태양열을 흡수한 땅속의 온도는 지형에 따라 다르지만 지표면 가까운 땅속의 온도는 대략 10℃~20℃ 정도로 연중 큰 변화가 없으나 지하 수km의 지열온도는 40℃~150℃ 이상을 유지한다. 이렇듯 지열은 태양과 지구가 존재하는 한 계속 생성되는 에너지의 보고로서 지열에너지원은 무궁무진하다 할 수 있다.

우리나라의 경우 일본, 이태리 등과 같은 화산지대가 거의 존재하지 않아 심층 지열 이용은 매우 어려운 것으로 나타나고 있으며, 이에 따라 현재는 지하 100~150m 깊이의 지열을 이용하는 시스템의 개발 보급이 점차적으로 활성화되고 있다.

지열 에너지는 저온 열수를 직접 이용하는 온천 등의 관광 자원 또는 프랑스나 헝가리에서 전형적인 예를 찾을 수 있는 것처럼 난방 열원 등으로서는 많이 개발되었다고 할 수 있으나 에너지원으로서는 그다지 개발된 자원은 아니라고 할 수 있다.

현재 지열에너지 이용에 가장 많이 채택되고 있는 것은 지열을 직접 이용하는 방식이나 앞으로는 지열 발전의 비중이 직접 이용 방식보다 커질 전망이다.

땅속의 온도는 사계절 내내 거의 변하지 않는다. 겨울에는 땅위보다 따뜻하고 여름에는 땅위보다 시원한 점을 이용해 여름에는 땅속으로부터 시원한 온도를 가져와 시원하게 해주고 겨울에는 따뜻한 온도를 가져와 따뜻하게 해 줄 수 있다.

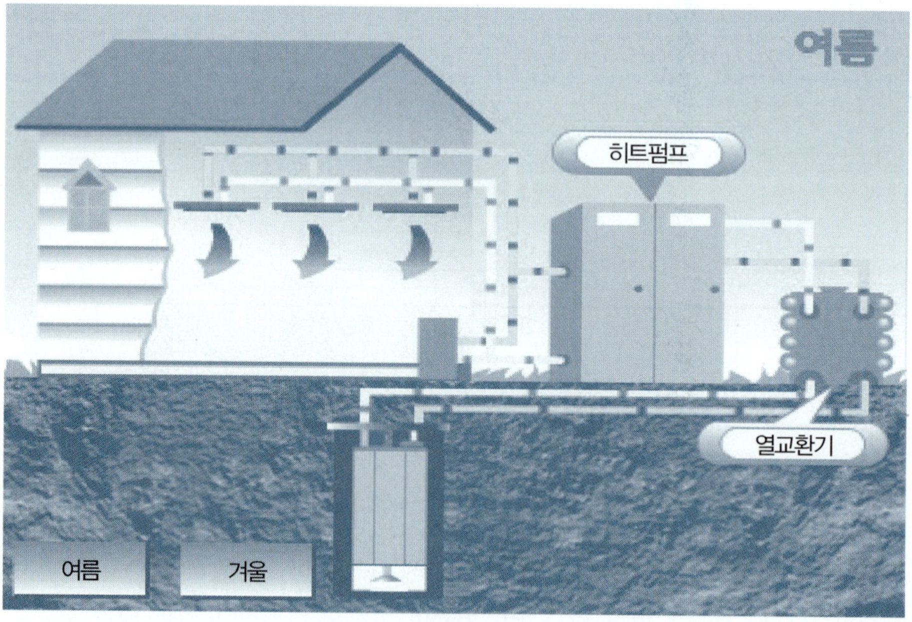

그림 14-3
지열에너지 - 여름

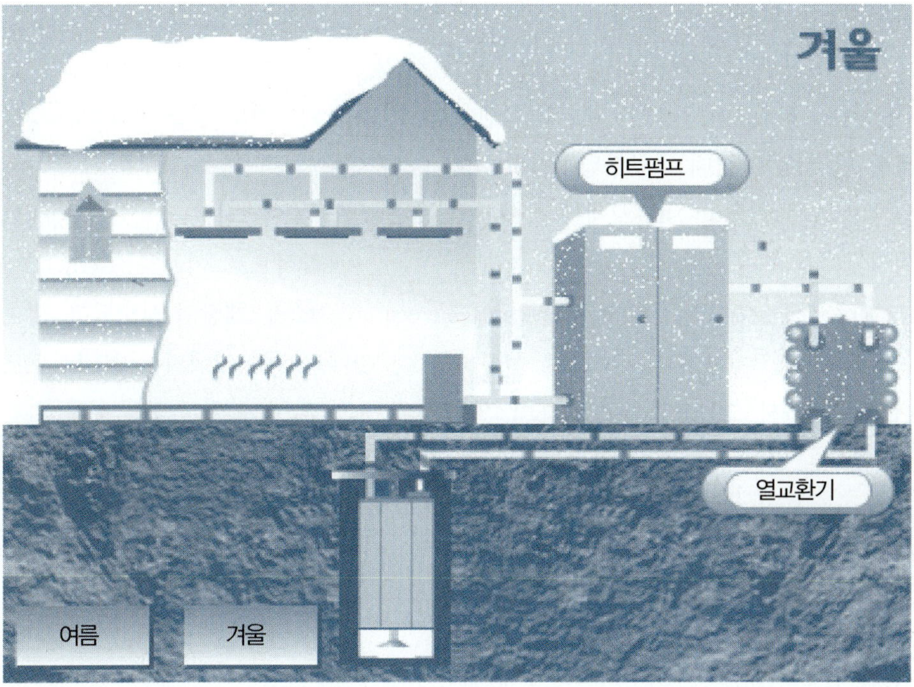

그림 14-4
지열에너지 - 겨울

지열(地熱)에너지는 재생이 불가능한 에너지원이나 지구 자체가 가지고 있는 에너지이므로 굴착하는 깊이에 따라 잠재력은 거의 무한이라고 할 수 있다.

지열에너지는 저온 열수를 직접 이용하는 온천 등의 관광 자원 또는 프랑스나 헝가리에서 전형적인 예를 찾을 수 있는 것처럼 난방 열원 등으로서는 많이 개발되었다고 할 수 있으나 에너지원으로서는 그다지 개발된 자원은 아니라고 할 수 있다.

현재 지열에너지 이용에 가장 많이 채택되고 있는 것은 지열을 직접 이용하는 방식이나 앞으로는 지열 발전의 비중이 직접 이용 방식보다 커질 전망이다.

지열 발전 기술로는 선진 각국이 저온 비등 매체를 이용하는 방식이나 터빈 사이클과 냉동 사이클을 결합시킨 복합 사이클 방식의 개발을 경쟁적으로 추진하여 많은 기술이 축적되어 있다.

지열에너지 자원개발 기술에는 지하에 존재하는 고온의 암반까지 굴착하고 물을 주입하여 수증기를 발생시켜 전기를 얻는 방식인 고온 암체 발전 기술의 가능성이 가장 높은 것으로 평가되고 있다. 미국은 '70년대 초부터 고온 암체 발전 기술의 개발에 착수하여 상당한 기술을 축적한 것으로 알려져 있고, 전형적인 화산 국가인 일본도 NEDO를 중심으로 고온 암체 발전 기술을 개발하고 있다.

고온 암체 발전과 비슷한 개념인 화산 발전 기술은 마그마의 열을 이용하는 것으로서 미국은 '70년대 중반부터 Sandia Lab.이 중심이 되어 기초 연구를 수행하고 있으며, 일본도 'Sun-Shine 계획'의 일부로 개발 연구를 추진하고 있다. 이 외에도 지열에너지 이용 기술과 해양온도차발전 기술을 복합적으로 이용하는 GEOTEC (Geothermal & Ocean Thermal Energy Conversion) 기술도 개발이 시도되고 있다.

국내에서는 아직까지 온천으로 이용하는 것 외에는 지열에너지를 본격적으로 이용하려는 시도가 그다지 없었으며, 지열 자원도 저온 염수가 주류를 이루고 있는 것으로 알려지고 있어 앞으로도 이런 추세는 지속될 것으로 보인다.

그러나 우리나라의 백두산과 한라산 지역은 분화 기록이 존재하는 휴화산으로 상당한 지열 에너지 자원 부존 가능성이 있기 때문에 최소한 자원 탐사 활동은 필요하다고 할 수 있다. '90년대 초 한국자원연구소에서 마산 · 창원 지역에 대한 지열 자원 조사를 실시한 바 있다.

14.1.2 지열에너지의 특징

지열에너지는 다음과 같은 특징을 가지고 있다.

1) 순국산이고 풍부한 에너지

지열은 자원이 적은 일본이나 한국의 경우처럼 유일한 큰 잠재력을 가진 에너지 자원이다. 지열에너지의 가채(可採)자원량은 공업기술원 지질조사소의 시산에 의하면 증기열수계통에서 21,000MW, 심도 2,000m까지의 고온암체에서 15,000MW의 발전이 가능하다고 시산되고 있다. 또 이것에 심부지열자원 등의 미이용 지열에너지를 추가하면 방대한 자원량이 된다.

2) 저렴한 에너지

지열발전을 하는 데는 지열에너지를 채취하는 생산정(生産井)을 굴삭하는 것이 불가결하기 때문에 플랜트건설에 초기비용은 드나 연료대가 불필요하고, 장기적으로 보면 장래의 연료가격의 변동에 좌우되지 않는 저렴한 에너지이다.

3) 저공해의 에너지

지열에너지는 연소를 동반하지 않기 때문에 이산화탄소의 발생이 매우 적으며, 매연, 매진의 발생도 없고 또 열수는 지하 환원이 이루어지므로 지구환경에 친화성 있는 에너지이다. 이것이 지열에너지가 깨끗한 에너지라고 부르는 이유이다.

4) 다목적이용을 포함한 지역사회에 많은 이익을 가져오는 에너지

발전소 주변지역에 대하여 열수를 공급함으로써 시설원예, 급탕, 지역난방 등을 하고, 현지주민의 복지와 산업의 발전에 큰 공헌을 할 수 있다.

14.2 지열에너지의 시스템 구성도

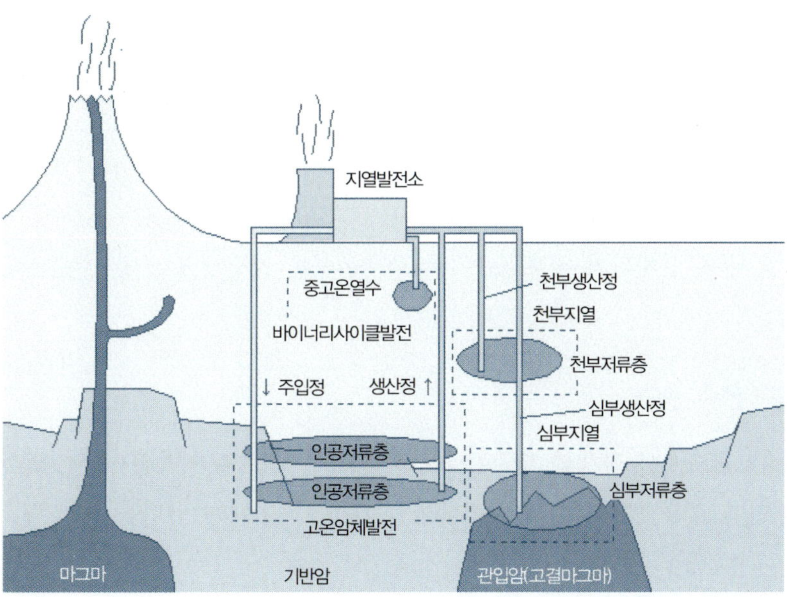

그림 14-5 지열에너지 이용체계 개념

1) 지중열교환기

땅속에 100M 이상을 천공하고 HDPE(고밀도 폴리에칠렌 파이프)를 삽입하여 파이프 내부에 유체를 삽입한다. 그리고 펌프에 의해 순환시켜 땅속의 열과 열교환을 한다. 이때 PE Pipe는 누설이나 부식 등의 문제가 없이 60년 이상의 수명을 보장해야 한다.

2) 지중열교환기 작동유체 순환펌프

지열원 열펌프 설비 중 지중열교환기 작동유체(물 또는 부동액)를 순환시키기 위한 순환펌프이다.

3) 열펌프 시스템

지중의 열을 실내로 흡수하거나 실내의 열을 지하로 방출하여 실내의 냉 · 난방 온도를 일정하게 유지하는 지열시스템의 핵심장치이다. 장치의 구성은 팽창밸브, 열교환기, 압축기, 4방 밸브 등으로 구성되어 있다.

4) 지열컨트롤 패널

지열시스템의 전체적인 운전 및 이상을 판단하고 처리하는 기능과 지열시스템의 실제 동작을 제어하는 기능을 한다.

5) 냉 · 온수 순환펌프

기계실 내에 설치되어 히트펌프에서 냉 · 온수를 저장탱크로(냉 · 온수탱크) 운반한다.

6) 냉 · 온수 탱크

지열히트펌프에서 발생한 냉 · 온수를 저장하는 것으로 저장된 물은 펌프에 의해 실내기기로 순환되어 여름에는 냉방을 하고, 겨울에는 난방을 하게 된다.

14.2.1 히트 펌프의 종류 및 특징

대체에너지원으로 활용하기 위한 지열자원으로는 지표면으로부터 수내지 수십

미터 깊이의 흙(ground source), 또는 지하수(ground water source), 호수나 강물(water source) 등을 들 수 있으며, 이러한 지열은 통상 건물의 냉난방 열원으로 활용되는 데 이를 위한 주요설비로는 지열을 회수하기 위한 열교환기와 회수한 저온의 지열을 유효에너지로 변환시키기 위한 히트펌프(heat pump)가 있다.

냉각된 액체상태의 냉매가 낮은 압력 상태인 증발기로 들어가면 액체에서 기체로 증발한다.(A) 주변의 공기나 물의 열을 전달하여 차갑게 한 후에 냉매가 증발된다. (B) 압축기에 의하여 압축되어 증발된 기체는 압력과 온도가 올라간다. 고온에 높은 압력의 상태의 기체가 (C) 주위의 공기나 물에 열을 전달하고, 응축기 안에서 낮은 온도에서 냉매를 응축하여 액체로 된다. 이 액체의 냉매(D)가 응축기로부터 팽창밸브로 냉매가 흐른다.

히트펌프는 열전달이 한 물질에서 다른 물질로 이루어지는 것을 기본으로 착안한 것이다. 또한 냉동장치를 구성하고 있는 압축기, 응축기, 증발기 및 팽창밸브는 일반 에어컨과 구성장치가 같다. 단지 두 개의 열교환기 기능을 전환시켜 냉방뿐만 아니라 난방을 할 수 있는 냉동사이클로 전환할 수 있다는 것이다.

그림 14-6에서 공기에서 물로, 또한 반대로 열전달되는 것으로 이것이 냉방모드이다. 앞에서 검토한 것과 같이 압축기에서 압축된 고압의 냉매가스가 냉매와 물의 열교환기로 이동하여 냉방모드에서 응축기로 같은 기능을 하고, 이 열교환기에서 열이 냉매가 증발하여 낮은 온도의 물로 되고, 냉매는 응축되어 액체로 변한다.

이 액체냉매는 팽창밸브로 흘러가 냉매의 압력과 온도가 감소되어 냉매가 증발을 하면서 냉매와 공기의 열교환기에서 냉방모드의 경우에 증발기 기능을 한다.

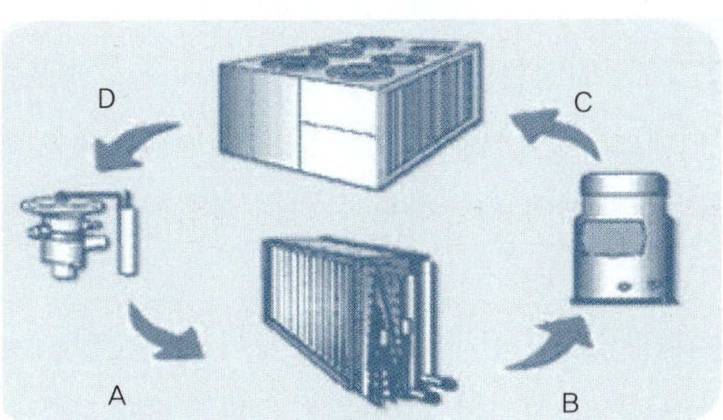

■ 냉동사이클

A → B : Evaporator(증발기)
B → C : Compressor(압축기)
C → D : Condenser(응축기)
D → A : Expansion Device(팽창밸브)

그림 14-6
냉동사이클

이 열교환기에서 냉매는 뜨거운 공기에서 열을 흡수하고, 냉매는 증발한다. 증발된 냉매는 압축기로 다시 들어가 압축을 한다. 즉 다시 반복해서 압력과 온도가 증가한다.

히트펌프는 난방모드에 있어서 기능을 전환하는 전환밸브가 설치되어 있다. 난방모드에서는 그림 14-6에서와 같이 고온 고압의 냉매가 압축기에서 압축이 되어 전환밸브의 조작에 의하여 냉매와 공기의 열교환기로 이동한다. 이때에 난방모드에서 냉매와 공기의 열교환기는 응축기 역할을 하고, 열은 기체의 냉매에서 낮은 온도의 공기로 이동한다. 공기는 가열되었고, 냉매는 액체로 응축이된다.

액체의 냉매는 팽창밸브를 거쳐서 냉매와 물의 열교환기로 이동하고, 이때에 열교환기는 난방모드에서 증발기 역할을 하여 냉매와 물의 열교환기에서는 냉매가 상대적으로 온도가 높은 물에서 열을 흡수하여 증발된다. 증발된 전환밸브를 거쳐서 압축기로 돌아가는 사이클이 반복된다. 전환밸브는 히트펌프에서 배관과 제어에서 냉방과 난방의 기능을 수행할 수 있도록 하는 역할을 한다.

히트펌프란 지열과 같은 저온의 열원으로부터 열을 흡수하여 고온의 열원에 열을 주는 장치로서 열을 빼앗긴 저온측은 여름철 냉방에, 열을 얻은 고온측은 겨울철 난방에 이용할 수 있는 설비이다.

14.2.2 지열원 이용 히트펌프 시스템의 원리

지열시스템은 히트펌프의 에너지원(Energy Source)을 비교적 연중 안정적인 지중열을 이용하여 히트펌프를 구동하는 형태로 공기방식으로 직접 이용하는 형태와 물을 이용하여 직접 사용하는 FCU(팬코일유닛)을 통하여 다시 공기방식으로 전환하여 냉방과 난방에 이용하는 히트펌프 시스템의 한 종류이다.

지열원 열펌프시스템은 연중 온도가 일정한 지하수(ground water), 지표수(surface water) 및 지중(약 300m 이내)을 냉방시에는 히트싱크로, 난방시에는 히트소스로 이용하여 건축물의 냉/난방을 동시에 가능하도록 하는 복합형 시스템이다.

일반적인 지열원 열펌프시스템은 지중 300m 이내로 천공된 보어홀에 고밀도 폴리에틸렌 재질의 U자형 파이프를 설치하고, 설치된 파이프에 유체를 순환시켜 지중과의 열교환을 통하여 냉/난방에 필요한 에너지를 수급하는 것이다.

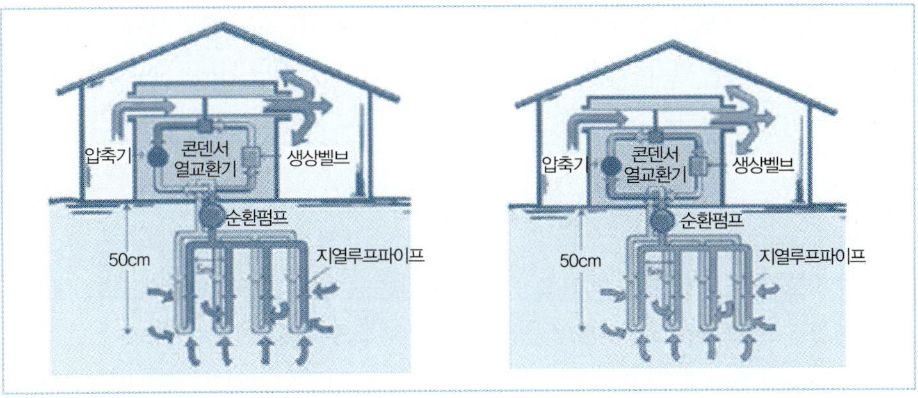

그림 14-7
히트펌프
(겨울철/여름철)

(1) 난방사이클

히트펌프 내부의 열교환기(증발기)를 지나는 차가운 액냉매는 부동액(지중열교환기내의 순환유체)으로부터 열을 흡수하고 증기냉매로 상변화를 하게 된다. 증발과정 후 온도가 강하된 부동액은 지열 열교환기를 순환하면서 다시 온도를 회복하게 된다. 이러한 원리로 지중은 열원인 히트 소스(Heat Source)의 역할을 수행하며, 난방사이클을 구성한다.

(2) 냉방사이클

난방사이클과는 반대로, 히트펌프 내부의 열교환기(응축기)를 지나는 뜨거운 기체냉매는 부동액(지중열교환기 내의 순환유체)으로 열을 방출하고 액체냉매로 상변화를 하게 된다.

표 14-1
히트펌프의 종류

구분	수열원 히트펌프 (Water Source HeatPump)	공기열원 히트펌프 (Air Source HeatPump)
에너지원	히트펌프의 에너지원을 물타입으로 흡수하는 방식	공기 중 또는 대기 중의 열원을 air 형태로 흡수하여 air 또는 water 형태로 방출하는 방식
이용형식	• 물 대 물((Water to Water) • 물 대 공기((Water to Air)	• 공기 대 공기(Air to Air) • 공기 대 물(Air to Water)
종류	• 수열원 히트펌프(대표적인 지열시스템) • 지하수 이용 히트펌프 • 하천수, 저수지, 댐, 바닷물을 이용 • 폐열(목욕탕, 사우나 등)	• 에어컨 타입의 EHP(전기), GHP(가스)히트펌프 • 환기열 이용(Root Top Heatpump) • 대기열 이용(HeatPump)
특징	• 히트펌프로 물을 열원으로 순환시킨다. • 순환배관 펌프가 있다. • 지중열 교환기를 이용한다.	• 실외기, 실내기가 구분된다. • 실외기는 반드시 개방된 공간에 설치. • 공기를 흡입하고 방출한다.

응축과정 후 온도가 상승된 부동액은 지중열교환기를 순환하면서 온도가 하강하게 된다. 이러한 원리로 지중은 열을 방출하는 히트싱크(Heat Sink)의 역할을 수행하며, 냉방사이클을 구성한다.

14.2.3 지중열 교환기의 종류 및 특징

지열 히트펌프 시스템은 히트펌프와 순환되는 유형의 열교환 방식으로 대표적으로 지열을 회수하는 파이프(열교환기) 회로구성에 따라 밀폐형(closed loop)와 개방형(open loop)로 구분된다. 일반적으로 적용되는 밀폐형은 파이프가 폐회로로 구성되어 있는데, 파이프 내에는 지열을 회수(열교환)하기 위한 열매가 순환되며, 파이프의 재질은 고밀도 폴리 에칠렌이 사용된다.

밀폐형은 루프의 형태에 따라 수직, 수평, 스파이럴형 열교환 시스템으로 구분되는데 수직으로 100~150m, 수평으로는 1.2~1.8m정도 깊이로 묻히게 되며 상대적으로 냉난방부하가 적은 곳에 쓰인다.

개방형는 수원지, 호수, 강, 우물 등에서 공급받은 물을 운반하는 파이프가 개방되어 있는 것으로 풍부한 수원지가 있는 곳에서 적용될 수 있다.

밀폐형이 파이프내의 열매(물 또는 부동액)와 지열 소스가 열교환 되는 것에 비해 개방형은 파이프내로 직접 지열 소스가 회수되므로 열전달효과가 높고 설치비용이 저렴한 장점이 있으나 밀폐형에 비해 보수가 필요한 단점이 있다.

1) 밀폐형 지중열 교환기

(1) 수직형

수직형 지열교환기는 대지를 많이 차지하지 않는 장점 때문에 가장 일반적으로 사용되고 있는 지열교환기이다. 보통 보링 깊이는 60m에서 150m이고 각각의 직경은 100mm에서 200mm이다.

① 수직형 설계시 고려할 사항

- 대표적인 보링의 깊이
- 보링의 간격
- 하나의 보링의 경우에 다중의 루프

- 파이프와 루프의 사이지
- 연간 및 월별 건물의 부하
- 토질 및 암반의 형태
- 현지의 설치된 기반시설의 만기

② 수직형의 장점

- 대지를 차지하는 면적이 적다.
- 전체 배관 사용 길이가 최소이다.
- 사용되는 펌핑 에너지량이 최소이다.

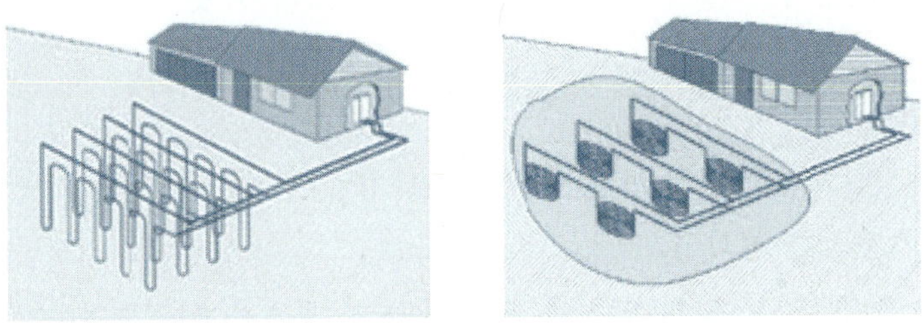

그림 14-8
수직형(Vertical Type)/밀폐형

장점을 좀 더 설명을 하면 아래와 같다.

- 수직형은 다른 세가지 지열교환기(수평형, 스파이럴형, 스링키형) 등에 비하여 적은 면적의 대지가 필요로 한다. 대략 1냉동톤당 $5.4m^2$~$24.8m^2$의 대지가 필요하며, 킬로와트로는 $1.6m^2$~$7.3m^2$/kW이다.
- 다른 두 가지 지열교환기보다 전체배관의 길이가 작은 이유는 보링을 깊이하면 할수록 지중 온도가 일정하기 때문이다.
- 수직형은 직렬(series)형과 병렬(parallel)형이 있으나, 병렬형 리버스 리턴(parallel reverse return)형식으로 배관이 되었을 경우에 다른 형식에 비하여 펌핑 에너지를 절약할 수 있다.

③ 수직형의 단점

- 보링 및 그라우팅 가격이 매우 높다.

- 되메우기 및 그라우팅에 특별한 자재가 사용된다.
- 다소의 경험과 시공에 주의가 요구된다.
- 열을 올리는 것이 잠정적이다.

단점을 좀더 설명을 하면 아래와 같다.

- 보링가격은 수평형 및 스파이럴형을 설치하기 위한 터파기에 비하여 월등히 높다.
- 보링홀을 되메우기 할 때에는 땅과 배관의 접촉이 확실히 되기 위해 특별히 채우는 자재와 주의가 요구된다.
- 만약 보링 홀의 간격이 너무 좁을 때에는 잠정적으로 장시간 땅속에 열이 발산되지 않고 쌓이기 때문에 바람직하지 못하다.

(2) 수평형

수평형 지열교환기를 설치할 때에는 이용 가능한 충분한 대지가 확보되었을 때에 자주 사용되는 형식이다.

트랜처 장비를 사용하여 땅속에 단독 수평형 루프를 설치하거나, 굴삭기 같은 장비를 사용하여 다중(multiple layer horizontal loop)의 수평형 루프를 설치하는 것과 전체의 배관의 길이를 비교하여 대지를 적게 차지하고, 터파기를 적게 하는 쪽으로 설계하여야 한다. 트랜치 안에 배관설치는 일반적으로 1.8m 깊이에 1.8m~4.6m 폭으로 설치되고, 일 냉동 톤에 30m~120m의 트랜치 길이 정도이고, 킬로와트로 환산하면 대략 8.7~34.7m/kW이다.

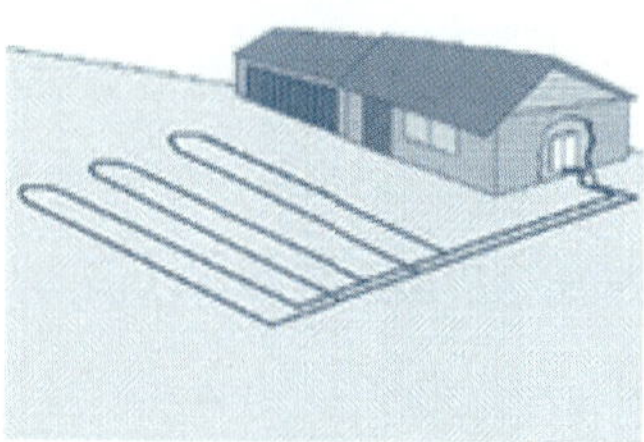

그림 14-9 수평형 (Horizontal Type)

① 수평형 지열교환기의 장점

- 일반적으로 수직형 보링가격에 비하여 터파기 및 되메우기 비용이 저렴하다.
- 수평형은 일정시간에 과열이 쌓이지 않는다. 왜냐하면 배관이 지표면 가까이 설치되었기 때문에 열을 공기 중으로 방출할 수 있으며, 이런 경우에 주차장 제설용으로 자주 적용된다.

② 수평형 지열교환기의 단점

- 수평형은 지열교환기 설치를 위해서는 넓은 대지를 필요로 한다.
- 낮은 깊이의 루프로 인하여 비와 눈같은 계절적인 요인으로 인하여 지열의 온도 변화가 심하고 상대적으로 수직형과 똑같은 효율을 얻기 위해서는 전체에 배관의 길이가 길어야한다.
- 전체의 배관길이가 더 길 경우에 동파방지를 위한 방안뿐만 아니라 관리비용이 많이 소요된다.
- 트랜치에 되메우기 하는 동안에 배관이 파손될 위험이 많다.

(3) 나선형 루프(spiral-loop) 지열교환기

수평항의 다중 루프(multiple-layer)에서 변형된 형태이다.

나선형 루프는 트랜치 안에 수직으로 또는 개방된 피트안에 수평으로 배관을 그림 14-10과 같이 말아 놓은 형식을 말한다.

일반적으로 전체 배관길이는 많이 소요되며, 1냉동 톤당 150m에서 300m(43~86m/kW)가 필요하다. 수평형과 나선형 지열교환기는 일반적으로 소형주택이나 작은 상가 등에서 대지를 적게 요구하는 곳에 사용되고 있다.

① 나선형 지열교환기의 장점

- 수평형에 비교하여 대지를 적게 차지한다.
- 수평형에 비교하여 가격이 저렴하다.

② 나선형 지열교환기의 단점

- 수평형과 수직형에 비하여 전체 배관길이가 길다.
- 수직형에 비해 많은 대지가 필요하다.

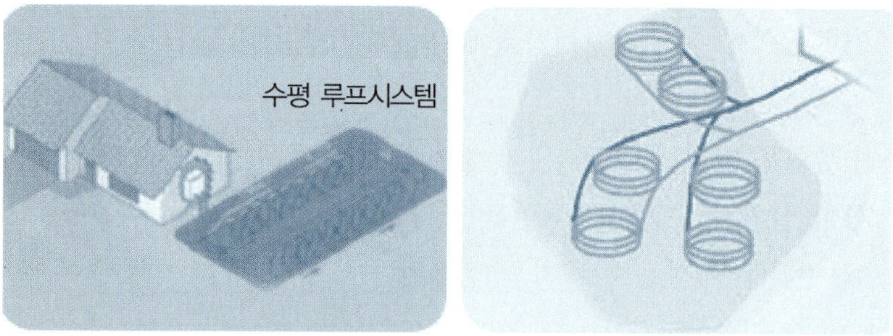

그림 14-10
나선형 루프
(Spiral-Loop Type)

2) 개방형 지중열 교환기

가장 좋은 효율을 나타내고 있는 타입으로 이용 가능한 에너지원이 있다면 설계를 고려하여 적용할 수 있다.

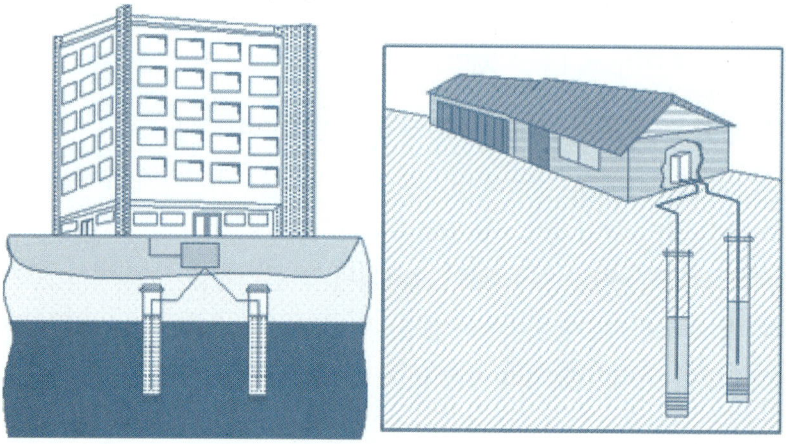

그림 14-11
개방형
(Open-Loop Type)

(1) 지표수(Surface Water) 열교환시스템

건물에서 오·폐수 처리된 후에 일시적으로 저장하는 방류하는 유수지 같은 곳이 있다면 지표수형 히트펌프 시스템이 매우 효율적인 시스템이다.

정확한 냉방시스템에 적용에 있어서, 보일러 및 냉각탑이 없이 물의 루프에 적당한 온도가 유지시키기 위하여 열을 방출하고, 흡수할 수 있는 적당한 크기의 유수지 및 저수지가 준비되어야 한다.

지표수 열교환시스템은 일반적으로 직렬 밀폐형 루프 방식형 열교환기(series of closed loop)와 나선형 열교환식(spiral loop pattern)을 사용한다.

배관은 보통 연못이나 저수지 2m~2.5m 깊이에 콘크리트 앙카 23cm~46cm로 떠오르지 못하게 고정하여 설치한다. 통상 1냉동 톤당 90m에서 150m(27~45m/kW)가 소요되며, $270m^2$($79m^2$/kW)의 면적이 필요로 한다.

이 시스템은 지열교환기보다 온도 변화가 심한 것을 경험하게 될것이고, 설치비용이 저렴하지만 히트펌프의 효율이 다소 저하되는 것이 고려되어야 한다.

연못, 호수, 개울, 폐광과 다른 개방된 수원이 지열 히트 펌프를 위한 열원과 방출지로서 모두 사용되고 있다. 새로운 시공에서 유수지에 필요한 것은 냉방과 난방 부하를 담당하는 보조 능력을 가지는 것으로 변경되어 왔다. 왜냐하면 여름기간 동안에 부족한 증발과 개방된 수원에 냉방 적용하기 매우 좋다.

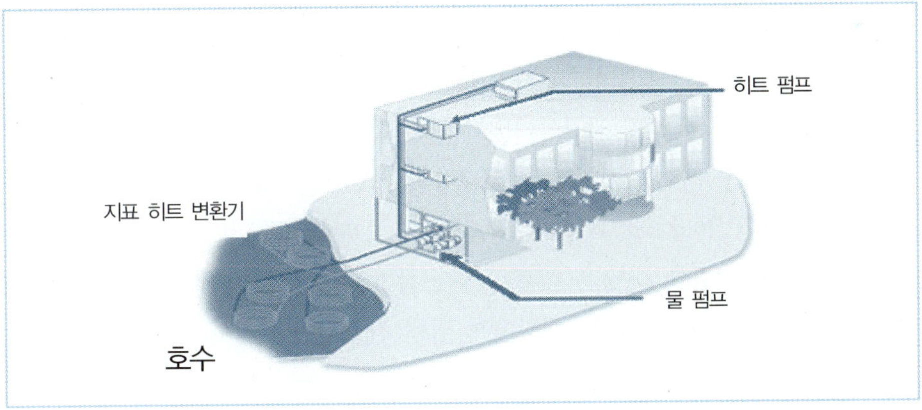

그림 14-12 지표수 열교환시스템

(2) 지하수(Ground Water) 열교환시스템

풍부한 양과 양질의 지하수가 있거나 또는 지하수를 개발할 수 있으면 지하수를 이용하는 히트펌프 시스템의 설치가 가능하다. 지하수를 직접 각각의 히트펌프에 공급하고, 하수구에 방류하는, 개방식 지하수 이용하는 히트펌프 시스템은 전체의 히트펌프 시스템에서 일정한 온도 공급으로 가장 효율적인 시스템이다.

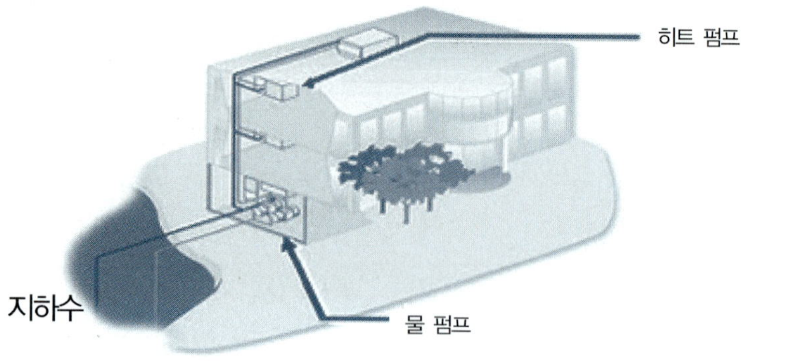

그림 14-13 지하수 열교환시스템

또한 어떠한 지열시스템보다 가격이 저렴하다. 그러나 이 시스템을 채택하는데 있어서 세 가지를 주의하여 고려하여야 한다.

① 물의 질이다. 만약에 지하수가 히트펌프의 냉매와 물의 열교환기로 직접순환 하고자 한다면, 지하수 관한 문제는 냄새와 열교환기 튜브에 스케일을 일으키는 물속에 있는 메네랄일 것이다. 스케일은 주기적으로 열교환기 세정에 의하여 줄일 수 있으나, 산 세척으로 인한 부식으로 열교환기 수명을 단축시킨다.
  지하수가 확실히 질이 좋다고 판명되었을 때만 사용하고, 그렇지 않으면 판형열교환기 설치를 권장한다.

② 필요한 물 공급이다. 공기와 물 열교환식 히트펌프(Water Source HeatPump)는 일 1냉동 톤당 6LPM에서 12LPM(0.03~0.06L/s/kw)의 물이 필요하고, 일반 상업용 건물에 수많은 히트펌프가 설치되었을때에 충분히 물이 보충될 수 있는지 또는 지하수를 개발에서 법에 저촉되는 사항이 없는지 검토하여야 한다.

③ 히트펌프에서 환수된 많은 물을 방출하는데 이상이 없어야 한다. 지하에서 퍼올린 물을 다른 심정에 버리거나, 강이나 저수지에 버리거나, 또는 식물을 키우는데 사용할 수 있다. 위 세가지 사항이 법이나 시스템 설치에 제약이 있다.

(3) 수직 원통형 열교환시스템

수직원통형 수원은 물이 지열히트펌프를 통해서 같은 수원에 물을 재순환시킨다. 더불어 수원은 공급물의 양이 한계를 가지고 있다.

따라서 보링의 홀이 열교환기가 아니다. 열전도는 환수된 액체와 암반의 형태에서 보링홀의 벽에 물을 타고 흐르면서 일어난다. 습한 보링 홀은 톤당 60ft(18m)의 길이 설계되고 있는 것으로 보고되고 있다.

보링홀의 크기와 열전도성계수가 고려되어야 한다. 보링홀은 어떠한 지역에 있어서 옹벽이 붕괴 또는 망가지는 경우에 시스템 입구에 절대적으로 케이싱이 되어야 한다.

한정된 수원의 용량과 피크부하 환수량의 10퍼센트가 번짐(bleed), 즉 방출량으로 적당하다. 이것은 열에너지가 보통 때보다 빨리 이동하는 형상에 있어서 물이 동이 근원이 된다. 결과적으로 열 이동이 3배에서 5배까지 증가한다. 번짐(bleed)의 전반적인 효과는 움직이는 대수층과 유사하다. 짧은 기간 동안 요구되기 때문에, 번짐에 물의 양이 피크 달에 번짐의 물이 양이 적다.

짐 보스와 해리 브라드에 의하여 일찍부터 개발과 개념이 분석되었다.

이에 따라 원통형 수직우물은 해안부터 해안으로 사용되어 왔고, 북쪽 주를 따라 단계적으로 동쪽 해안선을 따라 남쪽에 일부에서도 사용되고 있다. 알맞은 지질조건이 미국에서 62%가 된다. 미국에서 이런 목적으로 하는 우물사용이 환수되는 물이 직접 보링 홀에 접촉하는 방법이 개선됨에 따라 전체적으로 효율과 용량이 개선되었다.

물에 이용에 한계성과 방대한 암반이 있는 지역에서 원통형 수직 우물 시스템 사용에 의하여 피크기간 동안에 번짐과 더불어 보링 홀의 피트당 더 높은 열전달계수가 다른 시스템보다 더욱더 우수한 경제적인 결과를 올릴 수 있다.

(4) 스탠딩웰 구조

① 열전달 메커니즘(Heat Transfer Mechanism)

스탠딩컬럼웰형 열교환기의 가장 기본적인 열전달 메커니즘은 암반으로 구성된 나공(uncased well)과 위에서 아래로 나공 내부를 순환하는 지하수 사이에서 발생하는 열전달이다. 또한 나공의 표면은 표면 거칠기를 갖게 되는데 이는 열교환면적을 증가시키는 역할을 수행하며, 균열이 있는 경우에는 더욱 증대된다. 관정 상부에서 하부로 흐르는 지하수가 균열을 지나면서 균열 내부에 있는 지하수와의 온도차로 인하여 균열부근에서 소규모 유동이 발생하여 열전달을 촉진시킨다.

또한 스탠딩컬럼웰형 지중열교환기와 교파하는 대수층에서 수리전도도에 의하여 대량전달이 발생한다. 수직 밀폐형과 마찬가지로 지하수의 흐름은 지열을 복원시키는 효과를 갖는다. 또한 용수 등으로 사용하는 목적으로 지하수를 추출하거나, 하절기에 상업용 건물의 급격한 부하를 용이하게 소화하기 위해서 번짐(Bleed)을 수행하는 경우 새로운 지하수가 주변에서 유입되므로 주변 암반온도 및 관정 내부에 고인 지하수의 온도를 즉시 복원시킨다.

내부에 설치된 슬리브를 통하여 관정 하부에서 지하수를 추출하여 열교환기로 보내게 되는데, 관정 상부에서 하부로 흐르면서 열교환을 수행하여 온도를 복원하여 슬리브 내부와 외부의 지하수의 온도는 차이가 발생하게 되고, 슬리브의 내부와 외부의 유동에 의해 열전달이 발생한다.

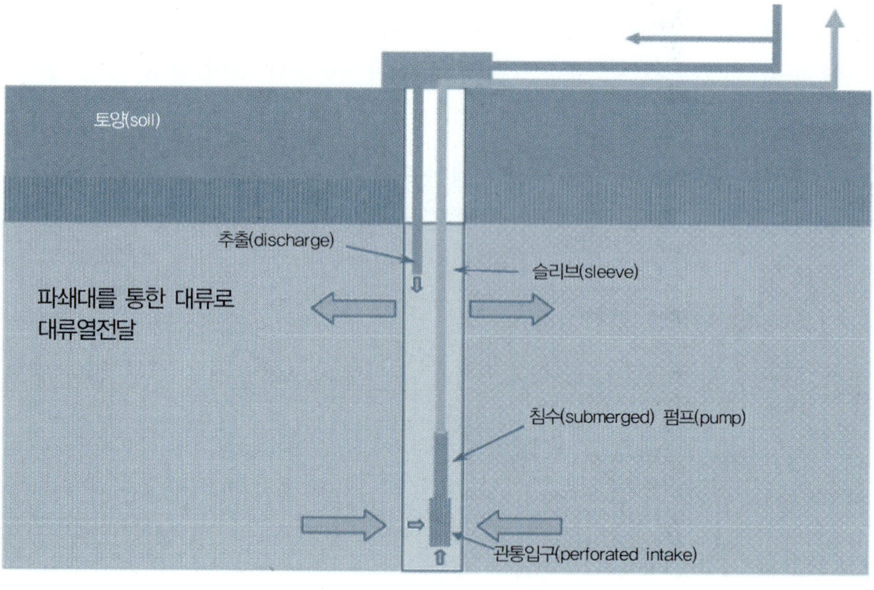

그림 14-14 스탠딩 웰 구조 열교환시스템

② 입지조건

수직 밀폐형 지중열교환기(closed loop vertical ground heat exchanger)는 거의 모든 형태의 토양 및 암석 등을 포함하는 지질구조에 맞게 열교환기를 설계할 수 있다. 이에 비하여 스탠딩컬럼웰형 지중열교환기는 입지 조건을 만족하는 경우에만 이를 적용할 수 있다.

첫 번째는 지표에서 가까이부터 암반이 형성되어 있어야 하며, 단단한 구조를 가지고 있어야 한다. 균열이 많고 균열 틈에 지하수가 존재하는 경우에는 크게 열전달 성능이 크게 향상된다.

두 번째로 지하수의 자연수위가 높아야 한다는 것이다. 예를 들면, 지표 10~20m이내에 지하수의 자연수위가 형성되는 경우 적용가능성이 높다.

또한 지하수의 수질이 스케일 발생량을 좌우하므로 판형열교환기의 청소 주기를 결정한다. 지하수의 수질이 아주 나쁜 경우에는 스탠딩컬럼웰의 적용 여부를 자세히 검토할 필요가 있다.

③ 스탠딩웰 방식의 특징

- 설치공간이 작다.
  - 수직 밀폐형에 비하여 설치공간이 훨씬 작다.
  - 내부 설치 공간도 작다.
- 효율이 높다.
  - 수직 밀폐형보다 우수한 효율
  - 특히 난방COP가 높다.
- 유지 보수가 용이한 동시에 필요하다.
  - 관정의 보수가 가능하다.
  - 판형열교환기 주기적 유지보수
  - 지하수 수질관리 및 수중펌프의 교체가 필요하다.
- 확장이 용이하다(물-물 히트펌프)
  - 향후 증설시 냉동기/보일러 등과 병용이 가능하다.

3) 하이브리드형 열교환시스템

(1) 지열원 히트펌프시스템과 냉각탑이 결합된 하이브리드시스템

겨울철에 난방에 필요하지는 않으나 열을 방출하기 위하여 냉각탑이 설치된다. 냉각탑은 형장에 지열교환기의 크기와 초기투자비를 줄인다. 이런 시스템은 실례로는 오크라호마시에 주의회 건물이며, 지열교환기와 건물에 데워진 속의 냉각탑으로 구성되어 있다. 루이지에나에 연방정부 건물에서는 60톤 냉각탑을 설치함으로써 초기투자비를 약$30,000(37,500,000원)을 줄였다. 냉방부하가 110톤 이었고, 난방부하가 50톤 이었다. 현장에 지열교환기 난방부하에 대한 크기였다. 전체 냉방과 난방을 위한 지열교환기는 118홀 이었다. 추가적으로 60톤 냉각탑이 설치되었고, 보링홀은 118~70로 그리고, 이 현장에서 금액은 $30,000 정도가 절약되었다.

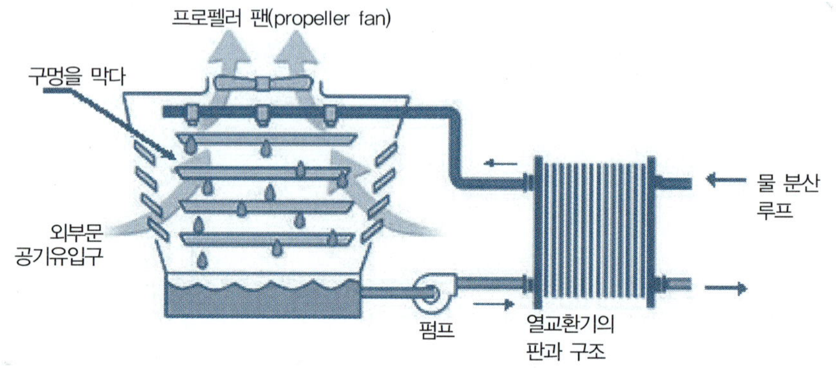

그림 14-15 지열원 히트펌프 시스템과 냉각탑이 결합된 하이브리드시스템

(2) 냉각탑과 보일러 히트펌프 시스템에 냉동기와 공조기가 결합된 형식

배기를 위하여 많은 외부공기 도입이 필요한 건물에 외기의 제습과 냉방을 위하여 냉공기와 공조기를 설치가 필요한 경우에 냉동기가 공조기 코일 전용으로 사용되는 하이브리드시스템이다.

냉동기용 냉각탑을 설치하는 대신에 냉각탑과 보일러 히트펌프시스템의 물 루프에 연결하여 사용하는 경우이다. 이 경우에 늦봄 및 초가을에 일부의 히트펌프가 난방이 필요로 하고, 외기는 냉방과 제습이 필요로 하는 경우가 있다.

이때에 냉동기의 응축기의 열을 물 루프에 버리면 이것으로 히트펌프로 난방을 할 수가 있다.

여름의 경우에 통합 냉각탑은 냉동기와 히트펌프의 열을 처리한다. 이때에 냉각탑의 사이즈는 다소 커지나 두 개의 냉각탑을 설치하는 비용을 줄일 수 있다.

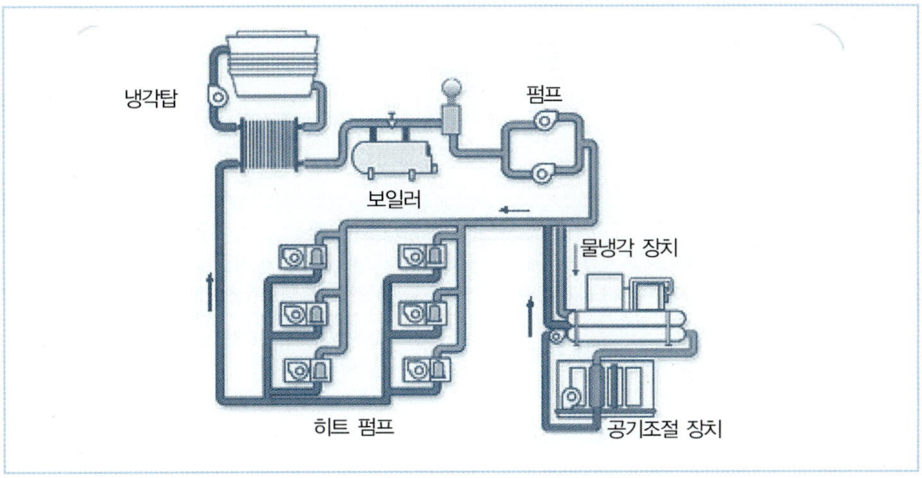

그림 14-16
냉각탑과 보일러 히트펌프시스템에 냉동기와 공조기가 결합된 형식

(3) 냉각탑과 보일러 히트펌프시스템과 수냉식 패키지 에어컨

건물의 내주부의 연중에 냉방부하가 발생하는 곳에 변풍량 방식의 패키지 에어콘디셔너를 설치하고, 외주부에는 공기와 물 열교환식 히트펌프를 설치되었을 때에 내주부에서는 연중 냉방에 부분부하를 변풍량 방식으로 온도를 제어하고, 봄, 여름, 가을, 겨울에 내주부의 패키지 에어콘디셔너에서 물 루프에 버린 열에너지를 물 루프를 통하여 외주부의 히트펌프에 재사용하여 전체적으로 에너지를 절감할 수 있다.

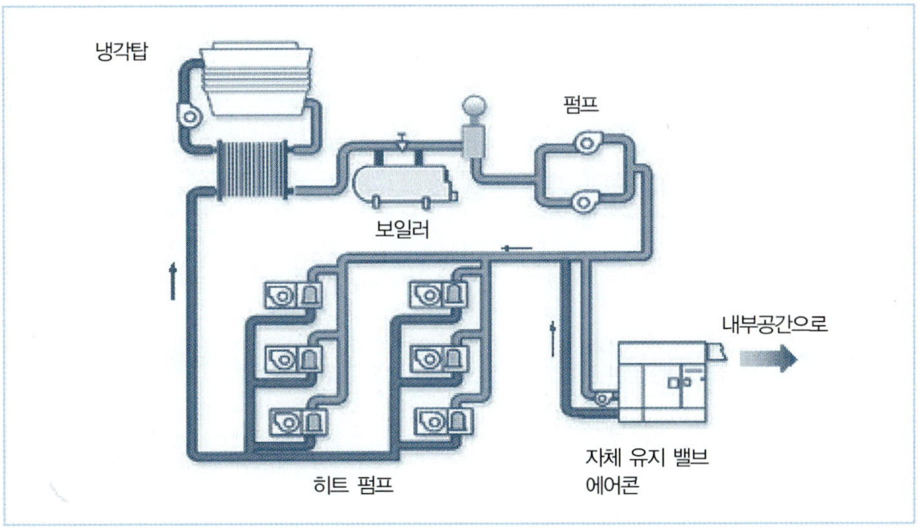

그림 14-17
냉각탑과 보일러 히트펌프 시스템과 수냉식 패키지 에어컨

14.3 지열에너지의 기술개발 현황

표 14-2
국내 · 외 기술비교

기술명	국 내	국 외
유망지역조사	• 마산, 창원지역 지열조사(자원연 '92) • 제주도지역 지열조사(자원연 '95)	• 극심부, 고온암체 지열자원 탐사기술개발 완료 • 지열저류층 평가기술 완료
이용기술개발	• 지열이용 단위건물 냉 · 난방 실증 추진	• 지역난방 및 열수이용 시스템실용화 • 증기발전 실용화

14.3.1 지열에너지의 해외 개발현황

지열시스템에서 가장 중요한 설비인 지열원 히트펌프에 대한 연구는 1940년대 후반과 1950년대에 미국과 유럽에서 시작되었으며 본격적으로 난방을 목적으로 사용되기 시작한 것은 1970년대 유가파동 이후로서 현재는 미국 내에서만 매년 수만기의 지열원 히트펌프가 설치되고 있으며, 유럽국가에서도 사용이 급증하고 있는 추세이다.

특히 미국은 지열협회(ISGHPA)를 중심으로 연구를 시작하여 80년대부터 실용화 보급을 실시하고 있으며, 최근 오클라호마대학을 중심으로 히트펌프회사 ,설계, 시공, 진단업체가 활동 중에 있다. 일본은 지질구조상(지진 관련) 지열이용이 바람직하지 않은 것으로 여겨졌으나 미국회사와 공동으로 인공연못을 활용하는 지열교환기를 개발하여 지열냉난방 시스템을 완성하였고 현재 계속 연구 진행 중에 있다.

14.3.2 지열에너지의 국내 개발현황

1) 개발목표

표 14-3
년도별 개발목표

'97~2001	2002~2006
· 지열이용 유망지역 조사	• 지열이용 유망지역 적출 - 열수온도 95℃, 고온 암체층 • 지열에너지 이용시스템 개발

2) 투자규모(기술개발)

- 총 99억 원(정부 70억, 민간 29억)

표 14-4
연구비지원 현황

구분 \ 년도		'91~'00	'01	'02	'03	'04	'05	계
과제수	신규	2	1	3	3	6	4	19
	계속	3	-	-	3	3	7	16
	계	5	1	3	6	9	11	35
사업비 (백만원)	정부	690	300	475	1,205	2,196	2,143	7,009
	민간	70	281	503	491	758	806	2,909
	계	760	581	978	1,696	2,954	2949	9,918

3) 지열에너지의 국내 현황

국내에서의 지열분야의 기술개발지원은 '88년부터 '05년말 기준 19개 개발과제로서 지열에너지 탐사 및 히트펌프 이용 지열 냉·난방시스템 개발을 추진 중에 있다.

향후 경제성 확보를 위한 히트펌프의 성능계수 향상과 지중열교환기의 효율향상 등의 기술개발과 아울러 이미 설치되어 운전되고 있는 건물의 지열이용시스템에 대한 성능평가 및 효과측정 등을 추진할 계획이다.

14.4 지열에너지의 이용 현황

지열을 직접 이용하는 시스템은 세 개의 핵심요소로 구성되어 있다. 이것은 지하에 존재하는 또는 지하에서 데워진 뜨거운 물을 지표면으로 뽑아 올리는 열공급장치, 열을 실내난방용이나 산업제조용으로 전달하는 기계장치 그리고 사용되고 나온 냉각된 물을 내보내는 장치이다. 직접적인 이용은 냉난방이나 산업용 외에도 온실, 양어장, 수영장, 목욕탕 등에도 이용될 수 있다.

지열의 직접적인 이용은 지열로 전력을 생산하는 경우와 비교할 때 열의 이용효율이 높고, 투자비와 개발비가 적게 든다는 잇점을 전력생산의 경우 효율은 5~20%에 지나지 않지만, 직접 이용은 50~70%에 달한다. 또한 온도가 그다지 높지 않은 지열도 직접 이용이 가능하다는 것도 장점이다. 그러나 지열을 이용해서 생산한 전기는 먼 곳까지 전달되기 쉽지만, 직접적인 이용은 그 장소 부근으로부터 벗어나기가 힘들다는 단점도 있다.

지열은 원래 뜨거운 물이나 스팀이 나오는 곳에서만 이용 가능한 것으로 여겨졌다. 그러나 최근에 땅을 열저장소나 열싱크로 이용하여 난방이나 냉방을 하는 열펌프가 개발되어 퍼지면서 지열이용은 어디서나 가능한 것으로 바뀌었다. 미국에서 지열 열펌프는 냉방과 난방용으로 가장 에너지 효율이 높은 것으로 평가되어 있다. 지열 열펌프는 땅 속에 이미 존재하는 약간의 열을 이용하기 때문에 기존의 공기를 이용한 열펌프보다 훨씬 높은 효율을 낸다.

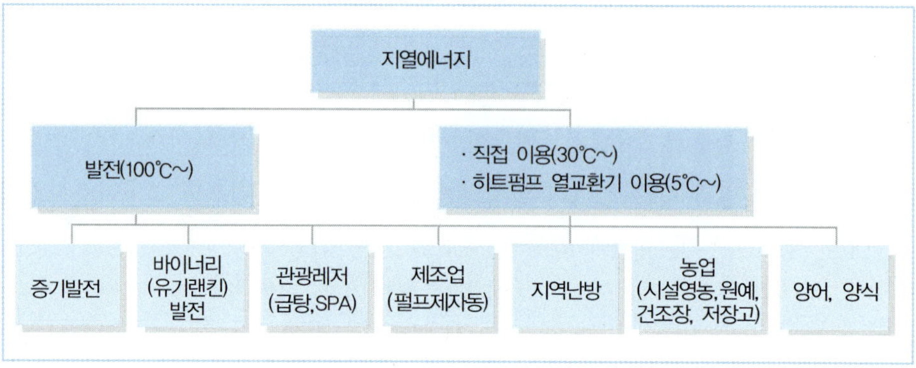

그림 14-18
지열에너지의 이용

지열발전은 1904년 이탈리아의 랄데렐로에서 2차 세계대전 후 세계 각지로 보급되었다. 특히 최근에는 석유대체 에너지의 하나로서 그 개발이 촉진되어 85년 세계의 지열발전소의 총설비 용량은 475만 4,000kW에 달한다. 외국의 지열발전소로는 가이저(미국) · 이라케이(뉴질랜드) · 랄데렐로(이탈리아) 등이 유명하다.

14.4.1 해외 지열이용 현황

일본은 세계 유수의 화산국의 하나이며, 방대한 지열에너지를 부존하고 있다.

지열에너지는 순국산 에너지 자원이며, 그 개발은 에너지자원의 대부분을 해외에 의존하고 있는 일본의 에너지 사정의 개선에 크게 기여할 것이다.

지열에너지는 이미 각지에서 실용화되고 있으며, 일본에서는 松川, 大岳, 大沼, 鬼首, 八丁原, 葛根田, 森 등 11개 발전소가 가동되고 있다

2000년도까지 공급된 지열원 열펌프(히트펌프) 대수는 세계적으로 약 512,000여대로 추정하고 있으며 미국, 스위스, 스웨덴, 독일 등이 대표적인 사용국으로 나타나고 있다. Geothermal heat pumps-An overview(John W. Lund)에 의하면 지열원 열펌프의 보급률은 지난 10여 년간 매년 10% 이상씩 증가하고 있으며, 미국의 경우 매년 12% 이상씩 증가하고 있는 것으로 보고되고 있다.

연속 냉·난방 보급이 보편화되어 있는 미국, 유럽 등 선진국에서는 일반가정 및 중소규모의 건물, 스포츠센터, 원예단지를 대상으로 냉·난방시스템에 지열을 이용하는 열펌프시스템이 일반적으로 설치되어 운용되고 있다.

미국에서는 일반주택을 중심으로 냉·난방시스템 및 항온·항습용의 보조에너지 개념으로 널리 이용되고 있으며, 빌딩에 도입된 예로 오클라호마주의 주의회 의사당은 수직루프시스템을 적용하여 기존의 냉·난방 시스템을 개선하였고 켄터키주의 갈트하우스호텔은 오픈루프시스템을 사용하여 600여개의 방을 냉·난방하고 있으며, 미국 전역에 지열시스템을 설치한 수백개소의 학교가 있다.

한편 일본에서는 전력소비가 많은 주간의 전력부하 경감을 위해 심야전기를 이용하는 열펌프를 설치하여 좋은 결과를 얻었으며 주거용 에너지시스템으로도 보급시키고 있다.

14.4.2 국내 지열에너지이용 현황

히트펌프를 이용하는 지열이용시스템은 운영비가 기존의 설비에 비해 적은 반면 초기투자비가 커 경제성이 다소 약한 것이 단점이다. 이에 따라 국내 지열이용시스템 도입 실적은 2000년도에 최초 도입된 후 2004년 말 현재까지 설치된 곳은 학교, 모텔, 레스토랑 등 약 64개소이며, 미8군내 아파트 156동에 지열이용 열펌프 156대가 외국사에 의해 설계, 시공된 바 있다.

앞으로 고성능 히트펌프의 개발과 지중열교환기 효율이 높아진다면 히트펌프를 이용한 지열이용시스템의 보급은 점차적으로 증가할 것으로 예상된다.

14.5 지열에너지의 보급

지열이용 시스템보급을 위해 대체에너지 시설 설치자금 및 운전자금을 지원해 주고 있다.

시설자금은 소요자금의 100% 이내에서 당해 년도 동일사업자당 30억 원 이내로 대출기간은 3년 거치 5년 분할 상환조건으로(지원 금리(변동) 5.0%) 지원하고 있다. 또한 운전자금으로는 대체에너지이용시설 생산자 및 A/S를 위한 공동망관리자, 대체에너지생산 공급자에게 지원 비율 90%, 동일사업자당 3억 원 이내로 대출기간 1년 거치 2년 분할상환 조건으로(지원 금리(변동) : 5.0%) 지원하고 있다.

부록

[별표 1]

신 · 재생에너지설비 설치비용의 국가 지원비율(제12조 관련)

<table>
<tr><th colspan="3">구 분</th><th>지원비율</th><th>비 고</th></tr>
<tr><td rowspan="8">1. 일반보급보조사업</td><td colspan="2">시범보급사업</td><td>최대 80% 이내</td><td>정부지원기술개발
활용조건</td></tr>
<tr><td rowspan="7">일반보급사업</td><td>태양광발전설비</td><td rowspan="3">최대 60% 이내</td><td rowspan="3"></td></tr>
<tr><td>풍력발전설비</td></tr>
<tr><td>소수력발전설비</td></tr>
<tr><td>지열이용설비</td><td rowspan="3">최대 50% 이내</td><td rowspan="4"></td></tr>
<tr><td>태양열이용설비</td></tr>
<tr><td>바이오이용설비</td></tr>
<tr><td>폐기물이용설비</td><td>최대 30% 이내</td></tr>
<tr><td rowspan="2">2. 태양광주택
10만호보급사업</td><td colspan="2">공동주택</td><td>최대 60% 이내</td><td></td></tr>
<tr><td colspan="2">일반주택</td><td>최대 60% 이내</td><td></td></tr>
<tr><td colspan="3">3. 국민임대주택태양광보급사업</td><td>최대 100% 이내</td><td>경쟁낙찰단가 기준</td></tr>
<tr><td rowspan="2">4. 신 · 재생에너지
지방보급사업</td><td colspan="2">기반구축사업
• 교육 · 연수 · 홍보
• 자원 및 타당성조사
• 정책개발 및 보급계획
• 통계조사
• 모니터링사업</td><td>최대 100% 이내</td><td rowspan="2">국가가 보조하는 사업비를 제외한 사업비의 50% 이상을 지자체가 부담하는 조건. 단, 사업성격 등을 감안하여 산업자원부장관이 지원비율이나 금액을 별도로 정할 수 있음.</td></tr>
<tr><td colspan="2">설비보급사업</td><td>최대 70% 이내</td></tr>
<tr><td rowspan="3">5. 융자지원사업</td><td colspan="2">신 · 재생에너지설비의 설치 또는 생산시설 및 운전자금</td><td>최대 90% 이내</td><td>중소기업 : 90% 이내
대기업 : 80% 이내</td></tr>
<tr><td colspan="2">공용화품목의 개발 · 제조 및 수급조절사업</td><td>최대 80% 이내</td><td>중소기업 80% 이내
중소기업동업자 70% 이내 기타 50% 이내</td></tr>
<tr><td colspan="2">기술의 사업화지원</td><td>최대 100% 이내</td><td></td></tr>
</table>

비고) 정부지원을 받지 아니한 국내기술개발을 활용하는 시범보급사업은 한국에너지기술연구원, 한국태양열연구조합 등 공인연구기관의 인정을 받아야 지원대상이 될 수 있음.

[별표 2]

신 · 재생에너지설비의 원별 설치기준(제15조제1항 관련)

1. 태양광설비 설치기준

가. 태양전지판

1) 모듈

센터에서 인증한 인증제품을 설치하여야 한다. 단, 건물일체형 태양광시스템의 경우 인증모델과 유사한 형태(태양전지의 종류와 크기가 동일한 형태)의 모듈을 사용할 수 있으며, 이 경우 용량이 다른 모듈에 대해 출력시험이 포함된 시험성적서를 제출하여야 한다.

2) 설치용량

사업계획서상에 제시된 설계용량 이상이어야 한다. 단, 태양광주택10만호보급사업으로 보급되는 일반주택 계통연계형의 경우는 상계거래가 가능한 범위내의 용량으로서 "바"항의 주택용태양광발전 설치용량 기준에 의거 설치하여야 한다.

3) 방위각

그림자의 영향을 받지 않는 곳에 정남향 설치를 원칙으로 하되, 건축물의 디자인 등에 부합되도록 현장여건에 따라 설치할 수 있다.

4) 경사각

현장여건에 따라 조정하여 설치할 수 있다

5) 음영

주변에 일사량을 저해하는 장애물이 없어야 하며 오전 9시에서 오후 4시 사이에 모듈전면에 음영이 없어야 한다.

나. 지지대 및 부속자재

1) 설치상태

바람, 적설하중 및 구조하중에 견딜 수 있도록 설치하여야 한다. 건축물의 방수등에 문제가 없도록 설치하여야 하며 모든 볼트조립은 헐거움이 없이 단단히 조립하여야 한다.

2) 지지대, 연결부, 기초(용접부위 포함)

태양전지판 지지대 제작시 형강류 및 기초지지대에 포함된 철판부위는 용융아연도금처리 또는 동등이상의 녹방지 처리를 하여야 하며 용접부위는 방식처리를 하여야 한다.

3) 체결용 볼트, 너트, 와셔(볼트캡 포함)

용융아연도금처리 또는 동등 이상의 녹방지 처리를 하여야 하며 기초 콘크리트 앵커 볼트부분은 볼트캡을 착용하여야 한다.

4) 유지보수

태양전지판의 유지보수를 위한 공간과 작업안전을 고려한 발판을 설치하여야 한다. 단, 안전성이 확보된 설비인 경우에는 발판을 설치하지 않아도 된다.

다. 전기배선

1) 연결전선

태양전지에서 옥내에 이르는 배선에 쓰이는 전선은 모듈전용선 또는 CV선 또는 TFR-CV 선을 사용하여야 하며, 전선이 지면을 통과하는 경우에는 피복에 손상이 발생되지 않게 별도의 조치를 취해야 한다.

2) 커넥터(접속 배선함)

가) 태양전지판의 프레임은 냉각 압연강판 또는 알루미늄 재질을 사용하여 밀봉처리되어 빗물침입을 방지하는 구조이어야 하며 부착할 경우에는 흔들림이 없도록 고정되어야 한다.

나) 태양전지판 결선 시에 접속 배선함 구멍에 맞추어 압착단자를 사용하여 견고하게 전선을 연결해야 하며, 접속 배선함 연결부위는 방수용 콘넥터를 사용한다.

3) 태양전지판 배선

태양전지판 배선은 바람에 흔들림이 없도록 Cable Tie로 단단히 고정하여야 하며 태양전지판의 출력배선은 군별 · 극성별로 확인할 수 있도록 표시하여야 한다.

4) 태양전지판 직, 병렬상태

태양전지 각 직렬군은 동일한 단락전류를 가진 모듈로 구성하여야 하며 1대의 인버터에 연결된 태양전지 직렬군이 2병렬 이상일 경우에는 각 직렬군의 출력 전압이 동일하게 형성되도록 배열하여야 한다.

5) 역전류방지다이오드

가) 1대의 인버터에 연결된 태양전지 직렬군이 2병렬 이상일 경우에는 각 직렬군에 역전류방지다이오드를 별도의 접속함에 설치하여야 하며, 접속함은 발생하는 열을 외부에 방출할 수 있도록 환기구 또는 방열판 등을 갖추어야 한다.

나) 용량은 모듈단락전류의 2배 이상이어야 하며 현장에서 확인할 수 있도록 표시하여야 한다.

6) 접지공사

전기설비기술기준에 따라 지중접지를 하여야 하며, 낙뢰의 우려가 있는 건축물 또는 높이 20미터 이상의 건축물에는 건축물의 설비기준 등에 관한 규칙 제20조(피뢰설비)에 적합하게 피뢰설비를 설치하여야 한다.

7) 전압강하

태양전지판에서 인버터입력단간 및 인버터출력단과 계통연계점간의 전압강하는 각 3%를 초과하여서는 아니된다. 단, 전선길이가 60m를 초과할 경우에는 아래표에 따라 시공할 수 있다.

전선길이	전압강하
120m 이하	5%
200m 이하	6%
200m 초과	7%

8) 전기공사

전기안전기준에 의한 사용전점검 또는 사용전검사에 하자가 없도록 시설을 준공하여야 한다.

라. 인버터

1) 제품

센터에서 인증한 인증제품을 설치하여야 하며 해당용량이 없을 경우에는 센터에서 지정한 공인시험기관의 시험항목에 합격한 제품을 설치하여야 한다.

2) 설치상태

옥내 · 옥외용을 구분하여 설치하여야한다. 단, 옥내용을 옥외에 설치하는 경우는 5kW이상 용량일 경우에만 가능하며 이 경우 빗물 침투를 방지할 수 있도록 옥내에 준하는 수준(외함 등)으로 설치하여야 한다.

3) 설치용량

정격용량은 인버터에 연결된 모듈 정격용량 이상이어야 하며 각 직렬군의 태양전지 출력전압은 인버터 입력전압 범위 안에 있어야 한다.

마. 기타

1) 명판

가) 모든 기기는 용량, 제작자 및 그 외 기기별로 나타내어야할 사항이 명시된 명판을 부착하여야 한다.

나) [별표 8] 신재생에너지설비 명판 설치기준의 명판을 제작하여 인버터 전면에 부착하여야 한다.

2) 가동상태

인버터, 전력량계, 모니터링 설비가 정상작동을 하여야 한다.

3) 모니터링 설비

[9. 모니터링시스템 기술기준]에 적합하게 설치하여야 한다.

4) 운전교육

전문기업은 설비 소유주에게 소비자 주의사항 및 운전메뉴얼을 제공하여야 하며 운전교육을 실시하여야 한다.

5) 설치기준의 변경

현장조건 등으로 인하여 위의 설치기준을 변경해야할 경우에는 사전에 신·재생에너지센터의 승인을 득하여야 한다.

바. 주택용 태양광발전 설치용량 기준

가) 일반주택

사용량(kWh/월) \ 태양광용량(kW)	2	2.5	3
300 이하	○		
300 초과~350 이하		○	
350 초과			○

※ 신축건축의 경우는 건물규모, 주거인원 등을 고려하여 적절하게 산정하여 최대 3kW까지 설치 가능하며, 신축건물의 기준은 건물등기부등본의 등재일이 사업개시일로부터 1년 미만인 경우에 한함 (상계거래계약체결에 하자가 없어야 함)

나) 공동주택

	설치규모	비 고
공동주택	3kW이하/호	• 공동수전설비에서 소진 가능한 용량만을 설치(상계거래 불가) • 설치시 감리원 배치 및 설치완료 후, 안전관리자 선임여부를 검토할 것

비고) 건물일체형 태양광시스템이란 기존 건축 부자재의 역할 및 기능을 태양광 모듈이 대체할 수 있는 시스템을 말하며 창호, 스팬드럴, 커튼월, 이중파사드, 차양시설, 아트리움, 싱글, 지붕재, 캐노피, 단열시스템을 범위로 한다.

2. 태양열설비 설치기준

가. 집열기

1) 집열기

센터에서 인증한 인증제품을 설치하여야 한다.

2) 집열기의 연결(고정)부위

고정 및 해체를 할 수 있게 지지대에 설치하여야 하며 방식처리를 하여야 한다.

3) 집열면적

사업계획서 상에 제시된 설계용량 이상이어야 한다.

4) 내부상태

습기 및 결로현상, Outgassing(집열기 내부 스모그현상)이 없어야 한다.

5) 열매체

집열기 또는 배관의 동파를 방지하기 위해 집열회로측 순환 열매체는 부동액을 사용하여야 하고, 집열회로내의 열매체는 집열기 상부가 항상 대기압 이상을 유지하여야 한다.

6) 배열

가) 집열기를 2열 이상 병렬로 설치할 경우에는 집열기의 각 집열기군을 통과하는 열매체의 유량이 같도록 배열하여야 하고, 입·출구 온도차가 적절히 유지되도록 직열배관을 조합하여 시공하여야 한다.(각 열의 집열기 수량이 상이할 때는 정유량밸브를 설치하여야 한다)

나) 집열기 1개의 열은 8장 이내가 되도록 배치하여야 한다. 단, 히트파이프식 열교환기를 적용한 집열기의 경우에는 열팽창을 고려하여 배열을 하여야 한다.

7) 방위각

그림자의 영향을 받지 않는 곳에 정남향 설치를 원칙으로 하되, 건축물의 디자인 등에 부합되도록 현장여건에 따라 설치할 수 있다.

8) 경사각

현장여건에 따라 조정하여 설치할 수 있다.

9) 음영

가) 주변에 일사량을 저해하는 장애물이 없어야 하며 오전 9시에서 오후 4시 사이에는 집열기 전면에 음영이 없어야 한다.

나) 집열기 설치열이 2열 이상일 경우 앞열은 뒷열에 음영이 지지 않도록 설치하여야 한다.

10) 연결배관

가) 집열회로내 공기가 차지 않도록 외부에서 유체를 공급하는 공급배관은 최상부까지 상향으로 설치하고, 내부에서 유출하는 환수배관은 하향으로 설치하여야 한다.

나) 집열기에 연결되는 배관은 각 집열기군간 유량이 동일하도록 역회수(Reverse Return) 방식으로 설치하여야 한다.

다) 집열기와 축열조, 축열조와 보조열원의 연결 배관은 가급적 최단거리로 설치하여야 한다.

11) 집열배관계통 누설시험

집열기 및 배관 설치완료 후 집열배관계통에 $3kgf/cm^2$ 이상의 수압으로 1시간 동안 누설시험을 실시하여 이상이 없어야 한다.

나. 지지대 및 부속자재

1) 설치상태

바람, 적설하중 및 구조하중에 견딜 수 있도록 설치하여야 한다. 건축물의 방수 등에 문제가 없도록 설치하여야 하며 모든 볼트조립은 헐거움이 없이 단단히 조립하여야 한다.

2) 지지대, 연결부, 기초(용접부위 포함)

집열기 지지대 제작시 형강류 및 기초지지대에 포함된 철판부위는 용융아연도금처리 또는 동등 이상의 녹방지 처리를 하여야 하며 용접부위는 방식처리를 하여야 한다.

3) 체결용 볼트, 너트, 와셔(볼트캡 포함)

용융아연도금처리 또는 동등이상의 녹방지 처리를 하여야 하며 기초 콘크리트 앵커 볼트 부분은 볼트캡을 착용하여야 한다.

4) 피뢰설비

낙뢰우려가 있는 건축물 또는 높이 20미터 이상의 건축물에는 건축물의 설비기준 등에 관한 규칙 제20조(피뢰설비)에 적합하게 피뢰설비를 설치하여야 한다.

5) 유지보수

집열기의 유지보수를 위한 공간을 두거나 작업안전을 고려한 발판을 설치하여야 한다. 단, 안전성이 확보된 설비는 발판을 설치하지 않아도 된다.

다. 축열조

1) 설치상태

옥외에 설치하는 경우에는 콘크리트 기초위에 조립식 판넬 등을 사용하여 빗물 침투를 방지할 수 있도록 틈새가 없어야 하고 공급수 배관의 동파방지를 위하여 배관 열선 등을 설치하여야 한다.

2) 수압시험

가) 축열조 제작이 완료되면 물을 채워 24시간 방치시킨 후 사용압력의 1.5배 수압시험을 실시하여 누수 및 변형 여부를 검사하여 이상이 없어야 한다.

나) 축열조에 연결되는 배관의 출 · 입구에는 축열매체의 온도성층화를 위한 장치(㉾ 디퓨저)가 있어야 한다.

3) 부속기기

가) 축열조에는 내부상태를 확인할 수 있는 온도계, 압력계 및 안전밸브를 설치하여야 한다.

나) 축열조 최한단에는 배수 및 청소가 가능하도록 배수밸브(25A 이상)를 설치하여야 한다.

라. 관련부품 및 기기

1) 밸브류

가) 밸브는 배관 구경이 50A 이하일 경우에는 나사접속형, 50A 초과할 경우에는 플랜지 접속형으로 설치하여야 하며 동파방지 등을 위하여 설비의 최하단에

배수밸브(drain valve)를 설치하여야 한다.

나) 모든 밸브는 연중 대기온도 및 사용온도에서 정상적인 기능을 해야 하며, 전동밸브는 By-pass 배관을 병행 설치하여야 한다. 단, 전동밸브에 수동개폐장치가 설치되어 있을 경우에는 By-pass 배관을 설치하지 않아도 된다.

다) 집열부 및 축열조에는 사용압력의 1.5배이하에서 작동하는 안전밸브(필요시 온도 안전밸브)를 설치하여야 하며, 압력 안전밸브는 자동 작동되는 것으로 하여야 하며, 조절압력은 시스템 작동 허용압력을 초과해서는 아니된다.(완전밀폐식의 집열부에는 적용하지 아니한다.)

라) 태양열 주택(보조난방)의 경우 태양열시스템과 보일러를 연결하는 배관의 3방향에 사용되는 밸브는 모터구동밸브를 사용하여야 하며, 축열조측과 보일러측의 2개 방향에 각각 밸브를 설치하거나 축열조와 보일러의 중앙부분에 3방향 밸브를 설치하여야 한다.

2) 팽창탱크

구분된 배관회로마다 펌프 흡입구 측에 적정용량을 설치하여야 한다.

3) 펌프

모든 펌프는 고효율인증제품 또는 KS 규격에 적합한 제품을 사용하여야 하며, 고온에서 내구성이 유지되어야 한다.(단, 고효율인증제품 또는 KS규격이 없는 품목은 KS규격 이상의 성능에 준하는 성능시험성적서를 제시하여야 한다.)

마. 배관

1) 배관의 지지 및 고정 철물은 설계도면과 같이 제작하여 설치하고, 관의 자유로운 신축을 방해하지 않는 구조로 하여야 하며, 기울기에 변화가 오지 않도록 설치한다.
2) 고정철물, 지지철물, 인서트 등은 워터해머, 신축 응력관의 자중 등에 대해 충분히 견딜 수 있는 구조로 한다.
3) 배관시공은 외부노출시공을 원칙으로 한다. 다만, 부득이한 경우 지중배관으로 연결시에는 방수가 되는 재질로 이중관 처리를 하고 내부에 물이 고이지 않도록 하여야 한다.
4) 집열기 간의 접속에는 동 또는 스테인리스를 사용하여야 한다.
5) 배관은 완전한 보온이 이루어져야 하며, 누수는 없어야 한다.
6) 배관에는 온수배관, 열매체배관 및 유체흐름방향을 표시하여야 한다.
7) 집열매체배관에는 유체의 압력을 표시할 수 있도록 압력계를 설치하여야 한다.

바. 보온공사

1) 보온재 기준

구 분	보온재 허용온도	보온재 종류
배 관	• 용온도 : 최대사용온도 + 20℃ 이상 • 소허용온도 –평판형 집열기 : 110℃ 이상 –진공관형 집열기 : 130℃ 이상	발포PE보온재, 고무발포재, 폴리우레탄, 유리섬유
축열조	• 용온도 : 최대사용온도 + 10℃ 이상	
판형열교환기		

2) 보온두께 및 마감

구 분	보온재 두께	보온마감
배 관	• 옥내 : 25mm 이상 • 옥외 : 30mm 이상	• 옥내배관은 매직테이프 등으로 이음새 공간이 없도록 겹쳐 감음 • 옥외배관 및 축열조, 판형열교환기는 옥내 마감 처리 후에 알루미늄강판, 칼라함석 또는 동등이상 재질로 케이싱 처리
축열조	• 100mm 이상	
판형열 교환기	• 50mm 이상	

※ 바-1)에 제시된 보온재 이외의 경우에는 공인기관의 시험성적서를 제출하여야한다. 단, 공인기관 시험성적서에는 보온재 허용온도, 기준 열손실률에서의 보온재 두께가 명시되어야 한다.(배관 기준열손실률 25W/m 이하, 축열조 기준열손실율 30.49W/m^2 이하)

사. 제어장치

1) 제어장치는 육안확인 및 조작이 가능한 장소에 설치하고, 자동 및 수동운전이 가능하여야 하며, 설정온도에서 정상작동이 되어야 한다.
2) 제어장치는 집열기 및 축열조 상·하부의 온도를 표시하여야 하며, 온도조정이 용이하도록 설정이 가능하여야 한다.
3) 온도감지기는 가능한 외부의 조건에 의한 영향(외부 온도감지시 전선보호관 설치)을 받지 않도록 집열기 출구부위(최고온도부)와 축열조 하단부위(최저온도부)에 설치하여야 하며, 주택용(보조난방)의 경우는 축열조 상부에 설치하여야 한다. (단, 이중자켓형 및 동코일내장형은 열매체가 유입되는 부위와 동일레벨의 축열조 내부온도를 측정할 수 있어야 한다)

4) 하절기(혹서기)에 집열기회로시스템의 과열을 방지하기 위해 자동 과열방지장치(방열기, 고온온수방출시스템, 드레인백시스템 등)를 설치하여야 한다.

5) 주택용(보조난방)설비의 경우 태양열의 잉여 열원을 순환시킨 후 보일러가 작동될 수 있도록 시스템을 구성하여야 하며, 개방형 보일러에 연결할 경우에는 보일러 수위의 overflow가 되지 않도록 시스템을 구성하여야 한다.

6) 태양열시스템 및 보일러(보조난방시)의 제어장치는 온도설정이 용이하고, 성능이 우수하여야 한다.

아. 기타

1) 주택용 태양열설비

주택용 태양열설비는 급탕사용을 우선으로 하며, 잉여 열원이 있을 경우에 난방보조로 사용토록 하여야 한다. 이 때 난방의 경우는 보조열원으로 활용된다는 것을 소비자에게 반드시 안내하여야 한다.

2) 명판

가) 모든 기기는 용량, 제작자 및 그 외 기기별로 나타내어야할 사항을 [별표 8] 신재생에너지설비 명판 설치기준에 따라 명판을 제작하여 축열조 전면에 부착하여야 한다.

나) 태양열 집열기는 인증제품을 확인할 수 있도록 인증마크 및 인증표기 사항을 포함하여 부착하여야 한다.

(예시)

인증마크	설비명			
	업체명		A/S 연락처	
	소재지			
	모델명		인증번호	
	규 격		제조년월일	
	기 타			

3) 모니터링 설비

모니터링 대상설비의 경우에는 고시 [별표 2]의 9항[모니터링시스템 기술기준]에 적합하게 설치하여야 한다.

4) 운전교육

전문기업은 설비 소유주에게 소비자 주의사항 및 운전 메뉴얼을 제공하여야 하며 운전교육을 실시하여야 한다.

3. 지열설비 설치기준

가. 설치위치

1) 지하수 이용 시에는 주위에 영향을 미치는 시설의 존재유무를 확인해야 한다.
2) 보어홀의 위치는 열량이 충분히 확보될 수 있는 곳에 천공하여야 하며, 주변 500m 이내에 타 지열설비가 설치되어 있을 경우에는 설치하고자하는 지열의 타당성을 검토하여야 한다.
3) 지열 관련설비는 가급적 보어홀과 가까운 곳에 설치하여야 한다.
4) 시공자는 지열의 설치에 앞서서 현장조사를 실시하여야 하며, 현장조사결과와 지열원열펌프설비의 설계 · 설치와 관련된 서류(시방서, 사업비산출내역, 공정표, 냉난방부하의 계산서, 열원부의 지열이용검토서, 시스템 구성요소의 각종 계산서, 주요장비의 공인성적서, 자동제어의 구성도 등을 말한다)를 건축물의 소유자에게 제출하여야 한다.

나. 열원부 설계

열 원	지중열	지하수
설계방법	지중열교환기의 설계(전체 과정 길이, 관정간의 간격 등)를 위해 국내외적으로 통용되는 전문프로그램을 이용하여야 하며, 또한 통용되는 프로그램을 이용하여 대상 건물의 냉난방 부하를 산정하여야 한다.	지하수의 효율적이용을 위하여 필요 수량 및 수질기준을 정하여 설계한다. 이때 지질 및 주변에 미치는 환경영향을 예상하여 명시한다.
열원 이용종류	수평 밀폐형 수직 밀폐형 폰드루프형(Pond Loop)	지하수 개방형 스탠딩컬럼웰형

다. 수직 밀폐형 지중열교환기

1) 설계도면상의 직경 및 깊이를 준수하여 보어홀을 천공하여야 하며, 천공시에는 지면에서 지하암반층 출현지점까지 케이싱을 삽입하여 보어홀 상단부의 붕괴를 사전에 방지하여야 한다.

2) 보어홀 그라우팅의 재료는 순수 벤토나이트 또는 벤토나이트/첨가제 혼합물 등을 사용하여야 하며, 벤토나이트는 공사의 적정성여부를 판단할 수 있는 물성치에 대한 시험공인성적서를 제출하여 감독기관의 확인을 받아야 한다.
3) 보어홀 천공시 발생하는 암석파쇄물 · 시추용슬러리 · 자갈 등으로 보어홀을 채워서는 안된다.
4) 벤토나이트/실리카샌드 혼합물인 경우에는 혼합비율을 준수해야 하며, 시공자는 재료 자체의 열전도도 값을 사전에 확보하여야 한다.
5) 그라우트는 전용 이송펌프와 트레미 파이프를 이용하여 수직 보어홀 최하단부터 올라오면서 채워야 한다.
6) 지중열교환기는 수도용 고밀도 폴리에틸렌 파이프를 사용하여야 하며, 파이프 융착작업 · 보어홀삽입 · 그라우팅작업 · 헤더작업완료 후에 각각 압력시험을 수행해야 한다.
7) 지중루프열교환기는 깨끗한 물을 적정유량으로 순환시켜 이물질을 제거하고 내부는 세척하여야 한다.
8) 지중루프열교환기 순환수로 부동액을 사용할 경우에는 시방서 또는 설계도면상에 부동액의 종류 · 특성 · 혼합비산정방법 등을 명시하여야 하며, 혼합 비율을 준수하여 배관에 주입하여야 한다.

라. 중간시험 및 설계반영

열 원	지중열	지하수
설계방법	시험을 목적으로 지중열교환기를 설치한 후에는 열응답시험을 실시하여야 하며, 열전도율은 설계규정 값 이상의 값을 보장하여야 한다.	시험을 목적으로 펌프를 설치한 후에 양수 및 취수 시험을 실시하여 단위당 이용가능 유량을 보장하여야하며, 수질 및 주변 환경 영향이 설계시 정한 기준치를 만족하여야 한다.
설계반영	시험용 지열교환기를 설치한 후 현장 열응답 시험을 통해 지중 유효 열전도도와 열전달 성능을 측정하고, 그 결과를 지중루프열교환기 실시설계에 반영하여 지중열교환기의 소요물량을 최종 확정하여야 한다.	시험결과를 설계에 반영하여 펌프 등의 사양 등을 최종 확정한다.

주) 수직 밀폐형의 경우 시스템용량이 105kW(30 USRT) 이상인 경우에는 48시간 이상 열응답시험을 실시하여 직진성을 확보하여야 한다. 단 105kW(30 USRT) ~ 35kW(10 USRT)에 대해서는 시험시간을, 35kW(10 USRT)미만의 용량에 대해서는 시험의 수행여부를 사업 발주자(또는 감리자)와 협의한 후 시험조건을 조정할 수 있다.

마. 트렌치 및 관련배관

1) 수평루프는 지표면으로부터 1.5m 이하의 깊이에 매설하여야 한다.
2) 수평트렌치에 놓이는 공급배관과 환수배관의 이격거리는 최소 60 cm 이상이어야 하고, 트렌치 내부에는 날카로운 돌이나 이물질 등이 없어야 한다.
3) 트렌치 되메움에 앞서서 지표면으로부터 약 50 cm 깊이에 수평트렌치 파이프가 매설되어 있다는 경고표지를 전 구간에 설치하여야 하며, 되메우기 흙으로는 석재 · 벽돌 · 목재 · 자갈 · 유기물 등이 섞이지 않은 양질의 흙을 사용하여야 한다.

바. 열펌프 유니트

1) 사양

KS규격(KS B ISO 13256-1, KS B ISO 13256-2) 또는 신 · 재생에너지센터의 인증심사 기준에 명시된 성능기준에 적합한 열펌프유닛을 설치하여야 한다.

2) 설치공간

열펌프 유니트의 유지보수(필터 교체, 베어링 윤활유 교체, 응축수 팬 세척 등)를 위한 공간을 확보하여야 한다.

3) 바닥설치형 열펌프유니트

열펌프 전용 콘크리트 베이스암을 설치한 후에 진동을 감쇄시키기 위해 진동감쇄장치(열펌프 외부 케이싱, 압축기 전용 케이싱, 압축기 하단부에 방진고무 등)를 설치하여야 한다.

4) 열펌프유니트 내부

냉매저온부는 보온을 하여야 하며 물-물 열펌프 유니트인 경우에는 증발기, 응축기를 보온하여야 한다.

5) 소음기준

실내에 설치되는 유닛은 최소 45dB 이하의 소음도를 유지할 수 있어야 하며, 소음기준 · 소음제어 · 소음측정 등과 관련된 세부 사항은 'KS C 9306 에어컨디셔너'에 명시된 내용을 준용한다.

6) 하이브리드형 지열원 열펌프설비

보조열원 및 보조냉각 설비가 차지하는 용량은 건물최대부하(Peak Load)의 30% 이내이어야 한다.

사. 관련부품 및 기기

1) 설치상태

옥외에 설치하는 경우에는 조립식 판넬 등을 사용하여 빗물 침투를 방지할 수 있도록 틈새가 없어야 하고 공급수 배관의 동파방지를 위한 설비를 설치하여야 한다.

2) 밸브류

가) 밸브는 배관 구경이 50A 이하일 경우에는 나사접속형, 50A 초과할 경우에는 플랜지 접속형으로 설치하여야 하며 동파방지 등을 위하여 설비의 최하단에는 배수밸브(drain valve)를 설치하여야 한다.

나) 모든 밸브는 연중 대기온도 및 사용온도에서 정상적인 기능을 해야 하며, 전동밸브는 By-pass 배관을 병행 설치하여야 한다. 단, 전동밸브에 수동개폐장치가 설치되어 있을 경우에는 By-pass 배관을 설치하지 않아도 된다.

3) 모든 펌프는 고효율인증제품을 사용

단 인증제품이 없을경우 KS 규격에 적합한 제품을 사용하여야 하여야 한다.(고효율인증제품 또는 KS규격이 없는 품목은 KS규격 이상의 성능에 준하는 성능시험성적서를 제시하여야 한다.)

4) 온도계, 압력계

에너지절약효과 및 시스템 성능 분석에 필요한 자료를 수집할 수 있도록 냉·온수의 공급 및 환수, 지열 열교환기의 공급 및 환수배관에 설치하여야 한다.

아. 배관

1) 설치상태

가) 배관의 지지 및 고정 철물은 설계도면과 같이 제작하여 설치하고, 관의 자유로운 신축을 방해하는 구조로 하여서는 안되며, 기울기에 변화가 오지 않도록 시공한다.

나) 고정철물, 지지철물, 인서트 등은 워터해머, 신축 응력관의 자중 등에 대해 충분히 견딜 수 있는 구조로 한다.

2) 시공상태

가) 배관은 완전한 보온이 이루어져야 하며, 누수는 없어야 한다.

나) 배관에는 냉·온수배관, 지중열매체배관 및 유체흐름방향을 표시하여야 한다.

자. 보온공사

1) 보온재 기준

구 분	보온재 허용온도	보온재 종류
배관	허용온도 : 최대 사용온도 보다 높음	내열성 아트론, 고무발포재, 폴리우레탄, 유리섬유

2) 보온두께 및 마감

구 분	보온재 두께	보온마감
배관	• 옥내 : 25mm 이상 • 옥외 : 30mm 이상	• 옥내는 매직테이프 등으로 이음새 공간이 없도록 겹쳐 감음 • 옥외는 옥내 마감처리 후에 알루미늄강판 또는 동등 이상 재질로 케이싱 처리

차. 기타

1) 명판

가) 모든 기기는 용량, 제작자 및 그 외 기기별로 나타내어야할 사항이 명시된 명판을 부착하여야 한다.

나) 〔별표 8〕 신 · 재생에너지설비 명판 설치기준의 명판을 제작하여 열펌프 유니트 전면에 부착하여야 한다.

2) 가동상태

가) 시운전데이터 : 설치완료후에는 실제사용과 동일한 조건으로 7일 이상의 시운전기간을 거치면서 운전자료를 수집(공급열량, 시스템 전력 등)하여 성능을 분석한 보고서를 제출하여야 하며, 건물 준공후에는 냉난방기 운전에 대한 성능측정 · 분석방안을 별도로 제시하여야 한다.(단, 건축이나 전력설비가 지열시스템보다 3개월이상 늦어져 상기 시운전이 불가능할 경우에는 각 지열시스템 자체의 모드별 운전조건을 설정하여 12시간 이상의 시험DATA로 대체하여 검증하고, 모든 건축 및 설비 완료 후에 시운전시험을 행한다.)

나) 가동상태 : 설비제어장치는 자동 및 수동운전이 가능하여야 하며 지열원 열펌프 설비가 무인 운전될 수 있도록 자기진단기능을 보유하여야 하며 이상징후시 알람신호가 전달될 수 있도록 구성하여야 한다.

3) 모니터링 설비

[9. 모니터링시스템 기술기준]에 적합하게 설치하여야 한다.

4) 운전교육

전문기업은 설비 소유주에게 소비자 주의사항 및 운전메뉴얼을 제공하여야 하며 운전교육을 실시하여야 한다.

4. 풍력설비 설치기준

가. 설치위치

1) 돌풍성의 풍력을 제외한 양질의 충분한 풍력자원이 있는 곳에 설치하여야 한다.
2) 주변에 풍속에 방해가 되는 풍력설비보다 높은 건물 및 나무 등이 없는 곳에 설치하여야 한다.
3) 주변의 시설이나 도로, 민가, 축사 등이 풍력타워의 넘어짐에 의해 영향을 받지 않도록 충분한 이격거리를 확보해야 한다.

나. 기초 및 타워 시설

1) 설치상태

가) 바람, 적설하중 및 구조하중에 견딜 수 있도록 설치하여야 한다. 타워는 발전기의 운전 중에 과도한 떨림이나 진동이 없도록 충분한 구조적 강도를 가져야 한다.
나) 모든 볼트조립은 규정된 토크로 체결하고, 조립 후에 접합부 등에 빈틈이나 휨 등의 손상이 없어야 하며, 최상단부의 수평레벨을 맞추어야 한다.
다) 풍력발전기의 요잉장치 등에 영향이 없도록 수평을 맞추어야 하며 양생된 콘크리트 기초에는 크랙(crack) 등의 구조적 결함이 없어야 한다.
라) 기초는 충분한 지내력을 갖는 지질구조위에 설치되어야 하며, 장기간의 운전에도 지반침하가 발생하지 않아야 한다.
마) 타워의 높이는 회전하는 날개에 의해 지상의 사람이나 시설 등에 손상을 입히지 않도록 충분히 높아야 한다.

2) 타워 연결부, 기초부(용접부위 포함)

기초 및 타워 시설 제작 시 형강류 및 기초지지대에 포함된 철판부위는 용융아연도금처리 또는 동등이상의 녹방지 처리를 하여야 하며 용접부위는 방식처리를 하여야 한다.

3) 체결용 볼트, 너트, 와셔(볼트캡 포함)

용융아연도금처리 또는 동등이상의 녹방지 처리를 하여야 하며 기초 콘크리트 볼트부분은 볼트캡을 착용하여야 한다.

다. 발전기

1) 회전자는 허브에 정상적인 조립순서로 조립하고, 정해진 토크로 체결하여야 한다.
2) 허브와 주축간 연결은 설계도면상에 정해진 토크로 체결해야 하며, 낫셀 내·외부의 각종 센서 및 낙뢰장치는 적절한 위치에 설치하여야 한다.
3) 발전기 회전부는 작업자의 안전을 고려하여 덮개로 보호해야 한다.

라. 낫셀

1) 주요 구성기기와 제어반·변압기 등은 정상위치에 안정적으로 고정하여야 한다.
2) 각종 유압장치나 냉각장치 등에서 누유나 누수 등이 발생하지 않아야 하며, 유압매체나 냉각수의 수위 및 윤활유 등이 적정하여야 한다.
3) 낫셀 내부의 회전부는 작업자의 안전을 고려하여 차폐하여야 한다.

마. 전기배선

1) 연결전선

풍력발전기에서 옥내에 이르는 배선에 쓰이는 전선은 CV선 또는 TFR-CV 선을 사용하여야 하며, 전선이 지면을 통과하는 경우에는 피복에 손상이 발생되지 않게 별도의 조치를 취해야 한다.

2) 접지공사

전기설비기술기준에 따라 지중접지를 하여야 하며, 신·재생에너지센터의 「풍력설비 시공 및 설치확인 기준 (5. 피뢰공사)」에 따라 피뢰설비를 설치하여야 한다.

3) 전기공사 전기안전기준

전기공사 전기안전기준에 의한 사용전점검 또는 사용전검사에 하자가 없도록 시설을 준공하여야 한다.

바. 인버터

1) 제품 센터에서 인증한 인증제품을 설치하여야 하며 해당용량이 없을 경우에는 센터에서 지정한 공인시험기관의 시험항목에 합격한 제품을 사용하여야 한다.

2) 설치용량 : 정격용량은 인버터에 연결된 발전기 정격출력이상이어야 하며 발전기 출력전압이 인버터 입력전압 범위안에 있도록 시스템을 구성하여야 한다.

사. 기타

1) 명판

가) 모든 기기는 용량, 제작자 및 그 외 기기별로 나타내어야할 사항이 명시된 명판을 부착하여야 한다.

나) [별표 8] 신 · 재생에너지설비 명판 설치기준의 명판을 제작하여 풍력발전기 전면에 부착하여야 한다.

2) 가동상태

현장확인 경우, 가동상태에서는 인버터, 전력량계, 모니터링 설비가 정상작동을 하고 있어야 한다.

3) 모니터링 설비

[9. 모니터링시스템 기술기준]에 적합하게 설치하여야 한다.

4) 운전교육

설치업체는 설비 소유주에게 소비자 주의사항 및 운전메뉴얼을 제공하여야 하며 운전교육을 실시하여야 한다.

5. 수력설비 설치기준

가. 설치위치

충분한 수량이 확보될 수 있는 곳에 설치하여야 하며 주변 환경에 영향을 최소화 시킬 수 있는 곳에 설치해야 한다.

나. 기초 콘크리트

콘크리트는 강도 · 내구성 · 수밀성을 가져야 하며 시멘트는 품질이 균일한 것으로서 포틀랜드 시멘트 또는 이와 동등 이상의 것을 사용하여야 한다.

다. 수차

1) 최대 유효낙차에서 발전기의 무부하 상태로 운전할 때의 최대속도를 제시하고 보증하여야 한다.

2) 모든 회전부는 최대속도에서 1분 동안 안전하게 견디어야 한다.

3) 효율은 정격유량, 정격낙차에서 70%이상이어야 하며 변동낙차 범위에서도 적정하게 유지하여야 한다. 단, 정격 출력이 10kW이하인 경우에는 50%이상이어야 한다.

라. 발전기(發電機)

1) 최대 무구속 속도에 견딜 수 있어야 한다.
2) 효율은 모든 부하영역에서 적정하게 유지하여야 하며 발전기의 제작사가 제시하고 보증하여야 한다.
3) 회전자는 수차의 최대 무구속 속도에 의해 가해지는 모든 기계 적응력에 견딜 수 있어야 하며, 정밀하게 평형이 유지하여야 한다.

마. 기타

1) 수차발전기의 제어설비에는 계기용 변류기, 계기용 변성기 및 기타 지시계기 등을 포함하여야 하며, 제어설비에 포함되는 전력량계는 유효전력량을 측정해야 하며 KS 규격에 맞는 규정된 변성비(CT, PT)에 적합하여야 한다.
2) 전기공사 전기안전기준에 의한 사용전점검 또는 사용전검사에 하자가 없도록 시설을 준공하여야 한다.
3) 명판
   가) 모든 기기는 용량, 제작자 및 그 외 기기별로 나타내여야할 사항이 명시된 명판을 부착하여야 한다.
   나) [별표 8] 신 · 재생에너지설비 명판 설치기준의 명판을 제작하여 발전기 주변에 부착하여야 한다.
4) 가동상태 : 현장확인 경우, 가동상태에서는 수차, 발전기, 모니터링 설비가 정상가동을 하고 있어야 한다.
5) 모니터링 설비 : [9. 모니터링시스템 기술기준]에 적합하게 설치하여야 한다.
6) 운전교육 : 전문기업은 설비 소유주에게 소비자 주의사항 및 운전메뉴얼을 제공하여야 하며 운전교육을 실시하여야 한다.

6. 바이오(혐기성소화)설비 설치기준

가. 설치위치

1) 모든 설비는 눈, 비 및 바람 등에 보호될 수 있는 구조를 가져야 한다.
2) 발생가스등에 의한 안전유지를 위해 주변에 인화성 물질을 취급하는 곳이 없어야 하며, 항시 통풍이 잘되는 지역에 설치하여야 한다. 소화조 및 가스저장조

상부에는 가스 누출여부를 감시할 수 있는 계기를 설치하여야 한다.

나. 시스템설비

1) 전처리조

가) 모든 반응조는 내식성 및 내약품성 재질을 사용하여야 하며 외부충격에 견딜 수 있는 구조이어야 한다.

나) 지지대는 철근 콘크리트등과 같이 구조물을 충분히 지지할 수 있는 형태의 패드로 구성하여야 하며 빗물 등이 배수될 수 있는 설비를 갖추어야 한다.

다) 약품의 종류에 따라 기온강하 시에 내용물이 얼지 않도록 설치하여야 하며 약품의 양을 외부에서 확인할 수 있는 장치(Level Gauge 등)를 부착하여야 한다.

라) 외부에는 약품 공급 및 점검에 필요한 설비(사다리, 핸드레일 등)를 설치하여야 한다.

마) 교반 시 내용물이 외부로 유출되지 않는 설비(상부 뚜껑 등)를 갖추어야 한다.

2) 혐기성 소화조

가) 토목구조물, 플렛폼, 폐수혼합장치, 슬러지 투입구 및 유출수 배출웨어 장치, 점검구, 안전장치, 스프레이 노즐 등으로 구성하여야 한다.

나) 구조물의 재질은 내식성 재질을 사용하고, 지지대는 철근 콘크리트등과 같이 구조물을 충분히 지지할 수 있는 형태의 패드로 구성해야 하며, 빗물 등이 배수될 수 있는 설비를 갖추어야 한다.

다) 구조 및 부속물은 바람, 적설하중 및 구조하중에 견딜 수 있도록 설치하여야 하며 모든 볼트조립은 헐거움이 없이 단단히 고정하여야 한다.

라) 가연성 가스(주성분:CH4)가 발생되므로 가스나 폐수의 누설이 발생하지 않도록 완전한 기밀을 유지하여야 하며 가스 누출을 탐지할 수 장비를 설치하여야 한다.

마) 보온을 하여야 하며, 내부 온도는 중간지점에서 중온방식은 35±2℃, 고온방식은 55±2℃를 유지하여야 한다.

3) 탈황장치

가) 소화조에서 발생하는 소화가스를 탈화제와 접촉시켜 소화가스 중의 유화수소를 제거하여야 한다.

나) 소화가스 중에 유화수소가 100ppm 이하일 경우에는 90%이상, 100ppm 이상일 경우에는 10ppm 이하로 제거하여야 한다.

다) 구조 및 부속물은 내식성, 내후성, 내산성 및 내알카리성에 견딜 수 있도록

설치하여야 한다.

라) 탈황제는 1,000㎏의 약품에 100㎏ 이상의 유화수소를 흡착하여야 한다.

4) 가스저장장치

가) 구조 및 부속물은 내연성, 내풍성, 내산성에 견딜 수 있도록 설치해야 하며 용접부 SEAL 막 등에서는 가스 누출이 없어야 한다.

나) 적설 및 동결 등에 의한 사고가 발생할 경우에는 사고를 방지할 수 있는 설비를 갖추어야 한다.

다) 내부에서 발생된 응축수는 자동 배수될 수 있는 설비를 갖추어야 한다.

5) 발전시설

가) 혼소형 엔진을 사용할 경우에는 바이오가스의 함유율이 전체 연료의 70% 이상이어야 한다.

나) 과온 및 과속 등에 대비한 안전장치를 설치해야 하며, 가스배관에는 역화방지기를 설치해야 한다.

6) 배관

보온하여야 하며, 반응조에 연결되는 배관은 유량이 역류하지 않도록 구성해야 한다.

7) 밸브류(Valve)

가) 모든 밸브는 연중 대기온도 및 사용온도 정상적인 기능을 해야 하며, 전동밸브는 By-pass 배관을 병행 설치하여야 한다. 단, 전동밸브에 수동개폐장치가 설치되어 있을 경우에는 By-pass 배관을 설치하지 않아도 된다.

나) 모든 밸브는 적정압력 및 온도(필요시 온도안전밸브)에 견디도록 설치하여야 하며, 압력 안전밸브는 자동 복귀되는 기능이 구비되어야 하고, 조절압력은 시스템 작동 허용압력을 초과해서는 안된다.

8) 준공

전기공사 전기안전기준에 의한 사용전점검 또는 사용전검사에 하자가 없도록 시설을 준공하여야 한다.

다. 기타

1) 명판

가) 모든 기기는 용량, 제작자 및 그 외 기기별로 나타내어야할 사항이 명시된 명

판을 부착하여야 한다.

나) [별표 8] 신 · 재생에너지설비 명판 설치기준의 명판을 제작하여 혐기성 소화조 전면에 부착하여야 한다.

2) 가동상태

설비제어장치는 자동 및 수동운전이 가능하여야 하며 온도감지기는 외부의 조건에 의한 영향이 없도록 소화조의 중심지점에 설치해야 한다.

3) 모니터링 설비

[9. 모니터링시스템 기술기준]에 적합하게 설치하여야 한다.

4) 운전교육

전문기업은 설비 소유주에게 소비자 주의사항 및 운전메뉴얼을 제공하여야 하며 운전교육을 실시하여야 한다.

7. 폐기물에너지 회수설비 설치기준

가. 설치조건

1) 폐기물의 연소에 의해 발생한 열을 회수하여 이용할 수 있는 곳에 설치하여야 한다.
2) 폐기물 에너지회수시설은 자체중량, 적재하중 및 기타 하중에 견딜 수 있어야 하고 폐기물 처리과정에서 발생하는 열 · 습기 · 배기가스 · 배출수 및 충격 등에 견딜 수 있는 재질을 사용하여야 한다.
3) 폐기물이 흩날리거나 흘러나오는 것을 방지하는 데 필요한 설비를 설치하여야 한다.
4) 폐기물 처리과정에서 발생되는 대기오염물질 · 수질오염물질 등을 처리할 수 있는 시설을 갖추어야 한다.
5) 굴뚝을 설치하는 경우 통풍력과 배기가스의 대기확산을 고려한 높이와 구조이어야 한다.
6) 폐기물 관리법, 대기환경보호법, 자원의 절약과 재활용촉진에 관한 법률 등의 법률과 관련고시에 적합하게 설치하여야 한다.
7) 설치확인신청전에 관련 법률 등에서 정한 필요한 검사 및 시험을 완료하여야 한다.

나. 투입설비

1) 폐기물을 보관할 수 있는 저장설비 및 소각용량 이상을 투입할 수 있는 설비를 갖추어야 한다.
2) 폐기물 투입구 및 청소구는 고온에 견딜 수 있는 재질로 만들어야 하며 외부공기의 유입이나 연소가스의 누출을 방지할 수 있는 구조이어야 한다.

다. 연소설비

1) 적정한 소각기능 및 용량을 가져야 하고 시간당 소각능력은 설계기준 이상이어야 한다.
2) 연소실의 예열 및 온도를 조절할 수 있도록 충분한 보조버너 등 충분한 용량의 보조연소장치를 설치하여야 한다.
3) 연소실의 공기공급량을 조절할 수 있는 장치를 설치하여야 한다.
4) 통풍설비설치 등으로 연소실의 압력이 일정하게 유지되고, 연소가스 또는 화염의 역류현상이 발생하지 않도록 설치하여야 한다.
5) 연소실내의 온도와 압력을 계측할 수 있는 기기를 설치하여야 하며 폭발에 대비할 수 있는 안전장치를 설치하여야 한다.
6) 연소실 내부의 연소상태를 볼 수 있는 구조이어야 하며, 소각재의 제거시 재의 흩날림을 방지할 수 있는 구조이어야 한다.

라. 폐열회수 및 공급설비

1) 안전밸브, 조수위차단장치, 전기적 안전장치 등의 안전장치를 설치하여야 한다.
2) 온도, 압력, 유량 등의 관련 계측기기 및 조절기를 설치하여야 한다.

마. 기타

1) 명판

가) 모든 기기는 용량, 제작자 및 그 외 기기별로 나타내어야할 사항이 명시된 명판을 부착하여야 한다.

나) [별표 8] 신 · 재생에너지설비 명판 설치기준의 명판을 제작하여 소각로 전면에 부착하여야 한다.

2) 가동상태

설비제어장치는 자동 및 수동운전이 가능하여야 한다.

3) 모니터링 설비

[9. 모니터링시스템 기술기준]에 적합하게 설치하여야 한다.

4) 운전교육

전문기업은 설비 소유주에게 소비자 주의사항 및 운전메뉴얼을 제공하여야 하며 운전교육을 실시하여야 한다.

8. 연료전지설비 설치기준

가. 설치위치

1) 통풍이 잘 되는 장소에 설치하여야 하며 실내에 설치할 경우에는 환풍기를 설치하여야 한다.
2) 설치할 주위의 벽 등이 화재에 안전한 장소인가를 확인해야 하며 안전거리를 충분히 확보할 수 있는 곳에 설치하여야 한다.

나. 재료 및 구조

1) 구조물은 내연성, 내풍성, 내산성에 견딜 수 있도록 설치하여야 하며 사람이 접할 우려가 있고 감전, 상해 등의 우려가 있는 가동부분은 안전장치(보호망 등)를 설치하여야 한다.
2) 구조물의 재질은 내식성 또는 코팅재를 사용하여야 한다. 단, 석면이 포함된 재료를 사용해서는 안된다.
3) 전기 절연물 및 단열재는 최대사용온도에 충분히 견디고 흡습성이 적은 것을 사용하여야 한다.
4) 도전재료는 동, 동합금, 스테인리스강 또는 동등이상의 것을 사용하여야 한다. 단, 탄성이 필요한 부분 및 적용이 불가한 부분은 제한하지 않는다.
5) 연소 배기가스가 통과하는 부분은 불연 재료를 사용하여야 한다. 단, 패킹류, 씰 등의 기밀유지가 필요한 부분은 제한하지 않는다.

다. 연료전지시스템

1) 내식성과 전기 안정성을 갖고 있어야 하며 압력, 진동, 열 등에 의해 생기는 응력에 충분히 견디는 구조이어야 한다.
2) 연료가스 및 개질가스가 통과하는 부분은 불연재를 사용하여야 한다. 단, 패킹류와 씰 등의 기밀유지가 필요한 부분은 제한하지 않는다.
3) 인버터는 센터에서 인증한 인증제품을 사용하여야 하며 해당용량이 없을 경우

에는 센터에서 지정한 공인시험기관의 시험항목에 합격한 제품을 사용하여야 한다.

라. 관련부품 및 기기

1) 배관의 지지 및 고정 철물은 설계도면과 같이 제작하여 설치하고, 관의 자유로운 신축을 방해하는 구조로 하여서는 안되며, 기울기에 변화가 오지 않도록 시공한다.
2) 고정철물, 지지철물, 인서트 등은 워터해머, 신축 응력관의 자중 등에 대해 충분히 견딜 수 있는 구조로 한다.
3) 물배관, 온수배관은 기밀성이 손상되지 않는 구조이어야 하며 씰부는 열화를 충분히 견딜 수 있는 구조 및 재료이어야 한다.
4) 배수배관은 고온의 물이 흐를 수가 있으므로 내열성 재료를 사용하여야 하며, 물이 원활히 흐를 수 있도록 설치하여야 한다.
5) 연료 배관공사는 전문자격자에 의해 시공하여야 하며 가스배관 접속 후에는 가스의 누설이 없는지 확인하며 기기를 사용하는 장소에 가스누설경보기를 설치하여야 한다.
6) 전기장치와 배선은 열적 영향이 적은 위치에 있어야 한다.
7) 기구간을 접속하는 전선이 단락, 과전류 등의 이상이 발생했을때 작동하는 퓨즈, 과전류보호장치 등을 구비하여야 한다.
8) 연료전지 발전시스템은 연계운전 및 독립운전시의 부하 단락시에 안전하게 정지할 수 있는 안전장치 또는 보호하는 기능을 갖추어야 한다.
9) 연료전지 스택은 외부 기기로부터 전류가 유입되지 않아야 한다.

마. 기타

1) 명판

가) 모든 기기는 용량, 제작자 및 그 외 기기별로 나타내어야할 사항이 명시된 명판을 부착하여야 한다.

나) [별표 8] 신 · 재생에너지설비 명판 설치기준의 명판을 제작하여 인버터 전면에 부착하여야 한다.

2) 전기공사

전기안전기준에 의한 사용전점검 또는 사용전검사에 하자가 없도록 시설을 준공하여야 한다.

3) 가동상태

설비제어장치는 자동 및 수동운전이 가능하여야 한다.

4) 모니터링 설비

[9. 모니터링시스템 기술기준]에 적합하게 설치하여야 한다.

5) 운전교육

전문기업은 설비 소유주에게 소비자 주의사항 및 운전메뉴얼을 제공하여야 하며 운전교육을 실시하여야 한다.

9. 모니터링시스템 기술기준(공통적용기준)

가. 모니터링설비 요구사항

고시 제53조 3항에 의거 의무적으로 설치해야하는 모니터링설비는 다음의 사항에 따라 설치하고 데이터를 센터의 중앙서버로 전송해야 한다.

나. 접속방법 및 설비요건

모니터링설비는 [표 1]의 3가지 방법 중에서 선택 · 설치(계측설비는 [표 2] 만족)하여 중앙서버에 데이터를 전송해야 하며, 소유주(기관)의 요청에 따라 별도로 구성하는 로컬 모니터링은 중앙서버로의 전송에 방해가 되지 않는 한도 내에서 임의로 구성할 수 있다.

[표 1] 모니터링시스템 접속방법 및 구성

접속방법	접속설비 및 구성	비고
계측설비 (전송기능 내장)	계측설비→중앙서버	• 부속서에 명시된 기능 및 요구 사항을 만족 • 중앙서버로 전송할 수 있는 별도 통신포트를 사전에 확보
로컬서버 (PC 포함)	로컬서버→중앙서버	• 태양광주택10만호보급사업 및 발전차액 (전력거래소) 만 접속 허용
외장형 전송설비	계측설비→전송설비 →중앙서버	• 부속서에 명시된 기능 및 요구 사항을 만족 • 중앙서버로 전송할 수 있는 별도 통신포트 사전에 확보 • 전송설비와 호환성을 갖는 계측 설비 선정

※ 계측설비는 인버터, 열량계(유량계), 데이터수집장치, DDC & PLC 등의 설비

[표 2] 계측설비별 요구사항

계측설비	요구사항	확인방법
인버터	CT 정확도 3% 이내	• 관련 내용이 명시된 설비 스펙 제시 • 인증 인버터는 면제
온도센서	정확도 ±0.1℃(−20~80℃) 이내	• 관련 내용이 명시된 설비 스펙 제시
유량계, 열량계	정확도 ±1.5% 이내	• 관련 내용이 명시된 설비 스펙 제시
전력량계	정확도 1% 이내	• 관련 내용이 명시된 설비 스펙 제시

※ 유량계는 전자식을 사용하여야 함

다. 측정위치 및 전송항목

[표 3]의 요건을 만족하여 측정된 에너지 생산량 및 생산시간은 익일 예정된 시간에 중앙서버로 전송해야 한다.

[표 3] 측정위치 및 전송항목

구분	전송 항목	전송데이터	측정위치 및 항목
태양광 풍력 수력 폐기물	일일발전량(kWh)	24개(시간당)	• 인버터 출력
	생산시간(분)	1개(1일)	
태양열	일일열생산량(kcal)	24개(시간당)	• 열교환기−축열조 입출구 온도 • 축열부 유량(열량)
	생산시간(분)	1개(1일)	
폐기물	일일열생산량(kcal)	24개(시간당)	• 부하측 입출구 온도차, 유량
	생산시간(분)	1개(1일)	
지열	일일열생산량(kcal)	24개(시간당)	• 물−물 방식 −부하측 입출구 온도차, 유량 • 물−공기 방식, 콘솔형, 하이브리드형 −지열원측 입출구 온도차, 유량 • 전력소비량 −히트펌프, 축열&지중 펌프
	생산시간(분)	1개(1일)	
	전력소비량(kWh)	24개(시간당)	
수소· 연료전지	일일발전량(kWh)	24개(시간당)	-인버터 출력
	일일열생산량(kcal)	24개(시간당)	
	생산시간(분)	1개(1일)	

※ 지열의 전력소비량은 전력량계를 사용하여 측정

부록

라. 데이터 송수신 연결상태 확인

계측설비(전송장치 내장) 또는 전송설비에 노트북(or 프린터)을 연결하여 [표 4]의 사항을 점검한 결과를 센터의 설치확인 담당자에게 송부하면 모니터링설비 설치확인은 완료된다.

[표 4] 연결상태 확인내용

구분	확인 내용
통신 ID	• 통신 ID는 센터 담당자가 전송설비 제조사별로 할당 • 설치확인 신청서에 입력한 ID와 전송설비 ID의 동일 여부 확인
데이터 송수신	• [표 3]에서 명시한 데이터를 중앙서버에 송신했다가 다시 받아 원본과 동일함을 확인 •미리 설정한 시간에 데이터를 전송하는지 여부를 확인

[별표 3]

신 · 재생에너지설비의 하자보증기간(제17조제3항 관련)

원　별	하자보증기간
태양광발전설비	3년
풍력발전설비	3년
소수력발전설비	3년
지열이용설비	5년
태양열이용설비	3년
기타 신 · 재생에너지설비	3년

[별표 4]

신 · 재생에너지지방보급사업의 평가기준 및 평가점수

(제35조제5항 관련)

1. 기반구축사업

평가항목	평 가 기 준	배 점	평가점수
정책 및 보급 계획 연계	신 · 재생에너지 정책 및 시책, 중장기 보급계획과의 연계성	10	
지역특성 반영	관할지역의 지역특성 반영도	20	
사업계획 충 실 도	사업내용의 기술적 타당성 및 사전조사 반영	30	
사업활용도	보급사업으로의 연계 및 파급효과	30	
사업비의 적 절 성	사업비 내역의 적절성	10	
합 계		100	

2. 설비보급사업

평가항목	평 가 기 준	배 점	평가점수
정책 및 보급 계획 연계	신 · 재생에너지 정책 및 시책, 중장기 보급계획과의 연계성	10	
지역특성 반 영	관할지역의 지역특성 반영도	20	
사업계획 충 실 도	사업내용의 기술적 타당성 및 사전조사 반영, 설치여건 및 시설용량의 적정성	30	
사 업 의 준 비 성	민원 및 관련법규 검토, 부대 인프라시설의 정비 등 사업의 원활한 추진 가능성	10	
사 업 비 적 정 성	사업비 분담의 적정성 및 자체 부담 사업비의 확보능력	10	
사후관리	사후관리 전담조직 유무 및 소요비용 확보, 기존시설의 관리체계 등	20	
합 계		100	

[별표 5]

신 · 재생에너지설비 설치확인기준(제54조제2항 관련)

구 분	확 인 기 준
1. 일반사항	• 사업수행자 및 참여기업 일반사항 –성명, 주소, 연락처, 설비용량, 설치주소
2. 설치기준	• 설치기준 준수여부 –"별표 2"의 원별 설치기준 참조
3. 주요설비	• 우선 적용 제품 사용여부 –설비사양(제조국(사), 생산연도, 모델명, Serial 번호, 규격, 성능평가(인증)기관) • 사업계획서 제출시 첨부된 주요자재의 설치사양 부합여부 • 인증된 태양광모듈의 사용여부
4. 하자보증	• 하자보증서가 소유주에게 제출되었는지 여부 - "별표 3"의 하자보증기간 참조
5. 사후관리	• 사후관리규정에 의한 확인사항 –시스템 동작 상태, 모니터링 시스템 구축 상태, 제어장치 및 안전장치 작동 여부
6. 통계관리	• 기타 통계관리에 필요한 사항 –설치총공사비, 보조금, 공사기간

[별표 6]

신·재생에너지설비 명판 설치기준(제54조제4항 관련)

1. 명판 도안

설비명		
용 량	"아래의 원별 표시사항 기재"	
관리번호		
준공년월		
A/S 연락처	통합신고센터	전화번호
		설치전문기업
	설치전문기업	전화번호
		HomePage 주소

※ 본 설비는 산자부고시 제OOOO – O호에 의거하여 설치된 설비로 용도전환, 양도 및 폐기 등의 사유가 발생할 경우에는 센터로 연락하여 주시기 바랍니다.

– 신 · 재생에너지 시공 · A/S 전문기업 –

지식경제부 | 에너지관리공단 신 · 재생에너지센터

- 규격 : 가로 10cm × 세로 12cm
- 재질 : 바닥판–아크릴 (투명아크릴 합체)
- 색상 : 하얀 바탕에 도안 양식 적용
- 부착방법 : 설비의 설치를 완료한 후에 지정된 장소에 전문기업이 자체 제작하여 부착

2. 원별 표시사항

설비명	용 량
태양광	설치용량(모듈용량 및 대수), 인버터용량 및 대수
태양열	설치면적(집열기 면적 및 대수), 축열조 용량 및 대수
지열	설치용량(열펌프 유니트 용량 및 대수), 지중열교환기 사양
태양광 집광 · 채광	설치면적(집광 · 채광기 면적 및 대수)
풍력	설치용량(발전기 용량 및 대수), 인버터용량 및 대수
소수력	설치용량(발전기 용량 및 대수)
바이오	설치용량(혐기성소화조 용량 및 대수), 열원사용설비(발전기 또는 보 일러 용량 및 대수)
폐기물	설치용량(소각로 용량 및 대수), 열원사용설비(발전기 또는 보일러 용량 및 대수)
연료전지	설치용량(스텍용량 및 대수), 열원사용설비(발전기 용량 및 대수)

[별표 7]

지열설비의 설치확인 신청기준(제21조제4항 및 제54조제5항 관련)

구 분	신 청 기 준
1. 천공심도 측정	• 천공굴착이 완료된 직후 센터의 장에게 천공깊이에 대한 심도측정을 신청하여야 한다. • 센터의 장의 심도측정 합격통지 후 설비설치를 시작하여야 하며, 설비설치 완료 후 설치확인 신청을 하여야 한다.
2. 지열이용 검토서제출	• 지열설비 설치지점의 지열이용검토서 제출(제3호에 규정한 내용을 첨부1의 "지열이용검토서 세부수행지침"에 따라 작성하여야 하며, 열전도도는 제4호에 규정한 기관이 확인하여야 함)
3. 지열이용 검토서 제출 내용	ㅁ 수직밀폐형 ① 조사지점의 지형도 및 지질도 ② 설계요약서 ③ 설계계산서 –부하계산서, 지중열교환기 설계계산서, 지열열펌프 설계계산서, 순환펌프 설계계산서, 탱크류 및 배관계 설계계산서, 하자보수 계획서 ④ 설계도면 –장비 일람표, 천공 배치도, 지중열교환기 설치상세도, 시스템 계통도, 배관 계통도, 기계실 장비배치도, 자동제어 설계도 ⑤ 열전도도 측정 및 분석 자료 –열전도도 측정과정, 관련 계산서 –굴착행위 신고서 –깊이별 시추암반 샘플 분석 및 사진 –샘플을 근거로 한 지질주상도 –시험공의 천공전, 천공과정, 파이프 연결, 그라우팅과정, 현장계측기 설치, 계측 과정, 현장 마감에 관련된 현장증빙 사진첩 ㅁ 개방형(SCW) ① 조사지점의 지형도 및 지질도 ② 설계요약서 ③ 설계계산서 –부하계산서, 우물열용량 설계계산서, 지열열펌프 설계계산서, 하자보수 계획서, 중간열교환기 설계계산서, 순환펌프 설계계산서, 탱크류 및 배관계 설계계산서

구 분	신 청 기 준
	④ 설계도면 –장비 일람표, 천공 배치도, 우물 설치상세도, 시스템 계통도, 배관 계통도, 기계실 장비배치도, 자동제어 설계도 ⑤ 지하수법에 의거한 지하수영향조사서 및 지하수 개발 · 이용 허가서 ⑥ 지하수의 수질 조성 및 지하수채취가 주변에 미치는 영향 분석 ⑦ 공내검층과 슬라임(slime) 감정 ⑧ 열전도도 측정 및 분석 자료 –열전도도 측정과정, 관련 계산서 –블리딩(bleeding)의 필요유무 및 산출근거 –깊이별 시추암반 샘플 분석 및 사진 –샘플을 근거로 한 지질주상도 –시험공의 천공전, 천공과정, 현장계측기 설치, 각종 계측과정, 현장 마감에 관련된 현장증빙 사진첩 ⑨ 사업수행자의 지하수이용 부담금관련 확인서 ※ 각 항목은 지열이용검토서 세부시행지침을 따를 것 □ 에너지파일형 ① 설치 현장의 표준관입시험(SPT) 결과 및 지하수위면 표시를 포함한 지반 주상도 ② 설계요약서 ③ 설계계산서 –부하계산서, 지중 열교환기 설계계산서, 지열 열펌프 설계계산서, 순환펌프 설계계산서, 탱크류 및 배관계 설계계산서, 하자보수 계획서 –지중열교환기가 설치되는 구조물의 기초 설계 도면 ④ 설계도면 –장비 일람표, 지중열교환기 배치도, 지중열교환기 설치상세도, 파일 배치도, 시스템 계통도, 배관 계통도, 기계실 장비배치도, 자동제어 설계도 ⑤ 열전도도 측정 및 분석 자료 –열전도도 측정 과정, 관련 계산서 –시험공의 천공전, 천공과정, 파이프 연결, 그라우팅과정, 현장계측기 설치, 계측 과정, 현장 마감에 관련된 현장증빙 사진첩 ※ 각 항목은 지열이용검토서 세부시행지침을 따를 것 □ 지중수평형 ① 조사지점의 지형도 ② 설계요약서 ③ 설계계산서 –부하계산서, 지중 열교환기 설계계산서, 지열 히트펌프 설계계산서, 순환펌프 설계계산서, 탱크류 및 배관계 설계계산서, 하자보수 계획서

구 분	신 청 기 준
	④ 설계도면 –장비 일람표, 트렌치 배치도, 지중열교환기 설치상세도, 시스템 계통도, 배관 계통도, 기계실 장비배치도, 자동제어 설계도 ⑤ 열전도도 측정 및 분석 자료 –열전도도 측정 과정, 관련 계산서 –트렌치 토양 샘플 분석 및 사진 –트렌치 굴착시공 전, 굴착과정, 파이프 연결, 트렌치 메움 과정, 현장계측기 설치, 계측 과정, 현장 마감에 관련된 현장증빙 사진첩 ※ 각 항목은 지열이용검토서 세부시행지침을 따를 것
4. 열전도도 확인 가능기관	① 한국냉동공조인증센터 ② 핵심기술연구센터 ③ 한국에너지기술연구원 ④ 기술표준원 ⑤ 한국건설기술연구원 ⑥ 기계 및 설비공학과를 운영하는 대학 및 대학원 ⑦ 한국지질자원연구원 ⑧ 대한광업진흥공사 ⑨ 한국수자원공사 ⑩ 센터의 장이 측정 장비 및 기술인력 등을 검토하여 열전도도를 확인할 능력이 있다고 인정하는 자

[별표 8]

지열이용검토서 세부수행지침

□ 수직밀폐형

① 조사지점의 지형도 및 지질도

(1) 지형도는 조사지점을 중심으로 반경 1km의 1:5,000 축척의 지형도를 제시하고 지형(산계, 수계 등)의 특성을 기술함.

(2) 지질도는 조사지점을 중심으로 반경 2km의 1:50,000 축척의 지질도를 제시함.

② 설계요약서

(1) 〈양식 1-1〉의 설계요약서를 작성 제출함.

③ 설계계산서

(1) 부하계산서는 연간 최대 냉난방부하량과 연간에너지(일별) 부하량에 대한 분석이 포함된 건축물의 냉난방 부하계산서를 제출함.

(2) 지중 열교환기 설계계산서는 분야별 위원회(이하 "위원회"라 한다)에서 인정한 지중열교환기 설계프로그램으로계산한 계산 결과를 제시하며, 이 외의 프로그램을 사용할 경우 프로그램에 대한설명서를 제시할 것. 프로그램 설계 시 입력값과 결과값을 화면 캡쳐하여 제출할 것.
설계프로그램을 사용하지 않을 경우에는 사용한 설계식에 대한 공인된 근거자료를 제출할 것.
근거자료의 공인 여부는 위원회에서 결정함.

(3) 지열 열펌프 설계계산서는 한국인정기구(KOLAS)에서 인정한 시험기관에서 수행한 지열 열펌프의 성능표를 기준으로 계산하고, 성능표와 설계계산식을 제출할 것.
열펌프의 성능표는 내삽법 사용이 가능하며 측정 온도점 간의 온도차는 10℃ 이하로 할 것.

(4) 지열 열펌프에 대해 고압가스 안전관리법에 따른 검사 각인의 취득 여부 및 이를 증명할 자료를 제출할 것.

(5) 순환펌프 설계계산서는 순환펌프의 효율표를 기준으로 최대한의 효율을 낼 수 있도록 설계하며 효율표와 설계계산식을 제출할 것.

(6) 탱크류 및 배관계 설계계산서는 설계과정 및 관련식을 제출할 것.

(7) 하자보수 계획서에는 다음과 같은 내용이 포함될 것.
가) 열펌프 고장시 주요단품(기계부품, 제어부품)의 3일 이내 수급 계획.
나) 열펌프, 펌프 등 기계부품 및 제어부품 제조사의 A/S 전문기술 인력.
다) 열펌프에 A/S 업체와 연락처가 명기되어있는지 여부.

④ 설계도면

(1) 장비일람표에는 반드시 열펌프, 순환펌프, 탱크류에 대한 사양이 포함될 것.
(2) 천공배치도에는 건물에 가장 인접한 공과 건물 기초 사이의 거리, 공과 공 사이의 거리가 반드시 포함될 것.
(3) 지중열교환기 설치상세도에는 케이싱에 관한 내용을 반드시 포함할 것.
(4) 천공 배치도, 지중열교환기 설치상세도, 시스템 계통도, 배관 계통도, 기계실 장비 배치도, 자동제어 설계도는 JPEG형식의 그림파일로 전환하여 제출할 것.

⑤ 열전도도 측정 및 분석 자료

(1) 〈기준 1-1〉에 제시한 열전도도 측정 항목 및 기준 사항을 준수하여 측정할 것.
(2) 열전도도 측정공은 설계된 공중에서 가장 긴 공의 깊이와 동일한 깊이로 할 것.
(3) 열전도도 측정 장치는 일정 열량을 가할 수 있도록 설계 · 제작할 것.
(4) 열전도도 측정에 사용한 측정 장치의 성능 및 사양을 제출할 것.
(5) 온도나 유량 등 데이터 측정 장치는 고정밀도를 유지하고, 검정 및 교정을 받은 장치를 사용할 것.
(6) 열전도도 측정시 투입 전력량에 대한 수전 상황을 제출하고, 투입 전력량의 안정화를 위한 방법(AVR 사용 등)을 강구할 것.
(7) 측정 자료는 현장에서 측정한 자료를 가공하지 말고 원본 파일을 (엑셀파일 형태) 제출할 것.
(8) 현장 사진의 경우 반드시 날짜와 시각(시간과 분)을 나타낼 것. 또한 현장을 입증할 수 있는 건물과 경관을 포함한 사진을 제출할 것.
각 공정 당 2매 이상의 사진을 제출하며, 사진은 최대 500kB 이하의 JPEG 파일로 전환하여 제출할 것.

※ 열전도도 측정 절차
(1) 천공 위치 결정 및 굴착 행위 신고
(2) 측정공 설치(천공, 열교환기 설치, 그라우팅 등)
(3) 투입 전력을 위한 수전 완료
(4) 계측기 설치 및 누수 검사(그라우팅 이후 72 시간 경과)
(5) 10분간 가열없이 펌프 구동하며 순환수 온도 측정(초기 지중온도 측정)

(6) 초기온도 측정을 위한 펌프 가동시간의 5배 이상 경과 후, 열전도도 측정 개시
(48시간 연속 측정하며, 측정 데이터는 10분 이하의 간격으로 수집)
(7) 데이터 수집 종료 및 데이터 검토
(8) 라인소스법에 의해 지중열전도도 계산(계산 시 초기 12시간의 데이터는 제외)

□ 개방형(SCW)

① 조사지점의 지형도 및 지질도

(1) 지형도는 조사지점을 중심으로 반경 1km의 1:5,000 축척의 지형도를 제시하고 지형(산계, 수계 등)의 특성을 기술함.

(2) 지질도는 조사지점을 중심으로 반경 5km의 1:50,000 축척의 지질도 (필요시 정밀지질도도 가함) 및 그 지역의 지질 및 지질구조의 특성분석 자료 제시할 것. 단, 현재 지질도가 완성되어 있지 않은 지역은 해당 관련업자(지하수법 제27조에서 규정하고 있는 지하수영향조사기관)가 수행 제시함.

② 설계요약서

(1) 〈양식 1-2〉의 설계요약서를 작성 제출함.

③ 설계계산서

(1) 부하계산서는 연간 최대 냉난방부하량과 연간에너지(일별) 부하량에 대한 분석이 포함된 건축물의 냉난방 부하계산서를 제출함.

(2) 우물 열용량 설계계산서는 위원회에서 인정한 우물정 열용량 설계프로그램으로 계산한 계산 결과를 제시하며, 이 외의 프로그램을 사용할 경우 프로그램에 대한 설명서를 제시할 것.
프로그램 설계 시 입력값과 결과값을 화면 캡쳐하여 제출할 것.
설계프로그램을 사용하지 않을 경우에는 사용한 설계식에 대한 공인된 근거자료를 제출할 것.
근거자료의 공인 여부는 위원회에서 결정함.

(3) 지열 열펌프 설계계산서는 한국인정기구(KOLAS)에서 인정한 시험기관에서 수행한 지열 열펌프의 성능표를 기준으로 계산하고, 성능표와 설계계산식을 제출할 것.
열펌프의 성능표는 내삽법 사용이 가능하며 측정 온도점 간의 온도차는 10℃ 이하로 할 것.

(4) 지열 열펌프에 대해 고압가스 안전관리법에 따른 검사 각인의 취득 여부 및 이를 증명할 자료를 제출할 것.

(5) 순환펌프 설계계산서는 순환펌프의 효율표를 기준으로 최대한의 효율을 낼 수 있도록 설계하며 효율표와 설계계산식을 제출할 것.

(6) 탱크류 및 배관계 설계 계산서는 설계과정 및 관련식을 제출할 것.

(7) 하자보수 계획서에는 다음과 같은 내용이 포함될 것.

가) 열펌프 고장 시 주요단품(기계부품, 제어부품)의 3일 이내 수급 계획.

나) 열펌프, 펌프 등 기계부품 및 제어부품 제조사의 A/S 전문기술 인력.

다) 열펌프에 A/S 업체와 연락처가 명기되어있는 지 여부.

라) 수중 순환펌프의 교체 방법 및 절차.

마) 공 청소를 위해 내부 케이싱을 우물로부터 분리하여 꺼내는 방법.

④ 설계도면

(1) 장비일람표에는 반드시 열펌프, 순환펌프, 탱크류에 대한 사양이 포함될 것.

(2) 천공배치도에는 건물에 가장 인접한 공과 건물 기초 사이의 거리, 공과 공 사이의 거리가 반드시 포함될 것.

(3) 우물 설치상세도에는 내부 케이싱과 수중모터펌프의 사양과 설치심도, 암반붕괴 가능성 구간이 있는 경우 처리 방안에 대한 자세한 내용을 반드시 포함할 것.

(4) 천공 배치도, 지중열교환기 설치상세도, 시스템 계통도, 배관 계통도, 기계실 장비 배치도, 자동제어 설계도는 JPEG형식의 그림파일로 전환하여 제출할 것.

⑤ 지하수법에 의거한 지하수영향조사서 및 지하수 개발 · 이용 허가서

(1) 지하수를 냉난방용으로 이용하는 시설은 기존의 지하수법 제7조에 해당하는 지하수 개발이용 시설로 지하수법에 의거하여 지하수 영향조사를 받아야 하는 허가 대상시설임.

(2) 위원회에서 인정한 지하수 영향조사기관에서 수행하고, 지하수법 제27조 및 시행령 제38조에 의거하여 평가한 지하수 영향조사서를 제출할 것.

(3) 양수시험이라 함은 최소 48시간이상의 장기대수성시험과 수위회복시험, 단계대수성시험, 순간충격시험을 실시하여 종합평가를 해야 함.

(4) 대수성 시험(단계대수성시험, 장비연속 대수성 시험, 수위회복시험)을 실시에 다음과 같은 내용이 포함되어 있어야 함.

가) 대수층의 수리상수(수리전도도, 투수량계수, 저유계수, 공벽인자, 이방성)

나) 1일 적정 취수량 및 영향 반경

다) 적정 취수량으로 5년간 장기양수 시 5년 후의 영향범위 분석 제시

⑥ 지하수의 수질 조성 및 지하수채취가 주변에 미치는 영향 분석

(1) 지하수법 시행령 31조에 규정한 생활용수 기준을 만족해야하므로 생활용수 기준 항목조사 분석 자료를 제출할 것.

(2) 주양이온, 주음이온 및 TDS를 이용한 지하수의 유형을 제출할 것. 각 항목의 측정 대상은 다음과 같음.

가) 주양이온 측정대상은 Ca, Mg, Na, K 임.

나) 주음이온 측정대상은 Cl, SO_4, HCO_3, CO_3 임.

(3) 수질특성 인자(pH, CO2, H2S, 산소) 분석, Ryznar지수, 포화지수를 통한 열펌프 및 순환시스템의 부식과 스케일링에 주는 영향을 조사 분석하고, 영향이 있을 경우 이에 대한 대책을 반드시 제시할 것.

(4) ⑥의 (2)항과 ⑥의 (3)항에 대한 검토 기준은 위원회에서 제시.

(5) 지하수 채수가 주변 환경에 미치는 영향분석을 통해 주변지하수의 고갈 가능성 및 주변 잠재 오염원에 의한 영향 검토를 실시해야 하며, 반경 2km이내에 소재하는 기존 정천에 대한 현황조사를 제출함.

⑦ 공내검층과 슬라임(slime) 감정

(1) 위원회에서 인정한 조사기관에서 실시하여야 함.

(2) 슬라임 감정과 공내 영상촬영을 통해 사항을 분석하고 이에 대한 위원회에서 인정한 조사기관의 평가 및 확인서를 제출함.

가) 시험관측정의 우물 및 지질 주상도

나) 파쇄대 구간 및 대수대 발달구간 확인

다) 암반 구간 붕괴 가능성 구간확인과 처리 방안

라) 공내 온도 검층 결과와 지온 증가율

⑧ 열전도도 측정 및 분석 자료

(1) 〈기준 1-2〉에 제시한 열전도도 측정 항목 및 기준 사항을 준수하여 측정할 것.

(2) 열전도도 측정우물은 설계된 우물 중에서 가장 긴 우물의 깊이와 동일한 깊이로 할 것.

(3) 열전도도 측정 장치는 일정 열량을 가할 수 있도록 설계·제작할 것.

(4) 열전도도 측정에 사용한 측정 장치의 성능 및 사양을 제출할 것.

(5) 온도나 유량 등 데이터 측정 장치는 고정밀도를 유지하고, 검정 및 교정을 받은 장치를 사용할 것.

(6) 열전도도 측정 시 전력을 투입할 경우 투입 전력량에 대한 수전 상황을 제출하고, 투입 전력량의 안정화를 위한 방법(AVR 사용 등)을 강구할 것.

(7) 측정 자료는 현장에서 측정한 자료를 가공하지 말고 원본 파일을 (엑셀파일 형태) 제출할 것.

(8) 블리딩(Bleeding)의 필요유무 및 산출근거, 블리딩 율, 블리딩을 위해 취수한 지하수의 배출 방법을 제시할 것.

(9) 현장 사진의 경우 반드시 날짜와 시각(시간과 분)을 나타낼 것. 또한 현장을 입증할 수 있는 건물과 경관을 포함한 사진을 제출할 것. 각 공정 당 2매 이상의 사진을 제출하며, 사진은 최대 500kB 이하의 JPEG 파일로 전환하여 제출할 것.

⑨ 사업수행자의 지하수이용 부담금관련 확인서

(1) 지하수법 제30조의 3 제2항에서 정한 지하수이용 부담금관련 확인서를 제출할 것.

(2) 향후 해당 지자체에서 지하수이용 부담금을 징수하는 일이 발생할 경우 발주자 측에서 부담금을 납부하겠다는 '지하수이용 부담금 납부의사 확인서'를 제출할 것.

※ 열전도도 측정 절차

(1) 천공 위치 결정 및 굴착 행위 신고
(2) 측정 우물 설치(천공, 케이싱, 순환펌프 등)
(3) 우물 내 투입 열량을 장치 준비 완료
(4) 측정기 설치(우물 설치 이후 24 시간 경과)
(5) 60분 간 가열없이 펌프 구동하며 순환수 온도 측정(초기 지중온도 측정)
(6) 초기온도 측정을 위한 펌프 가동시간의 5배 이상 경과 후, 열전도도 측정 개시(48시간 연속 측정하며, 측정 데이터는 10분 이하의 간격으로 수집)
(7) 데이터 수집 종료 및 데이터 검토
(8) 라인소스법에 의해 지중열전도도 계산(계산 시 초기 12시간의 데이터는 제외)

□ 에너지파일형

① 설치 현장의 표준관입시험(SPT) 결과 및 지하수위면 표시를 포함한 지반 주상도

(1) 지표면에서 지층에 따른 깊이별 지반 분류, 암반의 심도 및 분류를 제시할 것.

(2) 각 지층의 N값을 제시할 것.

(3) 계측 당시 지하수위 또는 연평균 지하수위를 제시할 것.

② 설계요약서

(1) 〈양식 1-3〉의 설계요약서를 작성 제출함.

(2) 적용되는 에너지파일의 종류를 반드시 표기해야 하며, 대표적인 종류는 아래와 같음.

가) 기성말뚝 : PC, PHC, 강관, H형강, Sheet 파일 등

나) 현장타설말뚝 : 대구경 또는 소구경 기초말뚝(CIP, PIP, MIP, SIP, JSP), 가시설 일체형, 임시 거치식, 기타 합성말뚝 등

③ 설계계산서

(1) 부하계산서는 연간 최대 냉난방부하량과 연간에너지(일별) 부하량에 대한 분석이 포함된 건축물의 냉난방 부하계산서를 제출함.

(2) 지중 열교환기 설계계산서는 위원회에서 인정한 지중열교환기 설계프로그램으로 계산한 계산 결과를 제시하며, 이 외의 프로그램을 사용할 경우 프로그램에 대한 설명서를 제시할 것.

프로그램 설계 시 입력값과 결과값을 화면 캡쳐하여 제출할 것.

설계프로그램을 사용하지 않을 경우에는 사용한 설계식에 대한 공인된 근거자료를 제출할 것.

근거자료의 공인 여부는 위원회에서 결정함.

(3) 지열 열펌프 설계계산서는 한국인정기구(KOLAS)에서 인정한 시험기관에서 수행한 지열 열펌프의 성능표를 기준으로 계산하고, 성능표와 설계계산식을 제출할 것.

열펌프의 성능표는 내삽법 사용이 가능하며 측정 온도점 간의 온도차는 10℃ 이하로 할 것.

(4) 지열 열펌프에 대해 고압가스 안전관리법에 따른 검사 각인의 취득 여부 및 이를 증명할 자료를 제출할 것.

(5) 순환펌프 설계계산서는 순환펌프의 효율표를 기준으로 최대한의 효율을 낼 수 있도록 설계하며 효율표와 설계계산식을 제출할 것.

(6) 탱크류 및 배관계 설계 계산서는 설계과정 및 관련식을 제출할 것.

(7) 파일형 지중열교환기가 설치되는 구조물의 기초 설계 도면을 첨부 제출하며, 여기에 지중열교환기가 설치되는 곳을 표현할 것.

(8) 하자보수 계획서에는 다음과 같은 내용이 포함될 것.

가) 열펌프 고장 시 주요단품(기계부품, 제어부품)의 3일 이내 수급 계획.

나) 열펌프, 펌프 등 기계부품 및 제어부품 제조사의 A/S 전문기술 인력.

다) 열펌프에 A/S 업체와 연락처가 명기되어있는 지 여부.

④ 설계도면

(1) 장비일람표에는 반드시 열펌프, 순환펌프, 탱크류에 대한 사양이 포함될 것.
(2) 지중열교환기 배치도에는 기성말뚝 또는 현장타설말뚝에 설치되는 지중열교환기의 배치를 나타낼 것.
(3) 지중열교환기 설치상세도에는 말뚝 두부에서의 지중열교환기 연결방법 및 상세도면을 반드시 제시할 것.
(4) 파일 배치도, 지중열교환기 설치상세도, 시스템 계통도, 배관 계통도, 기계실 장비 배치도, 자동제어 설계도는 JPEG형식의 그림파일로 전환하여 제출할 것.

⑤ 열전도도 측정 및 분석 자료

(1) 〈기준 1-1〉에 제시한 열전도도 측정 항목 및 기준 사항을 준수하여 측정할 것.
(2) 열전도 측정을 위한 시험 파일의 설치가 곤란할 경우, 동일현장 내에서 파일 지중열교환기 설계와 동일한 심도, 그라우트, 파이프 직경 및 개수를 적용한 수직밀폐형으로 대체 설치하여 계측할 수 있음.
(3) 열전도도 측정공은 설계 공의 깊이와 동일한 깊이로 할 것.
(4) 열전도도 측정 장치는 일정한 열량을 연속적으로 가할 수 있도록 설계 · 제작할 것.
(5) 열전도도 측정에 사용한 측정 장치의 성능 및 사양을 제출할 것.
(6) 온도나 유량 등 데이터 측정 장치는 고정밀도를 유지하고, 검정 및 교정을 받은 장치를 사용할 것.
(7) 열전도도 측정에 사용한 계측기의 성능 및 사양을 제출할 것.
(8) 열전도도 측정시 투입 전력량에 대한 수전 상황을 제출하고, 투입 전력량의 안정화를 위한 방법(AVR 사용 등)을 강구할 것.
(9) 측정 자료는 현장에서 측정한 자료를 가공하지 말고 원본 파일을(엑셀파일 형태) 제출할 것.
(10) 현장 사진의 경우 반드시 날짜와 시각(시간과 분)을 나타낼 것. 또한 현장을 입증할 수 있는 건물과 경관을 포함한 사진을 제출할 것. 각 공정 당 2매 이상의 사진을 제출하며, 사진은 최대 500kB 이하의 JPEG 파일로 전환하여 제출할 것.

※ 열전도도 측정 절차

(1) 천공 위치 결정 및 굴착 행위 신고
(2) 측정공 설치(천공, 열교환기 설치, 그라우팅 등)

(3) 투입 전력을 위한 수전 완료
(4) 계측기 설치 및 누수 검사(그라우팅 이후 72 시간 경과)
(5) 10분 간 가열없이 펌프 구동하며 순환수 온도 측정(초기 지중온도 측정)
(6) 초기온도 측정을 위한 펌프 가동시간의 5배 이상 경과 후, 열전도도 측정 개시(48시간 연속 측정하며, 측정 데이터는 10분 이하의 간격으로 수집)
(7) 데이터 수집 종료 및 데이터 검토
(8) 라인소스법에 의해 지중열전도도 계산(계산 시 초기 12시간의 데이터는 제외)

□ 지중수평형

① 조사지점의 지형도

(1) 지형도는 조사지점을 중심으로 반경 1km의 1:5,000 축척의 지형도를 제시하고 지형(산계등)의 특성을 기술함.

② 설계요약서

(1) 〈양식 1-4〉의 설계요약서를 작성 제출함.

③ 설계계산서

(1) 부하계산서는 연간 최대 냉난방부하량과 연간에너지(일별) 부하량에 대한 분석이 포함된 건축물의 냉난방 부하계산서를 제출함.

(2) 지중 열교환기 설계계산서는 위원회에서 인정한 지중열교환기 설계프로그램으로 계산한 계산 결과를 제시하며, 이 외의 프로그램을 사용할 경우 프로그램에 대한 설명서를 제시할 것. 프로그램 설계 시 입력값과 결과값을 화면 캡쳐하여 제출할 것.
설계프로그램을 사용하지 않을 경우에는 사용한 설계식에 대한 공인된 근거자료를 제출할 것.
근거자료의 공인 여부는 위원회에서 결정함.

(3) 지열 열펌프 설계계산서는 한국인정기구(KOLAS)에서 인정한 시험기관에서 수행한 지열 열펌프의 성능표를 기준으로 계산하고, 성능표와 설계계산식을 제출할 것.
열펌프의 성능표는 내삽법 사용이 가능하며 측정 온도점 간의 온도차는 10℃ 이하로 할 것.

(4) 지열 열펌프에 대해 고압가스 안전관리법에 따른 검사 각인의 취득 여부 및 이를 증명할 자료를 제출할 것.

(5) 순환펌프 설계계산서는 순환펌프의 효율표를 기준으로 최대한의 효율을 낼 수

있도록 설계하며 효율표와 설계계산식을 제출할 것.

(6) 탱크류 및 배관계 설계 계산서는 설계과정 및 관련식을 제출할 것.

(7) 하자보수 계획서에는 다음과 같은 내용이 포함될 것.

가) 열펌프 고장 시 주요단품(기계부품, 제어부품)의 3일 이내 수급 계획.

나) 열펌프, 펌프 등 기계부품 및 제어부품 제조사의 A/S 전문기술 인력.

다) 열펌프에 A/S 업체와 연락처가 명기되어있는 지 여부.

④ 설계도면

(1) 장비일람표에는 반드시 열펌프, 순환펌프, 탱크류에 대한 사양이 포함될 것.

(2) 트렌치배치도에는 트렌치사이의 거리가 반드시 명기할 것.

(3) 지중열교환기 설치상세도에는 트렌치 폭, 열교환기의 매설깊이, 간격을 명시할 것.

(4) 트렌치 배치도, 지중열교환기 설치상세도, 시스템 계통도, 배관 계통도, 기계실 장비배치도, 자동제어 설계도는 JPEG형식의 그림파일로 전환하여 제출할 것.

⑤ 열전도도 측정 및 분석 자료

(1) 〈기준 1-3〉에 제시한 열전도도 측정 항목 및 기준 사항을 준수하여 측정할 것.

(2) 열전도도 측정트렌치는 설계 시 적용한 동일한 깊이, 길이, 매설방법을 사용할 것.

(3) 열전도도 측정에 사용한 계측기의 성능 및 사양을 제출할 것.

(4) 열전도도 측정 장치는 일정 열량을 가할 수 있도록 설계·제작할 것.

(5) 열전도도 측정에 사용한 측정 장치의 성능 및 사양을 제출할 것.

(6) 온도나 유량 등 데이터 측정 장치는 고정밀도를 유지하고, 검정 및 교정을 받은 장치를 사용할 것.

(7) 열전도도 측정시 투입 전력량에 대한 수전 상황을 제출하고, 투입 전력량의 안정화를 위한 방법(AVR 사용 등)을 강구할 것.

(8) 측정 자료는 현장에서 측정한 자료를 가공하지 말고 원본 파일(엑셀파일 형태)을 제출할 것.

(9) 열전도도를 인위적으로 증가시키기 위한 어떠한 조치도 취하지 말 것.

(10) 현장 사진의 경우 반드시 날짜와 시각(시간과 분)을 나타낼 것. 또한 현장을 입증할 수 있는 건물과 경관을 포함한 사진을 제출할 것. 각 공정 당 2매 이상의 사진을 제출하며, 사진은 최대 500kB 이하의 JPEG 파일로 전환하여 제출할 것.

※ 열전도도 측정 절차

(1) 열교환기 시공 위치 결정

(2) 측정트렌치 설치(굴착, 열교환기 설치, 되메움 등)

(3) 투입 전력을 위한 수전 완료

(4) 계측기 설치 및 누수 검사(그라우팅 이후 72시간 경과)

(5) 10분 간 가열없이 펌프 구동하며 순환수 온도 측정(초기 지중온도 측정)

(6) 초기온도 측정을 위한 펌프 가동시간의 5배 이상 경과 후, 열전도도 측정 개시(48시간 연속 측정하며, 측정 데이터는 10분 이하의 간격으로 수집)

(7) 데이터 수집 종료 및 데이터 검토

(8) 라인소스법에 의해 지중열전도도 계산(계산 시 초기 12시간의 데이터는 제외)

참고문헌

[1] 강태규 · 고기원 "LED 산업과 통신산업 융합 및 미래기술 발전전략," LED 조명산업과 통신산업 융합 가시광 무선통신 표준기술 워크샵, ETRI, 2007.12.18.

[2] 김중구, "예상되는 에너지이슈," 에너지경제연구원 월보, 2005.22, p.5.

[3] 김창곤, "[IDT 시론] IT를 활용한 에너지 효율화." 디지털타임스, 2007sis 3월 15일.

[4] 박동배, "EU 연구개발활동의 동향 -제4차 Framework 프로그램을 중심으로-" 과학기술정책동향, Vol.4, No.12, 1994.

[5] 심정훈 · 김정미, "미래를 위한 EU의 준비-FP7." 한국정보사회진흥원 유비쿼터스 트랜드(2), 2006.

[6] 한국에너지관리공단 "신재생에너지 RD&D 전략 2030"

[7] 이성만, "최적화공정 개발을 통산 박막 마이크로 전지 제조," NEWS & INFORMATION FOR CHEMICAL ENGINEERS, Vol.22, No.4, 2004년, pp.445~447.

[8] 장선호 · 임문혁, "2008년도 IT부품소재 기술기획," IT SoC Magzine 1월호, 2008년 1월, pp.12~21.

[9] 정성일, "IBM, CBS, The Global CEO Study 2004, 2006," 차세대디지털 비즈니스와 기업의 대응전략 중, IBM Senior managing Consultant, 2007.1.10, pp.10-11.

[10] 조휘만, "홈네트워크를 통한 에너지 절감(온실가스저감) 방안," 대한주택공사, 2007.6, pp.12-19.

[11] 한기주 · 김대욱 · 박용덕, "중국의 에너지산업 현황 · 전망 및 정책방향," ISSUE PAPER : 전환기 중국산업연구 시리즈 8, KIET, 2006.12, pp.15-16.

[12] 황상철, "Current Situation and Prospect for oil Projection in Northeast Asia," Enerty and Security in Northeast Asia : Toward a Northeast Asian Energy Cooperation Council 176page, Korea National Oil Corporation, 2007.11.16

[13] 매일경제신문, "리튬 이온 전지 대체 충전기술은 진화 중," 2007년 11월 29일.

[14] 전자엔지니어, "에너지 회수 기술 개발서 진전 이루어져," 2007년 12월 11일.

[15] 한국정보사회진흥원, IT Issues Weekly, 2005년 5월 4일.

[16] "건물이 기후변화주범이라고?," 매일경제, 2007.5.31.

[17] "그린시대의 정보통신," 한국전자통신연구소, 1995.3.

[18] "EU의 신에너지 정책과 시사점," 산업경제정보 제336호(2007-09), KIET, 2007.4.10, pp.4-6.

[19] Research Institute for Ubiquitous Energy Devices at AIST(homepage : http://www.aist.go.jp/aist_e/research_units/research_section/ubiqen/ubiqen_main.

html)
[20] Wireless Recharge of Gadgets, American Institute of Physics, 15th November 2006.
[21] The Witricity Resource, Witricity, http://www.witric.com/
[22] Goodbye wires, MIT News, Franklin Hadley, Institute for Soldier Nanotechnologies, June 7, 2007.
[23] Telegraph, http://www.telegraph.co.uk/news/graphics/2007/06/08
[24] Asquare, http://www.asquare.org/networkresearch/wp-content/uploads/2007/06/witricity1.jpg
[25] PC WIN, http://pcwin.com/media/images/screen/Witricity_Power_2147.gif
[26] Splashpower Limited., http://www.splashpower.com/
[27] Clarkson University(2007, October 22). New Wireless Bridge Sensors powered By Passing Traffice. ScienceDaily. Retrieved Ianuary 1, 2008.
[28] Intelligent Systems, http://www.intelligent-systems.info/쟌무/SMT2004/Sazonov-SMT2004_files/ image006.gif
[29] Akkermans, Hans, "ICT Role and Influence on DG/Distributed Energy Resources," IEA Paris, 2004.
[30] Bartels, H. Andrew, "ICT for Energy : What's Coming Next, Technologies for Utilities's Near-term and Long-Term Needs," The 7th Global Congress on Information and Communication Technology in Energy, Busan, Korea, 2005.
[31] CEPE(Centre for Energy Policy and Economics) & Fraunhofer, "Energy Consumption of Information and Communication Technology(ICT) in Germany up to 2010," German Federal Ministry of Economics and Labour, 2003.
[32] Dijkgraaf, G. Henk, "ICT in changing European energy markets," The 7th Global Congress on Information and Communication Technology in Energy, Busan, Korea, 2005.
[33] e3value, "Business Models in a World Characterised by Distributed Generation," 2006, http://www.e3value.com/projects/ourprojects/busmod/(검색일:2007.07.08).
[34] Engineerlive.com, "Integrating risk reduction in the grid," 2007년 4월 2일.
[35] EPRI, "IntelliGrid," http://www.epri.com/IntelliGrid/(검색일 : 2005.05.19).
[36] EurActive.com, "eEurope-An Information Society for All," 2004. http://www.euractiv.com/en/infosociety/eeurope-information-society/article-117472 (검색일 : 2007년 6월 24일).
[37] European Commission, "Ding More With Less-Green Paper on energy efficiency," 2005.
[38] European Commission, "Report on the Analysis of the Debate of the Green Paper on Energy Efficiency," Commission Staff Working Document, Brussels, 2006. p.6.

[39] European Commission(2007a), "European Strategic Energy Technology Plan(SET-Plan)"

[40] European Commission(2007b), "Information Society Policies at a Glance,"

[41] http://ec.europa.eu/information_society/policy/index_en.htm(검색일 : 2007년 6월 24일).

[42] European Commission(2007c), "CRISP:ICT for Smart Power Networks," http://e3value.few.vu.nl/docs/misc/Crisp.pdf(검색일 : 2007.07.08).

[43] Gartner, "Gartner Estimates ICT Industry Accounts for 2 Percent of Global CO2 Emissions," Gartner Symposium/ITxpo 2007.

[44] Hilty, M. Lorenz, Peter Arnfalk, Lorez Erdmann, James Goodman, Martin Lehmann, Patric A. Wager, "The relevance of information and communication technologies for environmental sustainability-A prospective simulation study," Environmental Modelling & Software 21, 2006.

[45] HP, "HP to Reduce its Global Energy Use 20 Percent by 2010," HP Newsroom, 2007.

[46] IEA, "Energy Technology Perspectives 2006-Scenarios & Strategies to 2050," OECD, 2006.

[47] Intel, "PC Energy-Efficiency Trends and Technologies:A Closer look at energy consumption and emerging power-management technologies," 2002.

[48] KATSUMOTO, Shuzo, "ICT application for reducing GHG emissions in Aisa and the Pacific," Impact of Information & Communication Technologies on the Energy System, IEA, Paris, 2002.

[49] Nagy-Rothengass, Marta, "ICT addressing Energy Efficiency Challenges," 2007, www.fona.de/de/3_akteure/forum_2007/pdf/B_4_01_Nagy-Rothengass_presentation_L2L_2007.pdf(검색일:2007.05.30).

[50] Oxera, "Energy Efficiency Innovation Review:Household Sector-Final Report," 2005. p.20.

[51] Rizzoli, A. E., Hongtao Li, Ioannis Athanasiadis, "Semantically Enriched Integrated Modeling and Assessment Framework for Energy-intensive System Design," FP7 information & Networking Day, Prague, 2007.

[52] Rahman, Saifur, "ICT-Integrated Energy Infrastructure," 4th EAPC/PfP Workshop on Critical Infrastructure Protection & Civil Emergency Planning:Building Bridges Between Stakeholders to Mitigate Disasters, 2006.

[53] Roth, "Energy Consumption by Commercial Office and Telecommunications Equipment," report by Arthur D.Little for the US Department of Energy, 2001.

[54] The Register, "IBM goes big green with Big Green," 2007년 5월 22일.

[55] A.W.Sleight, J.L.Gillson and P.E.Bierstedt, Solid State Comm., Vol.17, 1975, p.27.
[56] J.G.Bednorz and K.A.Muller, Z.Phys. B64, 1986, p.189.
[57] M.K.Wu, J.Ashburm, C.J.Trong, P.H.Meng, L.Gao,Z.J.Huang, U.Q.Wang and C.W.Chu, Phys. Rev. Lett., Vol.58, 1988, p.908.
[58] Z.Z.Sheng and A.M.Hermann, Nature, Vol.332, No.55, 1988, p.138.
[59] R.J.Cave, B.Batlog, J.J.Krajewski, R.Farrow, L.W.Rupp, Jr., A.E.White, K.Sort, W.F.Pect, and T.Kometani, Nature, Vol.332, 1988, P.814.
[60] T.D.Thanh, A.Koma, and S.Tnaka, Appl. Phys., Vol.22, 1980, p.205.
[61] M.Suzuki, Y.Enomoto and T.Murakami, J. Appl. PHys., Vol.56, 1986, p.2083.
[62] T.Itoh, K.Kitazawa, and S.Tnaka, J.Phys. Soc. Jpn., Vol.53, 1984, p.2668.
[63] V.Ambegaokar and A.Baratoff, Phys. Rev. Lett., Vol10, 1963, p.486.
[64] D.E.McCumber, J. Appl. Phys.,Vol.39, 1968, p.3113.
[65] A.Rothwarf and B.N.Taylor, Phys. Rev. Lett., Vol.19, 1967, p.27.
[66] S.G.Han, Z.V.Vardeny, K.S.Wong, and O.G.Symko, Phys. Rev. Lett., Vol65, 1990, p.2708.
[67] 에너지관리공단 기후대책실(기후이야기), http://co2.kemco.or.kr/story/story_01.asp
[68] 에너지관리공단 기후대책실(기후변화협약), http://co2.kemco.or.kr/change/change_01.asp
[69] 에너지관리공단 신 · 재생에너지센터, http://www.energy.or.kr/
[70] 정보통신연구진흥원 홈페이지, http://www.iita.re.kr
[71] 에너지관리공단 홈페이지, http://www.kemco.or.kr
[72] 건설교통부 홈페이지, http://www.moct.go.kr
[73] 한국특허정보원 홈페이지, http://www.kipris.or.kr
[74] 한국전력신문 홈페이지, http://www.kept.co.kr
[75] 가스산업신문 홈페이지, http://www.enn.co.kr
[76] 산업자원부 http://www.mocie.go.kr
[77] 에너지관리공단 http://www.kemco.or.kr
[78] 대체에너지개발보급센터 http://racer.kemco.or.kr
[79] 한국에너지기술연구원 http://www.kier.re.kr
[80] 기후변화협약대책 http://co2.kemco.or.kr
[81] 한국신 · 재생에너지협회 http://www.knrea.or.kr
[82] 한국전기연구원 http://www.keri.re.kr
[83] 한국태양에너지학회 http://www.kses.re.kr
[84] 태양광사업단 http://www.solarkorea.or.kr
[85] 환경부 http://www.moenv.go.kr
[86] 특허청 http://www.kipo.go.kr

[87] 중소기업청 http://www.smba.go.kr
[88] 에너지관리공단 기술개발본부 http://racer.kemco.or.kr
[89] 한국자원연구소 http://www.kigam.re.kr
[90] 한국항공우주연구소 http://www.kari.re.kr
[91] 한국표준과학연구원 http://krissol.kriss.re.kr
[92] 한국해양연구소 http://www.kordi.re.kr
[93] 산업기술정보원 http://www.kiniti.re.kr
[94] 한국건설기술연구원 http://www.kict.re.kr
[95] 연구개발정보센터 http://www.kordic.re.kr
[96] 한국철도기술연구원 http://www.krri.re.kr
[97] 과학기술정책연구원 http://www.stepi.re.kr
[98] 에너지경제연구원 http://www.keei.re.kr
[99] 한국원자력연구소 http://www.kaeri.re.kr
[100] 한국과학기술평가원 http://www.kistep.re.kr
[101] 한국가스공사 연구개발원 http://www.kogas.or.kr
[102] 포항산업과학연구원 http://www.rist.re.kr
[103] 한국전력공사 전력연구원 http://www.kepri.re.kr
[104] 한국과학기술원 http://www.kaist.ac.kr
[105] 한국과학기술연구원 http://www.kist.re.kr
[106] 산업기술정책연구소 http://www.itep.re.kr
[107] 한국석유공사 http://www.knoc.co.kr
[108] 대한광업진흥공사 http://www.kores.or.kr
[109] 주간기술동향 1332호, 이상헌, "IT 및 에너지 응용소재", 2008.2.5
[110] 주간기술동향 1334호, 박래만 외, "유비쿼터스 에너지", 2008,2.20
[111] 주간기술동향 1343호, 이영기 외, "에너지 하베스트 기술과 IT용 디바이스 응용", 2008.4.23
[112] 주간기술동향 1337호, 정기욱, "USN 환경을 위한 무선 에너지 기술", 2008.3.12
[113] 주간기술동향 1335호, "국내외 IT와 에너지 정책 동향", 2008.2.27
[114] 주간기술동향 1333호, 윤영설 · 전선우, "IT와 가정용 원격검침", 2008.2.13
[115] 주간기술동향 1336호, 김경환, "IT 정보통신과 에너지 절감", 2008.3.5
[116] 주간기술동향 1336호, 이각범 외 "에너지 효율화를 위한 유럽의 IT 전략 연구", 2008.3.5
[117] 주간기술동향 1339호, 박승창 외, "전기에너지 수확기술의 개발동향", 2008.3.26
[118] 해양수산부, "해양 한국(Ocean Korea 21)," 2003.2.
[119] http://blog.naver.com/ktechno/70000782133
[120] http://itviewpoint.com/tt/index.php?pl=2274&ct1=5

[121] Development Organization http://www.nedo.go.jp
[122] JAIF, "원자력발전산업회의"
[123] MRS Bulletin, "Powering the Planet," 2007.10.
[124] National Renewable Energy Laboratory http://www.nrel.gov
[125] New Energy and Industrial Technology
[126] NREL, "Best Research-cell efficiencies," 2007.
[127] prog. Photovolt. Res. Appl., "Solar Cell Efficiency Table(version 30)," 2007.6.
[128] PVSEC 17, "17th International Photovoltaic Science and Engineering Conference," 2007.12.
[129] U.S. Government Printing Office, "National Energy Policy," 2001.5.
[130] WISE/NIRS, "Nuclear Monitor"

저자 약력

■ 남 상 엽

- 공학박사
- 삼성종합기술원 정보시스템연구소 근무
- 모토로라 반도체통신(주) 기술연구소 근무
- (현) 국제대학 정보통신과 교수

■ 박 래 만

- 공학박사(광주과학기술원(GIST) 신소재공학과)
- (현) 한국전자통신연구원(ETRI) 선임연구원
- 실리콘 가시광 LED 개발 및 실리콘 나노구조물 등을 이용한 태양전지 개발
- CIGS 나노구조물을 이용한 태양전지 개발
- IT-에너지 융합기술 발전을 위한 기술기획
- 2001년 삼성휴먼테크 논문상 은상
- 2004년 한국물리학회 우수논문상
- 2004년 ETRI 미래기술연구본부 우수특허상
- Who's who in the world, 25th Silver Anniversary edition(Marquis Who's Who)
- Who's who in the world, 2009 edition(Marquis Who's Who)
- 2000 Outstanding Intellectuals of the 21st Century, 2008 edition (International Biographical Centre)
- Foremost Scientists of the World, 2008 edition(International Biographical Centre)

유비쿼터스 에너지

2009년 1월 5일 1판 1쇄 발행

저 자 남상엽 · 박래만
발행인 남 승 우

발행처 도서출판 상尙 학學 당堂
서울특별시 동작구 사당3동 220-43
TEL : 02) 595-1692~4
FAX : 02) 595-1394
E-mail : namdoo6@unitel.co.kr
신고 : 2-155호 (1968. 11. 29)

정가 27,000원

ISBN 978-89-93383-17-1 93560

※ 이 책의 저작권은 저자에게 있으며, 저자의 동의 없이 복사 · 인용 · 복제 · 전재를 금합니다.